石油高职教育"工学结合"规划教材

化工单元操作

宋春晖　左成玉　主编

石 油 工 业 出 版 社

内 容 提 要

本教材对接中国国家资格框架标准，结合国家化工生产技术技能竞赛标准、1+X证书（化工精馏安全控制、化工危险与可操作性分析）标准、化工总控工职业技能等级鉴定标准、化工企业人才需求标准，在职业岗位视角下，以真实生产项目、典型工作任务和案例等为载体组织教学单元，按照高职学生认知规律和职业成长规律对课程内容进行加工，形成流体输送、传热操作、蒸馏操作、吸收操作、萃取操作、过滤操作六个学习项目，并通过二维码技术、虚拟仿真技术、在线开放课程、flash 等各类信息化教学资源交互式呈现工作过程。新技术、新工艺、新规范等产业元素可以通过数字化资源及时更新。每个项目按照"企业场景回溯—项目要点提示—工作任务实施—学习成果管理—复盘总结—职业能力与创新创业进阶训练"六个层次展开，逐步增强学习者的创新精神和解决问题的能力，培养能够充分利用现代技术，适应现代高端先进设备，具有知识快速迭代能力的新劳动者。

本教材适用于化工专业高职教学，也可用于化工企业员工培训与自主学习。

图书在版编目（CIP）数据

化工单元操作 / 宋春晖，左成玉主编． -- 北京：石油工业出版社，2024.8． -- （石油高职教育"工学结合"规划教材）． -- ISBN 978 - 7 - 5183 - 7020 - 7

Ⅰ．TQ02

中国国家版本馆 CIP 数据核字第 2024Q8G930 号

出版发行：石油工业出版社
　　　　　（北京市朝阳区安华里 2 区 1 号楼　100011）
　　网　　址：www.petropub.com
　　编辑部：（010）64256990
　　图书营销中心：（010）64523633　　（010）64523731
经　销：全国新华书店
排　版：三河市聚拓图文制作有限公司
印　刷：北京中石油彩色印刷有限责任公司

2024 年 8 月第 1 版　2024 年 8 月第 1 次印刷
787 毫米×1092 毫米　开本：1/16　印张：24.75
字数：634 千字

定价：69.00 元
（如发现印装质量问题，我社图书营销中心负责调换）
版权所有，翻印必究

《化工单元操作》新形态教材

编委会

主　编：宋春晖　大庆职业学院
　　　　左成玉　大庆石化公司

主　审：李　莉　大庆职业学院
　　　　于　涛　大庆石化公司

副主编：王雪峰　大庆职业学院
　　　　王凤双　大庆职业学院

参　编：杨艳玲　潍坊职业学院
　　　　刘　锐　吉林工业职业技术学院
　　　　吴效楠　河北石油职业技术大学
　　　　张亚男　东北石油大学

前言

《"十四五"职业教育规划教材建设实施方案》提出"加快建设新形态教材，组织院校和行业企业等联合开发科学严谨、深入浅出、形式多样的活页式、工作手册式等新形态教材"。原教育部副部长鲁昕指出"教材的知识体系要实现从单一到跨界整合，教学内容从长期滞后到动态更新、呈现形式从纸质为主到智能融合"。《化工单元操作》教材基于黑龙江省石油化工技术高水平专业群和应用化工技术高本贯通专业"人才培养方案优化、课程体系重构、课程标准开发、教法改革与教师队伍建设"的一系列成果，在国家课程思政示范课程、黑龙江省精品课、黑龙江省一流核心课程、黑龙江省职业教育教学成果奖和石油与化工行业教育教学优秀成果奖的基础上，立足职业岗位，以化工技术技能人才的全面发展为导向，本着"绿色、高效、智能、人文"的理念，进行《化工单元操作》新形态教材建设实践，服务于石化行业转型升级和新型工业化战略。

<教材内容>

(1) 对接岗、课、赛、证标准。高职专科、职业本科、高本贯通专业本科院校的教师和行业、企业专家共同确定教材编写大纲，内容对接中国国家资格框架标准，结合国家化工生产技术技能竞赛标准、1+X 证书（化工精馏安全控制、化工危险与可操作性分析）标准、化工总控工职业技能等级鉴定标准、化工企业人才需求标准，在职业岗位视角下，以真实生产项目、典型工作任务和案例等为载体组织教学单元，按照高职学生认知规律和职业成长规律对课程内容进行加工，每个教学单元根据化工企业员工的上岗要求（懂工艺技术、懂危险特性、懂设备原理、懂法规标准、懂制度要求；会生产操作、会异常分析、会设备巡检、会风险辨识、会应急处置）设计主要内容，在紧跟科技进步的基础上，对标未来技术技能需求，融入企业管理理念、强化企业操作标准，将其转化为具有普遍性、科学性和教育性的六个学习项目、十八个学习任务和六个成果测评。依次侧重从副操、主操、运行工程师、班长、技术员、车间主任的视角去组织职业活动，为学生走向职场后由新手到专家的职业生涯提供发展基础和动力支持；实现专业与产业对接，学习内容与职业岗位对接，学习标准与职业标准对接，学习过程与生产过程对接，学历证书与职业技能等级证书对接。

(2) 全学程专业化思政育人。化工生产是一个汇聚科学、技术、经济、政治、法律、文化、环境、管理等诸多要素的复杂系统，学生不能蜷缩于专业一隅，本书通过"回眸产业千载""放眼行业前沿""品读工业智慧""对标企业生产""溯源工程伦理""链接政策法规""走进领域名家""传承中华文脉"等职业素养提升活动，结合具体的知技点，有机融入马克思主义立场观点方法教育、社会主义核心价值观、宪法法制意识、中华优秀传统文化等内容，使学生了解职业岗位，热爱未来的工作，形成良好的道德品质，建立大工程观，树立工业强国信念，在面对大是大非时具有正确的价值取向。

（3）融媒体、活页式动态更新。本书融合二维码技术、虚拟仿真技术、在线开放课程、flash 等多样态信息化教学资源交，互式呈现工作过程。通过数字化资源和活页及时更新新技术、新工艺、新规范等产业元素，根据国家政治、经济、法治等方面的建设情况持续改进与完善。

<组织形式>

（1）重塑教材结构，培养终身学习和职业持续发展能力。职业教育新形态教材不仅是实施模块化教学的内容载体，还是学生行动导向学习的引导工具。教材的呈现形式以全面素质为基础，以职业能力为本位，参考化工企业工作手册流程化、精炼化、标准化等特点，每个项目按照"企业场景回溯—项目要点提示—工作任务实施—学习成果管理—复盘总结—职业能力与创新创业进阶训练"六个层次展开，逐步增强学生勇于探索的创新精神和善于解决问题的实践能力。将主要知技点提炼出一条清晰的逻辑主线，如认识设备时以"懂原理、懂构造、懂性能、懂用途"为主线进行学习，处理事故时以"明现象—析原因—做判断—给措施"为主线进行学习，并对重点内容进行标记，提高理解效率的同时增强学生捕捉重点的习惯和逻辑性思考的能力。

（2）以学生为主体，行动导向式学习。"企业场景回溯"对化工企业真实的生产任务进行分析，找到"学习任务"的根源，通过"岗位职责"明确学习的目标和方向；"项目要点提示"对模块的"输入输出要求、重难点、学习路径、保障资源、参考标准"做出说明；"工作任务实施"通过"任务拆解—信息资讯—方案决策—实践演练—评价改进—认知拓展"六个步骤开展行动导向教学，让学生经历完整的工作过程，配套在线开放课程，为学生自主学习提供高效资源；"学习成果管理"通过综合性操作任务对预期学习成果进行达成度测评，服务于终身教育的学分认定；"复盘总结"利用思维导图对所学内容进行总结，利用复盘工具"回顾目标—评估结果—分析原因—总结经验"挖掘成败的关键因素，快速改进提高；"职业能力与创新创业进阶训练"引入化工总控工职业技能等级鉴定试题对学生学习效果按照中级工、高级工、技师进行分级测评，引入中小微企业亟须解决的技术问题进行创新创业能力训练。在职业活动中对各种技能不断内化、整合，从而形成稳定的综合职业能力，学习者执行规范、解决问题、完成任务的能力逐步提升。

（3）搭建在线平台，学、测、互动一体化。基于数字孪生理念，将在线课程与教材学习场景进行结构化融合，针对学习内容进行课前预习、课后巩固、讨论答疑及阶段测试，化工总控工理论题库随机组卷并自动批阅，配套仿真软件对每个项目的开、停车操作及事故处理进行在线测试，打造虚实互动、理实结合的新形态数字化教材。

<编写团队>

（1）行、企、校多元融合。大庆职业学院牵头组建编写团队，全国石油和化工职业教育教学指导委员会、中国石油大庆石化公司、大庆油田化工有限公司、潍坊职业学院、河北石油职业技术大学、东北石油大学的行业专家、一线教师、教科研人员、企业技术人员充分发挥方向、技能、经验、教法等方面的优势完成编写任务并进行长期跟踪服务和持续改进。

（2）教学实践经验丰富。本教材主编为全国石油和化工职业教育教学指导委员会教学改革创新与终身学习专门委员会委员、黑龙江省高等学校教学名师，主持"化工单元操作"国家课程思政示范课程、黑龙江省一流核心课程等省级以上课程建设项目四项，主持"化工单元操作"教学改革项目获石油与化工职业教育优秀教学成果奖两项，黑龙江省职业教育教学成果奖一项，参编《化工单元操作》"十三五""十四五"职业教育国家规划教材，企业主编为中石油集团公司技能专家，国家技能大师工作室领衔人，全国五一劳动奖章、全国职工职业道德十佳标兵获得者，组织大庆石化公司三套乙烯装置原始开工，指导广州石化、四川石化、沈阳蜡化等装置原始开工。团队成员整体改革创新意识强，专业背景深厚，教学实践经验丰富。

（3）工作任务分工合理。本书由宋春晖、左成玉主编，绪论、项目一、项目三由宋春晖编写，项目二、附录由王凤双编写，项目四由杨艳玲编写，项目五由刘锐编写，项目六、拓展阅读由王雪峰编写，左成玉编写各项目的"企业场景回溯"和"设备维护保养"部分，并对书中涉及的企业案例进行校正，吴效楠、张亚男对与职业本科和高本贯通专业本科课程需要链接的知识技能进行优化，全书由宋春晖统稿，李莉、于涛担任主审。

<致谢>

本书编写过程得到了北京东方仿真软件技术有限公司和浙江中控科教仪器设备有限公司技术人员、职业院校化工生产技术国赛裁判和化工总控工职业技能等级鉴定考评员白术波教授、大庆油田有限责任公司企业内训师张新高级工程师的大力支持，在此深表感谢！

本书是对高职《化工单元操作》教材内容、结构与呈现方式的全新探索，由于时间、资源和编者水平有限，疏漏与不当之处敬请广大读者批评指正。

编者

2024年7月

目录

绪论　认识化工单元操作 ·· 1

项目一　流体输送 ·· 9

【企业场景回溯】 ·· 11
【项目要点提示】 ·· 13
【工作任务实施】 ·· 15
　　任务一　认识流体输送系统 ··· 15
　　任务二　操作流体输送装置 ··· 51
　　任务三　维护保养流体输送设备 ·· 75
【学习成果管理】 ·· 81
【复盘总结】 ·· 89
【职业能力与创新创业进阶训练】 ·· 91

项目二　传热操作 ·· 97

【企业场景回溯】 ·· 99
【项目要点提示】 ·· 101
【工作任务实施】 ·· 103
　　任务一　认识传热操作系统 ··· 103
　　任务二　操作传热装置 ··· 125
　　任务三　维护保养传热设备 ··· 135
【学习成果管理】 ·· 141
【复盘总结】 ·· 153
【职业能力与创新创业进阶训练】 ·· 155

项目三　蒸馏操作 ·· 159

【企业场景回溯】 ·· 161
【项目要点提示】 ·· 163
【工作任务实施】 ·· 165
　　任务一　认识蒸馏操作系统 ··· 165
　　任务二　操作精馏装置 ··· 201
　　任务三　维护保养精馏设备 ··· 213
【学习成果管理】 ·· 219
【复盘总结】 ·· 225
【职业能力与创新创业进阶训练】 ·· 227

项目四　吸收操作 235

【企业场景回溯】 237
【项目要点提示】 239
【工作任务实施】 241
　　任务一　认识吸收操作系统 241
　　任务二　操作吸收解吸装置 257
　　任务三　维护保养吸收设备 273
【学习成果管理】 279
【复盘总结】 285
【职业能力与创新创业进阶训练】 287

项目五　萃取操作 291

【企业场景回溯】 293
【项目要点提示】 295
【工作任务实施】 297
　　任务一　认识萃取操作系统 297
　　任务二　操作萃取装置 313
　　任务三　维护保养萃取设备 323
【学习成果管理】 329
【复盘总结】 335
【职业能力与创新创业进阶训练】 337

项目六　过滤操作 341

【企业场景回溯】 343
【项目要点提示】 345
【工作任务实施】 347
　　任务一　认识过滤操作系统 347
　　任务二　操作过滤装置 359
　　任务三　维护保养过滤设备 371
【学习成果管理】 375
【复盘总结】 379
【职业能力与创新创业进阶训练】 381

拓展阅读　其他单元操作 385

附录 385

参考文献 386

富媒体资源导引

序号	项目	名称	类型	页码
1	绪论	超高分子量聚乙烯工艺流程	Flash	3
2		原油稳定装置	3D Flash	6
3	流体输送	原稳装置的原油和不凝气系统工艺流程图	3D Flash	11
4		认识流体输送系统	微课	15
5		甲醇汽化流程	Flash	21
6		真空抽送烧碱流程	Flash	22
7		酸储槽送酸流程	Flash	22
8		甲醇回用流程	Flash	22
9		球阀工作原理	3D Flash	28
10		闸阀工作原理	3D Flash	28
11		截止阀工作原理	3D Flash	28
12		各种类型泵的适用范围	Flash	31
13		各种类型压缩机的适用范围	Flash	32
14		离心泵的工作原理	Flash	33
15		化工企业火炬压液操作	实操视频	64
16	传热操作	认识传热操作系统	微课	103
17		直接接触式换热	3D Flash	106
18		蓄热式换热	3D Flash	107
19		间壁式换热	3D Flash	107
20		列管式换热器的结构	Flash	108
21		套管式换热器	3D Flash	117
22		沉浸式蛇管换热器	3D Flash	118
23		喷淋式蛇管换热器	3D Flash	118
24		平板式换热器	3D Flash	119
25		化工装置防冻凝检查	实操视频	140
26	蒸馏操作	认识蒸馏操作系统	微课	165
27		温度组成($t—x—y$)图	Flash	167
28		气液相组成($y—x$)图	Flash	168
29		简单蒸馏流程图	Flash	170
30		平衡蒸馏	Flash	171
31		回流模型	Flash	172
32		精馏塔模型	Flash	172

续表

序号	项目	名称	类型	页码
33	蒸馏操作	连续精馏装置流程	Flash	173
34		间歇精馏装置流程	Flash	174
35		乙醇—水溶液的恒沸精馏流程	Flash	175
36		苯—环己烷溶液的萃取精馏流程	Flash	175
37		板式塔结构	3D Flash	177
38		板式塔工作原理	Flash	182
39		采用中间冷凝器和中间再沸器的精馏流程	Flash	198
40		多效精馏流程	Flash	199
41		热泵精馏流程	Flash	199
42		再沸液闪蒸热泵系统	Flash	200
43		蒸气再压缩热泵系统	Flash	200
44		化工企业单塔循环投运	实操视频	212
45	吸收操作	用洗油脱除煤气中的粗苯	3D Flash	237
46		认识吸收操作系统	微课	241
47		吸收过程示意图	Flash	242
48		部分吸收剂再循环的吸收流程	Flash	245
49		多塔串联吸收流程	Flash	245
50		吸收—解吸联合流程	Flash	246
51		填料塔结构示意图	3D Flash	249
52	萃取操作	芳烃抽提工艺流程图	3D Flash	293
53		认识萃取操作系统	微课	297
54		萃取操作示意图	Flash	298
55		混合澄清器	Flash	303
56		筛板萃取塔	Flash	304
57		填料萃取塔	Flash	305
58		振动筛板塔	Flash	305
59		喷洒塔	Flash	306
60		转盘萃取塔	Flash	307
61		脉动筛板塔	Flash	307
62	过滤操作	碳酸氢铵生产工艺流程图	3D Flash	343
63		认识过滤操作系统	微课	347
64		板框压滤机示意图	3D Flash	350
65		圆形滤叶加压叶滤机示意图	3D Flash	352
66		转筒真空过滤机外形图	3D Flash	353

化工单元操作在线课程网址：https://coursehome.zhihuishu.com/courseHome/1000092976#teachTeam

绪 论
认识化工单元操作

马克思主义认为认识世界和改造世界是人类创造历史的两种基本活动,当直接使用天然物质无法满足人们的需求时,各种加工技术应运而生。通过一系列的化学方法和物理措施改变物质原有的组成、结构或合成新物质的技术,称为化学生产技术,也就是"化学工艺"(chemical technology),得到的产品被称为化学品或化工产品。这样,许多自然界没有的物质被源源不断地创造出来,引火熟食、纺织印染、烧陶冶铜、炮药酿酒、造纸印刷等技术相继出现的时候,历史已经流逝了几十万年。起初生产这些产品的手工作坊逐渐演变成工厂,并形成了一个特定的生产部门,叫作"化学工业"(chemical industry)。随着生产的发展,尤其是大规模石油炼制和石油化工的蓬勃发展,生产大型化后出现了诸多问题需要解决,以化学、物理学、数学为基础,结合装备制造、生物工程、信息技术、经济管理等科学,解决生产中工程技术问题、研究生产中共性规律的学科逐步完善,即"化学工程"(chemical engineering)。"化工"是"化学工艺""化学工业""化学工程"的简称,通常所说的"化工"主要指"化学工业",化工单元操作中的"化工"指"化学工程"。

中国历史上第一部科技方面的百科全书《天工开物》记载了大量化工过程和技术,包括冶金、分金、铅丹、煤炭、石灰、矾、炭黑、染料、颜料、陶瓷、制曲、酿酒等。书中首次记述了由炉甘石(碳酸锌)还原成锌的火法炼锌技术,并对煤进行了分类。此外,书中还记录了银朱、铅白等制备方法,这些技术至今在欧洲仍被称为"中国方法"。这些古代化学工艺的重要成就对后世化工技术的发展产生了深远影响。我国化工发展历程中的主要阶段和部分代表性事件如图0-1所示。

▶ "火的使用"标志着化学开始改变世界

旧石器时代
原始人引火熟食

新石器时代
原始人烧制红陶

夏商时期
酿酒形成作坊

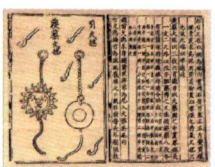
春秋时期
人们开始冶铁

唐朝《武经总要》
记录黑火药配方

▶ "洋务运动"开创中国近代化学工业,"永久黄"奠定中国近代化学工业发展的根基

洋务运动
江南制造局火炮厂

范旭东引入西方工业革命后诞生的化工技术,创办"黄海化学研究社""永利碱厂""久大精盐公司",侯德榜冲破外国技术封锁,首创"侯氏制碱法",徐寿翻译《化学鉴原》等书籍

▶ 科技进步和全球化推动,化工生产由电气化迈向自动化、智能化

电气技术推动石化、合成氨等产品装置规模和产量快速提高

电子信息技术提升过程控制能力,人均产出大幅提高

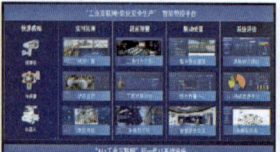
绿色低碳循环、大数据分析、人工智能、物联网技术与工业经济深度融合,化学工业进入智能制造时代

图0-1 中国化工发展里程碑事件剪影

化工发展过程中，人们最初以具体产品为对象分别进行各种生产过程和设备的研究，如制糖工业、氯碱工业、橡胶工业、合成氨工业等，从原料到产品往往需要几个、十几个甚至几十个加工过程。随着生产的发展，人们逐渐认识到，尽管化工过程复杂多变，但各种产品的生产过程都是由为数不多的物理性操作和化学反应过程组成的。如图0-2所示为超高分子量聚乙烯工艺流程，其中，只有聚合为化学反应过程，其余压缩、闪蒸、离心分离、汽提、干燥等均为物理性操作过程，它们都是得到化工产品不可或缺的环节。

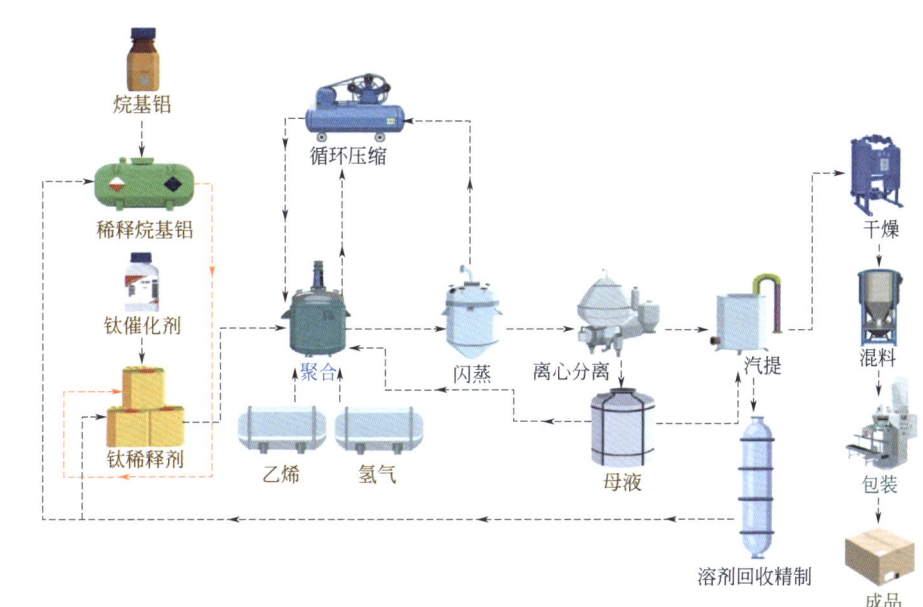

图0-2 超高分子量聚乙烯工艺流程

研究发现，石蜡油催化裂化制燃料油、石油裂解气制乙烯和丙烯、二氧化碳与氨反应制尿素等诸多工艺过程中，化学反应过程都是化工生产的核心，离开反应就不能生产化工产品。物理性过程的作用都是对原料进行预处理（在形态、状态和纯度等方面为反应做准备）和对产物进行后处理（把反应过程的产物进行分离、提纯、精制等处理而得到产品），如图0-3所示。所有产品的生产过程中，同类物理变化过程的目的相同，例如流体输送的目的都是将流体从一个设备输送到另一个设备，传热操作的目的都是得到需要的操作温度，分离操作的目的都是得到指定浓度的产品或中间产物。

图0-3 化工生产过程基本环节

一、什么是化工单元操作？

1915年，美国学者A. D·李特尔提出了"单元操作"这一概念，明确指出"任何化工生产过程，不论规模大小，皆可分解为一系列名为单元操作的过程，如粉碎、混合、加热、冷凝、沉降、过滤、结晶等。"这是化学工程发展史上的第一块里程碑，也是化学工程发展的孕育时期。1923年，麻省理工学院W. D. Walker和W. H. Lewis教授出版了《Principles of Chemical Engineering》一书，系统地阐述了单元操作的原理和计算方法，这是化学工程发展的奠基时期。1960年，威斯康星大学的Bird教授把动量传递、热量传递、质量传递的内容组织在一起，写成了《Transport Phenomena》一书，得出了"三传"遵循的唯象方程，化学工程发展自此进入飞跃发展时期。

化工生产中的原料预处理和产物后处理过程可归纳为若干种具有共同物理变化特点的操作，称为化工单元操作（Unit Operations of Chemical Engineering）。

（一）化工单元操作的研究对象是什么

化工单元操作研究化工生产中物理加工过程的共性规律和设备，在培养化工技术技能人才的职业教育中，更侧重于单元操作开停车规律，运行控制要素，设备原理、结构、性能、用途等操作岗位知识技能的构建。

（二）化工单元操作有哪些种类

1. 按遵循的规律分类

按照单元操作所遵循的本质规律可以将其分为动量传递（momentum transfer）、热量传递（heat transfer）、质量传递（mass transfer）三类。

将主要遵循流体动力学基本规律的单元操作定义为动量传递过程，如流体输送、沉降、过滤、固体流态化等。将主要遵循热量传递基本规律的单元操作定义为热量传递过程，如加热、冷冻、蒸发等。将主要遵循质量传递基本规律的单元操作定义为质量传递过程，如蒸馏、吸收、萃取、结晶、干燥、膜分离等。化工生产中，三种传递可单独存在，也可协同作用，蒸馏、干燥、结晶均为热质同传，各操作按生产需求可能存在动量传递过程。三种传递现象的原理和计算方法是研究单元操作的基础，化工生产过程实质上就是"三传一反"。

2. 按操作方式分类

按操作方式可以将其分为连续式操作（continuous operation）和间歇式操作（batch operation）。连续式操作的原料不断从设备一端送入，产品不断从另一端排出，常用于大规模生产。间歇式操作在每次操作之初向设备投入一批原料，经过处理后排出全部产物再重新投料，常用于小规模生产。

3. 按操作参数与时间的关系分类

按操作参数与时间的关系可以将其分为稳态操作（steady-state operation）和非稳态操作（non steady-state operation）。稳态操作系统中温度、压力、流速等物理量仅随位置变化而不随时间变化，非稳态操作系统中的物理量既随位置变化，又随时间变化。

4. 按在化工生产中的作用分类

按在化工生产中的作用可以将其分为输送单元（transport unit）、换热单元（heat exchange unit）、分离单元（separation unit）和其他单元（other units）。输送单元用于流体输送或增加压力,如流体输送操作;换热单元用于改变温度或节能操作,如传热操作、冷冻操作;分离单元用于原料净化或产品分离,如蒸馏操作、吸收操作、过滤操作;除此之外还有破碎、混合、乳化、筛分等其他单元操作。

科技进步推动化工单元操作新技术和新工艺不断涌现,为化工领域带来更多的可能性,能够解决一些传统化工单元操作难以解决的问题。渗透汽化利用具有选择透过性的渗透汽化膜根据分子大小和化学特性将混合物中的成分进行分离。电磁分离利用电磁力对混合物进行分离,通过调整磁场,可以分离出混合物中的不同成分。超重力分离可以模拟出极高的重力加速度,使液体或固体颗粒在流动过程中实现不同的沉降速度,从而实现分离。超临界流体萃取以具有很高溶解能力和渗透能力的超临界流体作为萃取剂,能有效地从混合物中萃取出目标组分。

(三) 化工单元操作有哪些特点

1. 化工生产所共有

化工单元操作是从诸多化工生产中总结出的普遍性概念和典型应用,但不同生产中单元操作的数目、名称与排列顺序因工艺需求不同而有所差异。

2. 均为物理性操作

化工单元操作使原料或产品只发生预期的物理变化,即温度、状态等物理性质改变,而化学性质不变。

3. 原理相同、设备相通

同一单元操作在不同的化工过程中遵循的原理相同,完成操作的设备相同或相似,很多设备在不同的化工生产中可以通用。

4. 具有工程性和实践性

化工单元操作属于工程学的范畴,通过数学模型法、校正系数法、当量法、极限法等工程研究方法解决生产问题,衡算、平衡、速率、经济核算等工程观点贯穿始终。课程研究内容来源于实践,应用于实践。如化工生产中,同一设备选用不同操作参数,则设备费和操作费不同。因此,设计操作方案时除考虑技术条件外,还要通过操作费用和设备折旧费用等因素的经济核算来确定最佳方案。

二、为什么要学习化工单元操作

化工单元操作在化工生产中占有重要地位,化工企业中 70% 左右的操作岗位上进行的都是化工单元操作。石油化工、制药工业等领域中,原料预处理和产物后处理加工过程的设备投资占全厂设备投资的 90% 左右,炼油企业甚至高于 95%,如图 0-4 为原油稳定装置,其中全部为单元操作设备。

三、怎样学习化工单元操作

(一) 明确行业发展方向

中国制造 2025 提出以创新驱动、高质量供给、结构调整、数字转型、绿色安全为重点,推动化工行业的转型升级和高质量发展。在数字经济背景下,智能制造成为化工行业重要工具,通过 5G、工业互联网等技术实现生产过程的智能化和个性化。人工智能(Aitificial Intelligence)技术广泛应用于化工生产、质检、设备维修和安全管理等环节,提高生产效率、

图 0-4　原油稳定装置

降低事故风险。数字化综合能源生态服务加速能源商业价值模式创新，推动化工行业绿色低碳、集约集聚发展。这些趋势将共同推动化学工业向着高效率、低能耗、安全、环保、智能、融合的方向发展。对化工单元操作的深入研究和发展主要包括：

1. 深化理论研究

从宏观的、经验或半经验的规律发展到微观、亚微观的机理和规律，建立更精确的物理和数学模型。

2. 优化操作条件

针对不同工艺要求选用最适宜的单元操作以及最优化的操作条件，通过智能制造技术优化生产过程中的信息传递、协同工作、资源配置，以提高生产效率和产品质量。

3. 开发新型技术

引入新材料、新技术，开发新的化工单元操作技术，如渗透汽化、区域熔融、电磁分离、泡沫分离、超重力分离、超临界流体萃取等。

4. 升级单元设备

通过人工智能等先进技术，不断发展处理能力更大、效率更高、能耗更小、安全环保、智能融合的单元设备。例如，通过智能控制系统实现自动化生产线的运行，通过智能巡检系统实现设备的自动巡检和故障诊断。

（二）抓住课程关键规律

1. 过程研究掌握四个概念

（1）物料衡算（material balance）。物料衡算以质量守恒定律为基础，向单元过程输入的物料质量等于从该过程输出的物料质量与该过程中积累的物料质量之和，即：输入的物料质量=输出的物料质量+积累的物料质量。对于连续稳定的操作过程，系统中物料的积累量为零，即：输入的物料质量=输出的物料质量。在进行物料衡算时，要确定衡算范围，明确衡算对象，选定衡算基准。物料衡算是单元操作过程中的重要计算内容之一，它对于设备尺寸的设计和生产过程的操作、控制等具有重要意义。

（2）能量衡算（energy balance）。能量衡算以能量守恒定律为基础，对于连续稳定操作过程，输入系统的总能量必定等于输出系统的总能量和系统与环境交换的能量之和，即：输入系统的总能量=输出系统的总能量+环境交换的能量。大多数化工过程涉及的能量主要是热量，对于连续稳定的过程，输入热量=输出热量+损失热量。通过热量衡算，可以了解生产操作中热量的利用和损失情况，确定设备生产能力，使单元操作按规定的条件进行。

（3）平衡关系（equilibrium relationship）。任何一个物理或化学变化过程，在一定条件下必然沿着一定方向进行，直至达到动态平衡为止。例如在一定温度下，当溶液中食盐浓度小于饱和浓度时，加入的食盐就会溶解，直至达到平衡状态时停止；反之，溶液中的食盐会析出，最终达到平衡状态。因此，平衡状态表示的就是各种自然发生的过程可能达到的极限程度，用平衡关系描述。平衡关系是过程能否进行以及进行到何种程度的判断依据，也是设备尺寸设计的理论依据。

（4）过程速率（process rate）。单位时间内过程的变化率称为过程速率，表示过程进行的快慢。过程速率与过程推动力成正比，与过程的阻力成反比，即：

$$过程速率=\frac{过程推动力}{过程阻力}$$

过程速率是影响设备尺寸的重要因素，决定设备的成本和大小。过程推动力是偏离平衡状态的程度，对于传热过程，推动力是温度差；对于传质过程，推动力是浓度差。至于过程阻力则较为复杂，要具体情况具体分析。

2. 学习设备做到"四懂三会"

按照化工企业标准，认识设备做到"四懂"，即"懂原理、懂构造、懂性能、懂用途"，使用设备做到"三会"，即"会操作、会维护保养、会事故处理"。

（三）掌握高效学习方法

1. 一条逻辑主线理清思路

将学习任务的主要内容框架提炼出一条清晰的逻辑主线，例如认识设备时以"四懂"为主线进行学习，处理事故时以"明现象—析原因—做判断—给措施"为主线进行学习，提高理解效率的同时增强逻辑思考能力。

2. 两种学习形式优势互补

线上学习与线下学习相结合，尤其要用好在线开放课程、动画演示、企业实操视频等数字资源进行课前预习和课后巩固，线下通过虚拟仿真软件、实训操作装置等资源进行知识应用和技能强化训练。

3. 六个活动环节完成任务

任务实施环节按照"任务拆解—信息资讯—方案决策—实践演练—评价改进—认知拓展"六个环节进行行动导向学习。"任务拆解"环节利用漏斗问题工具细化任务，列出解决问题的路径、方法；"信息资讯"环节搜索与任务有关的信息，自主迁移与任务相关的基础知识；"方案决策"环节师生共同讨论工作计划，逐步完善，为后续的操作打下基础；"实践演练"环节按照计划完成任务；"评价改进"环节由学生按标准对工作成果做出评价，对重要内容进行RIA（reading-interpretation-appropriation）拆解，R即表述原文，I即教师的解读，A是今后在工作中如何应用，最后对不完善之处进行改进；"认知拓展"环节横向拓展丰富企业经验，纵向拓展深挖理论知识。

4. 四个思维工具提升效果

利用 RIA 拆书工具对所学内容进行复述拆解，把知识变成可应用的职业技能；利用漏斗问题工具聚焦目标，明确回答"要做什么、能做什么、将做什么"，逐步细化任务促进行动，如图 0-5 所示；利用思维导图进行总结，通过确定中心主题、子主题洞悉系统内在的结构和规律；通过复盘挖掘成败的关键因素，快速改进提高。

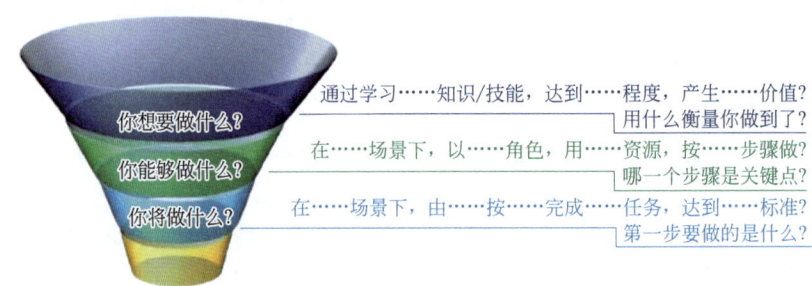

图 0-5　漏斗问题工具

5. 三项成长原则贯穿始终

（1）素养提升日常化。通过素养充电站中"回眸产业千载""放眼行业前沿""品读工业智慧""溯源工程伦理"等模块发掘知识学习与技能训练的内涵和外延，增强民族自信、丰富思考维度的同时建立大工程观。

（2）行为习惯专业化。化工生产中多为易燃易爆等有毒有害物质，所以化工生产中只有规定动作，没有自选动作，实训任务中通过落实"6s"（清理、清扫、清洁、整顿、素养、安全）属地管理、交接班、开作业票、岗位风险辨识等活动了解化工企业文化和管理方式，养成工作中令行禁止、安全生产、定置管理等化工从业者必备的职业行为习惯。

（3）操作技能精细化。引入化工企业"五精管理"理念（源于国家危险化学品生产示范性企业大庆化工有限公司，其内涵是"精细操作、精细巡检、精细维护、精细交接、精细检修"，已写入新时期大庆精神的内涵），例如在操作精馏装置时"根据温度变化，快调热源开度；根据蒸汽变化，慢调塔釜温度；根据塔压变化，细调冷凝开度；根据密度变化，微调回流开度"，通过"快、慢、细、微"的精细训练培养过硬的岗位技能。

"化工单元操作"是化工类专业的核心课程，在公共基础课和专业课之间起着承前启后、由理及工的桥梁作用。本书精准对接行业企业需求，立足企业工作岗位实际设计课程内容，以学习者为中心，通过成果导向和任务驱动有效促进学生学习、操作、分析解决问题等能力的快速提高，课程中蕴含的思维方式、价值理念、企业文化、产业历史等能有效促进学习者职业素养和综合素质的全面提升。

项目一
流体输送

[中国国家资历框架标准 6 级　2 学分]

工业背景

　　流体输送在工业领域应用十分广泛，化工生产的原料、中间产物、产品、载体等多为流体（气体和液体），把它们按照生产工艺的要求输送到指定设备内是实现生产的必要环节，所以，流体输送是化工生产中不可缺少的单元操作，也是学习传热、蒸馏、萃取等其他单元操作的基础。 本模块在了解副操岗位职责的基础上认识流体输送系统，操作气、液输送设备，完成化工生产中的流体输送任务，保障装置安、稳、长、满、优运行。

学习路径

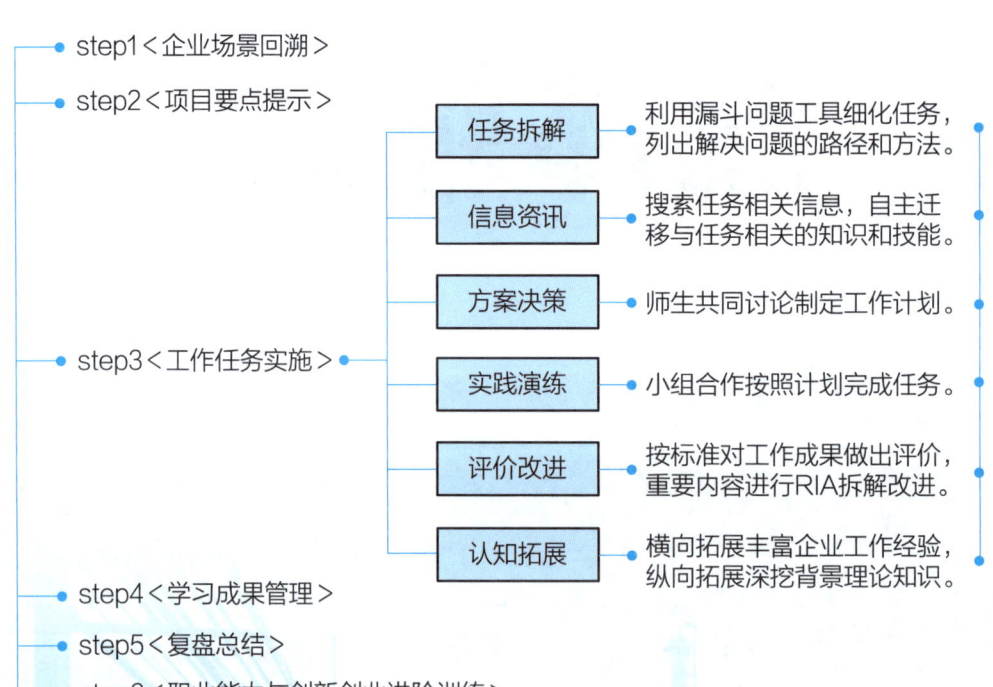

- step1＜企业场景回溯＞
- step2＜项目要点提示＞
- step3＜工作任务实施＞
  - 任务拆解：利用漏斗问题工具细化任务，列出解决问题的路径和方法。
  - 信息资讯：搜索任务相关信息，自主迁移与任务相关的知识和技能。
  - 方案决策：师生共同讨论制定工作计划。
  - 实践演练：小组合作按照计划完成任务。
  - 评价改进：按标准对工作成果做出评价，重要内容进行RIA拆解改进。
  - 认知拓展：横向拓展丰富企业工作经验，纵向拓展深挖背景理论知识。
- step4＜学习成果管理＞
- step5＜复盘总结＞
- step6＜职业能力与创新创业进阶训练＞

项目一　流体输送

【企业场景回溯】

一、生产项目描述

为减少原油运输过程中的挥发，提高资源利用率，需要对采油厂联合站输出的不稳定原油进行分馏，从而得到稳定原油和轻烃。图1-1为大庆油田化工有限公司的原油稳定装置（简称"原稳装置"），年处理原油量 $230×10^4$ t，生产轻烃 $12×10^4$ t。来油需要通过泵送入分馏塔，分离出的气态轻烃需要通过压缩机送入储罐。

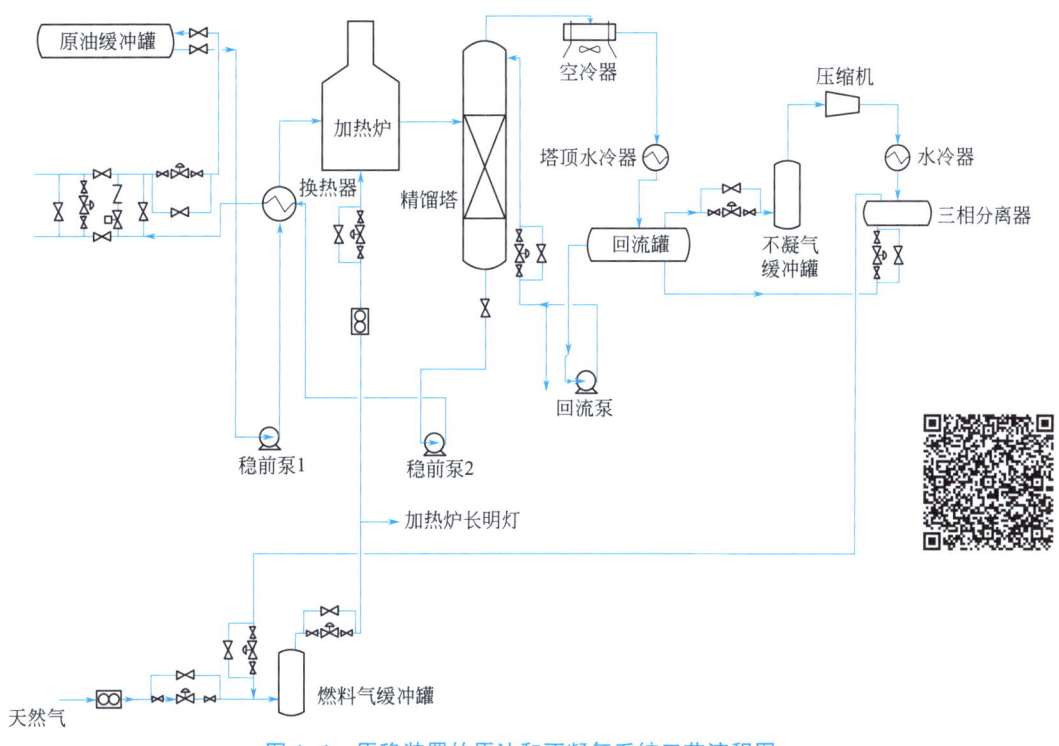

图1-1　原稳装置的原油和不凝气系统工艺流程图

二、岗位职责分析

生产车间架构如图1-2所示，新员工入职多从外操做起，本工段中负责流体输送任务的外操主要是泵岗和压缩岗，其岗位职责如下：

（1）根据工艺要求，负责机泵的开、停操作，负责本岗位各机泵的压力调节、机泵切换及设备维护等工作；
（2）在日常维护工作中负责机泵维护保养以及操作间、泵房内外机泵的卫生；
（3）负责本岗位在各种事故状态下的处理工作和与有关单位的联系工作；
（4）负责岗位交接班工作，按要求写交接班日记和操作记录。

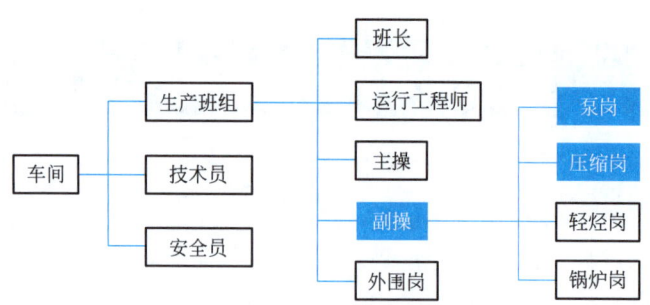

图 1-2　原稳装置车间岗位架构

素养充电站——对标企业生产

　　大庆油田的岗位责任制是一种高效的管理制度。1962年5月8日，新建成不久的中一注水站失火烧毁，会战工委在全战区组织"一把火烧出的问题"大讨论，北二注水站总结各班组管理经验，把工作责任、工作流程、工作程序、工作标准、工作要求、工作考核有机地统一起来，首创大庆油田生产管理制度——岗位责任制，包括岗位专责制、交接班制、巡回检查制、设备维修保养制、质量负责制、岗位练兵制、安全生产制、班组经济核算制八大制度，做到事事有人管，人人有专责，是石油大会战时期宝贵的精神财富之一。

三、安全生产须知——副操

　　(1) 严格执行岗位操作规程和各种操作程序卡，遵守车间规章制度，做好现场标准化，对本岗位的安全生产负直接责任。

　　(2) 清楚操作中的危害因素、事故预案。

　　(3) 上岗必须按规定穿着防护用品，妥善保管并正确使用各种防护器具和消防器材。

　　(4) 按时认真进行装置巡检，发现异常情况及时处理和报告。

　　(5) 正确分析、判断和处理各种事故隐患，把问题消灭在萌芽状态；如发生事故，要正确处理，及时、准确地向上级汇报，并保护现场，做好详细记录。

　　(6) 有权拒绝违章作业指令，对他人违章作业加以劝阻和制止。

　　(7) 积极参加分公司、车间、班组组织的各种安全活动。

项目一　流体输送

【项目要点提示】

一、I/O 接口

流体输送这一项目的前导知识技能、输出知识技能和后续对接生产项目见图 1-3。

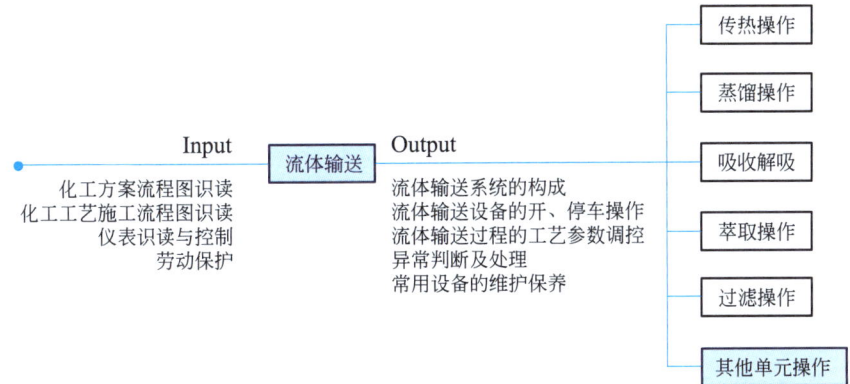

图 1-3　流体输送 I/O 接口

二、学习目标

知识目标

(1) 能准确说出流体输送系统的对象、本质、原理、分类、应用
(2) 能准确说出流体输送系统的构成
(3) 能准确说出常用流体输送设备的原理、结构、性能、用途
(4) 能准确说出流体输送系统温度、压力、流量、液位等参数的测量方法
(5) 能准确说出流体输送装置的开停车操作流程和过程控制要点
(6) 能准确说出流体输送过程中常见事故的现象、成因及处理方法

能力目标

(1) 能独立完成典型流体输送设备的开、停车操作
(2) 能正确调控流体输送过程中的工艺参数
(3) 能正确诊断输送过程中的异常现象并给出合理的处理方案
(4) 能完成常用流体输送设备的日常检查和强制保养
(5) 能通过多种新媒体资源获取信息、处理信息和运用信息
(6) 能对工作结果进行总结、评价与优化改进
(7) 能组织副操岗的初步日常工作

素质目标

(1) 认同化工企业管理方式，适应化工生产倒班作业
(2) 树立标准化操作、精益求精的工程质量意识，树立正确的劳动观
(3) 认识化工生产中的风险、责任和利益，将道德标准与法制意识深植于心
(4) 发扬诚信、友爱、互助的团队精神，积极践行社会主义核心价值观
(5) 关注产业历史和发展方向，挖掘其蕴含的优秀传统文化，增强"四个自信"
(6) 针对工作问题主动思考、积极创新，形成不断演进的成长型思维

三、重点、难点及解决方案

重　　点：流体输送设备的开、停车操作，流体输送系统的参数控制。

解决方案：开、停车操作按照"明流程—知操作—记参数—保安全"的逻辑链逐一展开，过程参数控制要明确其影响因素，熟练操作。

难　　点：流体输送系统的事故处理。

解决方案：按照"明现象—析原因—做判断—给措施"的逻辑链逐一展开，事故处理完成后撰写"事故总结报告"进行复盘，参考格式如下：

****事故分析报告

发现时间：****年**月**日**时**分

发现人员：***、***、***

事故位置：****厂**车间**装置**工段**（设备、仪表、阀门等编号）

事故现象：1. ********************；
　　　　　2. ********************；
　　　　　3. ********************。

分析判定：****、****和****故障都会引发****现象，对****进一步检查发现****现象，据此判定此事故是由****（事故成因）引起的****（事故名称）。

处理方法：1. ********************；
　　　　　2. ********************；
　　　　　3. ********************。

　　　或：按****事故处置卡进行处置。

执行单位：********

处理结果：经处理，****（事故位置）已恢复正常运行。

　　　或：****部分已恢复运行，****部分仍存在****问题，需进一步维修，已上报****，目前进度是****。

　　　或：****问题因为****目前无法处理，已上报****，目前进度是****。

报告人：***
****年**月**日

四、资源保障

移动学习端、离心泵单元仿真软件、压缩机单元仿真软件、流体输送操作实训装置。

五、参考标准

GB/T 3215—2019《石油、石化和天然气工业用离心泵》。

GB/T 7021—2019《离心泵名词术语》。

GB/T 4976—2017《压缩机 分类》。

GB/T 10892—2021《固定的空气压缩机 安全规则和操作规程》。

HG/T 20695—2015《化工设备管道外防腐设计规定》。

项目一 流体输送

【工作任务实施】

任务一　认识流体输送系统

微课：认识流体输送系统

　　了解流体输送系统的基本情况是完成操作任务、进行生产管理和技术创新的基础，请为入职培训的新员工介绍流体输送装置概况。

一　任务拆解

（1）我要完成什么任务？

介绍流体输送系统的基本情况。

（2）我要在什么样的场景下，以什么样的身份，利用什么样的资源，开展什么活动来完成这个任务？要达到什么样的标准？

在新员工入职培训时，以装置副操的身份，用 ppt 或对照装置进行讲解，让新员工了解什么是流体输送、流体输送系统的构成、常用液体输送设备、常用气体输送设备、流体输送过程中的参数测量。

（3）我要按照怎样的步骤来执行，关键点是什么？第一步要做的是什么？

按照"查找资料—确定大纲—制作文稿—讲解演示"的顺序完成任务，关键点是根据任务场景列出内容大纲，第一步要进行信息资讯，储备必要的知识技能。

> **素养充电站——品读工业智慧**
>
> "有的放矢"出自宋代叶适的《水心别集·十五·终论》。论立于此，若射之有的也，或百步之外，或五十步之外，的必先立，然后挟弓注矢以从之。这个成语强调了在采取行动或制定计划之前，明确目标和需求，有针对性地采取措施，行动方能准确有效，在学习和工作中建立目标思维非常重要。目标思维是以终为始，从结果出发，推演行动，体现在正确定义问题，合理分解问题，抓住不同阶段关键问题三个方面。执行过程中要阶段性复盘目标，及时纠偏。

二　信息资讯

（一）什么是流体输送（fluid transport）

1. 流体输送的对象

流体输送的对象是流体，所谓流体，就是受到任何微小剪切力的作用都会连续形变的物质，气体和液体统称为流体。

（1）流体的性质。

①**流动性**：流动性是流体流动引起分子扩散的结果。②**无定形性**：流体具有无定形性，其形状会随着盛装容器的形状而变化。③**胀缩性**：因为流体的分子排列比较松散，

流体的胀缩性是流体质点在一定压力差或温度差的条件下，其体积或密度可以改变的性质。气体的可胀缩性比液体大很多。④黏滞性：流体的黏滞性是指流体内部分子间的摩擦阻力或流体抵抗形变的能力。当流体的黏滞性和胀缩性很小时，可以将其近似看作理想流体。

（2）层流和湍流。

1883年，英国物理学家雷诺揭示了流体流动的机理，实验装置如图1-4所示，假设储水槽中液位保持恒定，不同的流动条件会出现两种稳定的流动形态——层流和湍流，层流和湍流之间还有一种过渡态，流体的流动形态见表1-1。

图1-4 雷诺实验装置

表1-1 流体的流动形态

流动形态	流速	流体状态	速度分布	实例
层流	水的流速较小	着色水在管内沿轴线方向呈一条清晰的细直线，流体质点沿管轴方向做直线运动。	层流时其速度分布曲线呈抛物线形。管壁处速度为零，管中心处速度最大。平均流速 $u = 0.5 u_{max}$	管内流体的低速流动、高黏度液体的流动、毛细管和多孔介质中的流体流动等
过渡流	水的流速逐渐增至某一定值	着色细线开始呈现波浪形，但仍保持较清晰的轮廓。它不是一种独立的流动形态。	过渡流的速度分布介于层流与湍流之间	管道系统中从层流到湍流时会出现过渡流
湍流	水的流速再增大到某值	着色细线与水流混合，甚至一进入管内即与水完全混合，流体质点除沿轴向做主体流动，还在各个方向有剧烈随机运动。	湍流时其速度分布曲线呈不严格抛物线形。管中心附近速度分布较均匀，平均流速 $u = 0.82 u_{max}$	工程上管内流体的高速流动

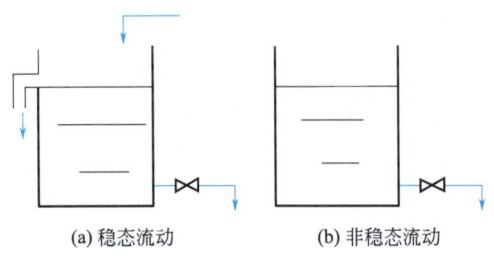

图1-5 稳态流动与非稳态流动

（3）稳态流动和非稳态流动。

流体的流动按参数变化情况分为稳态流动和非稳态流动，如图1-5所示。流动系统中，如果各截面上的温度、压力、流速等物理量只随位置变化，而不随时间变化，这种流动称为稳态流动（或定态流动）。若流体在各截面上的有关物理量既随位置变化，又随时间变化，则称为非稳态流动（或非定态流动）。在化工生产中,开、停车阶段属于非稳态流动,正常连续生产时属于稳态流动。

2. 流体输送的本质

流体输送的本质是动量传递,它遵循质量守恒定律、动量守恒定律、能量守恒定律等规律,研究的是流体的静止和运动状态,以及流体和流体之间、流体和接触壁面之间的相互作用。流体的连续性方程是质量守恒定律在流体力学中的具体表现形式。

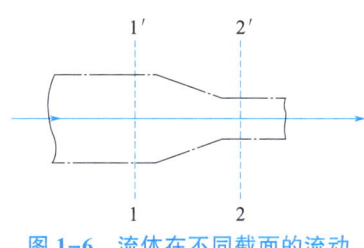

图 1-6 流体在不同截面的流动

如图 1-6 所示,定态流动系统,流体以流速 u_1、u_2 连续地从截面积为 A_1 的 1-1′ 截面进入,从截面积为 A_2 的 2-2′ 截面流出,且充满全部管道。以 1-1′、2-2′ 截面以及管内壁为衡算范围,根据质量守恒定律,单位时间进入截面 1-1′ 的流体质量 q_{m1} 与单位时间流出截面 2-2′ 的流体质量 q_{m2} 必然相等,即

$$q_{m1}=q_{m2} \tag{1-1}$$

或:
$$\rho_1 u_1 A_1 = \rho_2 u_2 A_2 \tag{1-2}$$

推广至任意截面: $q_m = \rho_1 u_1 A_1 = \rho_2 u_2 A_2 = \cdots = \rho_n u_n A_n = 常数 \tag{1-3}$

式(1-1)~式(1-3)均称为流体的连续性方程,表明在定态流动系统中,流体流经各截面时的质量流量恒定。

对于不可压缩流体,$\rho=$ 常数,连续性方程可写为

$$q_v = u_1 A_1 = u_2 A_2 = \cdots = u_n A_n = 常数 \tag{1-4}$$

式(1-4)表明不可压缩性流体流经各截面时的体积流量不变,流速 u 与管截面积成反比,截面积越小,流速越大;反之,截面积越大,流速越小。

对于直径分别为 d_1、d_2 的圆形管道,式(1-4)可变形为

$$\frac{u_1}{u_2} = \frac{A_2}{A_1} = \left(\frac{d_2}{d_1}\right)^2 \tag{1-5}$$

式(1-5)说明不可压缩流体在圆形管道中,任意截面的流速与管内径的平方成反比。

【例 1-1】 如图 1-6 所示的串联变径管路中,已知小管规格为 $\phi 57\text{mm} \times 3\text{mm}$,大管规格为 $\phi 89\text{mm} \times 3.5\text{mm}$,均为无缝钢管,水在小管内的平均流速为 2.5m/s,水的密度可取 1000kg/m³。试求:(1)水在大管内的流速;(2)管路中水的体积流量和质量流量。

解 (1)小管: $d_1 = 57-2\times 3 = 51(\text{mm})$,$u_1 = 2.5(\text{m/s})$

大管: $d_2 = 89-2\times 3.5 = 82(\text{mm})$

则水在大管中的流速为

$$u_2 = u_1 \left(\frac{d_1}{d_2}\right)^2 = 2.5 \times \left(\frac{51}{82}\right)^2 = 0.967(\text{m/s})$$

(2) $q_v = u_1 A_1 = u_1 \frac{\pi}{4} d_1^2 = 2.5 \times 0.785 \times 0.051^2 = 0.0051(\text{m}^3/\text{s})$

$$q_m = q_v \rho = 0.0051 \times 1000 = 5.1(\text{kg/s})$$

3. 流体输送的原理

伯努利定律指出,不可压缩流体的流速、压强和高度之间存在一定的关系,在流体输送过程中,流体流速增加会导致压强的降低,而流动高度的增加会导致压强的增加。因此,通过控制流体的流速和高度,可以实现对流体压强的控制,从而达到输送流体的目的。

> **素养充电站——走进领域名家**
> 丹尼尔·伯努利是瑞士物理学家，提出的伯努利定律是在流体力学的连续介质理论方程建立之前水力学所采用的基本原理，其实质是流体的机械能守恒，即：动能+重力势能+压力势能=常数。最著名的推论为：等高流动时，流速大，压力小。

(1) 总能量衡算。

如图 1-7 所示的稳态流动系统中，0-0′为基准水平面，1kg 流体从 1-1′截面流入，从 2-2′截面流出。

流体具有以下几种形式的能量：

① 内能。储存于物质内部的能量 U，单位为 J/kg。

② 位能。流体受重力作用在不同高度所具有的能量称为位能。将质量为 m(kg) 的流体自基准水平面 0-0′升举到高度 z 处所做的功，即位能=mzg，1kg 流体所具有的位能为 zg，其单位为 J/kg。

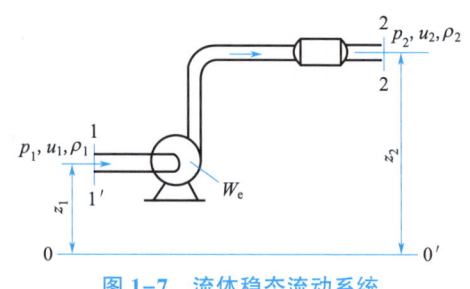

图 1-7 流体稳态流动系统

③ 动能。流体以一定速度流动，便具有动能，1kg 流体所具有的动能为 $\frac{1}{2}u^2$，单位为 J/kg。

④ 静压能。在静止流体内部由于静压力产生静压能，1kg 流体所具有的静压能为 $\frac{p_1 V_1}{m} = \frac{p_1}{\rho_1}$，单位为 J/kg。

⑤ 热。流体通过加热器、冷却器时与之交换热量，设换热器向 1kg 流体提供的热量为 q_e，其单位为 J/kg。

⑥ 外功。流体从输送机械处获得的能量，称为外功或有效功，用 W_e 表示，单位为 J/kg。

根据能量守恒原则，对于划定的流动范围，其输入的总能量必然等于输出的总能量。图 1-7 中，在 1-1′截面与 2-2′截面之间的衡算范围内，有

$$U_1 + z_1 g + \frac{1}{2}u_1^2 + \frac{p_1}{\rho} + W_e + q_e = U_2 + z_2 g + \frac{1}{2}u_2^2 + \frac{p_2}{\rho} \tag{1-6}$$

在以上能量形式中，可分为两类：
① 机械能，即位能、动能、静压能及外功，可用于输送流体；
② 非机械能，即内能与热，不能直接转变为输送流体的能量。

(2) 实际流体的机械能衡算。

对于 1kg 不可压缩流体，$\rho_1 = \rho_2$，$v_1 = v_2 = \frac{1}{\rho}$；流动系统无热交换，则 $q_e = 0$；流体温度不变，则 $U_1 = U_2$。因实际流体具有黏性，在流动过程中必定消耗一定的能量。根据能量守恒原则，能量不可能消失，只能从一种形式转变为另一种形式，这些消耗的机械能转变成热

能，这些热能不能再转变为用于流体输送的机械能，只能使流体的温度升高。从流体输送的角度来看，这些是"损失"的能量。将1kg流体损失的能量用ΣW_f表示，其单位为J/kg，式(1-6)可简化为

$$z_1 g + \frac{1}{2}u_1^2 + \frac{p_1}{\rho} + W_e = z_2 g + \frac{1}{2}u_2^2 + \frac{p_2}{\rho} + \Sigma W_f \tag{1-7}$$

（3）理想流体的机械能衡算。

理想流体是指没有黏性（即流动中没有摩擦阻力）的不可压缩流体。这种流体实际上并不存在，是一种假想的流体，但这种假想对解决工程实际问题具有重要意义。对于理想流体无外功加入时，式(1-6)可简化为

$$z_1 g + \frac{1}{2}u_1^2 + \frac{p_1}{\rho} = z_2 g + \frac{1}{2}u_2^2 + \frac{p_2}{\rho} \tag{1-8}$$

通常式(1-8)称为伯努利方程，式(1-7)是伯努利方程的引申，习惯上也称为伯努利方程。

想一想 如果系统中的流体处于静止状态，那么伯努利方程是怎样的形式？

流体处于静止状态时，$u=0$，没有流动，也就没有能量损失，$\Sigma W_f = 0$，此时也不需要外加功，$W_e = 0$，则伯努利方程变为

$$z_1 g + \frac{p_1}{\rho} = z_2 g + \frac{p_2}{\rho} \tag{1-9}$$

式(1-9)是流体静力学基本方程式，由此可见，伯努利方程除表示流体的运动规律外，还表示流体静止状态的规律，而流体的静止状态则是流体运动状态的一种特殊形式。

（4）解决实际问题。

应用伯努利方程可以解决流体输送与流量测量中的实际问题，如：确定容器间相对位置、确定管路中流体的压强、确定管道中的流量与流速、确定输送设备的有效功率。使用时需注意以下几个问题：

① 作图并确定衡算范围。根据工程要求画出流动系统的示意图，指明流体的流动方向和上下游的截面，以明确流动系统的衡算范围。

② 截面的选取。选取的截面一般应与流体流动方向垂直；两截面间流体应是稳态连续流动；所求未知量应在两截面之间或截面上，截面上除所需求取的未知量外，应全部是已知量或通过其他关系可以计算出来。

③ 基准水平面的选取。基准水平面可以任意选取但必须与地面平行，而且两个截面必须是同一个基准水平面。为计算方便，宜选取两截面中位置较低的截面为基准水平面。若截面不是水平面，而是垂直于地面，则基准面应选取通过该截面中心的水平面。

④ 单位必须一致。必须要将有关物理量换算成一致的单位再进行计算。尤其在计算两截面的静压能时，不仅单位要一致，表示方法也应一致。

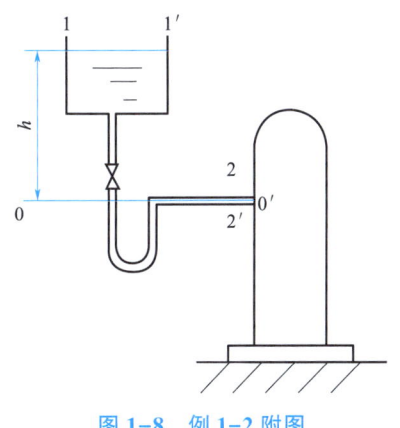

图1-8 例1-2附图

【例1-2】 如图1-8所示，从高位槽向塔内进料，高位槽中液位恒定，高位槽和塔内的压力均为大气压，

送液管为 $\phi 45\text{mm} \times 2.5\text{mm}$ 的钢管，要求送液量为 $3.6\text{m}^3/\text{h}$。设料液在管内的压头损失为 1.2m（不包括出口能量损失），那么高位槽的液位要高出进料口多少米？

解：如图 1-8 所示，取高位槽液面为 1-1′截面，进料管出口内侧为 2-2′截面，以过 2-2′截面中心线的水平面 0-0′为基准面。在 1-1′和 2-2′截面间列伯努利方程：

$$z_1 + \frac{1}{2g}u_1^2 + \frac{p_1}{\rho g} + H_e = z_2 + \frac{1}{2g}u_2^2 + \frac{p_2}{\rho g} + \sum h_f$$

其中：$z_1 = h$；因高位槽截面比管道截面大得多，所以槽内流速比管内流速小得多，可以忽略不计，即 $u_1 \approx 0$；$p_1 = 0$（表压）；$H_e = 0$；$z_2 = 0$；$p_2 = 0$（表压）；$\sum h_f = 1.2\text{m}$。

$$u_2 = \frac{q_v}{\frac{\pi}{4}d^2} = \frac{3.6 \div 3600}{0.785 \times 0.04^2} = 0.796\,(\text{m/s})$$

代入计算，可确定高位槽液位的高度为

$$h = \frac{1}{2 \times 9.81} \times 0.796^2 + 1.2 = 1.23\,(\text{m})$$

解本题时注意，因题中所给的压头损失不包括出口能量损失，因此 2-2′截面应取管出口内侧。若选 2-2′截面为管出口外侧，计算过程会有所不同。

【例 1-3】 如图 1-9 所示，某厂利用喷射泵输送氨。管中稀氨水的质量流量为 $1 \times 10^4 \text{kg/h}$，密度为 1000kg/m^3，入口处的表压为 147kPa。管道的内径为 53mm，喷嘴出口处内径为 13mm，喷嘴能量损失可忽略不计。试求喷嘴出口处的压力。

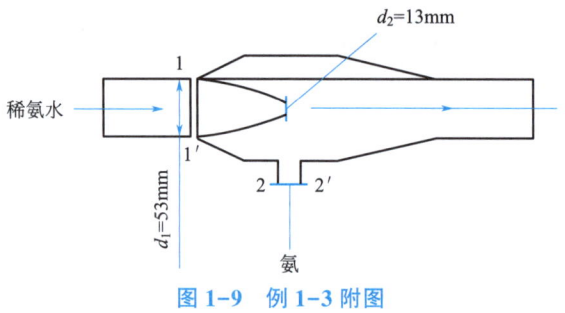

图 1-9 例 1-3 附图

解：取稀氨水入口为 1-1′截面，喷嘴出口为 2-2′截面，管中心线为基准水平面。在 1-1′和 2-2′截面间列伯努利方程有：

$$z_1 g + \frac{1}{2}u_1^2 + \frac{p_1}{\rho} + W_e = z_2 g + \frac{1}{2}u_2^2 + \frac{p_2}{\rho} + \sum W_f$$

其中：$z_1 = 0$，$p_1 = 147 \times 10^3 \text{Pa}$（表压）。

$$u_1 = \frac{q_m}{\frac{\pi}{4}d_1^2 \rho} = \frac{10000 \div 3600}{0.785 \times 0.053^2 \times 1000} = 1.26\,(\text{m/s})$$

$z_2 = 0$，喷嘴出口速度 u_2 可直接计算出来或由连续性方程计算：

$$u_2 = u_1 \left(\frac{d_1}{d_2}\right)^2 = 1.26 \times \left(\frac{0.053}{0.013}\right)^2 = 20.94\,(\text{m/s})$$

$$W_e = 0;\ \Sigma W_f = 0$$

将以上各值代入伯努利方程有：

$$\frac{1}{2} \times 1.26^2 + \frac{147 \times 10^3}{1000} = \frac{1}{2} \times 20.94^2 + \frac{p_2}{1000}$$

解得 $p_2 = -71.45$ kPa（表压），所以喷嘴出口处的真空度为 71.45 kPa。

同样的方法，利用伯努利方程还可以求取输送管路中的流量与流速，确定一定条件下输送设备所需的功率。

4. 流体输送的分类

可以利用输送过程中的位差、压差、外加功来实现流体的正常输送，主要有高位槽送料、真空抽料、压缩空气送料、流体输送机械送料这四种方式。

（1）高位槽送料。

高位槽送料是一种由高处向低处送料的情况，利用容器、设备之间的位差，将处在高位设备内的液体输送到低位设备内。化工生产中，各容器、设备之间常常会存在一定的位差，当工艺要求将处在高位设备内的液体输送到低位设备内时，只要在两个设备之间用一根管道连接即可。此外，对于要求流体稳定流动的场合，为避免输送机械带来的波动，也常常设置高位槽，如图1-10所示，甲醇汽化时需要用甲醇泵将甲醇送到高位槽再进行送液。

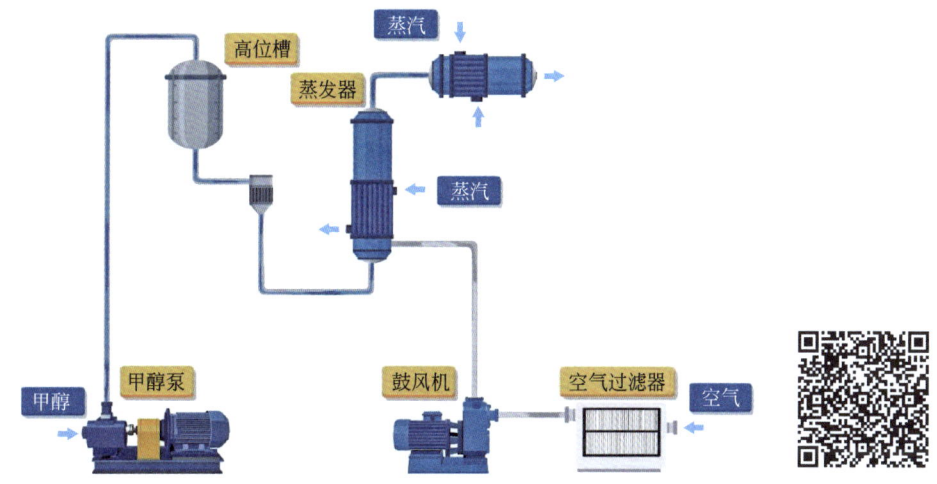

图1-10　甲醇汽化流程

（2）真空抽料。

真空抽料是一种通过给下游设备抽真空造成上下游设备之间的压力差来完成流体输送的过程，是化工生产中常用的流体输送方法，其结构简单，操作方便，没有动件，但需要真空系统，且流量调节不方便，不适合输送易挥发的液体，主要用在间歇送料的场合。连续真空抽料时，如多效并流蒸发中，下游设备的真空度必须满足输送任务的流量要求，同时还要符合工艺条件对压力的要求。如图1-11所示，真空抽送烧碱溶液时，先将烧碱溶液从碱储罐放入烧碱溶液中间槽内，再通过调节阀，利用真空系统产生的真空将烧碱溶液吸入高位槽里。

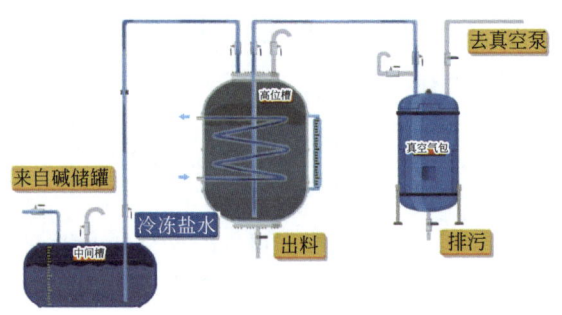

图 1-11 真空抽送烧碱流程

(3) 压缩空气送料。

压缩空气送料是一种由低处向高处送料的情况，这种通过压缩空气给上游流体施加一定压力来实现物料输送的操作称为压缩空气送料。压缩空气送料装置结构简单，没有动件，可用于输送腐蚀性大、不易燃易爆的流体，但由于流量小且不易调节，只能间歇输送流体。化工生产过程中如果需要远距离输送腐蚀性物料，一般采用压缩空气或惰性气体代替输送机械来输送物料。如图 1-12 所示，酸储槽送酸时，将储槽中的酸放入容器，再通入压缩空气，在压力的作用下将酸输送至目标设备。

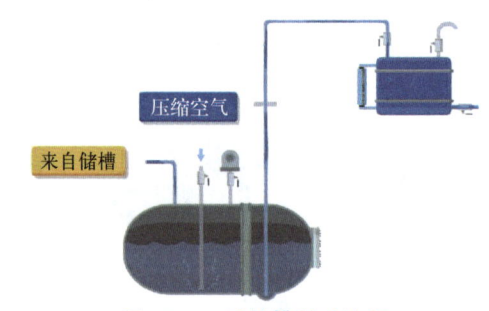

图 1-12 酸储槽送酸流程

(4) 流体输送机械送料。

流体输送机械送料是指借助流体输送机械对流体做功实现流体输送的操作，由于输送机械的类型很多，扬程和流量的可选范围较广并且易于调节，是化工生产中最常见的流体输送方法。如图 1-13 所示，就是用泵将甲醇溶液打入脱甲醇塔中。

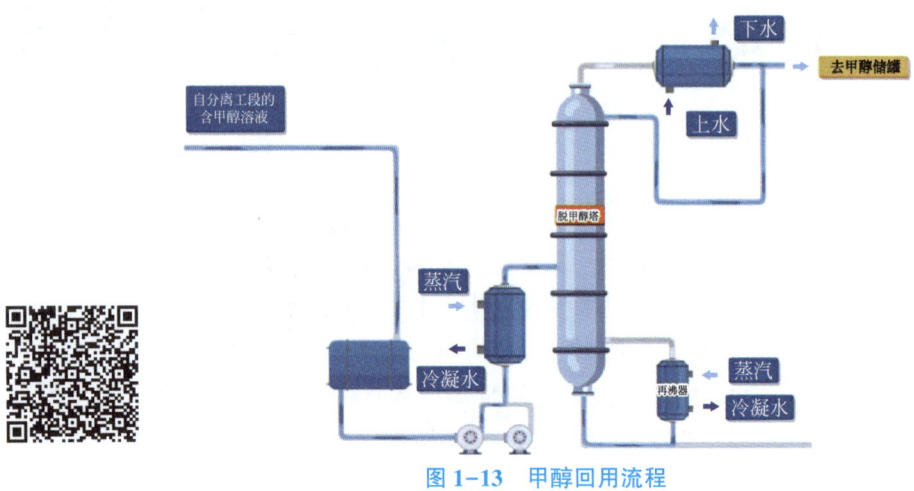

图 1-13 甲醇回用流程

项目一　流体输送

5. 流体输送的应用

化工生产中，流体输送扮演着重要角色，主要应用在三个方面：一是将原料、产品等流体输送到指定位置，这也是流体输送最根本的目的；二是调控生产过程中流量、流速等参数；三是为传热、传质设备提供适宜的流动条件。

（二）流体输送系统的构成

化工生产中最基本的输送系统是由管路、仪表、储罐、输送设备这四类要素构成的。

1. 管路

（1）管路的分类。

① 化工生产过程中的管路按照是否有分支管可以分为简单管路和复杂管路两大类，简单管路又包括单一管路和串联管路。单一管路的直径不变，没有分支，串联管路虽然没有分支，但管径会有变化。复杂管路包括分支管路和并联管路，分支管路的流体由总管分流到几个分支，各分支的出口不同，并联管路中，分支最终汇合到总管一起排出。对于重要管路系统，如全厂或大型车间的动力管线，包括蒸汽、煤气、上水及其他循环管道等，一般均应按并联管路铺设，这样更有利于提高能量的综合利用、减少局部故障造成的影响。

② 按输送介质的种类可以分为：水管、蒸汽管、气体管、油管、腐蚀性介质管。甲醇、乙醇这类和水性质相似的液体物料用水管输送，氧气、氮气、氨气等用气体管输送，酸液、碱液等用腐蚀性介质管输送。

③ 按输送介质的压力，分为真空管道、低压管道、中压管道、高压管道和超高压管道。

④ 按输送介质的温度，分为低温管道、常温管道和高温管道。

⑤ 按照管道的用途，可以分为长输管道、公用管道、工业管道和动力管道等。

素养充电站——品读工业智慧

通过多维度分类能够综合考虑事物的多个属性或特征，帮助我们更全面、更准确地把握事物的本质和规律。重点是建立分类思维，分类思维的主旨是根据不同标准将事物划分成不同类别，核心是找准分类标准。

（2）化工管路的组成。

化工管路主要是由管子、管件和阀门等按一定的排列方式构成的，也包括一些附属于管路的管架、管卡、管撑等辅件。

① 管子。

管子是管路的主体。由于生产系统中的物料和所处工艺条件各不相同，所以用于连接设备和输送物料的管子除需满足强度和通过能力的要求外，还必须耐温、耐压、耐腐蚀以及满足导热等性能的要求。所以要根据所输送物料的性质（如腐蚀性、易燃性、易爆性等）和操作条件（如温度、压力等）来选择合适的管材。

管子通常按制造材料分为金属管、非金属管和复合管。复合管指金属与非金属两种材料组成的管子。常见的化工管材的特点及用途见表1-2。

表 1-2 常见化工管材的特点及用途

种类及名称			结构特点	用途
金属管	钢管	有缝钢管	有缝钢管是用低碳钢焊接而成的钢管，又称为焊接管。易于加工制造、价格低。主要有水管和煤气管，分镀锌管和黑铁管（不镀锌管）两种	有缝钢管目前主要用于输送水、蒸汽、煤气、腐蚀性低的液体和压缩空气等。因为有焊缝而不适宜在 0.8MPa（表压）以上的压力条件下使用
		无缝钢管	无缝钢管是用棒料钢材经穿孔热轧或冷拔制成的，没有接缝。用于制造无缝钢管的材料主要有普通碳钢、优质碳钢、低合金钢、不锈钢和耐热铬钢等。无缝钢管的特点是质地均匀、强度高、管壁薄，少数特殊用途的无缝钢管的壁厚也可以很厚	无缝钢管能用于在各种压力和温度下输送流体，广泛用于输送高压、有毒、易燃易爆和强腐蚀性流体等介质
	有色金属管	铜管与黄铜管	铜管由紫铜或黄铜制成。导热性好，延展性好，易于弯曲成型	铜管适用于制造换热器和深冷装置；可用于油压系统、润滑系统输送有压液体；也广泛用于低温管路和海水管路中
		铅管	铅管抗腐蚀性好，能抗硫酸及10%以下的盐酸，其最高工作温度是413K。但由于铅管机械强度差、性软而笨重、导热能力小，目前正被合金管及塑料管所取代	铅管主要用于酸性介质的输送，可输送 0.5%~15% 的硫酸、60% 的氢氟酸及浓度低于 80% 的乙酸，但不适用于输送浓盐酸、硝酸和次氯酸等介质
金属管	有色金属管	铝管	铝管耐碱性差，但具有较好的耐酸性，其耐酸程度主要由其纯度决定。铝管在空气中具有较好的力学性能，但其机械强度随着温度的升高而显著降低	铝管广泛用于输送浓硫酸、浓硝酸、甲酸和醋酸等，也常用于换热器和空气分离装置中。小直径铝管可以代替铜管来输送有压流体。当温度超过 433K 时，不宜在较高的压力下使用
		铸铁管	铸铁管分为普通铸铁管和合金硅铁管。铸铁管价廉而耐腐蚀，但强度低，气密性也差，不能用于输送有带压蒸气、易燃易爆、有毒有害的气体等	铸铁管一般作为埋在地下的给水总管、煤气管及污水管等，也可以用来输送碱液及浓硫酸等
非金属管		陶瓷管	陶瓷管耐腐蚀性较好，除氢氟酸、氟硅酸和强碱外，能耐各种浓度的有机酸、无机酸和有机溶剂的腐蚀，但强度低、性脆	陶瓷管一般用于排除腐蚀性介质的下水道和通风管道

续表

种类及名称		结构特点	用途
非金属管	玻璃管	玻璃管具有耐腐蚀、透明、易于清洗、阻力小、价格低等优点,但性脆、不耐压	玻璃管常用于检测或实验性工作场合,由于透明,可用于某些特殊介质的输送
	塑料管	塑料管常用的有硬聚氯乙烯管、软聚氯乙烯管、聚乙烯管、聚丙烯管以及金属表面喷涂聚三氟氯乙烯管等。其特点是质轻、抗腐蚀性好、易加工,但耐热耐寒性差,强度低,不耐压	塑料管一般用于常温、常压下酸碱液的输送
	橡胶管	常用的橡胶管一般由天然橡胶或合成橡胶制成。橡胶管具有较好的耐腐蚀性和可塑性,质量轻,安装拆卸方便,但易老化	橡胶管用于临时管路和对压力要求不高的场合

化工生产中金属管占绝大部分,但由于化工生产中介质常具有强腐蚀性,同时又有各种特殊的工艺条件要求,随着化学工业的发展,各种新型耐腐蚀材料不断出现,非金属材料,特别是有机聚合材料,例如塑料、尼龙等,越来越多地替代了金属材料。

② 管件。

将管子连接成管路时,需要依靠各种构件来延长管路、改变管路方向、直径、分支,合流或封闭管路,称之为管件。管件按用途可以分为五类:

第一类,改变流向的管件,如90°弯头、45°弯头、180°回弯头等,如图1-14所示。

 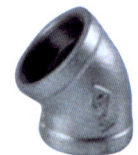 

图1-14　90°弯头、45°弯头、180°回弯头

第二类,改变管道直径的管件,如异径管、内外螺纹接头（补芯）等,如图1-15所示。

图1-15　异径管、内外螺纹接头

第三类,用来连接支管的管件,如三通、四通等,如图1-16所示。有时三通也用来改

变流向，将一个通道接头用管帽或盲板封上，需要时打开再连接一条分支管。

图 1-16　三通、四通

第四类，用来堵塞管路的管件，如管帽、丝堵（堵头）、盲板等，如图 1-17 所示。

图 1-17　管帽、丝堵、盲板

第五类，用来延长管路的管件，如管箍（束节）、螺纹短节、活接头、法兰等，如图 1-18 所示。

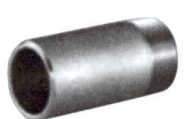

图 1-18　管箍、螺纹短节、活接头、法兰

③ 阀门。

用来启闭管路，调节流量、压力、流动方向以及控制安全的部件，通常称为阀门。阀门的种类很多，根据阀门在管路中的作用不同分为切断阀、节流阀、止回阀、安全阀等，根据阀门的结构形式不同分为闸阀、旋塞、球阀、蝶阀、隔膜阀、衬里阀等，根据阀门制作材料的不同分为不锈钢阀、铸铁阀、塑料阀、陶瓷阀等，根据阀门启动力的来源不同分为他动启闭阀和自动作用阀（电动阀、气动阀、电磁阀）。选用阀门时，应依据被输送介质的性质、操作条件及管路实际情况进行综合考量。常见他动启闭阀的结构特点和用途见表 1-3。

表 1-3　常见他动启闭阀的结构特点和用途

名称	结构特点	用途
闸阀	闸阀的主要部件为一闸板，通过闸板的升降以启闭管路。这种阀门全开时流体阻力小，全闭时较严密	闸阀多用于大直径管路的启闭控制，在小直径管路中也有用作调节阀的。不宜用于含有固体颗粒或物料易于沉积的输送管路中

续表

名称	结构特点	用途
截止阀	截止阀主要部件为阀盘与阀座，流体自下而上通过阀座，其构造比较复杂，流体阻力较大，但密闭性与调节性能较好	截止阀不宜用于黏度大且含有易沉淀颗粒介质的管路中
止回阀	止回阀的作用是使介质做一定方向的流动，分为升降式和旋启式两种。升降式止回阀密封性较好，但流动阻力大，旋启式止回阀用摇板来启闭	止回阀一般适用于清洁介质
球阀	球阀的阀芯呈球状，中间是一个与管内径相近的连通孔，结构比闸阀和截止阀简单，启闭迅速，操作方便，体积小，重量轻，零部件少，流体阻力也小	球阀适用于低温高压及黏度大的介质管路，但不宜用于调节流量
旋塞阀	旋塞阀主要部分为一可转动的圆锥形旋塞，中间有孔，当旋塞旋转至90°时，流动通道即全部封闭	旋塞阀温度变化大时容易卡死，不能用于高压条件
安全阀	安全阀是为管道设备的安全保险而设置的截断装置，能根据工作压力自动启闭，将管道设备的压力控制在某一数值以下，从而保证其安全	安全阀主要用于蒸汽锅炉及高压设备的压力调节
减压阀	减压阀靠膜片、弹簧、活塞等零件利用介质的压差来控制阀瓣与阀座的间隙以达到减压的目的。一般阀后压力要小于阀前压力的50%	减压阀用于需要将介质压力自动降低到一定数值的管路中

续表

名称	结构特点	用途
疏水阀	疏水阀利用浮力原理开关，可自动辨识水与汽。其中，自由浮球式疏水阀结构简单，杠杆浮球疏水阀和倒吊筒式疏水阀结构复杂	疏水阀常用于连续排水、流量较大、需对排出的水进行收集再利用的场合
隔膜阀	隔膜阀的启闭件是一块软质材料制成的隔膜，夹在阀体与阀盖之间，关闭时阀杆下的圆盘把膜片压紧在阀体上达到密封。结构简单，密封可靠，检修方便，流动阻力小。	隔膜阀适用于输送酸性介质和带悬浮物的流体管路中，一般不宜用于较高压力或温度高于60℃的管路中，不宜输送有机溶剂和强氧化介质
蝶阀	蝶阀是一种结构简单的阀体，启闭件是一个圆盘形的蝶板，在阀体内绕其自身的轴线旋转，从而达到启闭或调节的目的。	蝶阀可用于切断或节流低压管道介质，如空气、水、蒸汽、各种腐蚀性介质、泥浆、油品、液态金属和放射性介质等。

球阀工作原理

闸阀工作原理

截止阀工作原理

阀门的型号表示形式为 X1 X2 X3 X4 X5 – X6 X7。

X1：阀门的类别，用阀门名称的第一个汉字的拼音字首来表示，如截止阀用 J 表示；

X2：阀门的传动方式，用阿拉伯数字表示，如气动为 6、液动为 7、电动为 9；

X3：阀门的连接形式，用阿拉伯数字表示，如内螺纹为 1、外螺纹为 2；

X4：阀门的结构形式，用阿拉伯数字表示，以截止阀为例，直通式为 1、角式为 4、直流式为 5；

X5：阀座的密封面或衬里材料，用材料名称的拼音字首来表示，如铜合金材料为 T、氟塑料为 F；

X6：阀门的公称压力，用符号 PN 和阿拉伯数字表示，如公称压力为 50Pa，可写为 PN50；

X7：阀体材料，用规定的拼音字母表示，如铸铜为 T、碳钢为 C。

（3）化工管路的标准化。

① 公称直径。

公称直径用于标识管道元件尺寸，又称为通称直径或公称口径，符号 DN，单位 mm。

② 公称压力。

公称压力是化工管路中用于标识管道元件在一定工况下耐压能力的一个参数，受管道材料、基准温度等因素的影响，符号 PN，单位 Pa。

想一想 公称压力与工作压力和设计压力的关系是怎样的？

公称压力、工作压力和设计压力是管道系统中常见的三个压力参数。其中，公称压力大于设计压力，设计压力大于工作压力。工作压力是指为了管道系统在一定的年限下安全运行，根据管道输送介质的各级最高工作温度所规定的最大压力；而设计压力则应不小于在操作中可能遇到的最苛刻的压力和温度组合工况下的压力。

化工生产中的管路应符合 GB/T 1047—2019《管道元件 公称直径的定义和选用》和 GB/T 1048—2019《管道元件 公称压力的定义和选用》。引入公称直径和公称压力有利于实现管道元件的标准化，方便设计、制造、修配和管理。

素养充电站——传承中华文脉

"商鞅方升"是中国古代标准化的开端，其制作遵循了统一的标准和规格，使得度量衡在秦代实现了高度的统一和标准化。这一举措对当时的商业交流、税收征收以及社会管理等方面都起到了积极的推动作用。这种标准化的实践，对于现代社会中的工业制造、国际贸易以及科技进步等方面都有着重要的启示和影响。

（4）化工管路的连接方式。

① 焊接连接　焊接连接是一种方便、价廉、不易泄漏但却难以拆卸的连接方法，广泛用于钢管、有色金属管及塑料管的连接，主要用在长管路和高压管路中。但当管路需要经常拆卸时，或在不允许动火的车间，不宜采用焊接法连接管路。

② 法兰连接　法兰连接是最常用的连接方法，其主要特点是已经标准化，装拆方便，密封可靠，适应的管径、温度及压力范围均很大，但费用较高。连接时，为了保证接头处的密封，需在两法兰盘间加垫片，并用螺栓将其拧紧。

③ 螺纹连接　螺纹连接依靠螺纹把管子与管件连接在一起，通常用于小直径管路、水煤气管路、压缩空气管路、低压蒸汽管路等的连接。安装时，为了保证连接处的密封，常在螺纹上涂上胶黏剂或包上填料。

④ 承插连接　承插连接是将管子的一端插入另一个管子的钟形插套内，在形成的空隙中装填料（丝麻、油绳、水泥、胶黏剂等）加以密封的一种连接方式，主要用于水泥管、陶瓷管和铸铁管的连接。其特点是安装方便，对各管段中心重合度要求不高，但拆卸困难，不耐高压。

四种连接方式如图 1-19 所示。

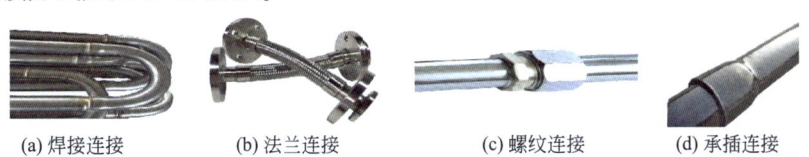

(a) 焊接连接　　(b) 法兰连接　　(c) 螺纹连接　　(d) 承插连接

图 1-19　化工管路连接方式

2. 仪表

化工管路中常用的仪表主要有温度表、压力表、流量计、液位计四类。

3. 储罐

（1）储罐的作用。

储罐是一种最典型的化工容器，主要用于储存气体、液体、液化气体等介质，如氢气储罐、石油储罐、液氨储罐等。除储存作用外，还用作计量。因此，储罐在石油、化工、能源、轻工、环保、制药及食品等行业应用非常广泛。

（2）储罐的类型。

① 按位置可分为地上储罐、地下储罐、半地下储罐、海上储罐、海底储罐等。

② 按用途可分为原料罐、产品罐、回流液罐、贫液罐、富液罐、消防水罐等。

③ 按材料可分为金属和非金属储罐。金属储罐应用较广，非金属储罐主要用于储存有耐腐蚀要求及压力较低的介质。具体来说，金属储罐包括钢制储罐、不锈钢储罐等；非金属储罐包括滚塑储罐、玻璃钢储罐、陶瓷罐、橡胶罐、焊接塑料储罐等。

④ 按形状可分为立式圆筒储罐、卧式圆筒储罐、球形储罐（即球罐）。立式圆筒储罐由于制造较容易，应用最为广泛。卧式圆筒储罐适用于储存容量较小且需有一定压力的液体。球形储罐适用于储存容量较大且压力较高的液体。

⑤ 按大小可分为大型储罐和小型储罐。$50m^3$ 以上的为大型储罐，多为立式；$50m^3$ 以下的为小型储罐，多为卧式。

4. 输送设备

（1）液体输送设备。

① 液体输送设备的分类。按用途可分为原料泵、产品泵、回流泵、贫液泵、富液泵等；按输送介质可分为清水泵、油泵、耐腐蚀泵、杂质泵、深冷泵等；按原理可分为容积式和动力式两大类，具体分类情况如图1-20所示。

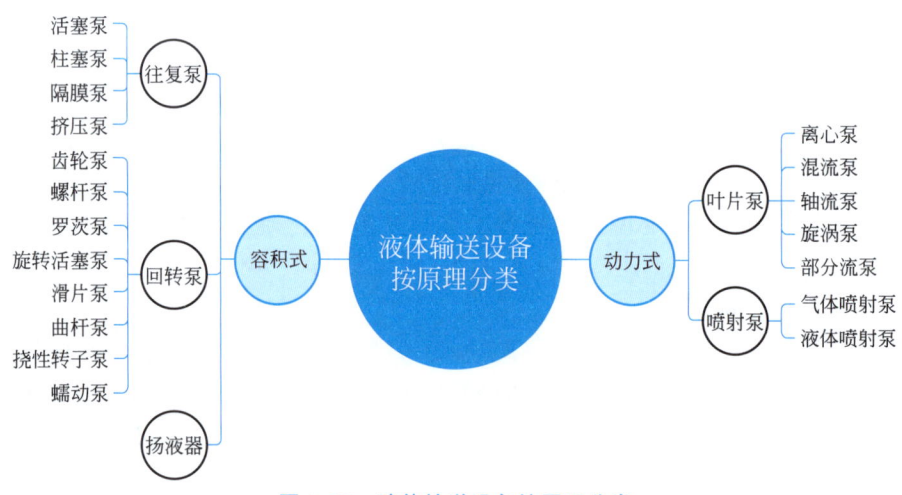

图1-20 液体输送设备按原理分类

② 液体输送设备的选用。液体输送设备各有特点，适用于不同的生产条件，离心泵主要用于大、中流量和中等压力的场合，往复泵主要用于小流量和高压力的场合，旋涡泵主要用于小流量和高压力的场合。离心泵具有适用范围广、结构简单、运转可靠等优点，在化工

生产中应用最广泛。各种类型泵的适用范围如图1-21所示。

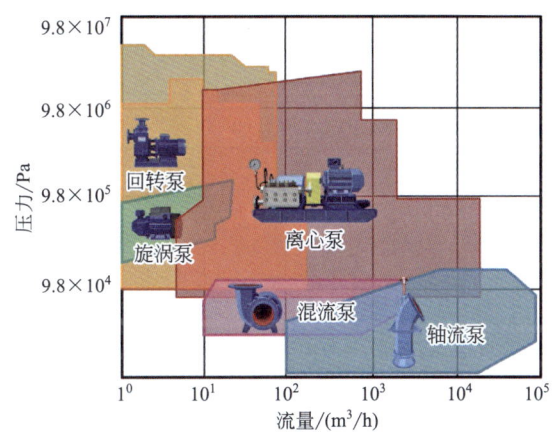

图1-21 各种类型泵的适用范围

（2）气体输送设备。

① 气体输送设备的分类。气体输送设备在化工生产中具有广泛的应用，通常，按终压或压缩比（出口压力与进口压力之比，符号为 ε）可以将气体输送设备分为通风机、鼓风机、压缩机、真空泵四类，如表1-4所示，本门课程主要学习压缩机。

表1-4 气体输送设备的分类

类型	终压（表压）/kPa	压缩比	用途
通风机	<15	1~1.15	换气通风
鼓风机	15~300	1.15~4	送风
压缩机	>300	>4	形成高压
真空泵	当地大气压	由真空度决定	减压操作

压缩机按用途可分为压缩体积设备和提高压力设备；按输送介质可分为空气压缩机、二氧化碳压缩机、氮气压缩机、天然气压缩机等。气体输送设备按原理可分为容积式和动力式两大类，具体分类情况如图1-22所示。

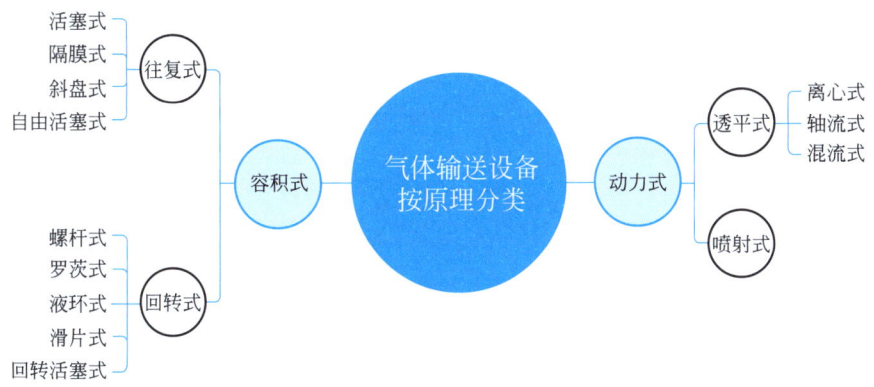

图1-22 气体输送设备按原理分类

② 气体输送设备的选用。活塞式压缩机适用于中小输气量的场合，排气压力可以由低到高，离心式压缩机和轴流式压缩机适用于大输气量、中低压的场合，所有旋转式压缩机适用于中小输气量、中低压的场合。其中，活塞式压缩机和离心式压缩机在化工生产中应用最为广泛。各种类型压缩机的适用范围如图1-23所示。

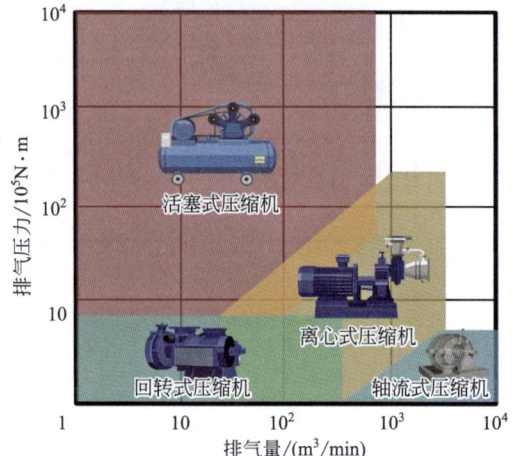

图1-23　各种类型压缩机的适用范围

素养充电站——放眼行业前沿

随着现代科学技术的发展，泵和压缩机也在不断地进行技术改进和性能完善，特别是向大型化、高转速、高效率、高可靠性、低噪声和自动化等方向发展，目前主要体现在以下几个方面：(1) 高压力、高增压比的泵和压缩机，例如锅炉给水泵的出口压力从超高压力13.7~15.7MPa发展到超临界压力25.6~29.4MPa；往复活塞式压缩机出口压力达700MPa，离心压缩机出口压力达70MPa。(2) 大流量或小流量的泵和压缩机，例如轴流压缩机进口流量可以达到10000m³/min，往复压缩机进口流量可以小至约0.01m³/min。(3) 高转速的泵和压缩机，例如大型给水泵机组的转速由3000r/min 提高到7500r/min，带有气体轴承的小型汽轮机和压缩机的转速高达150000r/min。(4) 超声速压缩机，例如马赫数≥2的超声速轴流压缩机。

（三）常用液体输送设备

素养充电站——回眸产业千载

液体输送设备在我国有着悠久的历史，《庄子·外篇·天地篇》中记载桔槔凿木为机，后重前轻，挈水若抽，数如沃汤，汲水灌溉，事半而工倍。《后汉书》中记载汉灵帝时期，洛阳干旱，宰相张让命毕岚造水车解决京城用水问题。后三国时马钧因城内有地，可以为园，患无水以灌之，乃做翻车，令童儿转之，而灌水自覆，更入更出，其巧百倍于常。改造完善后在蜀国推广使用，隋唐时广泛用于农业灌溉，至今已有1700余年历史。水车是最原始的泵，更是先人们在征服世界的过程中创造出来的珍贵的历史文化遗产。

项目一　流体输送

1. 离心泵（centrifugal pump）

（1）原理。

吸入液体在离心力的作用下高速运转，经泵壳汇聚排出。原理如图1-24所示。

① 吸入阶段：液体自叶轮中心甩向外缘→叶轮中心形成低压区→储槽液面与泵入口形成压差→液体吸入泵内。

② 排出阶段：叶轮旋转（产生离心力，使液体获得能量）→流体流入蜗壳（动能→静压能）→流向输出管路。

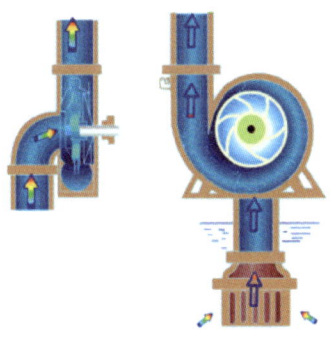

图1-24　离心泵的工作原理

（2）结构。

本体：旋转部件——叶轮、泵轴；静止部件——泵壳、轴封装置、轴承箱。

辅件：电动机、联轴器、防护罩、探头等。

① 叶轮。

叶轮将原动机的能量传给液体，使液体静压能及动能都有所提高，是离心泵的给能装置。叶轮上的叶片有后弯、径向和前弯三种，因后弯叶片便于液体进入泵体与叶轮缝隙间的流道，转能效果好，应用最为广泛。

a. 按闭合方式可分为开式叶轮、闭式叶轮、半闭式叶轮。如图1-25所示，开式叶轮没有前后盖板，效率较低，适合输送污水等含有杂质的物料；半闭式叶轮只有后侧盖板，可用于输送砂浆等浆状黏稠介质，但会产生回泄，效率较低；闭式叶轮在叶片两侧有前后盖板，效率较高，适于输送清水等不含杂质的清洁液体，一般的离心泵叶轮多为此类。

(a) 开式　　　　　　　(b) 半闭式　　　　　　　(c) 闭式

图1-25　开式叶轮、闭式叶轮、半闭式叶轮

b. 按吸入方式，可以分为单吸式和双吸式两类，如图1-26所示。单吸式叶轮只能从一侧吸入液体，双吸式叶轮可以同时对称地从两侧吸入液体，结构相对复杂，但基本上能消除轴向推力，双吸式叶轮的流量比单吸式大一倍（$q_{双}=2q_{单}$），可近似看作两个单吸式叶轮背

33

靠背地放在一起。

c. 按叶轮级数可以分为单级叶轮和多级叶轮（如图 1-27 所示）。离心泵多级叶轮的总扬程约为 n 个单级叶轮产生的扬程之和，即 $H_多 = nH_单$。

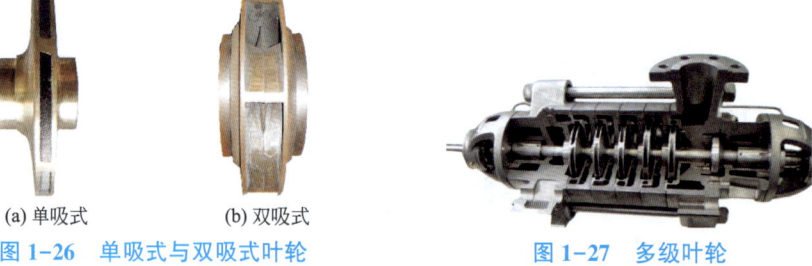

(a) 单吸式　　　　(b) 双吸式

图 1-26　单吸式与双吸式叶轮　　　　图 1-27　多级叶轮

想一想　图 1-28 的离心泵分别对应哪种形式的叶轮？

图 1-28　不同形式的离心泵

离心泵叶轮工作时，除了双吸式叶轮外，都会产生一个指向叶轮吸入口的严重轴向力。液体以低压进入叶轮，以高压流出叶轮，由于叶轮前后盖板形状不对称，叶轮两侧所受到的液体压力不相等。轴向力特别大，尤其是多级泵，可以达到几万牛顿，使泵的整个转子向叶轮吸入口端窜动，不仅引起动、静部件碰撞和磨损，而且会增加轴承负荷，导致机组振动，使泵不能正常工作。因此，在设计和使用时，对于不同类型的泵会用不同的方式消除轴向推力。单级离心泵通过采用双吸式叶轮、开平衡孔、装平衡管、采用平衡叶片的方式来消除平衡力。多级离心泵采用对称布置叶轮、平衡盘、平衡鼓或平衡盘和平衡鼓组合的方法来消除平衡力。

② 泵轴。

泵轴是位于叶轮中心并且和叶轮所在平面垂直的一根轴，其作用是连接电动机和泵头，将电动机的动力传递给泵头，使泵头能够旋转并产生离心力，如图 1-29 所示，通常由钢或不锈钢制成，具有一定的机械强度。

图 1-29　离心泵泵轴

③ 泵壳。

泵壳是离心泵的转能装置，其作用是把从叶轮出口甩出的液体收集起来，并使液体流速降低，将动能转换为静压能，经扩散管排出。因多做成蜗牛外壳的形状，故又称蜗壳，如图 1-30 所示。泵壳的截面有圆形、矩形和梯形等，其中，圆形截面用于高比转速泵，梯形截面用于中比转速泵，矩形截面用于低比转速泵。

图 1-30　不同形式的离心泵泵壳

④ 轴封装置。

泵轴和泵体之间的密封装置叫作轴封装置,其作用是防止高压液体沿轴漏出和外界气体沿轴进入泵壳内。常用的密封装置有填料密封、机械密封两类,如图 1-31 所示。填料密封的装置称作填料函,俗称盘根箱。填料一般用浸油或涂有石墨的石棉绳,靠压盖压紧填料迫使其变形来实现密封。填料密封结构简单、加工方便,但功率损耗较大,并且沿轴有一定量的泄漏,需要定期更换维修,不适合输送有毒有害、易燃易爆和贵重的液体。对于输送密封要求比较高的液体,多采用机械密封装置。它是由一个装在轴上的动环和另一个固定在泵壳上的静环所组成。在泵运转时,利用两个环的端面借弹簧力的作用互相贴紧而做相对运动,起到密封效果,所以又叫作端面密封。对于大功率、高转速的化工机械设备,其轴端密封处于高速、高压及高温的条件下,传统的接触式机械密封难以满足工况需求。干气密封通过在密封端面上开设动压槽,使两相对运动表面被一层极薄的气膜隔开,实现密封端面的非接触式运行。干气密封使用寿命长、运行稳定可靠、泄漏量极小,可实现介质零溢出,密封功率消耗只为接触式机械密封的 5% 左右。

⑤ 轴承箱。

轴承箱包括箱体、轴承、端盖油封、油杯等,是能够平衡掉一部分应力,保护电机的部件。其形状如图 1-32 所示,对于大型泵,轴承箱是必不可少的一部分,尤其是悬臂式泵。

(a) 填料密封的盘根

(b) 机械密封的动环、静环

(c) 干气密封装置

图 1-31　常用轴封装置　　　　　　　　　图 1-32　离心泵的轴承箱

（3）性能。

离心泵的主要性能参数包括流量、扬程、轴功率、效率等参数，掌握这些参数的含义及其联系是正确选择离心泵的必要条件，厂家在泵的本体部分附有一块铭牌，上面标注了泵在最高效率点时的各种性能参数，如图1-33所示。

图1-33 离心泵的铭牌

① 转速。转速指叶轮旋转的速度，单位是r/min，常见离心泵的转速是1000~3000r/min，以2900r/min居多。

② 流量。单位时间内泵排出液体的体积流量为泵的流量，表征泵的送液能力，符号是q_v，单位是m^3/h，流量大小与叶轮结构、尺寸、转速以及密封情况有关。

③ 扬程。扬程是泵对单位重量（1N）的液体提供的机械能，也叫压头，符号H，单位是J/N或m，扬程大小取决于泵的结构、尺寸、转速和流量，与管路无关，离心泵的扬程目前还不能通过公式精确计算，只能实际测定。

想一想 单泵输送的流量和扬程不能满足输送要求怎么办？

将几台型号相同的泵并联于管路系统中，并联后扬程略大于单泵扬程，流量接近几台泵各自流量之和。将几台型号相同的泵串联于管路系统中，串联后流量略大于单泵流量，扬程接近几台泵总流量之和。

④ 轴功率。轴功率是单位时间内原动机输入泵轴的能量，符号为N，单位是J/s或W，轴功率通常随设备的尺寸、流体的黏度、流量等增大而增大，其值可用功率比测量。

$$N = \frac{N_e}{\eta} \times 100\% \tag{1-10}$$

⑤ 效率。单位时间液体获得的能量称为有效功率，有效功率与轴功率的比值称为效率，符号为η。因为有容积损失、水力损失、机械损失的存在，所以泵的效率<100%，效率的高低与泵的大小、类型、流量等参数有关，一般小型泵的效率为50%~70%，大型泵可达到90%左右。

⑥ 离心泵的特性曲线。离心泵的扬程、轴功率及效率均随流量的变化而变化，它们之间的关系可用离心泵特性曲线来表示，如图1-34所示。离心泵特性曲线是泵出厂前由泵的制造厂家在一定转速下，用20℃清水在常压下实验测得的。各种型号的离心泵都有其独有的特性曲线，且不受管路特性的影响，但它们都具有一些共性规律。

a. H—q_v曲线。离心泵的扬程在较大流量范围内随流量的增大而减小，是判断离心泵能否满足管路使用要求的重要依据。

b. N—q_v曲线。离心泵的轴功率一般随流量的增大而增大，当流量为零时，轴功率最小。所以离心泵启动时，应关闭泵的出口阀门使启动功率最小，以保护电动机，防止过载

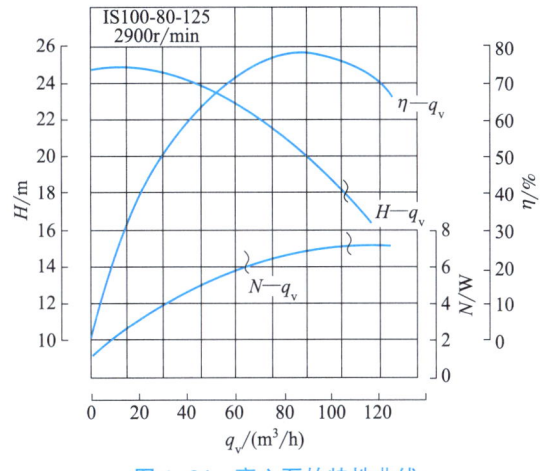

图 1-34 离心泵的特性曲线

烧毁。

c. $\eta - q_v$ 曲线。离心泵的效率起初随流量的增大而增大,达到最大值后,随着流量的增大而减小。当流量为零时,效率也为零,离心泵在一定转速下的最高效率点,称为泵的设计点,对应的值称为最佳工况参数。

离心泵铭牌上标出的性能参数即是最高效率点对应的参数。离心泵在设计点所对应的流量及压头下工作最为经济,离心泵一般不大可能恰好在设计点运行,但应尽可能在高效区(最高效率的92%范围内)工作。

(4) 用途。

离心泵在化工生产中应用最为广泛,不同类型的离心泵因其结构特点不同,适用条件也不同,表 1-5 对化工生产中常用离心泵的类型及用途进行简要说明。

表 1-5　化工生产中常用离心泵的用途

类型		实物	用途
清水泵	单级单吸泵（IS 型）		用于输送清水以及黏度与水相近且无腐蚀性、不含固体杂质的清洁液体
	多级泵（D 型）		用于输送扬程要求较高而流量要求不太大的液体
	双吸式离心泵（Sh 型）		用于输送流量要求较大而扬程要求不高的液体
	油泵（Y 型）		因密封性和冷却性好,可用来输送不含固体颗粒的石油及其产品

续表

类型	实物	用途
耐腐蚀泵（F型）		与液体接触的部件用耐腐蚀材料制成，可用来输送酸、碱等有腐蚀性液体
污水泵（W型）		叶轮流道宽，有些泵壳内衬以耐磨的铸钢护板，可用于输送悬浮液和黏稠的浆液
屏蔽泵（P型）		没有动密封，无泄漏，常用来输送易燃、易爆、剧毒、有放射性等不能泄漏的液体

想一想 离心泵的型号有什么意义？

离心泵的型号表征泵的类型和基本参数，我国离心泵的类型已经系列化，通常用一个或几个汉语拼音字母作为代号，但每一系列里又有不同的规格。

通常离心泵的型号编制由四单元组成。第一单元中的字母表示泵的类型；第二单元中的数字表示泵吸入口直径（mm）；第三单元中的数字表示泵的排出口直径（mm）；第四单元中的数字表示叶轮名义直径（mm）。例如：IS80-65-160，IS 表示为单级单吸清水离心泵，吸入口直径80mm，排出口直径65mm，叶轮名义直径160mm。IF50-32-160，IF 表示单级单吸耐腐蚀离心泵，吸入口直径50mm，排出口直径32mm，叶轮名义直径160mm。需要注意的是，不同厂家生产的离心泵型号编制方法可能会有所不同，具体需要参考厂家提供的技术手册。

2. 柱塞泵（ram pump）

柱塞泵是往复泵（reciprocating pump）的一种，主要由泵缸、活塞（柱塞）、吸入阀和排出阀构成，如图1-35所示。活塞由曲柄连杆机械带动做往复运动，液体间歇地被吸入或排出。

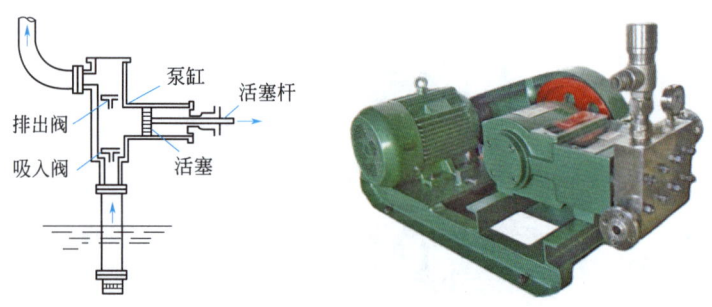

图1-35 柱塞泵

活塞在泵体内左右移动的顶点称为止点，两止点之间的活塞行程称为冲程，当活塞往复一次（移动双冲程）时，液体被吸入和排出一次，即单动泵，单动泵的排液量不均匀，会引起惯性阻力损失,增加动力消耗。针对这个问题,设计了双动泵和三联泵,双动泵活塞往复一次时液体有两次吸入和两次排出,流量较均匀,但仍有起伏,三联泵是由三台单动泵并联而成,在曲柄旋转一周中各泵相差120°吸入和排出液体,流量相对均匀,但仍不够稳定。

往复泵有自吸能力,启动前不需灌泵,其流量固定而不均匀,但扬程和效率较高,可用来输送黏度略大的液体。但由于泵内阀门、活塞易腐蚀或被固体颗粒磨损,所以不能输送有腐蚀性和有固体颗粒的悬浮液。由于可用蒸汽直接驱动,所以适于输送易燃、易爆的液体。

3. 隔膜泵（diaphragm pump）

隔膜泵也是往复泵的一种,用一个耐腐蚀的弹性薄膜将柱塞与被输送流体分开,如图1-36所示,隔膜左侧所有部件均为耐腐蚀材料或涂有耐腐蚀物质,右侧装有水或油,活塞的往复运动通过同侧介质传递到隔膜上,使隔膜也做往复运动,从而实现被输送液体经球形活门吸入和排出。隔膜泵主要用于输送强腐蚀性液体或含有固体悬浮物的液体。

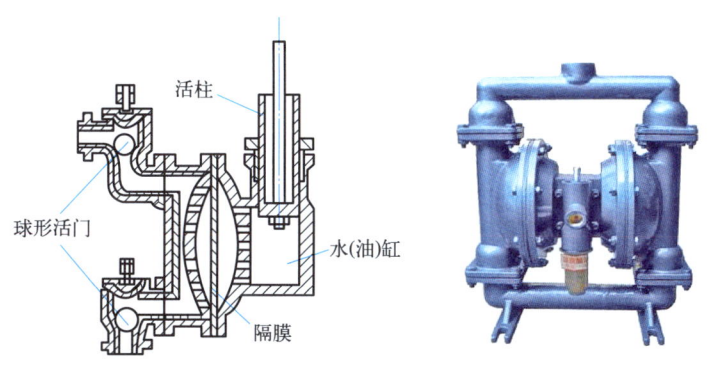

图1-36 隔膜泵

想一想 怎样调节往复泵的流量?

往复泵的流量调节理论上可以通过改变活塞的截面积、冲程和转速来实现,但由于其流量是固定的,如果像离心泵一样用出口阀来调节,就会造成泵体结构损坏。生产中一般采用安装回流支路的方法,即旁路调节法控制流量,此法会造成一定的能量损失。

4. 齿轮泵（gear pump）

齿轮泵属于旋转泵（rotary pump）的一种,主要由泵壳和一对相互啮合的齿轮构成,如图1-37所示,其中一个是主动轮,另一个是从动轮。当齿轮转动时因两轮的齿分开形成低压而吸入液体,吸入的液体封闭于齿穴和壳体之间,随齿轮旋转而到达排出腔。排出腔内齿轮的齿互相合拢,形成高压而排出液体。齿轮泵的流量小但压头高,常用于输送黏稠液体甚至膏状物料,但不宜用来输送含有固体颗粒的悬浮液。

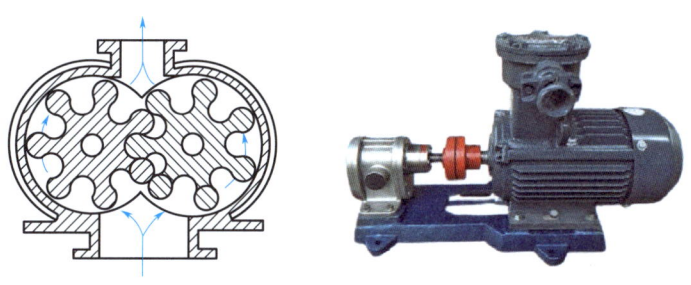

图1-37 齿轮泵

5. 螺杆泵（screw pump）

螺杆泵也属于旋转泵的一种，主要由泵壳和一个或多个螺杆组成，如图 1-38 所示，与齿轮泵相似，通过一根或数根螺杆相互啮合形成的空间容积不断变化来输送液体。螺杆泵损失小，经济性能好。螺杆泵的压力高，转速高，流量均匀，运转时无噪声、无振动，能与原动机直联，可以在高压下输送黏稠液体，如润滑油、燃油等各种油类及高分子聚合物。

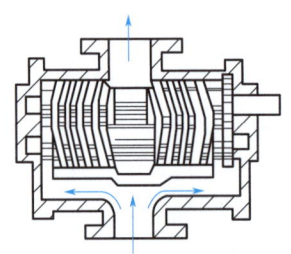

图 1-38 双螺杆泵

> **想一想** 常用液体输送设备的性能有什么异同？

常用泵的性能比较见表 1-6。

表 1-6 常用泵的性能比较

项目	离心泵	柱塞泵	隔膜泵	齿轮泵	螺杆泵
流量	较大、均匀、范围广、随管路情况变化	很小、恒定、不均匀、不随扬程变化	很小、恒定、不均匀、不随扬程变化	较小、恒定、相对均匀、不随扬程变化	较小、恒定、相对均匀、不随扬程变化
扬程	不易达高扬程	高扬程	高扬程	高扬程	高扬程
效率	稍低	高	高	较高	较高
流量调节	出口阀、转速	转速、旁路、冲程	转速、旁路	旁路	旁路
自吸作用	无	有	有	有	有
启动	出口阀关闭	出口阀全开	出口阀全开	出口阀全开	出口阀全开
输送流体	除高黏度流体外的各种物料	除腐蚀性、含固体颗粒的液体	适于悬浮液、腐蚀性液体	适于高黏度流体	适于悬浮液和高黏度流体
结构、造价	结构简单、造价较低	结构复杂、造价较高	结构复杂、造价较高	结构紧凑、复杂精细、造价较高	结构紧凑、复杂精细、造价较高

（四）常用气体输送设备

> **素养充电站——回眸产业千载**
>
> 公元前 17 世纪，中国和其他文明一样处于青铜时代，青铜的使用极大地提升了社会生产力，但是青铜太脆，很容易折断，铁的熔点比青铜高出 700 多摄氏度，普通的炉火根本达不到这个温度，古人就想到通过人为增加氧气的方法让炉火烧得更旺。春秋战国时期，中国出现了最早的气体输送设备橐龠，通过对皮囊的反复推拉就能将氧气源源不断地输送给炉火，达到提升温度的目的。就是这个小小的物件，让中华文明领先世界上千年进入铁器时代。

1. 离心压缩机（centrifugal compressor）

（1）原理。

离心压缩机是透平式压缩机的一种，通过外加动力提高气体压力。气体沿轴向进入各级叶轮中心处，旋转的叶轮做功，受离心力的作用，气体以很高的速度离开叶轮，进入扩压器，经扩压器减速、增压后进入弯道，流向反转180°后进入回流器，经过回流器后又进入下一级叶轮，气体在多个叶轮中被数次增压，以很高的压力能离开。

（2）结构。

离心压缩机的本体由转子及定子两大部分组成。转子包括转轴、固定在轴上的叶轮、轴套、平衡盘、推力盘及联轴器等；定子包括机壳、扩压器、弯道、回流器、轴承和蜗壳等。转子与定子之间还设有密封元件。除此之外，还有润滑、冷却、自动控制等辅助系统。如图1-39所示，离心压缩机主要过流部件有吸入室、叶轮、扩压器、弯道、回流器、蜗壳等。

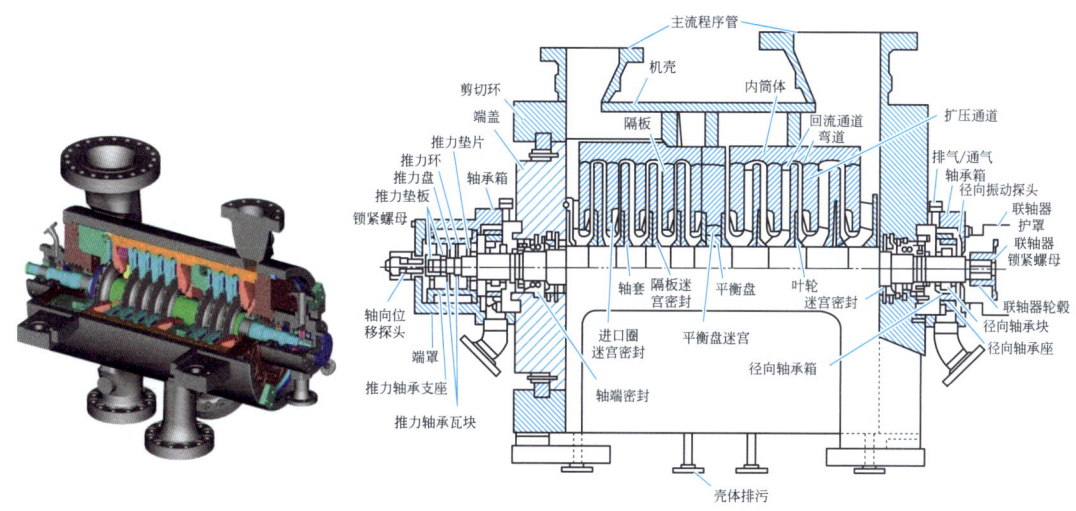

图1-39 离心压缩机的剖面结构图

① 吸入室将所要压缩的气体由进气管（或中间冷却器出口）均匀地引入叶轮进行增压。

② 叶轮是离心压缩机中的给能装置，将机械能转变为动能，是唯一对气体做功的部件。气体进入叶轮后，随叶轮一起高速旋转，由于离心力和扩压作用，气体的速度和压力得到很大提高。

③ 扩压器。在叶轮后设置流通面积逐渐扩大的扩压器，用以把动能转变为压力能，提高气体压力。

④ 弯道为由机壳和隔板构成的弯环形空间，将扩压器流出的气体由离心方向改变为向心方向，将气体更好地引入下一级叶轮。

⑤ 回流器。级间导流，将气体均匀地引入下一级叶轮入口。

⑥ 蜗壳将从扩压器或叶轮流出的气体汇集起来并导向排出管路，同时由于流道面积的逐渐扩大，还起转能的作用，使气体的动能进一步转变为压力能。

组成离心压缩机的基本单元是"级"，"级"由一个叶轮与其相配合的固定元件组成，压缩机通常在10级以上，若干"级"组成一"段"。压缩过程中，随着温度升高，压缩气体需要消耗的能量也大幅增加。为节省功率，多级离心压缩机在压缩比大于3时常将压缩机分成几个"段","段"与"段"之间设有中间冷却器用以冷却气体。一个或几个段装在同一机壳内称为一个"缸",用联轴器将几个缸串在一起称为一个"列"。由同一台驱动机驱动一个列或几个列称为一个"机组"。图1-40为生产现场的离心压缩机组。

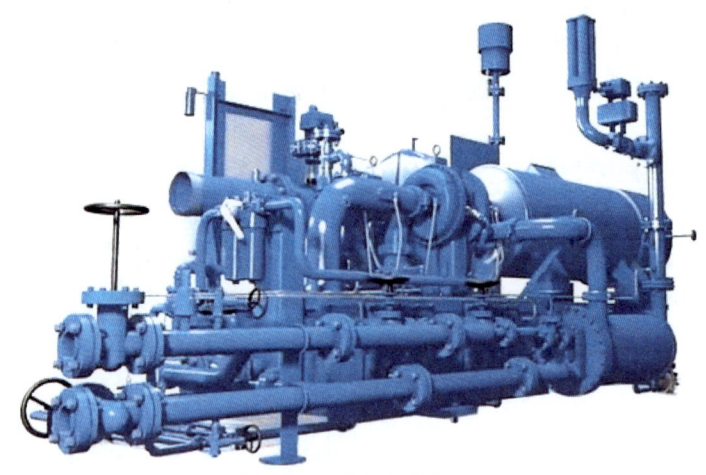

图1-40 离心压缩机组

想一想 离心压缩机的"级"是否为同一种组合形式?

离心式压缩机的"级"有三种形式,即首级、中间级和末级。中间级由叶轮、扩压器、变道和回流器构成;首级除了中间级的部件外,还有进气管;末级由叶轮、扩压器、排气蜗壳构成(有些机器的末级无扩压器)。

(3) 性能。

① 转速指压缩机转子旋转的速度,即单位时间的转数,其单位是r/min,一般大于5000r/min。

② 排气量指单位时间内从最后一级排气管中排出的气体量换算到第一级进气状态下的体积,用符号q表示,常用单位是m^3/min。

③ 排气压力指压缩机出口处的绝对压力,单位为kPa或MPa。

想一想 离心压缩机铭牌上的压力是否为排气压力?

压缩机铭牌上的压力是指设计时的目标工作压力,即额定压力,而实际运转时压缩机的排气压力取决于排气系统。

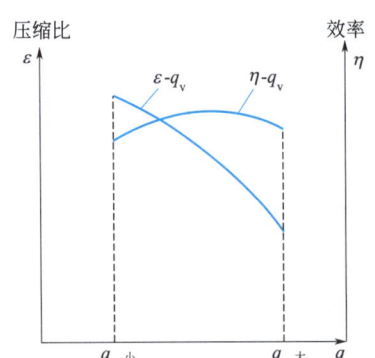

图1-41 离心压缩机的性能曲线

④ 压缩比指压缩机的排出压力(绝对压力)和吸入压力(绝对压力)之比,也称压比,用ε表示。

⑤ 轴功率为压缩机运行时需要由驱动机提供的最小功率,单位为kW。

⑥ 效率表明传递给气体的机械能的利用情况,是衡量压缩机性能好坏的重要指标,直接与级中的能量损失有关。

⑦ 离心压缩机的性能曲线。离心压缩机的性能曲线如图1-41所示,与离心泵的性能曲线相似,也是由实验测得,但其最小流量q_v不等于零,而等于某一定值。离

心压缩机也有一个设计点,当实际流量等于设计流量时,效率 η 最高;实际流量与设计流量偏离越大,则效率越低;一般实际流量越大,压缩比 ε 越小,即进气压力一定时,实际流量越大,出口压力越小。

想一想 离心压缩机的调节方法有几种?

① 调整出口阀的开度。方法简便,但使压缩比增大,消耗较多的额外功率,不经济。

② 调整入口阀的开度。方法简便,实质上是保持压缩比降低出口压力,消耗额外功率较上述方法少,使最小流量降低,稳定工作范围增大,是离心压缩机调节最常用的方法。

③ 改变叶轮的转速。最经济的方法,有调速装置或用蒸汽机作为动力时应用方便。

(4) 用途。

离心压缩机的应用非常广泛,在工业、冶金、化工、石油、天然气、制冷等领域都有涉及,主要用于气体大中流量、中低压的输送和压缩。

2. 活塞压缩机(piston compressor)

(1) 原理。

活塞压缩机是往复式容积压缩机的一种,如图 1-42 所示,当曲轴旋转时,通过连杆、十字头带动活塞在气缸内做往复运动,工作腔容积则会发生周期性变化。曲轴旋转一周,活塞往复一次,与气阀的启、闭动作相配合,在气缸内相继实现膨胀、吸气、压缩、排气的过程,完成一个工作循环。曲柄连续旋转,从而不断吸入低压气体,排出压缩后的高压气体。

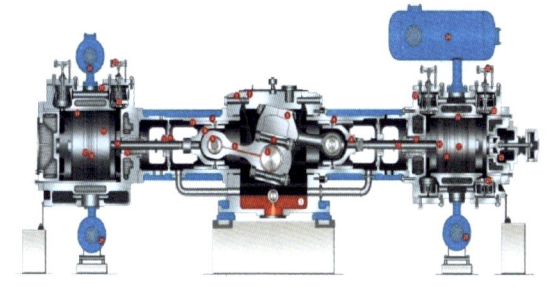

图 1-42 活塞压缩机

(2) 结构。

活塞压缩机主要由传动机构、工作机构及机体组成。此外,为保证机器正常工作,还设有润滑、冷却、气路、调节等辅助系统。

① 传动机构作用是把驱动机的旋转运动转变为活塞的往复直线运动,最典型的传动机构就是曲柄连杆机构,其主要部件包括曲轴、连杆和十字头等。

② 工作机构是直接压缩气体的部分,包括气缸组件、气阀组件、活塞组件及填料组件。

③ 机体包括机身、机座、曲轴箱等部件,用来支撑、安装传动机构和工作机构,此外还可能安装其他辅助设备。

④ 气路系统有安全阀、滤清器、缓冲器、止回阀等。

⑤ 冷却系统包括用于冷却气体的中间冷却器和后冷却器、润滑油冷却器及气缸的水套冷却等。

⑥ 润滑系统有两个,一个供传动机构的润滑,另一个供气缸内工作部件的润滑。

⑦ 气量调节系统是为满足压缩机空载启动以及实现排气量的调节设置的。

（3）性能。

活塞压缩机在工业上获得广泛应用，与离心压缩机相比，主要优点是：①不论流量大小，都能得到所需要的压力，排气压力范围广，最高压力可达350MPa（工业应用），甚至700MPa（实验室中）。②单机能力为在500m^3/min以下的任意流量。③在一般的压力范围内对材料的要求低，多采用普通的钢铁材料。④热效率较高，一般大中型机组绝热效率可达0.7~0.85。⑤气量调节时，排气量几乎不受排气压力变动的影响。⑥气体的性质对压缩机工作性能影响较小，同一台压缩机可用于不同气体的压缩。⑦驱动机比较简单，大都采用电动机，一般不调速。

活塞压缩机的缺点为：①结构复杂笨重，易损件多，占地面积大，投资较高，维修工作量大。②转速不高，机器体积大而重，单机排气量一般小于500m^3/min。③排气不连续，气流有脉动，容易引起管道振动，严重时往往因气流脉动、共振而造成管网或机件的损坏。④用油润滑的压缩机，气体中带油需要脱除。

（4）用途。

活塞压缩机主要适用于中、小流量而压力较高的场合，如用来压缩天然气；天然气处理厂、储气库注气和长输管线首站也以往复活塞压缩机为主；在石油化工厂中，用来输送工艺气体或动力气体，在工艺流程中把介质压缩到反应所需的压力；在采矿、冶金、机械、建筑等部门提供压缩空气作为动力。

3. 螺杆压缩机（screw compressor）

螺杆压缩机是旋转式容积压缩机的一种，一般指双螺杆压缩机，图1-43为双螺杆压缩机结构示意图和实物图。一个具有凸齿的阳螺杆与一个具有凹齿的阴螺杆相互啮合，并平行地配置在机壳中。电动机通过传动装置驱动阳转子，再由阳转子另一端的同步齿轮带动阴转子。同步齿轮使阴转子、阳转子以一定的间隙保持反向同步旋转，从而使得进入压缩机腔内的气体在齿槽间被有效地压缩。螺杆压缩机的吸气口、排气口分别位于机体两端，呈对角线布置。

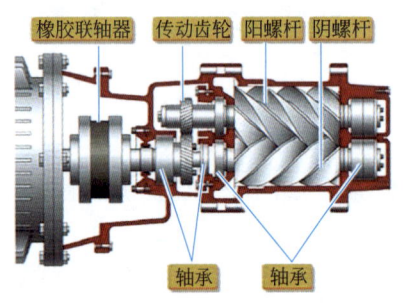

图1-43 双螺杆压缩机

螺杆压缩机具有在较低压力下流量幅度较宽的操作特性，与往复活塞压缩机相比，无吸气、排气阀装置，易损件少，维护管理方便，使用寿命长，目前广泛应用于石油、化工、动力、制冷等工业部门，市场占有额呈逐年上升的趋势。

想一想 你还能说出哪些压缩机？

和离心压缩机同属于透平式动力型的有轴流压缩机、混流压缩机，和活塞压缩机同属于往复式容积型的有隔膜压缩机、斜盘压缩机，和螺杆压缩机同属于回转式容积型的有罗茨压缩机、滑压缩机、液环压缩机等。

（五）流体输送过程中的参数测量

要保证化工生产的连续稳定运行，就必须对流体输送过程中温度、压力、流量、液位等工艺参数进行测量与监控。

1. 温度测量（temperature measurement）

化工生产常用温度测量仪表见表1-7。

表1-7 化工生产常用温度测量仪表

名称	工作原理	特点	测量范围
双金属温度计	把两种线胀系数不同的金属组合在一起，一端固定，温度变化时，两种金属热膨胀不同，带动指针偏转以指示温度	现场显示温度，直观方便，安全可靠，使用寿命长，响应速度快，体积小，线性度好，较稳定	各种生产过程的中低温现场，可测-80～+500℃内的液体、蒸气和气体介质温度
热电偶温度计	使用时，工作端插入被测液体，冷端置于设备外，两端所处温度不同时，热电偶回路中会产生电势差，以此测量温度	结构简单，体积小，响应速度快，输出信号强，易腐蚀和氧化，精度受热电偶材料、温度梯度、电磁干扰等因素影响	热电偶温度计适用范围广，常用的热电偶可测-50～1600℃，金铁镍铬热电偶可测到-269℃，钨—铼热电偶可测到2800℃
热电阻温度计	热电阻大多由纯金属（铂、铜等）材料制成，基于金属导体的电阻值随温度的增加而增加这一特性进行测量	测量精度高，灵敏度高，输出信号较强，复现性和稳定性都较好，耐腐蚀、耐振动。但体积较大，不利于动态测温，不能测点温	热电阻温度计用于中、低温区温度的测量，应用范围一般为-200～500℃之间，测量精度可达0.1℃甚至更高

2. 压力测量（pressure measurement）

（1）压力的不同表示法。

1atm = 10.33mH$_2$O = 760mmHg = 1.01325bar = 1.01325×10^{5}Pa

1at = 1kgf/cm^2 = 735.6mmHg = 10mH$_2$O = 0.9807bar = 9.81×10^{4}Pa

（2）压力的不同基准。

① 绝对压力：简称绝压，以绝对真空为基准测得的压力，是流体的真实压力。② 表压力：简称表压，以大气压为基准测得的压力，是流体真实压力与外界大气压的差值。③ 真空度：当被测流体内的绝对压力小于当地大气压时，表上的读数称为真空度。三者之间的关系如图1-44所示，表压=绝对压力-大气压力，真空度=大气压力-绝对压力。

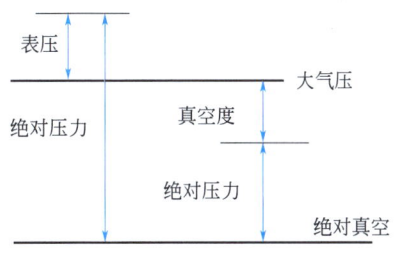

图1-44 压力的不同基准

> **素养充电站——回眸产业千载**
>
> 1654年6月德国马德堡市的市长奥托·格里克进行了著名的马德堡半球实验。在这个实验中，格里克制造了两个空心的铜半球，将它们对接在一起并抽去其中的空气。然后让16匹马分别向两个方向拉扯这两个半球。令人惊讶的是，两个半球却紧密地贴合在一起，无法被拉开。这一实验生动地展示了大气压力的存在和力量，为物理学的发展做出了重要贡献。

（3）常用压力检测仪表。

化工生产中常用压力检测仪表实物图、原理、特点、用途见表1-8。

表1-8 常用压力检测仪表

名称		实物图	原理	特点	用途
液柱式压力表	U形压差计		静力平衡原理	结构简单、造价低廉、精度较高、使用方便，但测量范围窄，玻璃部分易碎	适用于低微静压测量，高精度的可用作基准仪器
	微差压差计				
	斜管压差计				
弹性式压力表	弹簧管压力表		弹性形变原理	结构简单、使用方便、造价低	用于高、中、低压的测量
	波纹管压力表			具有弹簧管压力表特点，波纹位移较大的可制成自动记录型	用于测量400kPa以下的压力
	膜片压力表			具有弹簧管压力表的特点，还可测黏度大的液体	用于测量低压
	膜盒压力表			具有弹簧管压力表的特点，还可用于低压或微压测量	用于测量低压或微压

项目一　流体输送

续表

名称		实物图	原理	特点	用途
电气式压力表	电容式压力传感器		电容变化原理	结构简单、体积小、精度高、性能可靠、易于维修	测量范围宽
	应变式压力传感器		应变效应	将压力转化成电量并进行远距离传输	用于控制室集中显示、控制
	霍尔式压力传感器		霍尔效应		
	力矩平衡式变送器		力矩平衡原理	将压力转化成标准电信号并进行远距离传输	

3. 流量测量（flow measurement）

化工生产中常用流量测量装置结构图、实物图、特点见表1-9。

表1-9　常用流量计

名称	结构图	实物图	特点
皮托测速管			结构简单、阻力小，是一种测量点速度的装置，可以安装在管道截面的任一点上，但前后需要有一定长度的稳流段
孔板流量计			结构简单、造价低廉、应用广泛，但能量损失大，孔口边缘易腐蚀和磨损，需定期校正
文丘里流量计			有渐缩段和渐扩段，能量损失小，但加工精密，造价较高

47

续表

名称	结构图	实物图	特点
转子流量计			读数直观、方便，能量损失小，测量范围宽，能用于腐蚀性流体的测量，但管壁多为玻璃制品，不耐高温，易破碎，安装时必须保持垂直
涡轮流量计			准确度高，量程较宽，耐高压，数字信号输出稳定，适宜远距离传输

4. 液位测量（liquid level measurement）

化工生产中常用液位测量装置实物图、原理、特点见表1-10。

表1-10 常用液位计

名称		实物图	原理	特点
直读式液位计	玻璃管液位计		连通器原理	结构简单、造价低廉、读数直观，迅速获得液位状态的信息。通常设计为现场就地指示，即直接在容器或设备上显示液位，方便现场观察和操作。直读式液位计通常使用玻璃管或玻璃板作为观察窗口，容易损坏。由于直读式液位计的读数通常依赖于观察者的视觉判断，因此可能存在读数误差
	玻璃板液位计			
压差式液位计	压力式液位计		压差原理	占用空间小，结构简单，安装方便，数据可远传，测量准确，便于操作维护。采用法兰式差压变送器可以解决高黏度、易凝固、易结晶、腐蚀性、含有悬浮物介质的液位测量问题，可用于敞口或密闭容器中。当差压变送器与容器之间安装有隔离罐时，需要进行零点迁移
	吹气式液位计			
	压差式液位计			

续表

名称		实物图	原理	特点
电气式液位计	电感式液位计		将位置变化转变成电阻、电容、电感等电量变化	也被称为电接点液位计，可以直观显示液位的高度或位置，精确度高，可靠性高，能够长期连续工作。通常设计有故障指示功能，维护相对简便，适用于各种容器和罐体，可以适应不同的介质和应用场景，安装方便，可远程监控。电气式液位计的工作性能可能受到介质导电性、温度、压力等因素的影响，因此，需要根据实际的应用环境和介质特性进行考虑和选择。定期维护和校准是确保液位计长期稳定运行的重要措施
	电容式液位计			
	电阻式液位计			
浮力式液位计	浮标式液位计		位移原理	结构简单，性能可靠，不受外界因素如温度、湿度和电磁场的影响。由于其结构特点，当出现故障时，容易进行故障排查和修复，是工业和商业应用中一种可靠和有效的测量工具
	浮球式液位计		浮力原理	可连续测量液位、界面位置的变化，应用于需远传的场合
	沉筒式液位计			

三 方案决策

师生共同讨论工作计划，学生修改完善，对工作的环节进行梳理，形成文案。

认识流体输送系统从以下五个方面进行：（1）什么是流体输送；（2）流体输送系统的构成；（3）常用液体输送设备；（4）常用气体输送设备；（5）流体输送过程中参数的测量。

四　实践演练

利用 ppt 讲解或对照现场进行讲解。

五　评价改进

（一）实施过程评价

流体输送系统讲解评分指标及分值参考表 1-11。

表 1-11　流体输送系统讲解评分表

	评分指标	分值	得分
1	环境整洁，设备流畅，讲述者着装得体	10	
2	讲述内容要素齐全，内容准确，与职业岗位技能紧密对接	30	
3	语言精练、用词专业、表达流畅，能有效互动，掌控现场节奏	20	
4	重点内容有强调，整体内容有总结，能有效使用案例强化效果	20	
5	学习者的收获度	20	
	总分	100	

（二）自我对标分析

_____

_____

（三）改进要点拆解

R：_____

I：_____

A：_____

六　认知拓展

企业操作规程中的装置介绍

化工企业装置操作规程中的装置介绍一般包括"装置功能、工艺原理和流程、装置组成、原料、主要设备、主要控制指标、环保监测指标"这几个要素。

具体生产中还要掌握原料指标、三剂指标、产品指标、能耗指标、环保指标、公用工程指标等。输送过程中还要监测污水、废气和噪声三个环保指标。执行国标：GB 8978—1996《污水综合排放标准》、GB/T 16157—1996《固定污染源排气中颗粒物测定与气态污染物采样方法》、GB 12348—2008《工业企业厂界环境噪声排放标准》。

项目一　流体输送

任务二　操作流体输送装置

子任务一　操作液体输送装置

如图 1-45 所示，来自某一设备约 40℃的带压液体经调节阀进入带压罐，罐内液体由泵抽出，泵出口流量在流量调节器的控制下输送到其他设备。

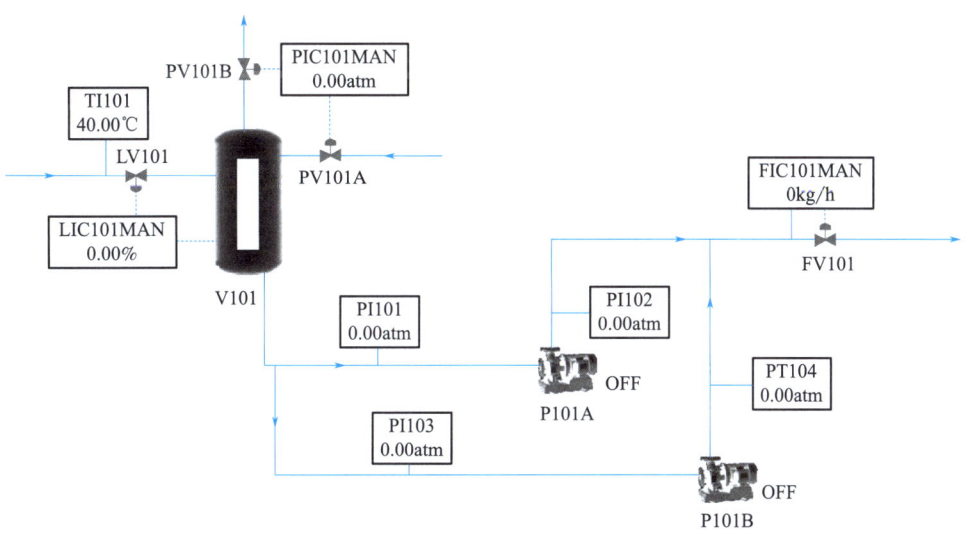

图 1-45　离心泵 DCS 界面图

一　任务拆解

（1）我要完成什么任务？
离心泵的开、停车操作，运行控制和事故处理。

（2）我要在什么样的场景下，以什么样的身份，利用什么样的资源，开展什么活动来完成这个任务？达到什么样的标准？
化工生产中要输送液体物料，从主操与副操的双视角，在虚拟仿真软件上完成离心泵的开、停车操作，运行控制和事故处理，百分制系统评分 90 以上。

（3）我要按照怎样的步骤来执行？关键点是什么？第一步要做的是什么？
我要按照"查找资料—制定方案—操作演练—评价改进"的顺序完成任务，关键点是根据任务场景列出工作大纲，第一步要进行信息资讯，储备必要的知识技能。

二　信息资讯

（一）工艺流程描述

如图 1-46 所示，来自某一设备约 40℃的带压液体经调节阀 LV101 进入带压罐 V101，罐液位由液位控制器 LIC101 通过调节 V101 的进料量来控制；罐内压力由 PIC101 分程控制 PV101A、PV101B 分别调节进入 V101 和出 V101 的氮气量，保持罐压恒定在 5.0atm（表）。罐内液体由泵 P101A/B 抽出，泵出口流量在流量调节器 FIC101 的控制下输送到其他设备。

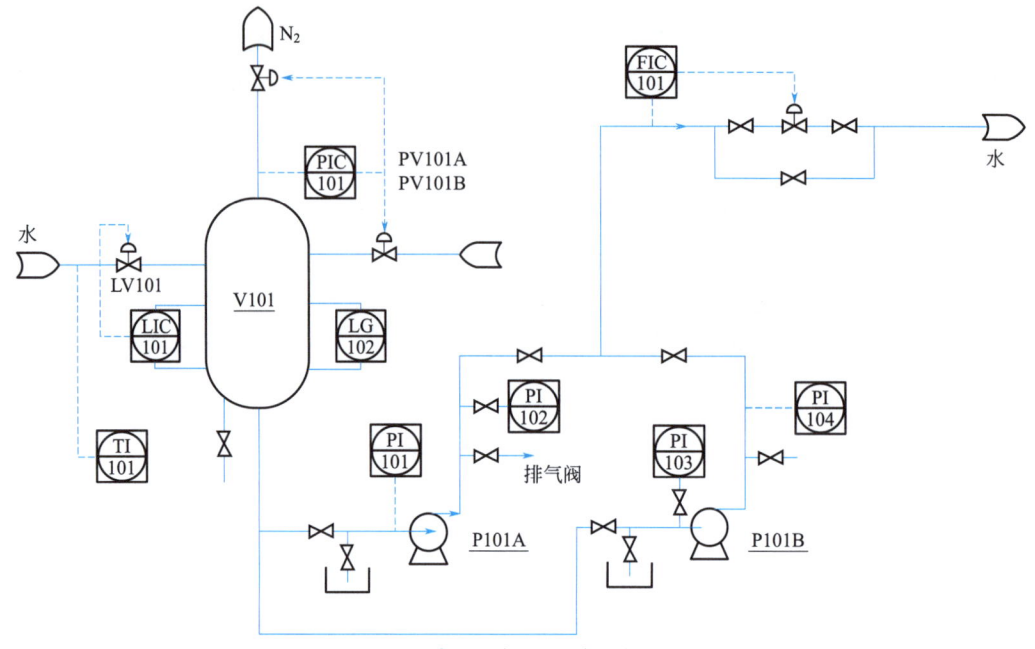

图 1-46　离心泵操作系统工艺流程图

（二）设备、阀门位号说明

离心泵操作仿真系统设备、阀门位号说明见表 1-12。

表 1-12　离心泵操作仿真系统设备、阀门位号说明

1. 主要设备位号和名称			
设备位号	设备名称	设备位号	设备名称
V-101	离心泵前罐	P101A	离心泵 A
P101B	备用泵 B		
2. 调节器位号和控制变量			
调节器位号	控制变量	调节器位号	控制变量
FIC101	V-101 进料流量	PIC101	V-101 压力
LIC101	V-101 液位		
3. 显示仪表位号和控制变量			
仪表位号	控制变量	仪表位号	控制变量
PI101	V-101 进料流量	PI102	V-101 出料流量
PI103	V-102 出料流量	PI104	V-102 进料流量
TI101	V-101 液位		

续表

4. 现场阀位号和控制变量			
现场阀位号	名称	现场阀位号	名称
VD01	P101A 泵前阀	VD02	P101A 泄液阀
VD03	P101A 排气阀	VD04	P101A 出口阀
VD05	P101B 泵前阀	VD06	P101B 泄液阀
VD07	P101B 排气阀	VD08	P101B 出口阀
VD09	FIC101 旁路阀	VD10	V-101 罐泄液阀
VB03	FIC101 的前阀	VB04	FIC101 的后阀

（三）复杂控制系统说明

V-101 的压力由调节器 PIC101 分程控制，分程控制就是由一只调节器的输出信号控制两只或更多的调节阀，每只调节阀在调节器的输出信号的某段范围中工作。调节阀 PV101 的分程动作示意如图 1-47 所示。

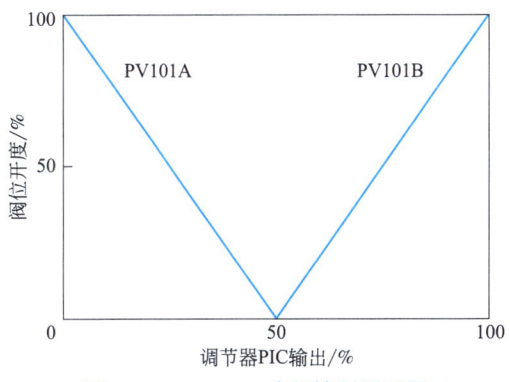

图 1-47 PIC101 分程控制原理图

（四）操作规程

本操作规程仅为后续方案决策环节提供数据，具体参数及详细操作步骤以所用软件的评分系统为准。

1. 离心泵开车操作规程

（1）离心泵开车操作纲要（A 级）。

罐 V101 充液、充压

启动离心泵

出料

（2）离心泵开车操作纲要（B 级）。

罐 V101 充液、充压

① 罐 V101 充液。

[I]-打开 LIC101 调节阀,开度约为 30%,向 V101 罐充液。

(I)-LIC101 达到 50%时。

[I]-LIC101 设定 50%,投自动。

② 罐 V101 充压。

(I)-V101 罐液位>5%

[I]-缓慢打开分程压力调节阀 PV101A 向 V101 罐充压。

(I)-压力升高到 5.0atm 时,

[I]-PIC101 设定 5.0 atm,投自动。

启动离心泵

① 灌泵。

(I)-V101 罐充压充到正常值 5.0atm。

[P]-打开 P101A 泵入口阀 VD01,向离心泵充液

(P)-VD01 出口标志变为绿色,即灌泵完毕。

② 排气。

[P]-打开 P101A 泵后排气阀 VD03 排放泵内不凝性气体。

(P)-观察 P101A 泵后排空阀 VD03 的出口,当有液体溢出时,标志变为绿色,即 P101A 泵已无不凝气体。

[P]-关闭 P101A 泵后排空阀 VD03,启动离心泵的准备工作已就绪。

③ 启动离心泵。

[I]-启动 P101A(或 B)泵。

(I)-PI102 指示比入口压力大 1.5-2.0 倍后

[P]-打开 P101A 泵出口阀 VD04。

出料

[P]-打开 FIC101 调节阀的前阀 VB03、后阀 VB04。

[I]-逐渐开大调节阀 FIC101 的开度,使 PI101、PI102 趋于正常值。

[I]-微调 FV101 调节阀,在测量值与给定值相对误差 5%范围内且较稳定时,FIC101 设定到正常值,投自动。

2. 离心泵正常操作规程

(P)-P101A 泵出口压力 PI102:12.0ATM

(P)-V101 罐液位 LIC101:50.0%

(P)-V101 罐内压力 PIC101:5.0ATM

(P)-泵出口流量 FIC101:20000KG/H

3. 离心泵停车操作规程

(1) 离心泵停车操作纲要(A 级)。

V101 罐停进

停泵

泵 P101A 泄液

罐 V101 泄压、泄液

（2）离心泵停车操作纲要（B 级）。

V101 罐停进料

［I］-LIC101 置手动
［I］-关闭调节阀 LV101，停 V101 罐进料。

停泵

（I）-罐 V101 液位小于 10%
［P］-关闭 P101A（或 B）泵的出口阀（VD04）。
［I］-停 P101A 泵。
［P］-关闭 P101A 泵前阀 VD01。
［I］-FIC101 投手动，关闭调节阀 FV101。
［P］-关闭调节阀 FV101 的前阀 VB03、后阀 VB04。

泵 P101A 泄液

［P］-打开泵 P101A 泄液阀 VD02
（P）-观察 P101A 泵泄液阀 VD02 的出口，当不再有液体泄出时，显示标志变为红色。
［P］-关闭 P101A 泵泄液阀 VD02。

V101 罐泄压、泄液

（I）-罐 V101 液位小于 10%。
［P］-打开 V101 罐泄液阀 VD10。
（I）-V101 罐液位小于 5%。
［I］-打开 PIC101 泄压阀。
（P）-观察 V101 罐泄液阀 VD10 的出口，当不再有液体泄出时，显示标志变为红色，表示罐 V101 液体排净后。
［P］-关闭泄液阀 VD10。

（五）仪表及报警限

离心泵仿真操作系统的工况参数及报警限见表 1-13。

表 1-13 工况参数及报警限

位号	说明	正常值	量程上限	量程下限	单位	高报	低报
FIC101	离心泵出口流量	20000.0	40000.0	0.0	kg/h	无	无

55

续表

位号	说明	正常值	量程上限	量程下限	单位	高报	低报
LIC101	V-101 液位控制系统	50.0	100.0	0.0	%	80.0	20.0
PIC101	V-101 压力控制系统	5.0	10.0	0.0	atm	无	2.0
PI101	泵 P101A 入口压力	4.0	20.0	0.0	atm	无	无
PI102	泵 P101A 出口压力	12.0	30.0	0.0	atm	13.0	无
PI103	泵 P101B 入口压力	4.0	20.0	0.0	atm	无	无
PI104	泵 P101B 出口压力	12.0	30.0	0.0	atm	13.0	无
TI101	进料温度	50.0	100.0	0.0	℃	无	无

> **素养充电站——链接政策法规**
>
> 《中华人民共和国安全生产法》是我国化工安全生产的基本法律，规定了企业要加强安全管理、落实安全生产责任、建立安全生产责任制、保证职工参与安全生产等要求。《危险化学品安全管理条例》规定了危险化学品的安全生产和管理要求，包括危险化学品的分类、使用、储存、运输等环节的安全保障措施。

（六）事故现象及处理方法

离心泵仿真操作事故及处理方法见表 1-14。

表 1-14 离心泵操作事故及处理方法

事故名称	主要现象	处理方法
P101A 泵坏	(1) P101A 泵出口压力急剧下降 (2) FIC101 流量急剧减小	切换到备用泵 P101B： (1) 全开 P101B 泵前阀 VD05； (2) 全开排气阀 VD07 排不凝气； (3) 启动 P101B； (4) 待泵 P101B 出口压力升至入口压力的 1.5~2 倍后，打开 P101B 出口阀 VD08，同时缓慢关闭 P101A 出口阀 VD04，以尽量减少流量波动； (5) 待 P101B 进出口压力指示正常，按停泵顺序停止 P101A 运转并通知维修工
调节阀 FV101 阀卡	FIC101 的液体流量不可调节	(1) 打开 FV101 旁路阀 VD09，调节流量使其达到正常值； (2) 手动关闭调节阀 FV101 及其后阀 VB04、前阀 VB03； (3) 通知维修部门
P101A 入口管线堵	(1) P101A 泵入口、出口压力急剧下降 (2) FIC101 流量急剧减小到零	按泵的切换步骤切换到备用泵 P101B，并通知维修部门进行维修
P101A 泵气蚀	(1) P101A 泵入口、出口压力上下波动 (2) P101A 泵出口流量波动（大部分时间达不到正常值）	按泵的切换步骤切换到备用泵 P101B

项目一　流体输送

续表

事故名称	主要现象	处理方法
部分管堵	(1) 热物流流量减小 (2) 冷物流出口温度降低，汽化率降低 (3) 热物流 P102 泵出口压力升高	停车拆换热器清洗
P101A 泵气缚	(1) P101A 泵入口、出口压力急剧下降 (2) FIC101 流量急剧减小	按停车步骤停泵 P101A，排气后重新按开车步骤开启泵 P101A

> **素养充电站——传承中华文脉**
> 　　中国历史上第一部比较系统的封建成文法典是《法经》，由魏国改革家李悝所著。法家思想在化工生产中具有重要应用价值，通过强调规则、流程和标准帮助化工企业建立一套科学、严谨的管理体系，要求员工应牢固树立规则意识、法治观念，从而提高生产效率、产品质量和过程安全性。同时，法家思想也强调创新和变革，有助于化工企业不断适应市场需求和技术发展，保持竞争优势。

三　方案决策

师生共同讨论工作计划，学生进行修改完善，对工作的环节进行梳理，形成文案。

1. 离心泵开车操作时按照"明流程—知操作—记参数—保安全"的逻辑链梳理操作规程，在仿真软件上进行操作训练。

(1) 明流程。

罐 V-101 充液、充压—启动离心泵—出料。

(2) 知操作。

如<罐 V-101 充液、充压>

① 向罐 V-101 充液。

a. 打开 LIC101 调节阀，开度约为 30%，向 V-101 罐充液。

b. 当 LIC101 达到 50%时，LIC101 设定 50%，投自动。

② 罐 V-101 充压。

a. 待 V-101 罐液位>5%后，缓慢打开分程压力调节阀 PV101A 向 V-101 罐充压。

b. 当压力升高到 5.0atm 时，PIC101 设定 5.0atm，投自动。

(3) 记参数。

<正常工况参数>

① P101A 泵出口压力 PI102 为 12.0atm；

② V-101 罐液位 LIC101 为 50.0%；

③ V-101 罐内压力 PIC101 为 5.0atm；

④ 泵出口流量 FIC101 为 20000kg/h。

(4) 保安全。

① V-101 液位控制系统 LIC101 的高报限为 80.0%，低报限为 20%；

② 泵 P101A 出口压力 PI102 的高报限为 13atm；

③ 泵 P101B 出口压力 PI104 的高报限为 13atm。

2. 事故处理时按照"明现象—析原因—做判断—给措施"的逻辑链梳理操作方案，在仿真软件上进行操作训练。以其中一个事故处理为例：

（1）明现象。

① P101A 泵入口、出口压力上下波动；

② P101A 泵出口流量波动。

（外操在现场会发现泵体强烈振动，发出较大噪声）

（2）析原因。

当泵入口压力等于或小于同温度下被输送液体的饱和蒸气压时，泵入口处液体会汽化产生大量气泡，气泡在叶轮的作用下进入泵内高压区被压碎形成局部真空，周围液体质点以极大速度冲向真空区，形成频率极高、压力极大的冲击（频率可高达每秒数千次，压力可达到数百个压强甚至更高）。这种冲击力会使叶轮或泵壳表面的金属粒子脱落，形成斑点和裂隙，甚至剥蚀成蜂窝状。

（3）做判断。

这种事故为"气蚀"，源于 GB/T 7021—2019《离心泵名词术语》，工程上规定泵的扬程下降3%时，泵就进入了气蚀状态。

区别于：

① 气缚（出口压力急剧下降，出口流量急剧减小）；

② 泵坏（出口压力急剧下降，出口流量急剧减小到零）；

③ 阀卡（出口压力升高，出口流量急剧减小）；

④ 管堵（出、入口压力急剧下降，出口流量急剧减小）。

（4）给措施。

<切换到备用泵 P101B>

① 全开 P101B 泵前阀 VD05；

② 全开排气阀 VD07 排不凝气；

③ 启动 P101B；

④ 待泵 P101B 出口压力升至入口压力的 1.5~2 倍后，打开 P101B 出口阀 VD08，同时缓慢关闭 P101A 出口阀 VD04，以尽量减少流量波动；

⑤ 待 P101B 进出口压力指示正常，按停泵顺序停止 P101A 运转并通知维修工。

想一想 生产中怎样避免气蚀现象？

从根本上避免气蚀现象的方法是限制泵的安装高度，此外，减小吸入管的阻力也能有效防止气蚀现象的发生。

四 实践演练

在仿真软件上完成离心泵的开停车、运行控制和事故处理操作。

五 评价改进

（一）实施过程评价

离心泵仿真操作考核项目及评分标准参考表 1-15。

项目一　流体输送

表 1-15　离心泵仿真操作评分表

考核项目		评分标准	分值	得分
实训五必须 （20 分）	基础知识	根据任务单叙述操作界面上各符号的意义，每错一处扣 1 分，扣完为止	4	
	工艺流程	叙述任务工艺流程和工况参数，每错一处扣 1 分，扣完为止	4	
	操作方案	叙述压缩机开车和停车仿真操作方案，每错一处扣 1 分，扣完为止	4	
	设备检查	检查计算机、操作台和仿真软件，每错、漏一处扣 1 分，扣完为止	4	
	风险辨识	分析仿真实训室的风险源，给出预防措施，每错、漏一处扣 1 分，扣完为止	4	
精细操作 （50 分）	冷态开车	由仿真软件评分系统打分，百分制低于 90 分本项无成绩	25	
	事故处理	由仿真软件评分系统打分，百分制低于 90 分本项无成绩	25	
QHSE （15 分）	质量控制	操作人员职责明确，任务单、教材、纸、笔携带齐全，每错、漏一处扣 1 分，扣完为止	3	
	职业健康	操作前身体异常要及时报告，操作过程中杜绝危害自身安全和他人安全的行为，出现问题扣 4 分	4	
	安全监测	明确安全出口和消防器材位置，知道危险源所在位置，每错、漏一处扣 1 分，扣完为止	4	
	环境管理	保持工作场地清洁，用品摆放合理，每错、漏一处扣 1 分，扣完为止	4	
四有工作法 （15 分）	工作计划	工作过程严格按照计划进行，无工作计划扣 3 分，每错、漏一处扣 1 分，扣完为止	3	
	行动方案	操作严格按照方案进行，无操作方案扣 4 分，每错、漏一处扣 1 分，扣完为止	4	
	步步确认	中控和现场之间要有操作指令确认，每少一次扣 1 分，出现事故扣 4 分	4	
	事后总结	总结操作中的成功和不足之处，针对问题找出原因，提出改进建议	4	
总分			100	

（二）自我对标分析

_____

_____

（三）改进要点拆解

R：_____

I：_____

A：_____

化工单元操作

六 认知拓展

（一）化工企业离心泵试运操作规程

1 离心泵试运操作纲要（A 级）

操作纲要（A 级）

初始状态 S_0
处于隔离状态，机、电、仪及辅助系统准备就绪

1.1 离心泵试运准备

状态 S_1
具备试运条件

1.2 离心泵试运

状态 S_2
试运行良好

1.3 停泵

状态 FS
达到备用条件

2 离心泵试运操作纲要（B 级）

初始状态 S_0
处于隔离状态，机、电、仪及辅助系统准备就绪

初始状态确认：
（P）—试运所需各种机具齐全
（P）—机泵的机械、仪表、电气完好
（P）—润滑油已加好
（P）—电气、设备专业人员就位

2.1 试运准备

状态 S_1
具备试运条件

（P）—机泵的地脚螺栓、法兰连接螺栓紧固
（P）—出、入口压力表投用
[P]—打开入口阀门及出口放空阀门
（P）—泵内充满介质
[P]—关闭出口放空阀门
[P]—盘车 3~5 圈，转动灵活，无卡阻
（P）—各密封点无渗漏

项目一　流体输送

操作步骤	危害事件(风险)	消减措施	负责人
开关阀门	物体打击	严禁正对阀杆、正确使用F扳手	岗位操作人员

```
状态 S₂
具备试运条件
```

2.2　试运

[P]—联系调度通知电岗送电

[P]—启动电动机

[P]—打开机泵出口阀门（额定工况试运转 5~10min）

(P)—机泵出口压力在 1.50~2.20MPa

[P]—检查机泵有无异常振动，振动值≤0.06mm

[P]—检查机泵地脚螺栓有无松动

[P]—检查转动部件有无异常声音

[P]—检查润滑油液位 1/2~2/3

(P)—电机电流正常（<500A）

(P)—机泵机械密封渗漏不超标（≤15滴/min）

(P)—各密封点无渗漏

操作步骤	危害事件(风险)	消减措施	负责人
启泵	触电	确认保护接地、启动开关完好	岗位操作人员
运行检查	机械伤害	正确佩戴安全帽、使用检查工具	岗位操作人员

```
状态 S₃
试运行良好
```

2.3　停泵

[P]—关小泵出口阀门

[P]—按泵停止按钮

[P]—关闭泵出口阀门

操作步骤	危害事件(风险)	消减措施	负责人
开关阀门	物体打击	严禁正对阀杆、正确使用F扳手	岗位操作人员
停泵	触电	确认保护接地完好	岗位操作人员

```
状态 FS
达到备用条件
```

确认

(P)—各密封点无渗漏

(P)—机泵出口阀门处于关闭状态

(P)—机泵达到备用状态

化工单元操作

（二）离心泵切换备用泵操作卡

化工企业离心泵切换备用泵操作见表1-16。

表1-16 化工企业操作卡

离心泵切换备用泵操作卡
1. 备用泵启泵前检查
 操作步骤1： 检查泵体紧固部位无松动。 风险提示： 造成机泵出现异常振动。 风险规避： （1）认真做好日常检查紧固工作。（2）做好启动前检查工作
 操作步骤2： 检查机泵进出口阀、压力表引线阀、排凝阀是否处于关闭状态，管帽是否完好。 风险提示： （1）介质窜入液体排放线内。（2）未对阀门、管帽进行检查，在机泵启动过程中可能造成物料泄漏。 风险规避： 做好启动前检查工作
 操作步骤3： 检查现场静电接地设施是否完好。 风险提示： 机泵在启动和运行过程中可能产生静电无法及时传导，损坏设备。 风险规避： 在操作步骤中增加现场静电接地设施完好情况的确认项
 操作步骤4： 机泵盘车，检查泵轴是否灵活、无偏重卡阻。 风险提示： （1）泵轴转动不灵活存在偏重卡阻，造成部件损坏。（2）盘车过程中造成人员绞伤。 风险规避： （1）做好日常检查维护。（2）操作中一人操作一人监护。（3）按规定穿戴防护用品
 操作步骤5： 点试机泵，检查机泵运转方向是否正确。 风险提示： 叶轮反转会造成锁帽松动，叶轮脱落、损坏，泵轴弯曲，轴承、轴套磨损。 风险规避： 确认机泵运转方向正确
2. 备用泵灌泵
 操作步骤6： 通知内操准备灌泵并向调度室汇报准备向火炬泄压。 风险提示： （1）火炬消烟蒸汽开启不及时，造成环境污染。（2）系统液位出现波动。 风险规避： （1）内操提前调整消烟蒸汽。（2）内操观察DCS液位变化，及时沟通调整

续表

离心泵切换备用泵操作卡	
	操作步骤7： 打开机泵压力表引线阀。 风险提示： 机泵无压力指示，造成机泵运行压力异常，损坏设备。 风险规避： 启泵前必须先打开压力表引线阀
	操作步骤8： 缓慢打开机泵入口阀进行灌泵。 风险提示： （1）开、关阀门时不侧身，丝杠或手轮脱出时易伤人。（2）阀门开度不合理，易造成介质泄漏、污染环境。 风险规避： （1）开、关阀门时一定要侧身，穿戴好防护用品，手臂禁止超过丝杠。（2）操作要平稳、缓慢，合理控制阀门开度
3. 备用泵启动及检查	
	操作步骤9： 启泵，机泵启动按钮旋转至启动位置。 风险提示： 系统流量出现波动，系统参数紊乱。 风险规避： 内操观察DCS参数变化情况，及时与现场进行沟通
	操作步骤10： 调整出口阀开度，观察出口压力表是否在工作范围内。 风险提示： （1）开、关阀门时不侧身，丝杠或手轮脱出时易伤人。（2）阀门开度不合理，易造成介质泄漏、污染环境。（3）出口压力低，流量不足。（4）出口压力高，出口流量大，电机电流增大，电机温度升高。 风险规避： （1）开关阀门时一定要侧身，穿戴好防护用品，手臂禁止超过丝杠。（2）操作要平稳、缓慢，合理控制阀门开度。（3）充分灌泵排净泵腔内的气体。（4）调节出口阀开度，防止机泵超压运行
	操作步骤11： 与内操核对机泵流量是否正常。 风险提示： （1）流量低，会造成机泵掉量。（2）流量高，会造成机泵憋压。（3）无流量，造成系统运行紊乱。 风险规避： （1）检查机泵过滤器情况。（2）检查系统液位是否正常。（3）检查调节阀开度是否正常。（4）检查出口阀开度是否正常。（5）检查工艺流程是否通畅
	操作步骤12： 检查机泵无异常振动。 风险提示： 机泵转动部件损坏。 风险规避： （1）认真检查紧固部位情况。（2）做好机泵转动部位测振监控

化工单元操作

续表

离心泵切换备用泵操作卡	
	操作步骤13： 检查机泵无异常杂音。 风险提示： 机泵转动部件损坏。 风险规避： 严格按照机泵检查图表指示位置，做好机泵转动部件运行声音监测
	操作步骤14： 检查电机轴承温度≤65℃。 风险提示： 电机轴温过高，线圈绝缘老化加速，烧毁线圈，造成设备损坏，甚至停工。 风险规避： （1）加强电机温度监测检查。（2）检查电机润滑脂是否变质。（3）检查电机轴承是否磨损。（4）检测电机绝缘情况
4. 机泵停运及检查	
	操作步骤15： 关闭机泵出口阀留至2~3扣，将启动按钮拨至锁停位置，迅速关闭机泵出口阀。 风险提示： （1）开、关阀门时不侧身，丝杠或手轮脱出时易伤人。（2）流体失去动力，冲击叶轮，造成机泵损坏。 风险规避： （1）开、关阀门时一定要侧身，穿戴好防护用品，手臂禁止超过丝杠。（2）迅速关闭出口阀
	操作步骤16： 关闭机泵入口阀，打开液体排放线阀泄压。 风险提示： （1）开、关阀门时不侧身，丝杠或手轮脱出时易伤人。（2）泵体内残留压力损坏机泵部件、阀门。 风险规避： （1）侧身开、关阀门，穿戴好防护用品，手臂禁止超过丝杠。（2）做好泄压操作
	操作步骤17： 关闭机泵压力表引线阀。 风险提示： 泵体内残留压力损坏压力表。 风险规避： 进行关闭状态检查
	操作步骤18： 检查现场阀门、法兰无渗漏。 风险提示： 造成火灾爆炸。 风险规避： 对现场静密封点的泄漏情况进行检查
	操作步骤19： 检查地脚螺栓无松动。 风险提示： 造成机泵出现异常振动。 风险规避： （1）做好机泵停运后紧固件检查工作。（2）认真做好日常检查紧固工作

（三）化工企业火炬压液操作

化工企业火炬压液操作

项目一　流体输送

子任务二　操作气体输送装置

如图 1-48 所示，来自某一设备约 30℃ 的带压气体经调节阀进入带压罐，罐内气体由泵抽出，泵出口流量在流量调节器的控制下输送到其他设备。

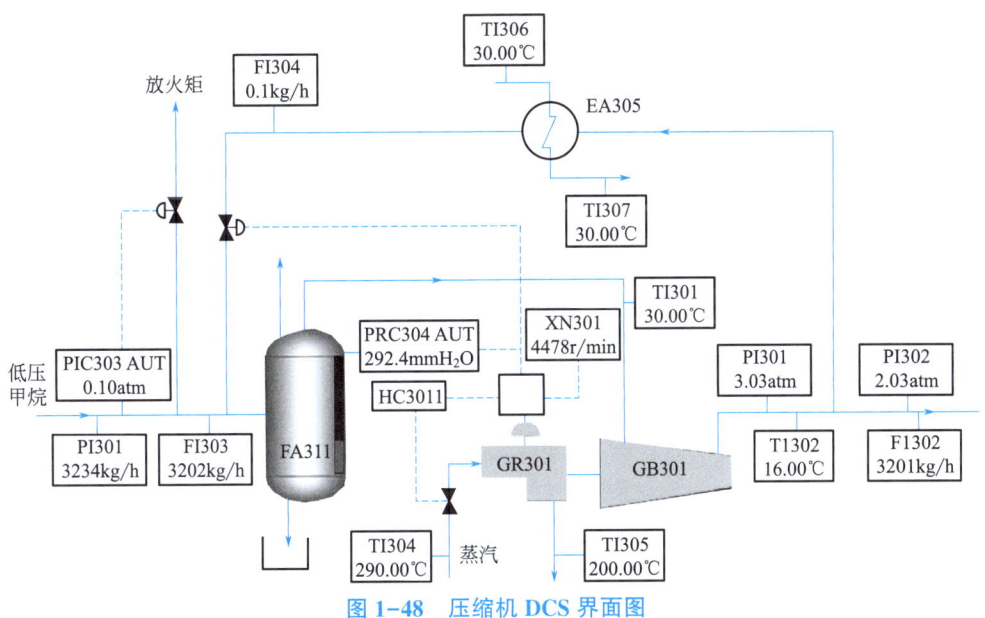

图 1-48　压缩机 DCS 界面图

一　任务拆解

（1）我要完成什么任务？

压缩机的开、停车操作，运行控制和事故处理。

（2）我要在什么样的场景下，以什么样的身份，利用什么样的资源，开展什么活动来完成这个任务？达到什么样的标准？

化工生产要输送气体物料，从主操与副操的双视角，在虚拟仿真软件上完成压缩机的开、停车操作，运行控制和事故处理，百分制系统评分 90 以上。

（3）我要按照怎样的步骤来执行？关键点是什么？第一步要做的是什么？

我要按照"查找资料—制定方案—操作演练—评价改进"的顺序完成任务，关键点是根据任务场景列出工作大纲，第一步进行信息资讯，储备必要的知识技能。

二　信息资讯

（一）工艺流程描述

如图 1-49 所示，在生产过程中产生的压力为 $1.2 \sim 1.6 \text{kgf/cm}^2$（绝压），温度为 30℃ 左右的低压甲烷经 VD01 阀进入甲烷储罐 FA311，罐内压力控制在 $300 \text{mmH}_2\text{O}$。甲烷从储罐 FA311 出来，进入压缩机 GB301，经过压缩机压缩，出口排出压力为 4.03kgf/cm^2（绝压），温度为 160℃ 的中压甲烷，然后经过手动控制阀 VD06 进入燃料系统。

65

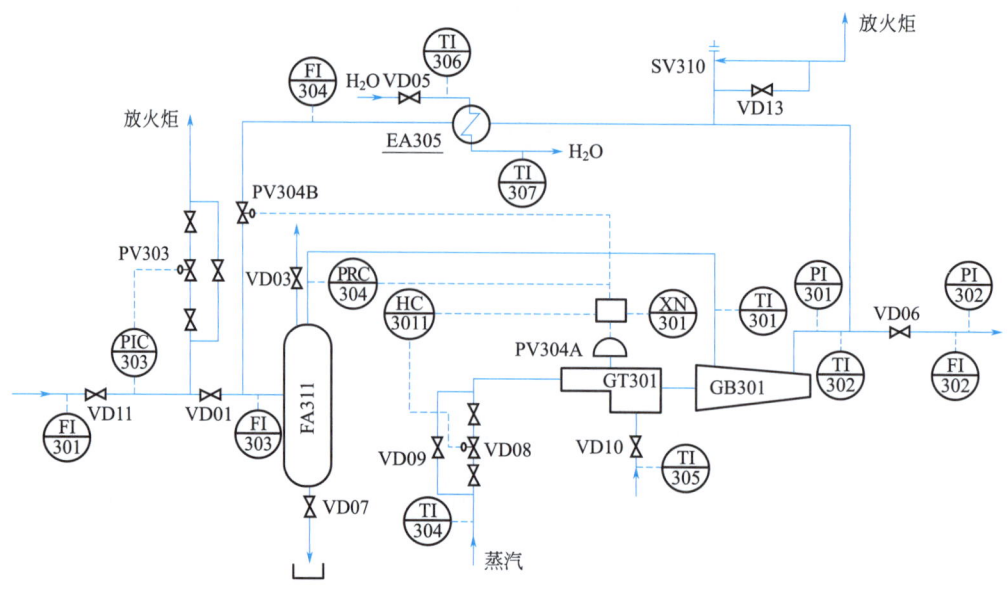

图 1-49 压缩机操作系统工艺流程图

(二) 设备、阀门位号说明

压缩机操作仿真系统设备、阀门位号说明见表 1-17。

表 1-17 压缩机操作仿真系统设备、阀门位号说明

1. 主要设备位号和名称			
设备位号	设备名称	设备位号	设备名称
FA311	低压甲烷储罐	GB301	单级压缩机
GT301	蒸汽透平	EA305	压缩机回流冷却器
2. 调节器位号和控制变量			
调节器位号	控制变量	调节器位号	控制变量
PIC303	FA311 的压力	PRC304	中压蒸汽量
3. 显示仪表位号和控制变量			
仪表位号	控制变量	仪表位号	控制变量
PI301	压缩机出口压力	TI302	压缩机出口温度
PI302	中压甲烷送燃料系统压力	TI304	透平蒸汽入口温度
FI301	低压甲烷进料流量	TI305	透平蒸汽出口温度
FI302	中压甲烷送燃料系统流量	TI306	冷却水入口温度
FI303	低压甲烷入罐 FA311 流量	TI307	冷却水出口温度
FI304	中压甲烷回流量	XN301	压缩机转速
TI301	低压甲烷入压缩机温度		

续表

4. 现场阀位号和控制变量			
现场阀位号	名称	现场阀位号	名称
VD11	低压甲烷原料阀	VD06	中压甲烷送燃料系统阀
VD01	低压甲烷进罐 FA311 放空阀	VD15	冷却器 EA305 冷却水阀
VD03	罐 FA311 放空阀	VD13	安全阀旁通阀
VD07	罐 FA311 排凝阀	SV310	安全阀
VD08	蒸汽透平中压蒸汽入口旁通阀	HC3011	蒸汽透平手动调速阀
VD09	蒸汽透平中压入口旁通阀	XN301	调速器切换开关
VB10	蒸汽透平低压蒸汽出口阀		

（三）复杂控制系统说明

压缩机切换开关的作用：当压缩机切换开关指向 HC3011 时，压缩机转速由 HC3011 控制；当压缩机切换开关指向 PRC304 时，压缩机转速由 PRC304 控制。PRC304 为一分程控制阀，分别控制压缩机转速（主气门开度）和压缩机反喘振线上的流量控制阀。当 PRC304 逐渐开大时，压缩机转速逐渐上升（主气门开度逐渐加大），压缩机反喘振线上的流量控制阀逐渐关小，直至降为 0。

（四）操作规程

本操作规程仅为后续方案决策环节提供数据，具体参数及详细操作步骤以所用软件的评分系统为准。

1. 单级透平压缩机开车操作规程

（1）单级透平压缩机开车操作纲要（A 级）。

> 开车前准备工作
>
> 罐 FA311 充低压甲烷
>
> 透平单级压缩机开车

（2）单级透平压缩机开车操作纲要（B 级）。

> 开车前准备工作

［P］-启动公用工程：按公用工程按钮，公用工程投用。

［P］-油路开车：按油路按钮。

［P］-盘车：a. 按盘车按钮开始盘车；b. 待转速升到 200 转/分时，停盘车（盘车前先打开 PV304B 阀）。

［P］-暖机：按暖机按钮。

［P］-EA305 冷却水投用：打开换热器冷却水阀门 VD05，开度为 50%。

罐 FA311 充低压甲烷

[I]-打开 PIC303 调节阀放火炬，开度为 50%。

[P]-打开 FA311 入口阀 VD11 开度为 50%。

[P]-打开阀 PV304B，缓慢向系统充压

[P]-调整 FA311 顶部安全阀 VD03 和 VD01，使系统压力维持 300~500mmH$_2$O；

[I]-调节 PIC303 阀门开度，使压力维持在 0.1atm。

透平单级压缩机开车

① 手动升速：

[P]-缓慢打开透平低压蒸汽出口截止阀 VD10，开度递增级差保持在 10%以内；

[P]-将调速器切换开关切到 HC3011 方向；

[P]-手动缓慢打开 HC3011，开始压缩机升速，开度递增级差保持在 10%以内。

(I)-透平压缩机转速保持在 250~300 转/分。

② 跳闸实验（视具体情况决定此操作是否进行）：

[P]-调整 HC3011 继续升速。

(I)-透平压缩机转速至 1000 转/分。

[P]-按动紧急停车按钮进行跳闸实验，实验后压缩机转速 XN311 迅速下降为零。

[P]-手关 HC3011，开度为 0.0%。

[P]-关闭蒸汽出口阀 VD10，开度为 0.0%。

[P]-按压缩机复位按钮。

③ 重新手动升速：

[P]-缓慢打开透平低压蒸汽出口截止阀 VD10，开度递增级差保持在 10%以内。

[P]-打开 HC3011，缓慢升速至 1000 转/分，开度递增级差保持在 10%以内。

(I)-升转速至 3350 转/分。

④ 启动调速系统：

[P]-将调速器切换开关切到 PIC304 方向；

[P]-缓慢打开 PV304A 阀，若阀开得太快会发生喘振。

[P]-适当打开出口安全阀旁路阀（VD13）调节出口压力

(I)-使 PI301 压力维持在 3.03atm，防止喘振发生。

⑤ 调节操作参数至正常值：

(I)-当 PI301 压力指示值为 3.03atm 时。

[P]-一边关出口放火炬旁路阀，一边打开 VD06 去燃料系统阀，

[I]-同时相应关闭 PIC303 放火炬阀；

[I]-控制入口压力 PIC304 在 300mmH$_2$O，缓慢升速；

(I)-当转速达全速（4480 转/分左右）

[I]-将 PIC304 切为自动；

[I]-PIC303 设定为 0.1kg/cm2（表），投自动；

[P]-顶部安全阀VD03缓慢关闭。

2. 正常操作规程

（I）-储罐FA311压力PIC304：295mmH$_2$O；

（I）-压缩机出口压力PI301：3.03atm，燃料系统入口压力PI302：2.03atm；

（I）-低压甲烷流量FI301：3232.0kg/h；

（I）-中压甲烷进入燃料系统流量FI302：3200.0kg/h；

（I）-压缩机出口中压甲烷温度TI302：160.0℃。

3. 单级透平压缩机停车操作规程

（1）单级透平压缩机正常停车操作纲要（A级）。

> 停调速系统

> 手动降速

> 停FA311进料

（2）单级透平压缩机正常停车操作纲要（B级）。

> 停调速系统

[P]-缓慢打开PV304B阀，降低压缩机转速；

[I]-打开PIC303阀排放火炬；

[P]-开启出口安全旁路阀VD13，同时闭去燃料系统阀VD06。

> 手动降速

[P]-将HC3011开度置为100.0%；

[P]-将调速开关切换到HC3011方向；

[P]-缓慢关闭HC3011，同时逐渐关小透平蒸汽出口阀VD10；

（I）-当压缩机转速降为300~500转/分时

[P]-按紧急停车按扭；

[P]-关闭透平蒸汽出口阀VD10。

> 停FA311进料

[P]-关闭FA311入口阀VD01、VD11；

[P]-开启FA311泄料阀VD07，泄液；

[P]-关换热器冷却水。

想一想 单级透平压缩机紧急停车应怎样操作？

（1）按动紧急停车按钮；（2）确认PV304B阀及PIC303置于打开状态；（3）关闭透平蒸汽入口阀及出口阀；（4）甲烷气由PIC303排放火炬；⑤其余同正常停车。

（五）仪表及报警限

压缩机仿真操作系统工况参数及报警限见表1-18。

表1-18 压缩机工况参数及报警限

位号	说明	正常值	量程上限	量程下限	单位	高报	低报
PIC303	放火炬控制系统	0.1	4.0	0.0	atm	无	无
PIC304	储罐压力控制系统	295.0	40000.0	0.0	mmH$_2$O	无	无
PI301	压缩机出口压力	3.03	5.0	0.0	atm	4.5	无
PI302	燃料系统入口压力	2.03	5.0	0.0	atm	无	无
FI301	低压甲烷进料流量	3233.4	5000.0	ppm	kg/h	无	无
FI302	燃料系统入口流量	3201.6	5000.0	ppm	kg/h	无	无
FI303	低压甲烷入罐流量	3201.6	5000.0	ppm	kg/h	无	无
FI304	中压甲烷回流流量	0.0	5000.0	ppm	kg/h	—	—
TI301	低压甲烷入压缩机温度	30.0	200.0	0.0	℃	无	无
TI302	压缩机出口温度	160.0	200.0	0.0	℃	170.0	无
PIC303	放火炬控制系统	0.1	4.0	0.0	atm	无	无
PIC304	储罐压力控制系统	295.0	40000.0	0.0	mmH$_2$O	无	无
PI301	压缩机出口压力	3.03	5.0	0.0	atm	无	无
PI302	燃料系统入口压力	2.03	5.0	0.0	atm	无	无
FI301	低压甲烷进料流量	3233.4	5000.0	ppm	kg/h	无	无
FI302	燃料系统入口流量	3201.6	5000.0	ppm	kg/h	无	无

素养充电站——链接政策法规

《国家安全监管总局关于加强化工过程安全管理的指导意见》（安监总管三〔2013〕88号）规定对涉及"两重点一重大"（重点监管危险化学品、重点监管危险化工工艺和危险化学品重大危险源）的生产储存装置进行风险辨识分析，要采用化工危险与可操作性（HAZOP）分析技术。在HAZOP分析中，每个步骤都按照一定的逻辑顺序进行，以确定是否存在潜在的危险或不安全因素。通过使用标准化的引导词和参数表，分析人员逐个审查工艺流程中的每个步骤和操作，并确定可能出现的偏差、条件或情境。分析人员评估偏差、条件或情境对工艺系统的影响及可能导致的后果，并确定适当的控制措施。

（六）事故现象及处理方法

压缩机仿真操作事故及处理方法见表1-19。

项目一　流体输送

表 1-19　压缩机操作事故及处理方法

事故名称	主要现象	处理方法
入口压力过高	FA311 罐中压力不上升	适当手动打开放火炬阀 PV303
出口压力过高	压缩机出口压力上升	开大甲烷去燃料系统手阀 VD06
入口管道破裂	FA311 中压力下降	紧急停车
出口管道破裂	压缩机出口压力下降	紧急停车
入口温度过高	TI301 和 TI301 值上升	紧急停车

三　方案决策

师生共同讨论工作计划，学生进行修改完善，对工作的环节进行梳理，形成文案。

1. 压缩机开车操作时按照"明流程—知操作—记参数—保安全"的逻辑链梳理操作规程，在仿真软件上进行操作训练。

（1）明流程。

（2）知操作。

（3）记参数。

（4）保安全。

2. 事故处理时按照"明现象—析原因—做判断—给措施"的逻辑链梳理操作方案，在仿真软件上进行操作训练。以其中一个事故处理为例：

（1）明现象。

_____

_____

（2）析原因。

_____

_____

（3）做判断。

_____

_____

（4）给措施。

_____

_____

_____

四　实践演练

在仿真软件上完成离心压缩机的开、停车操作，运行控制和事故处理。

五　评价改进

（一）实施过程评价

离心压缩机仿真操作考核项目及评分标准参考表1-20。

表1-20　离心压缩机仿真操作评分表

考核项目		评分标准	分值	得分
实训五必须 （20分）	基础知识	根据任务单叙述操作界面上各符号的意义，每错一处扣1分，扣完为止	4	
	工艺流程	叙述任务工艺流程和工况参数，每错一处扣1分，扣完为止	4	
	操作方案	叙述压缩机开车和停车仿真操作方案，每错一处扣1分，扣完为止	4	
	设备检查	检查计算机、操作台和仿真软件，每错、漏一处扣1分，扣完为止	4	
	风险辨识	分析仿真实训室的风险源，给出预防措施，每错、漏一处扣1分，扣完为止	4	

项目一　流体输送

续表

考核项目		评分标准	分值	得分
精细操作 （50分）	冷态开车	由仿真软件评分系统打分，百分制低于90分本项无成绩	25	
	事故处理	由仿真软件评分系统打分，百分制低于90分本项无成绩	25	
QHSE （15分）	质量控制	操作人员职责明确，任务单、教材、纸、笔携带齐全，每错、漏一处扣1分，扣完为止	3	
	职业健康	操作前身体异常要及时报告，操作过程中杜绝危害自身安全和他人安全的行为，出现问题扣4分	4	
	安全监测	明确安全出口和消防器材位置，知道危险源所在位置，每错、漏一处扣1分，扣完为止	4	
	环境管理	保持工作场地清洁，用品摆放合理，每错、漏一处扣1分，扣完为止	4	
四有工作法 （15分）	工作计划	工作过程严格按照计划进行，无工作计划扣3分，每错、漏一处扣1分，扣完为止	3	
	行动方案	操作严格按照方案进行，无操作方案扣4分，每错、漏一处扣1分，扣完为止	4	
	步步确认	中控和现场之间要有操作指令确认，每少一次扣1分，出现事故扣4分	4	
	事后总结	总结操作中的成功和不足之处，针对问题找出原因，提出改进建议	4	
总分			100	

（二）自我对标分析

_____
_____
_____
_____
_____
_____

（三）改进要点拆解

R：_____

I：_____

A：_____

六 认知拓展

压缩机的喘振

压缩机喘振是由于压缩机内的气体流量突然降低,导致气体在叶道进口的流动方向和叶片进口角出现很大偏差,从而使叶轮不能有效提高气体的压力,最终引起机组与管网发生周期性的轴向低频大振幅的气流振荡现象。当系统管网压力降至低于压缩机出口压力时,气体又向管网流动,如此反复。

由于离心压缩机有可能发生喘振现象,所以它的流量操作范围受到相当严格的限制,不能小于稳定工作范围的最小流量。一般最小流量为设计流量的 70%~85%。压缩机的最小流量随叶轮转速的减小而降低,也随气体进口压力的降低而降低。

(一) 压缩机喘振的常见表现

(1) 出口压力和入口流量大幅度变化,有时还可能产生气体倒流现象。

(2) 机组和管网发生强烈的周期性振动,振幅大,频率低,并伴有周期性的"吼叫"声。

(3) 压缩机机体振动强烈,机壳、轴承均有强烈的振动,并发出强烈的周期性的气流声。

(4) 出口压力表的指针来回摆动。

(二) 压缩机喘振的检测

1. 听声音

喘振发生时,压缩机会产生周期性的噪声,可以通过听声音来判断是否发生了喘振。

2. 观察压力表

喘振会导致压缩机出口压力波动较大,可以通过观察压力表来判断是否发生了喘振。

3. 观察流量计

喘振会导致压缩机流量大幅度波动,可以通过观察流量计来判断是否发生了喘振。

4. 测量振动

喘振会导致压缩机振动位移值升高,可以通过测量压缩机的振动判断是否发生了喘振。

(三) 压缩机喘振的预防

(1) 保持压缩机在正常负荷下运行,避免负荷过低或过高,尤其不能突然降负荷。

(2) 调整压缩机的运行参数,避免出现异常情况。

(3) 安装防喘振装置,如热气旁通等,以降低发生喘振的概率。

项目一　流体输送

任务三　维护保养流体输送设备

为了保证流体输送设备能长时间安全良好运行，稳定产品质量和产量，必须做好日常检查与维护保养。

一　任务拆解

（1）我要完成什么任务？
流体输送设备的维护保养。

（2）我要在什么样的场景下，以什么样的身份，利用什么样的资源，开展什么活动来完成这个任务？达到什么样的标准？
化工装置要例行日常检查和定期强制保养，以检修人员的身份，利用实训基地的流体输送装置，对输送设备进行维护保养，百分制评分达到90分以上。

（3）我要按照怎样的步骤来执行？关键点是什么？第一步要做的是什么？
我要按照"查找资料—制定方案—操作演练—评价改进"的顺序完成任务，关键点是根据任务场景列出工作大纲，第一步要进行信息资讯，储备必要的知识技能。

二　信息资讯

通过企业调研和查找操作规程等资料，归纳出"维护保养流体输送设备"通常分为日常检查和强制保养。具体设备的保养方法不同，以离心泵为例进行说明。

（一）离心泵的日常检查

1. 泵及辅助系统

（1）用听诊器检查泵和电机轴承处有无异常声响，各部位连接螺栓与地脚螺栓有无松动。用测振仪测量泵体各测量点的振动值。各类泵的振动值见表1-21。

表1-21　泵的类别和振动值　　　　　　　　　　　　　　　　　　　　单位：mm/s

项目	第一类泵	第二类泵	第三类泵
优秀	0~0.71	0~1.12	0~1.8
良好	0.71~1.8	1.12~2.8	1.8~4.5

（2）用红外线测温仪检查轴承温度，滚动轴承温度<75℃，滑动轴承温度<65℃为正常范围。

（3）检查泵轴承箱的注油筒或油杯液位是否在1/2~2/3之间，液位低时及时补充润滑油，电机轴承定期加注油脂。

（4）检查润滑油油质，若油质浑浊，可能是轴承箱进水或轴承磨损引起的，必须及时检修处理。

（5）检查泵轴承箱冷却水流动是否正常。

（6）检查泵轴封泄漏情况，机械密封或填料密封低黏度物料泄漏量不能超过10滴/

min，高黏度物料泄漏量不能超过 5 滴/min，否则需更换轴封。

（7）检查密封液液位是否在 1/2~2/3 之间。

（8）如果轴封是干气密封形式的，检查干气密封系统是否正常。

（9）检查泵出口压力是否正常。如果压力波动大但其他指标正常时，要及时清理泵入口过滤网。

（10）检查泵的出入口管线法兰有无泄漏。

（11）检查电机电流是否在正常范围内。

（12）检查备用电机是否有电，泵入口阀全开时有无泄漏情况。

（13）检查泵的接地线是否完好。

2. 动力设备

检查电机的运行是否正常。

3. 工艺系统

（1）检查泵入口压力是否正常稳定。

（2）检查泵出口压力是否正常稳定且满足工艺要求。

4. 其他

（1）备用泵按规定盘车，每 24h 盘车 180°。

（2）检查防静电接地线是否正常。

（3）冬季检查防冻凝措施是否正常，夏季检查防暑措施是否正常。

想一想 化工企业里日常检查时各岗位怎样分工合作？

现在国内石化企业关于离心泵的实际维护保养侧重提高日常检查质量。设备人员对离心泵振动、轴承温度、轴承箱油杯液位、底座螺栓、联轴器等位置进行检查。工艺人员对压力表、泵出入口压力、动静密封点、冷却水或冷却液等进行检查。维修人员对泵振动、轴承温度、泵运行状态进行检查。电气人员对泵的电机运行情况、电机轴承温度、电机防静电接地线等进行检查。

（二）离心泵的强制保养

强制保养就是离心泵达到各级保养运行时间后，强制停泵，按各级保养内容进行全面检查，测试技术数据，并做好运行记录，也称为检修。离心泵的检修分为临时检修和计划检修两种，临时检修是指离心泵在运行中哪个部位出现问题就对哪个部位进行检修，计划检修是根据离心泵介质的不同制定检修计划检修。离心泵强制保养级别和运转参考时间见表 1-22。

表 1-22 离心泵强制保养级别和运转参考时间

保养级别	一级保养	二级保养	三级保养
运转时间/h	1000±24	3000±24	10000±24

1. 离心泵一级保养（小修）内容

（1）检查泵轴承箱润滑油的清洁度。

（2）检查紧固轴封装置（机械密封或填料密封），如果轴封是干气密封的，应全面仔细检查干气密封系统。

（3）检查端盖螺钉、泵壳拉紧螺钉、底座及轴承支架螺钉，不能松动滑扣。

（4）检查联轴器，螺钉受力均匀，松紧一致。

（5）检查泵出入口压力表，保证其灵活、准确、不松动、不漏液。

(6) 对泵体本身和泵入口、出口管线动静密封点进行紧固,泄漏量超标时更换垫片。
(7) 清理泵入口过滤网,保证清洁、畅通。
(8) 对泵电机进行全面检查,保证其状态、参数正常。
(9) 检查泵轴承箱冷却水或冷却液,保证其流动正常。

> **素养充电站——对标企业生产**
> 　　化工企业实际生产中定期保养时主要是清理泵入口过滤网、校验或更换压力表、加注电机轴承润滑脂、更换轴承箱润滑油,室外离心泵冬季要更换防冻凝润滑油。大庆油田化工有限公司在设备保养时实施"九定"设备保养法:备用设备定时盘车;运转设备定时切换;润滑设备定时加油;转动设备定时换油;除垢滤网定时清洗;易损部件定时更换;重要设备定人检查;利旧部件定置摆放;修旧利废定期统计。

2. 离心泵二级保养(中修)内容

除完成一级保养工作外,还要进行以下工作内容:
(1) 清洗前后轴承箱,检查或更换润滑油、润滑脂。
(2) 检查密封填料磨损情况,必要时更换。
(3) 检查联轴器的外表及同心度。
(4) 检查清洗更换泵轴承,并加注润滑油。
(5) 检查轴套密封磨损情况,必要时更换。
(6) 检查平衡盘、平衡环磨损情况,磨损超过要求标准时进行更换。
(7) 检查泵轴窜动量在规定范围。

3. 离心泵三级保养(大修)内容

除完成一级、二级保养内容外,还应完成以下工作内容:
(1) 检查前后轴承,并测量轴承间隙。
(2) 检查清洗叶轮、导翼、导翼固定螺钉及泵壳。
(3) 测量叶轮与密封环间隙以及密封环和导翼配合情况。
(4) 检查校正泵轴及联轴器和泵轴的配合。
(5) 检查平衡盘与平衡环的窜量。
(6) 检查调整联轴器的同心度。
(7) 对叶轮、平衡盘做静平衡试验。
(8) 测量电机和泵的振动。

想一想　单级离心泵和多级离心泵的保养级别是否相同?
　　单级离心泵更换轴承时即认为是大修,因其更换轴承的次数一般较多,因此把单级离心泵的最高保养级别定为二级。三级保养大多数是对多级离心泵而言的,虽然三级保养各地规定时间不一致,但检修内容大致相同。

> **素养充电站——对标企业生产**
> 　　离心泵强制保养时间受输送介质的影响较大,输送重油、渣油等杂质较多、黏度较大或强酸、强碱等腐蚀性介质的设备检修周期往往比参考时间更短。输送润滑油、乙烯、丙烯、纯净水等清洁介质的泵检修周期可达10~20年。这样检修的目的是节约成本,减小检修风险,是一种与时俱进的检修理念。

三 方案决策

做好劳动保护和风险辨识防控，按照离心泵的日常检查和强制保养标准执行操作。

四 实践演练

在流体输送装置上完成离心泵的一级保养，填写班组信息、工具材料领用、作业许可等表单。

表1-23 班组信息登记表

姓名	岗位	职责

表1-24 工具材料领用登记表

单号：

名称	规格	数量	单位	工具状况	归还时间

使用部门： 领取人： 领取时间：

表1-25 盲板抽堵作业证

单号：

申请单位		负责人	
设备名称		盲板位置	
盲板类型		介质名称	
介质压力		介质温度	
开工时间			
安全措施			
			确认人：
完工验收			

项目一　流体输送

表 1-26　设备维护保养记录

单号：

设备名称		设备位号	
维保项目			
耗材用量			
情况记录	说明是否有异常现象，如有请分析原因并写明处理方法。		
维保人员签字：		维保时间：	

五　评价改进

（一）评价标准

离心泵维护保养操作评分参考表 1-27。

表 1-27　离心泵一级保养评分表

	评分指标	分值	得分
1	检查泵轴承箱润滑油的清洁度	10	
2	检查紧固轴封装置，如果轴封是干气密封的，应全面仔细检查干气密封系统	10	
3	检查端盖螺钉、泵壳拉紧螺钉、底座及轴承支架螺钉，不能松动滑扣	10	
4	检查联轴器，螺钉受力均匀，松紧一直	10	
5	检查泵出入口压力表，保证其灵活、准确、不松动、不漏液	10	
6	对泵体本身和泵入口、出口管线动静密封点进行紧固，泄漏量超出标准时更换垫片	10	
7	清理泵入口过滤网，保证清洁、畅通	10	
8	对泵电机进行全面检查，保证其状态、参数正常	10	
9	检查泵轴承箱冷却水或冷却液，保证其流动正常	10	
10	按 6s 标准进行工作现场清理整顿，工具摆放整齐，文明施工	10	
总分	100		

（二）自我对标分析

_____

_____

（三）改进要点拆解

R：_____

I：_____

A：_____

六 认知拓展

离心泵点检

（一）点检前

巡检一般两人一组完成，明确巡检要求，穿戴好劳动保护用品，带好巡检工具，熟悉巡检场所的风险要素。

（二）点检中

1. 听声音

用听诊器顶住电机前后轴承、泵体等位置，贴紧耳朵，听泵体和电机运转的声音是否正常。现在可以用测振仪准确测量泵的振动频率。

2. 测温度

用红外测温仪距测温贴 15~20cm 的位置测量电机、泵轴承等位置的温度是否正常。

3. 检泄漏

观察密封节点，液体的泄漏情况通常通过目视法进行判断，气体的泄漏多用可燃气体报警器进行检测。

4. 读仪表

检测压力表的指针是否处于工作区间内，是否无波动。检查油表视镜或油杯的油位是否处于 1/2~1/3 的位置。

5. 比数据

对比交接班记录和以往巡检数据看是否有异常。

（三）点检后

对离心泵进行固底、盘车，按 6s 标准清理现场。

素养充电站——对标企业生产

大庆油田化工有限公司生产中实行精细巡检——主操"四必四要"：数据异常必查，查要清楚；曲线波动必论，论要科学；警报闪烁必除，除要及时；监控有变必纠，纠要彻底。副操"八必、八要"：规定路线必走，走要到位；内外指标必对，对要细致；热震部位必测，测要认真；转动设备必听，听要精准；易漏部位必看，看要仔细；灰尘污渍必擦，擦要净洁；声味异常必判，判要准确；卡片指标必记，记要属实。

素养充电站——对标企业生产

化工企业机器人巡检利用机器人技术，在各个关键区域进行智能化巡检，实现对设备状态、工艺流程、安全隐患等的全面监控，在提高巡检效率、降低人力成本、保障安全等方面发挥重要作用。防爆轮式巡检机器人具有防爆、耐高温、耐腐蚀的特点，它可以在输油站、采气站、压气站等石化场站进行巡检工作，完成图像识别、"跑冒滴漏"检测、设备状态识别和数据分析、后台远程操控及管理等工作。智能巡检机器人可以设定巡检路线，定时定点运用 AI 识别、红外线等功能进行检测，精准识别细微变化，并自动进行风险评估。风险评级过高则会发出声光警报并发短信通知负责人，确保安全隐患得到及时处理。

项目一　流体输送

【学习成果管理】

一、预期学习成果

流体输送预期学习成果见表1-28。

表1-28　流体输送预期学习成果

项目	成果
知识	流体输送系统的对象、本质、原理、分类、应用 流体输送系统的构成 流体输送设备的原理、结构、性能、用途 温度、压力、流量、液位等参数的测量方法 流体输送装置的开、停车操作流程和过程控制要点 流体输送过程中常见事故的现象、成因及处理方法
技能	能独立完成典型流体输送设备的开、停车操作 能正确调控流体输送过程中的工艺参数 能正确诊断流体输送过程中的异常现象并给出合理的处理方案 能完成常用流体输送设备的日常检查和强制保养
能力	能通过多种新媒体资源获取信息、处理信息和运用信息 能对工作结果进行总结、评价与优化改进 能组织副操岗位的初步日常工作

二、具体学习成果——流体输送综合操作

流体输送具体学习成果见表1-29。

表1-29　流体输送具体学习成果

项目	成果
任务说明	根据仿真操作经验和实训装置设计实训操作方案，并在装置上完成流体输送装置的开停车操作。 建议学时：4学时
参考装置	

续表

项目	成果
工艺流程	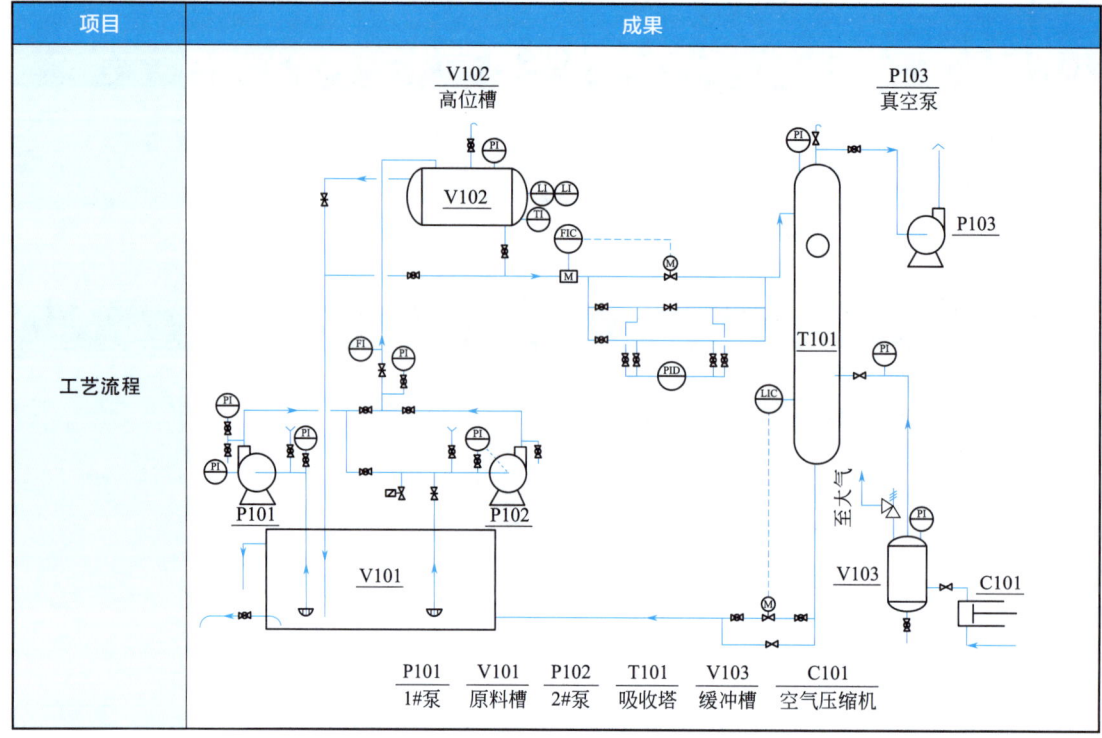

流体输送装置静设备建议参数见表1-30。

表1-30 实训装置静设备参数

编号	名称	规格型号/mm	材质	数量
1	反应器	φ325×1300	不锈钢	1
2	高位槽	φ426×700	不锈钢	1
3	缓冲罐	φ400×500	不锈钢	1
4	原料水槽	1000×600×500	不锈钢	1
5	反应器	φ325×1300	不锈钢	1

流体输送装置动设备建议参数见表1-31。

表1-31 实训装置动设备参数

编号	名称	规格型号	数量
1	不锈钢离心泵	供电：三相380V 扬程：14m 最大流量：6m³/h 功率：0.5kW 管路连接： 进口 G1 1/4 出口 G1 内螺纹	2

项目一　流体输送

续表

编号	名称	规格型号	数量
2	真空泵	供电电源：220V 极限真空度：$<6\times10^{-2}$（kPa） 允许最大阻力：1.3×10^{3}（kPa） 泵油温升：<45℃ 电机功率：0.37kW 进气口直径：25mm 转速：<1400r/min	1
3	往复空压机	额定功率：2.2kW 排气量：0.25m^3/min 储气量：96L	1

（一）操作方案

1. 准备工作

（1）开车前检查。

（2）劳动保护。

2. 冷态开车

（1）明流程。

（2）知操作。

（3）记参数。

（4）保安全。

3. 运行控制

（1）标况参数。

（2）报警限。

（3）异常现象处理。

4. 正常停车

（1）明流程。

（2）知操作。

（3）记参数。

（4）保安全。

项目一　流体输送

（二）风险辨识

流体输送装置风险因素、风险来源、规避措施见表1-32。

表1-32　流体输送装置风险辨识与防控

风险因素		风险来源	规避措施
1 滑跌		楼梯	楼梯安装防护栏，操作人员佩戴安全帽，着工装，负责人提示上下楼梯时注意安全，操作过程必须遵守实训基地安全守则
2 坠落		上层操作台	装置上层安装防护栏，操作人员佩戴安全帽，着工装，负责人提示在上层操作时注意安全，操作过程必须遵守实训基地安全守则
3 触电		通电设备线路	操作人员通电前检查电源、线路和设备，提醒学生用电安全，操作过程必须遵守实训基地安全守则。实训期间教师要密切注意学生操作，遇有违规操作要及时制止，遇有紧急情况及时关闭总闸
4 绊倒		近地设备和管线	操作人员佩戴安全帽，着工装，提示注意安全，尤其是管线，避免绊倒、磕碰和砸伤，操作过程必须遵守实训基地安全守则
5 火灾		电线	负责人强调火源必须远离电线，提醒学生注意观察并牢记逃生通道和灭火器位置，教会学生使用灭火器，操作过程必须遵守实训基地安全守则
6 水灾		设备进水阀门和水闸未关闭	实训结束教师检查设备的进水阀门和总水闸是否关闭，操作过程必须遵守实训基地安全守则
7 液体喷溅		高压泄液或溢罐	操作人员佩戴安全帽，着工装，负责人强调正确操作设备，时刻监视流体输送设备的表压和液位。过滤设备卸渣时先放空，操作过程必须遵守实训基地安全守则
我已知晓流体输送装置的风险因素、风险来源及规避措施，操作中会做好防护，严守操作规程。 确认人签字：＿＿＿＿＿＿			

素养充电站——溯源工程伦理

化工安全伦理主要指在化工生产过程中企业应该遵循的道德准则和责任，确保员工和公众的安全，包括对安全管理制度的遵守、对员工安全培训的责任、对事故预防和应急处理的措施等。在化工企业中，安全伦理不仅是一种道德要求，更是一种法律责任和社会责任。

三、学习成果达成度测评

流体输送装置操作考核项目及评分标准参考表1-33。

表1-33 流体输送操作考核评分表

项目	考核内容	评分标准	分值	得分
1. 离心泵操作考核评分表				
开车前的检查与准备	检查电源、水源是否处于正常供给状态，检查并调整高位槽液位不高于2cm，检查并调整低位槽液位不低于20cm，管路中、设备上的阀门开、关是否得当（各仪表阀门要关闭）	操作步骤每错、漏一处扣5分，扣完为止	25分	
开车	灌泵，直到排气管无气泡为止。关闭泵出口阀的情况下启动泵的电机，观察泵出口压力达0.18MPa左右时，打开泵出口阀，打开仪表阀门	操作步骤每错、漏一处扣6分，扣完为止	20分	
正常操作	缓慢打开流量计计前阀，调节流量为 2.0m³/h 左右，正确读数并记录数据；观察离心泵的出口压力，正确读数并记录数据；观察高位槽液位变化，当高位槽液位达20cm左右即可准备停车	操作步骤每错、漏一处扣4分，扣完为止	25分	
停车	关流量计计前阀，关泵出口阀，停电机。将高位槽的水排入低位槽	操作每错、漏一处扣6分，扣完为止	20分	
文明操作	组员间应相互配合，不能一人单独完成；正确使用操作工具；保持操作现场干净整齐	发生事故扣5分；未正确使用设备、工具扣2分	10分	

离心泵操作报表

项目	单位	数据
低位槽初始液位		
高位槽初始液位		
出口压力表读数		
流量计读数		

项目	考核内容	评分标准	分值	得分
2. 离心泵并联操作考核评分表				
开车前的检查与准备	检查电源、水源是否处于正常供给状态,检查并调整高位槽液位不高于2cm,检查并调整低位槽液位不低于20cm,管路中、设备上的阀门开、关是否得当	操作步骤每错、漏一处扣5分,扣完为止	20分	
开车	灌泵，直到排气管无气泡为止。关闭泵出口阀的情况下启动1号、2号泵的电机，观察泵出口压力达 0.18MPa 左右	操作步骤每错、漏一处扣4分,扣完为止	20分	

项目一　流体输送

续表

2. 离心泵并联操作考核评分表

项目	考核内容	评分标准	分值	得分
正常操作	打开1号泵、2号泵出口阀,缓慢打开流量计计前阀,调节流量为2.0m³/h左右,正确读数并记录;观察离心泵的出口压力,正确读数并记录;当高位槽液位达20cm左右即可准备停车	操作步骤每错、漏一处扣5分,扣完为止	30分	
停车	关流量计计前阀,关1号泵、2号泵出口阀,停电机。将高位槽的水排入低位槽	操作步骤每错、漏一处扣5分	20分	
文明操作	组员间应相互配合,不能一人单独完成;正确使用操作工具;保持操作现场干净整齐	发生事故扣5分;未正确使用设备、工具扣2分	10分	

实验数据记录表

项目	单位	数据
低位槽初始液位		
高位槽初始液位		
1号泵出口压力表读数		
1号泵流量计读数		
并联后1号泵出口压力表读数		
并联后2号泵出口压力表读数		
2号泵流量计读数		

3. 离心泵串联操作考核评分表

项目	考核内容	评分标准	分值	得分
开车前的检查与准备	检查电源、水源是否处于正常供给状态,检查并调整高位槽液位不高于2cm,检查并调整低位槽液位不低于20cm,管路中、设备上的阀门开关是否得当	操作步骤每错、漏一处扣5分,扣完为止	20分	
开车	灌泵,直到排气管无气泡为止。关闭泵出口阀的情况下启动1号、2号泵的电机,观察泵出口压力达0.18MPa左右	操作步骤每错、漏一处扣4分,扣完为止	20分	
正常操作	打开1号泵出口阀,缓慢打开流量计计前阀,调节流量为1.0m³/h左右,正确读数并记录;观察离心泵的出口压力,正确读数并记录;关1号泵流量计阀,让1号泵的出口流体进入2号泵,同时关低位槽到2号泵的进水,观察2号出口压力表读数并记录,打开2号泵出口阀,打开2号泵流量计计前阀并调节流量与刚才1号泵的出口流量相同,当高位槽液位达20cm左右即可准备停车	操作步骤每错、漏一处扣5分,扣完为止	35分	

87

续表

	3. 离心泵串联操作考核评分表			
项目	考核内容	评分标准	分值	得分
停车	关流量计计前阀,关泵出口阀,停电机。将高位槽的水排入低位槽	操作步骤每错、漏一处扣5分	15分	
文明操作	组员间应相互配合,不能一人单独完成;正确使用操作工具;保持操作现场干净整齐	发生事故扣5分;未正确使用设备、工具扣2分	10分	

实验数据记录表

项目	单位	数据
低位槽初始液位		
高位槽初始液位		
1号泵出口压力表读数		
1号泵流量计读数		
串联后1号泵出口压力表读数		
串联后2号泵出口压力表读数		
2号泵流量计读数		

项目一　流体输送

【复盘总结】

一、项目复盘

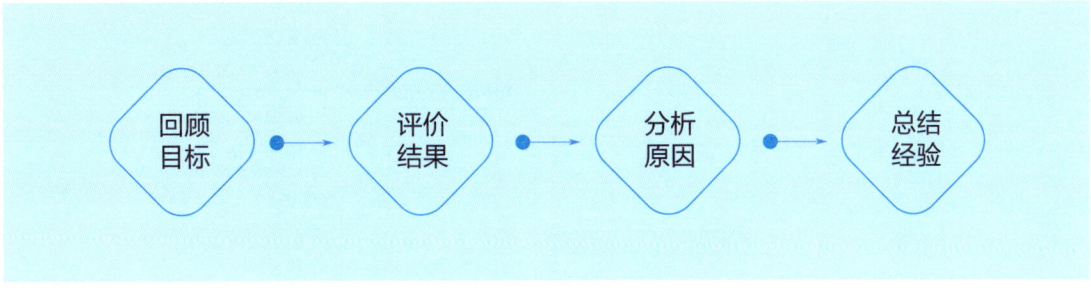

（1）本项目要达到怎样的学习目标？

（2）目前效果如何？

（3）什么原因导致这样的效果？

（4）成功与失败之处有怎样的经验？

二、要点总结

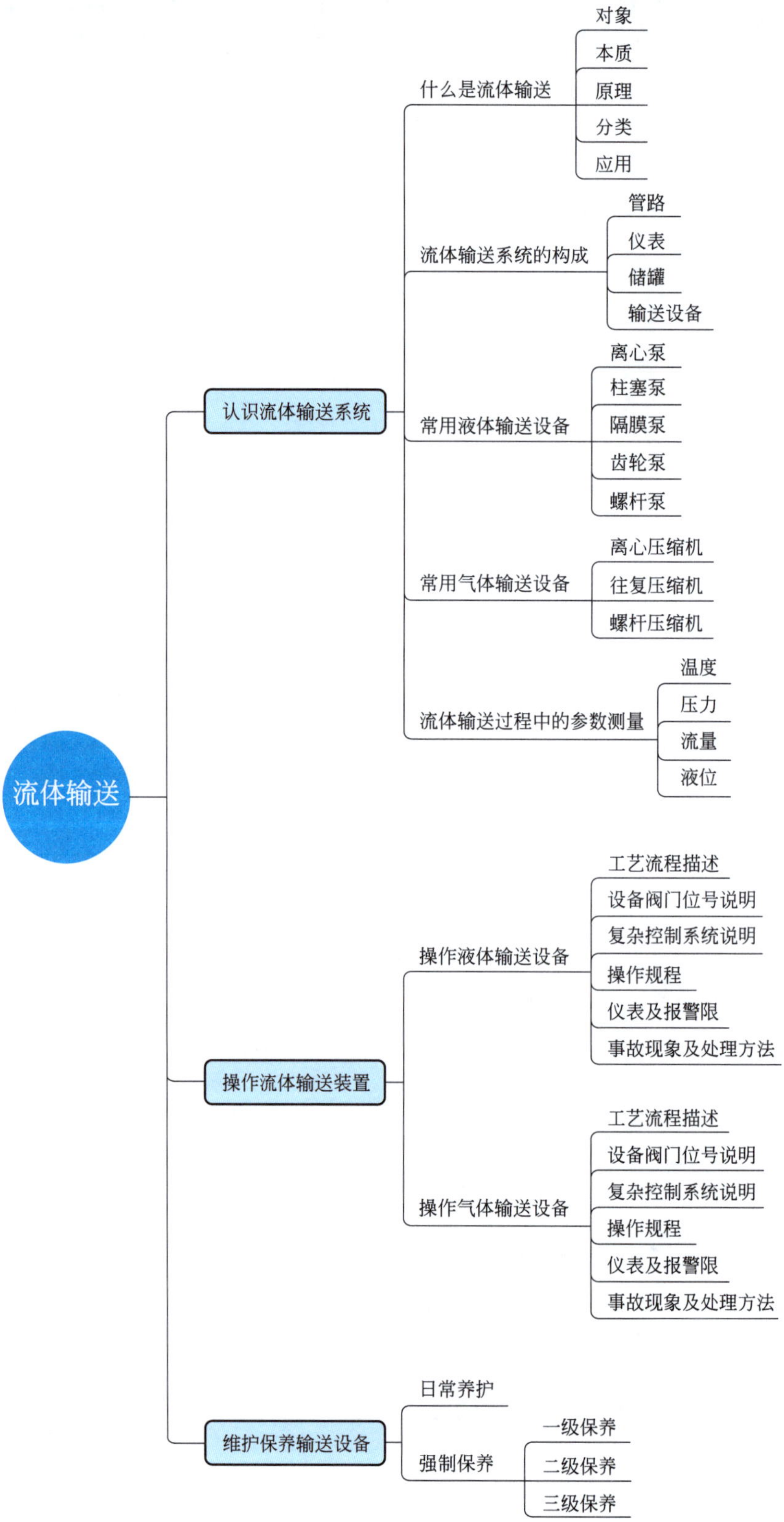

- 流体输送
  - 认识流体输送系统
    - 什么是流体输送
      - 对象
      - 本质
      - 原理
      - 分类
      - 应用
    - 流体输送系统的构成
      - 管路
      - 仪表
      - 储罐
      - 输送设备
    - 常用液体输送设备
      - 离心泵
      - 柱塞泵
      - 隔膜泵
      - 齿轮泵
      - 螺杆泵
    - 常用气体输送设备
      - 离心压缩机
      - 往复压缩机
      - 螺杆压缩机
    - 流体输送过程中的参数测量
      - 温度
      - 压力
      - 流量
      - 液位
  - 操作流体输送装置
    - 操作液体输送设备
      - 工艺流程描述
      - 设备阀门位号说明
      - 复杂控制系统说明
      - 操作规程
      - 仪表及报警限
      - 事故现象及处理方法
    - 操作气体输送设备
      - 工艺流程描述
      - 设备阀门位号说明
      - 复杂控制系统说明
      - 操作规程
      - 仪表及报警限
      - 事故现象及处理方法
  - 维护保养输送设备
    - 日常养护
    - 强制保养
      - 一级保养
      - 二级保养
      - 三级保养

项目一　流体输送

【职业能力与创新创业进阶训练】

一、化工总控工职业技能鉴定应知试题（中级工）

<单选题>

1. 用"φ外径 mm×壁厚 mm"来表示规格的是（　　）。
   A. 铸铁管　　　　　　B. 钢管　　　　　　C. 铅管　　　　　　D. 水泥管
2. 符合化工管路布置原则的是（　　）。
   A. 各种管线成列平行，尽量走直线
   B. 平行管路垂直排列时，冷的在上，热的在下
   C. 并列管路上的管件和阀门应集中安装
   D. 一般采用暗线安装
3. 用于泄压起保护作用的阀门是（　　）。
   A. 截止阀　　　　　　B. 减压阀　　　　　　C. 安全阀　　　　　　D. 止逆阀
4. 在化工管路中，对于要求强度高、密封性能好、能拆卸的管路，通常采用（　　）。
   A. 法兰连接　　　　　B. 承插连接　　　　　C. 焊接　　　　　　　D. 螺纹连接
5. （　　）在管路上安装时，应特别注意介质出入阀口的方向，使其"低进高出"。
   A. 闸阀　　　　　　　B. 截止阀　　　　　　C. 蝶阀　　　　　　　D. 旋塞阀
6. 离心泵铭牌上标明的扬程是（　　）。
   A. 功率最大时的扬程　　　　　　　　　　　B. 最大流量时的扬程
   C. 泵的最大量程　　　　　　　　　　　　　D. 效率最高时的扬程
7. 离心泵的轴功率是（　　）。
   A. 在流量为零时最大　　　　　　　　　　　B. 在压头最大时最大
   C. 在流量为零时最小　　　　　　　　　　　D. 在工作点处为最小
8. 离心泵的工作点是指（　　）。
   A. 与泵最高效率时对应的点　　　　　　　　B. 由泵的特性曲线所决定的点
   C. 由管路特性曲线所决定的点　　　　　　　D. 泵的特性曲线与管路特性曲线的交点
9. 经计算，某泵的扬程是30m，流量为10m³/h，选择（　　）最合适。
   A. 扬程32m，流量为12.5m³/h　　　　　　　B. 扬程35m，流量为7.5m³/h
   C. 扬程24m，流量为15m³/h　　　　　　　　D. 扬程35m，流量为15m³/h
10. 一台离心泵开动不久，泵入口处的真空度正常，泵出口处的压力表逐渐降低为零，此时离心泵完全打不出水，发生故障的原因是（　　）。
    A. 忘了灌水　　　　　B. 吸入管路堵塞　　　C. 压出管路堵塞　　　D. 吸入管路漏气
11. 离心泵抽空、无流量，其发生的原因可能有：①启动时泵内未灌满液体；②吸入管路堵塞或仪表漏气；③吸入容器内液面过低；④泵轴反向转动；⑤泵内漏进气体；⑥底阀漏液。你认为可能的是（　　）。
    A. ①、③、⑤　　　　B. ②、④、⑥　　　　C. 全都不是　　　　　D. 全都是

12. （　　）特别适用于输送腐蚀性强、易燃、易爆、剧毒、有放射性以及极为贵重的液体。
A. 离心泵　　　B. 屏蔽泵　　　C. 液下泵　　　D. 耐腐蚀泵

13. 往复压缩机产生排气量不够的原因是（　　）。
A. 吸入气体过脏　　B. 安全阀不严　　C. 气缸内有水　　D. 冷却水量不够

14. 离心压缩机大修的检修周期为（　　）。
A. 6 个月　　　B. 12 个月　　　C. 18 个月　　　D. 24 个月

15. 透平压缩机属于（　　）压缩机。
A. 往复式　　　B. 离心式　　　C. 轴流式　　　D. 流体作用式

<判断题>

16. 化工管路中的公称压力就等于工作压力。（　　）
17. 离心泵的泵壳既是汇集叶轮抛出液体的部件，又是流体机械能的转换装置。（　　）
18. 离心泵的扬程和升扬高度相同，都是将液体送到高处的距离。（　　）
19. 两台相同的泵并联后，其工作点的流量是单台泵的 2 倍。（　　）
20. 离心泵铭牌上注明的性能参数是轴功率最大时的性能。（　　）
21. 流体在直管内做层流流动时，其流体阻力与流体的性质、管径、管长有关，而与管子的粗糙度无关。（　　）
22. 文丘里流量计较孔板流量计的能量损失大。（　　）
23. 压缩机铭牌上标注的生产能力，通常是指常温状态下的体积流量。（　　）
24. 离心式压缩机在负荷降低到一定程度时，气体的排送会出现强烈的振荡，从而引起机身的剧烈振动，这种现象称为节流现象。（　　）
25. 压缩机稳定工作范围指最小流量限制到最大流量限制以及其他限制之间的工作范围。（　　）

二、化工总控工职业技能鉴定应知试题（高级工）

<单选题>

26. 安全阀应铅直地安装在（　　）。
A. 容器的高压进口管道上　　　　B. 管道接头前
C. 容器与管道之间　　　　　　　D. 气相界面位置上

27. 常拆的小管径管路通常用（　　）连接。
A. 螺纹　　　B. 法兰　　　C. 承插式　　　D. 焊接

28. 能用于输送含有悬浮物质流体的是（　　）。
A. 旋塞　　　B. 截止阀　　　C. 节流阀　　　D. 闸阀

29. 能自动间歇排除冷凝液而阻止蒸汽排出的是（　　）。
A. 安全阀　　B. 减压阀　　C. 止回阀　　D. 疏水阀

30. 下列四种阀门，通常情况下最适合流量调节的阀门是（　　）。
A. 截止阀　　B. 闸阀　　　C. 考克阀　　D. 蝶阀

31. 对离心泵错误的安装或操作方法是（　　）。
A. 吸入管直径大于泵的吸入口直径　　B. 启动前先向泵内灌满液体
C. 启动时先将出口阀关闭　　　　　　D. 停车时先停电机再关出口阀

32. 关闭出口阀启动离心泵的原因是（   ）。
  A. 轴功率最大　　　　B. 能量损失最小　　　C. 启动电流最小　　　D. 处于高效区
33. 离心泵泵壳的作用是（   ）。
  A. 避免气缚　　　　　　　　　　　　　B. 避免气蚀
  C. 灌泵　　　　　　　　　　　　　　　D. 汇集和导液的通道，能量转换的装置
34. 离心泵的调节阀开大时，（   ）。
  A. 吸入管路阻力损失不变　　　　　　　B. 泵出口的压力减小
  C. 泵入口的真空度减小　　　　　　　　D. 泵工作点的扬程升高
35. 离心泵内导轮的作用是（   ）。
  A. 增加转速　　　　B. 改变叶轮转向　　　C. 转变能量形式　　　D. 密封
36. 离心泵设置的进水阀应该是（   ）。
  A. 球阀　　　　　　B. 截止阀　　　　　　C. 隔膜阀　　　　　　D. 蝶阀
37. 离心泵轴封的作用是（   ）。
  A. 减少高压液体漏回泵的吸入口　　　　B. 减少高压液体漏回吸入管
  C. 减少高压液体漏出泵外　　　　　　　D. 减少高压液体漏入排出管
38. 若被输送液体的黏度增大，则离心泵的压头（   ）。
  A. 降低　　　　　　B. 升高　　　　　　　C. 不变　　　　　　　D. 先降后升
39. 若被输送液体的黏度减小，则离心泵的效率（   ）。
  A. 增大　　　　　　B. 减小　　　　　　　C. 不变　　　　　　　D. 不能确定
40. 在测定离心泵的性能时，若将压力表装在调节阀后面，则压力表读数将随流量增大而（   ）。
  A. 增大　　　　　　B. 减小　　　　　　　C. 基本不变　　　　　D. 先增大，后减小
41. 备用离心泵要求每天盘泵，机泵盘车的要求是（   ）。
  A. 沿运转方向盘车 360°　　　　　　　　B. 沿运转方向盘车 180°
  C. 沿运转方向盘车 360°　　　　　　　　D. 沿运转方向盘车两周半
42. 将含晶体 10% 的悬浊液送往料槽宜选用（   ）。
  A. 离心泵　　　　　B. 往复泵　　　　　　C. 齿轮泵　　　　　　D. 喷射泵
43. 离心泵操作中，能导致泵出口压力过高的原因是（   ）。
  A. 润滑油不足　　　B. 密封损坏　　　　　C. 排出管路堵塞　　　D. 冷却水不足
44. 离心泵的安装高度有一定限制的原因主要是（   ）。
  A. 防止产生气缚现象　　　　　　　　　B. 防止产生汽蚀
  C. 受泵扬程的限制　　　　　　　　　　D. 受泵功率的限制
45. 离心泵发生汽蚀可能是由于（   ）。
  A. 离心泵未排净泵内气体
  B. 离心泵实际安装高度超过最大安装高度
  C. 离心泵发生泄漏
  D. 所输送的液体中可能含有沙粒
46. 某泵在运行时发现气蚀现象，应（   ）。
  A. 停泵向泵内灌液　　　　　　　　　　B. 降低泵的安装高度
  C. 检查进口管路是否漏液　　　　　　　D. 检查出口管阻力是否过大

47. 离心通风机铭牌上的标明风压是 100mmH₂O，意思是（　　）。
A. 输任何条件的气体介质的全风压都达到 100mmH₂O
B. 输送空气时不论流量的多少，全风压都可达到 100mmH₂O
C. 输送任何气体介质当效率最高时，全风压为 100mmH₂O
D. 输送 20℃、101325Pa 的空气，在效率最高时全风压为 100mmH₂O

48. 当离心压缩机的操作流量小于规定的最小流量时，即可能发生（　　）现象。
A. 喘振　　　　　　B. 汽蚀　　　　　　C. 气塞　　　　　　D. 气缚

49. 对于压缩气体属于易燃易爆性质时，在启动往复式压缩机前应该采用（　　）将缸内、管路和附属容器内的空气或其他非工作介质置换干净，达到合格标准，杜绝爆炸和设备事故发生。
A. 氮气　　　　　　B. 氧气　　　　　　C. 水蒸气　　　　　D. 过热蒸汽

50. 透平式压缩机属于（　　）压缩机。
A. 往复式　　　　　B. 离心式　　　　　C. 轴流式　　　　　D. 流体作用式

<判断题>

51. 当离心泵发生气缚或汽蚀现象时，处理的方法均相同。（　　）
52. 当汽蚀发生时，离心泵的入口真空表读数增大。（　　）
53. 工厂中两台并联的离心泵，总是一开一闭。（　　）
54. 关小离心泵的进口阀，可能导致汽蚀现象。（　　）
55. 化工生产中常用液封来控制液体的出口压力。（　　）
56. 离心泵停车时，单级泵应先停电，多级泵应先关出口阀。（　　）
57. 截止阀安装时应使管路流体由下而上流过阀座口。（　　）
58. 离心泵的泵内有空气是引起离心泵气缚现象的原因。（　　）
59. 离心泵流量调节阀门安装在出口的主要目的是防止汽蚀。（　　）
60. 离心泵启动后打不上压，可以连续多次启动，即可开车正常。（　　）
61. 离心泵在运行中，若关闭出口阀，则泵的流量为零，扬程也为零。（　　）
62. 离心泵最常用的流量调节方法是改变吸入阀的开度。（　　）
63. 往复泵适于高扬程、小流量的清洁液体。（　　）
64. 转子流量计可以安装在垂直管路上，也可以在倾斜管路上使用。（　　）
65. 泵检修后试车时应充分排气，因泵启动后气体不易排出。（　　）
66. 闸阀的特点是密封性能较好，流体阻力小，具有一定的调节流量性能，适用于控制清洁液体，安装时没有方向。（　　）
67. 机组紧急停车，转子瞬间反向推力很大，对副推力瓦产生冲击。（　　）
68. 离心泵的最小连续流量为额定流量的 30%～40%，否则泵运行不稳定或发热。（　　）
69. 压缩机制冷循环中制冷剂就是载冷体。（　　）
70. 压缩机的平衡盘平衡了所有的轴向力。（　　）

三、化工总控工职业技能鉴定应知试题（技师）

<简答题>

71. 简述截止阀的结构及优缺点。

72. 阀门的型号由几个单元组成？分别是什么？
73. 解释泵 80YⅡ-100×2、250YSⅡ-150×2A 的型号意义。
74. 泵的机械密封或填料密封泄漏有几种原因？处理方法是什么？
75. 离心泵的启动步骤如何？
76. 泵在什么条件下不允许开车？
77. 泵的电机为何不允许反转或空转？
78. 离心泵启动时，为何先不开出口阀？
79. 离心泵的振动原因及处理办法是什么？
80. 泵流量降低应如何处理？
81. 汽蚀现象有什么危害？
82. 泵出口压力表漏了应如何处理？
83. 机泵为什么要经常盘车？泵盘车盘不动的原因是什么？
84. 对运转中的机泵你怎样维护？
85. 机泵防冻防凝主要做哪些工作？
86. 简述往复式压缩机遇到何种情况需要立即紧急停车。
87. 简述离心压缩机振动突然增大的原因。
88. 压缩机正常操作中为什么要先升速，后升压？
89. 压缩机开车前为何要盘车？
90. 在开车时，暖机时间要充分，是否越长越好？为什么？

四、X 证书-化工精馏安全控制应知试题（高级工）

<单选题>

91. 压力表上显示的压力，即为被测流体的（　　）。
 A. 绝对压　　　B. 表压　　　C. 真空度　　　D. 压力
92. 机械密封与填料密封相比，（　　）的功率消耗较大。
 A. 机械密封　　　　　　　　　B. 填料密封
 C. 差不多　　　　　　　　　　D. 以上答案都不对
93. 喷射泵是利用流体流动时的（　　）原理来工作的。
 A. 静压能转化为动能　　　　　B. 动能转化为静压能
 C. 热能转化为静压能　　　　　D. 热能转化为动能
94. 测量液体的流量，孔板流量计取压口应放在（　　）。
 A. 上部　　　B. 下部　　　C. 中部　　　D. 任意地方
95. 离心泵工作时，流量稳定，那么它的扬程与管路所需的有效压头相比应该（　　）。
 A. 大于管路所需有效压头　　　B. 一样
 C. 小于管路所需有效压头　　　D. 以上答案都不对
96. 下列流体输送机械中必须安装稳压装置和除热装置的是（　　）。
 A. 离心泵　　　B. 往复泵　　　C. 往复压缩机　　　D. 旋转泵
97. 以下种类的泵具有自吸能力的是（　　）。
 A. 往复泵　　　B. 旋涡泵　　　C. 离心泵　　　D. 齿轮泵和旋涡泵

98. 与液体相比，输送相同质量流量的气体，气体输送机械的（　　）。
A. 体积较小　　　　　B. 压头更高　　　　C. 结构设计更简单　　D. 效率更高

99. 在①离心泵、②往复泵、③旋涡泵、④齿轮泵中，能用调节出口阀开度的方法来调节流量的有（　　）。
A. ①②　　　　　　　B. ①③　　　　　　C. ①　　　　　　　　D. ②④

100. 在使用往复泵时，发现流量不足，其原因是（　　）。
A. 进出口滑阀不严、弹簧损坏　　　　　　B. 过滤器堵塞或缸内有气体
C. 往复次数减少　　　　　　　　　　　　D. 以上三种原因

<判断题>

101. 阀门类别用汉语拼音字母表示，如闸阀代号为"Z"。（　　）
102. 当离心泵发生气缚或汽蚀现象时，处理的方法相同。（　　）
103. 离心泵的密封环损坏会导致泵的流量下降。（　　）
104. 离心泵在试用过程中电机被烧坏，事故原因有两方面：一是发生汽蚀现象；二是填料压得太紧，开泵前未进行盘车。（　　）
105. 离心压缩机的"喘振"现象是由进气量超过上限所引起的。（　　）
106. 往复泵流量既可以通过旁路调节，也可以通过出口管路阀门调节。（　　）
107. 旋涡泵是离心泵，因此可以用出口阀调节流量。（　　）
108. 在氨水泵出口处有漏液现象，应切换到备用氨水泵，并进行及时维修。（　　）
109. 在运转过程中，滚动轴承的温度一般不应大于65℃。（　　）
110. 离心泵关闭出口阀试车时，最小流量阀应打开。（　　）

五、创新创业训练

通过对周边中小微化工企业调研，针对实际需求，结合本项目所学内容，设计一个创新创业项目或尝试申报一项专利，不限于技术创新，也可以是方法创新、理论创新或管理创新。参考主题如下：

111. 环保型流体输送方案

将机械密封或填料密封改为环保的干气密封可以实现零泄漏。针对含有害物质的化工原料，设计一种密封性强的输送管道，并配备泄漏检测装置，减少环境污染风险。

112. 高效低能耗输送设备

针对不同黏度的液体原料，如润滑油、树脂溶液、涂料等，通过减少能量损失和摩擦，开发一种适用于高黏度液体输送的新型泵，提高输送效率和降低能耗。

113. 智能流体监控与管理系统

针对生产过程中人工成本高、参数调控滞后、监管有漏点等问题，开发一套能够实时监控流体输送状态、预测故障并自动调整输送参数的智能流体监控与管理软件，提高流体输送的安全性和稳定性。

114. 古运河模拟体验app

与计算机专业、人文专业同学合作，运用VR技术，设计一款模拟京杭大运河的app，融入历史文化元素，通过模拟货物在运河中的运输过程，让使用者在游戏中掌握流体输送原理、运行控制和应用的同时，了解古代贸易和水利工程。

项目二
传热操作

[中国国家资历框架标准 6 级　1 学分]

工业背景

传热操作是自然界和工程技术领域中普遍存在的一种传递现象,化学工业与传热的关系尤为密切,化学反应通常要在一定的温度下进行,这就需要把反应物加热到适当的温度,反应后的产物常需冷却以移除热量。传热操作是化工生产中不可缺少的单元操作,也是学习蒸馏、干燥等其他单元操作的基础。本模块在了解主操岗位职责的基础上认识传热系统,操作传热设备,完成化工生产中的传热操作任务,保障装置安、稳、长、满、优运行。

学习路径

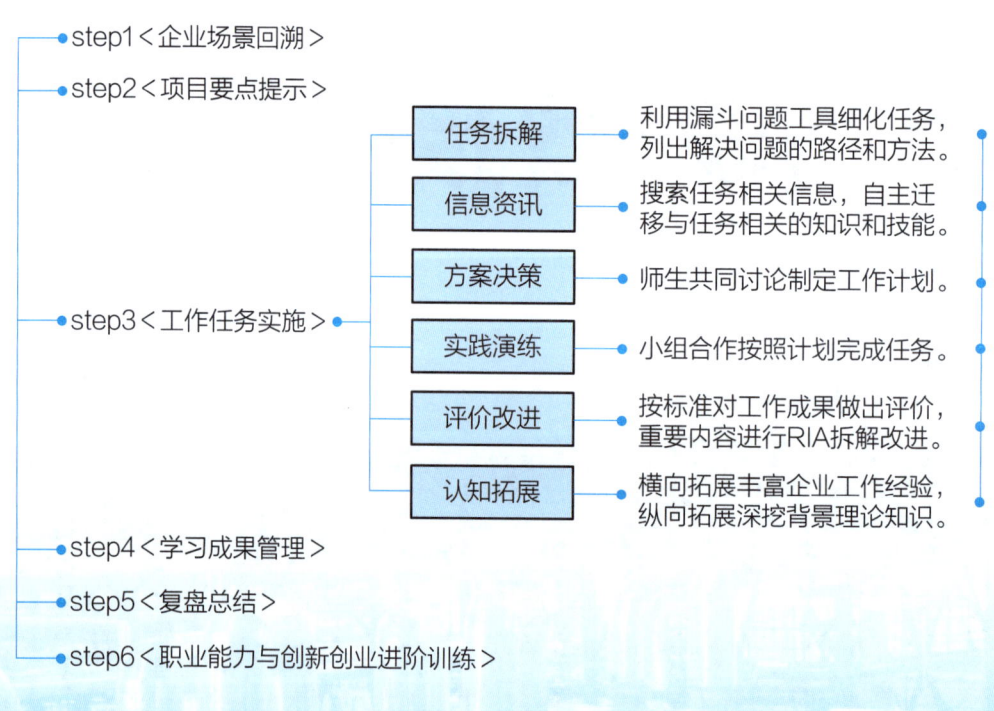

- step1 <企业场景回溯>
- step2 <项目要点提示>
- step3 <工作任务实施>
  - 任务拆解 — 利用漏斗问题工具细化任务,列出解决问题的路径和方法。
  - 信息资讯 — 搜索任务相关信息,自主迁移与任务相关的知识和技能。
  - 方案决策 — 师生共同讨论制定工作计划。
  - 实践演练 — 小组合作按照计划完成任务。
  - 评价改进 — 按标准对工作成果做出评价,重要内容进行RIA拆解改进。
  - 认知拓展 — 横向拓展丰富企业工作经验,纵向拓展深挖背景理论知识。
- step4 <学习成果管理>
- step5 <复盘总结>
- step6 <职业能力与创新创业进阶训练>

项目二 传热操作

【企业场景回溯】

一、生产项目描述

为减少原油运输过程中的挥发,提高资源利用率,需要对采油厂联合站输出的不稳定原油进行分馏,从而得到稳定原油和轻烃。图 2-1 为大庆油田化工有限公司的原油稳定装置,年处理原油量 230 万吨,生产轻烃 12 万吨。来油需通过预热器和加热炉加热到工艺需要的温度后送入分馏塔,出塔轻组分需要通过空冷器和冷凝器降低到目标温度后送入下一工序。

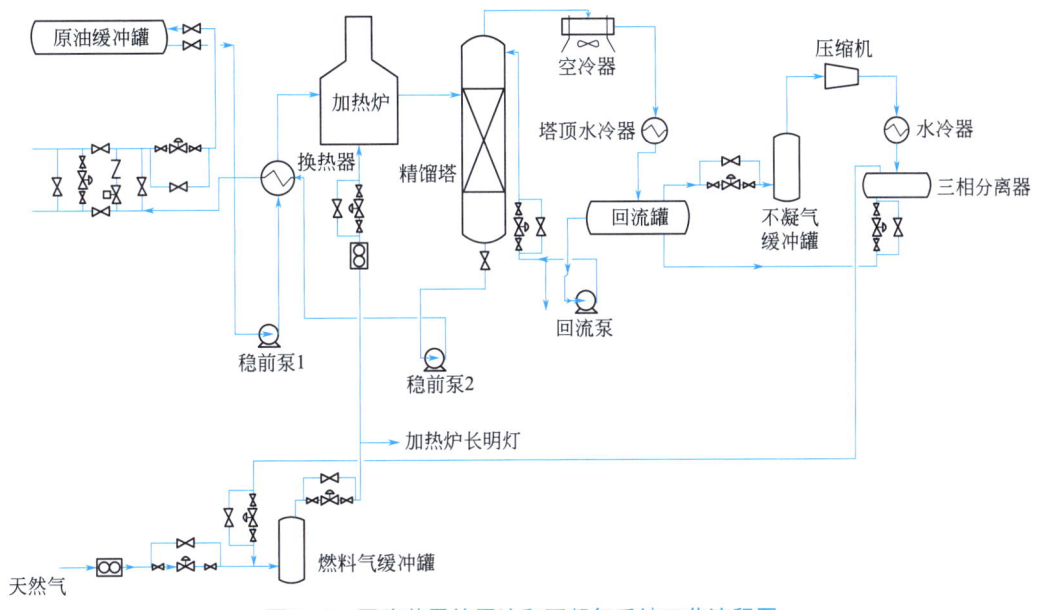

图 2-1 原稳装置的原油和不凝气系统工艺流程图

二、岗位职责分析

生产车间构架如图 2-2 所示,本工段中负责传热操作任务的外操主要是锅炉岗,在熟悉副操的工作任务后要进一步熟悉主操的岗位职责,内容如下:

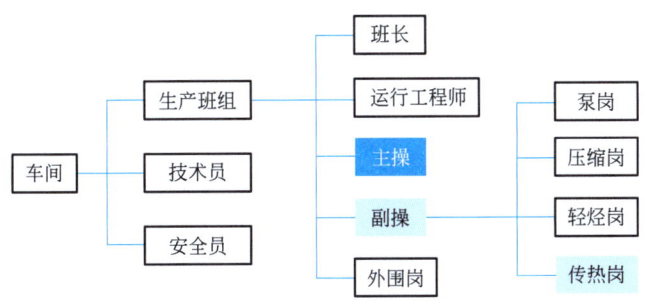

图 2-2 原稳装置车间岗位架构

（1）根据工艺要求，负责换热装置的开、停操作；
（2）在日常维护工作中负责换热设备的维护保养，以及操作间的卫生；
（3）负责本岗位在各种事故状态下的处理工作和与有关单位的联系工作；
（4）负责岗位交接班工作，按要求写交接班日记和操作记录。

三、安全生产须知——主操

（1）严格遵守车间各项规章制度，不违反劳动纪律，不违章作业，对本岗位的安全生产负直接责任。

（2）了解、清楚操作岗危害因素、事故预案。

（3）精细操作，控制好产品质量，严格执行工艺卡片，做好各项记录，交接班必须交接安全情况。

（4）正确分析、判断和处理操作中的各种安全问题，把问题消灭在萌芽状态。如发生事故，正确处理，及时、如实地向上级汇报，并保护现场，做好详细记录。

（5）正确操作，精心维护主控室的电脑，保持主控室环境整洁，搞好清洁文明生产。

（6）有权拒绝违章作业指令，对他人违章作业加以劝阻和制止。

（7）积极参加各种安全活动。

项目二　传热操作

【项目要点提示】

一、I/O 接口

传热操作这一项目的前导知识技能、输出知识技能和后续对接生产项目见图 2-3。

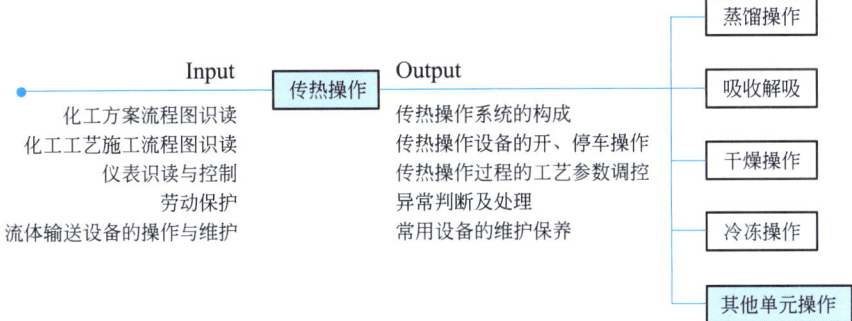

图 2-3　传热操作 I/O 接口

二、学习目标

 知识目标
(1) 能准确说出传热操作系统的对象、本质、原理、分类、应用
(2) 能准确说出传热操作系统的构成
(3) 能准确说出常用传热设备的原理、结构、性能、用途
(4) 能准确说出强化传热过程的方法
(5) 能准确说出传热装置的开停车操作流程和过程控制要点
(6) 能准确说出传热过程中常见事故的现象、成因及处理方法

 能力目标
(1) 能独立完成典型传热设备的开、停车操作
(2) 能正确调控传热过程中的工艺参数
(3) 能正确诊断传热过程中的异常现象并给出合理的处理方案
(4) 能完成常用传热设备的日常检查和强制保养
(5) 能通过多种新媒体资源获取信息、处理信息和运用信息
(6) 能对工作结果进行总结、评价与优化改进
(7) 能组织主操岗的初步日常工作

 素质目标
(1) 认同化工企业管理方式,适应化工生产倒班作业
(2) 树立标准化操作、精益求精的工程质量意识,树立正确的劳动观
(3) 认识化工生产中的风险、责任和利益,将道德标准与法制意识深植于心
(4) 发扬诚信、友爱、互助的团队精神,积极践行社会主义核心价值观
(5) 关注产业历史和发展方向,挖掘其蕴含的优秀传统文化,增强"四个自信"
(6) 针对工作问题主动思考、积极创新,形成不断演进的成长型思维

三、重点、难点及解决方案

重　　点：传热设备的开、停车操作，传热系统的参数控制。

解决方案：开、停车操作按照"明流程—知操作—记参数—保安全"的逻辑链逐一展开，过程参数控制要明确其影响因素，熟练操作。

难　　点：传热系统的事故处理。

解决方案：按照"明现象—析原因—做判断—给措施"的逻辑链逐一展开，事故处理完成后撰写"事故总结报告"进行复盘，参考格式如下：

****事故分析报告

发现时间：****年**月**日**时**分

发现人员：***、***、***

事故位置：****厂**车间**装置**工段**（设备、仪表、阀门等编号）

事故现象：1. ********************；

　　　　　2. ********************；

　　　　　3. ********************。

分析判定：****、****和****故障都会引发****现象，对****进一步检查发现****现象，据此判定此事故是由****（事故成因）引起的****（事故名称）。

处理方法：1. ********************；

　　　　　2. ********************；

　　　　　3. ********************。

　　　　　或：按****事故处置卡进行处置。

执行单位：********

处理结果：经处理，****（事故位置）已恢复正常运行。

　　　　　或：****部分已恢复运行，****部分仍存在****问题，需进一步维修，已上报****，目前进度是****。

　　　　　或：****问题因为****目前无法处理，已上报****，目前进度是****。

报告人：***
****年**月**日

四、资源保障

移动学习端、列管换热器仿真软件、传热操作实训装置。

五、参考标准

GB/T 2880—2019《列管式换热器》。

GB/T 14232—2014《换热器技术条件》。

GB/T 28712.1～28712.4—2012《热交换器型式与基本参数》。

项目二 传热操作

【工作任务实施】

微课：认识传热操作系统

任务一 认识传热操作系统

了解传热操作系统的基本情况是完成操作任务、进行生产管理和技术创新的基础，请为入职培训的新员工介绍传热操作系统概况。

一 任务拆解

(1) 我要完成什么任务？

介绍传热操作系统的基本情况。

(2) 我要在什么样的场景下，以什么样的身份，利用什么样的资源，开展什么活动来完成这个任务？要达到什么样的标准？

在新员工入职培训时，以装置主操的身份，用 ppt 或对照装置进行讲解，让新员工了解什么是传热操作、传热操作系统的构成、常用传热操作设备、强化传热操作的方法。

(3) 我要按照怎样的步骤来执行？关键点是什么？第一步要做的是什么？

按照"查找资料—确定大纲—制作文稿—讲解演示"的顺序完成任务，关键点是根据任务场景列出内容大纲，第一步要进行信息资讯，储备必要的知识技能。

二 信息资讯

（一）什么是传热操作（heat transfer operation）

1. 传热操作的对象

传热操作的对象是化工生产中的物料（多数是流体），传热操作通过输入或取走热量为原料、产品、中间体等创造合适的温度条件。传热操作中温度较高、放出热量的流体叫作热流体或加热剂（heat solvent），温度较低、吸收热量的流体叫作冷流体或冷却剂（cooling solvent），参与传热的两流体统称为载热体。化工生产中常用载热体的种类及适用范围见表 2-1。

表 2-1 载热体的种类及适用范围

载热体		适用范围/℃	特点
加热剂	热水	40~100	可充分利用工业废水和冷凝水废热，但只能用于低温传热，效率低，易冷却，温度不易调节
	饱和水蒸气	100~180	对流传热系数高，可以通过改变蒸汽压力准确调节温度，冷凝潜热大，利用率高。温度超过180℃时需要的压力较高
	矿物油	180~250	不需要高压加热，温度较高，但黏度大，传热系数小，热稳定性差，超过250℃易分解，易燃烧

103

续表

载热体		适用范围/℃	特点
加热剂	联苯混合物蒸气	255~380	加热均匀,热稳定性好,温度范围宽,易于调节,高温时蒸气压力很低,不腐蚀普通金属。费用昂贵,易渗透软性石棉填料,蒸气易燃烧,但不爆炸,会刺激黏膜
	熔盐	142~530	常压下温度较高,比热容小
	烟道气	≤1000	温度高,但传热效果差,比热容小,易局部过热
冷却剂	水	0~80	价格低廉,来源较广,比热容高,对流传热系数也高,冷却效果好,调节方便,但超过35℃时易结垢
	空气	>30	价格低廉,来源较广,适用于缺水地区,传热性能差
	冷冻盐水	-15~0	用于低温冷却
	氨蒸气	-15~-30	用于冷冻工业

目前生产上使用最广泛的加热剂是饱和水和烟道气,冷却剂是水。选择适当载热体可以有效地提高传热过程的经济性,在选择载热体时一般遵循以下原则:(1) 满足工艺上要求达到的加热(或冷却)温度;(2) 温度易于调节;(3) 饱和蒸气压低,加热过程不易分解;(4) 毒性小,对设备的腐蚀性小;(5) 不易燃烧、爆炸;(6) 来源充足,价格低廉。

2. 传热操作的本质

传热操作的本质是热量传递,它遵循热量传递的基本规律。热力学第一定律即能量守恒定律。热力学第二定律:无论气体、液体还是固体,凡是有温差存在的地方,就必然会有热量自发地从高温处传向低温处。在温度差的推动下,热量传递的方向是由高温处传向低温处,温度相等时传热过程达到平衡。

3. 传热操作的原理

热量传递的机理有三种:热传导(heat conduction)、热对流(heat convection)、热辐射(heat radiation)。化工生产中的传热往往是多种方式并存,但以热传导和热对流居多。

(1) 热传导。

热传导是物体分子、原子或电子的微观运动使热量从物系内温度较高的部分传递到温度较低的部分的过程,发生在物体的内部或直接接触的物体之间,没有物质的宏观位移。

① 热传导导热速率。

描述热传导导热速率的基本定律是1807年傅里叶通过实验得到的,称为傅里叶定律,也是热传导导热速率方程,其表达式为:

$$Q = -\lambda A \frac{\mathrm{d}t}{\mathrm{d}x} \tag{2-1}$$

式中 Q——导热速率,W 或 J/s;

λ——导热系数,W/(m·℃)或 W/(m·K);

A——垂直于导热方向的导热面积,m^2;

$\mathrm{d}t/\mathrm{d}x$——温度梯度,是导热方向上温度的变化率,℃/m 或 K/m。

想一想 公式中的负号是什么意义?

由于导热方向为温度下降的方向,故等号右端须加负号。

项目二　传热操作

素养充电站——走近领域名家

傅里叶（Jean Baptiste Joseph Fourier）是法国数学家和物理学家。他出生于1768年3月21日，1817年当选为科学院院士，1822年担任该院终身秘书，后又任法兰西学院终身秘书和理工科大学校务委员会主席。他的主要成就包括在研究热传播时创立了一套数学理论，这一理论对19世纪的数学和物理学的发展都产生了深远影响。

---

② 导热系数。

导热系数 λ 是表征材料导热性能的一个物性参数，λ 越大，导热性能越好，越有利于传热；λ 越小，导热性能差，则越有利于保温。导热系数的大小与物质的组成、结构、密度、温度及压力有关，通常由实验测定。各种物质的导热系数数值差别极大，一般而言，金属的导热系数最大，非金属次之，液体的较小，而气体的最小，工程上常见物质的导热系数范围见表2-2。

表 2-2　物质的导热系数

物质种类	金属固体	非金属固体	液体	气体	绝热材料
$\lambda / [W/(m \cdot K)]$	15~420	0.2~3.0	0.07~0.7	0.006~0.6	<0.25

导热系数是衡量材料传热和保温最重要的技术性能指标之一。固体中的金属导热系数较大，善于导热，在化工生产中常用来传热；而气体和一些非金属固体导热系数小，不利于导热，常用来保温、绝热。工业上常见的保温材料有玻璃棉、碳酸镁石棉、硅藻土材料、泡沫混凝土、软木等。

（2）热对流。

热对流，也称对流传热，是分子宏观运动时，除分子本身的热运动外，流体质点也发生相对运动产生碰撞与混合的过程。流体的宏观运动如果是由物系内温差引起的，则称为自然对流，如果是由输送机械等外力作用所致，则称为强制对流。

① 热对流传热速率。

热对流与流体的流动状况及流体的性质等有关，影响因素很多。工程上采用较简单的处理方法，将对流传热速率用牛顿冷却定律来表达：

$$Q = \alpha A \Delta t = \frac{\Delta t}{\dfrac{1}{\alpha A}} \tag{2-2}$$

式中　Q——对流传热速率，W；
　　　A——对流传热面积，m^2；
　　　α——对流传热系数，$W/(m^2 \cdot ℃)$；
　　　Δt——流体与壁面间温度差的平均值，当流体被加热时，$\Delta t = t_{终温} - t_{起始}$，流体被冷却时，$\Delta t = T_{终温} - T_{起始}$，℃。

热流体在换热器管内流动时，对流传热速率：$Q = \alpha_i A_i (T_{终温} - T_{起始})$；
冷流体在换热器管外流动时，对流传热速率：$Q = \alpha_o A_o (t_{终温} - t_{起始})$。

式中　A_i、A_o——换热器的管内表面积和管外表面积，m^2；
　　　α_i、α_o——换热器管内侧和外侧流体的对流传热系数，$W/(m^2 \cdot ℃)$。

牛顿冷却定律是将复杂的对流传热问题，用一个简单的关系式来表达，实质上是将诸多影响过程的因素都归结到了 α 上，因此，研究 α 的影响因素及其求取方法，便成为解决对流传热问题的关键。

> **素养充电站——品读工业智慧**
>
> 公式思维——在科学界，几乎所有的科学发现都要归纳为一个公式，如我们熟知的面积公式、压力公式、流量公式等。因为公式能从本质上表达出事物内在的必然联系，例如从牛顿冷却定律我们可以看出对流传热速率与对流换热面积和传热系数成正比，生产中可以以此来选择设备尺寸，设计操作方案，控制生产朝着既定的目标进行。

② 对流传热系数。

对流传热系数 α 反映了对流传热的强度，对流传热系数越大，说明对流强度越大，对流传热热阻越小。表 2-3 列出了不同对流传热情况下 α 值的大致范围。

表 2-3　不同传热类型的 α 值范围

传热类型	α/W/(m²·K)	传热类型	α/W/(m²·K)
空气自然对流	5~25	水冷凝	5000~15000
空气强制对流	30~300	有机蒸气冷凝	500~3000
水自然对流	200~1000	水沸腾	1500~30000
水强制对流	1000~8000	有机物沸腾	500~15000
有机液体强制对流	500~1500		

液体强制对流的 α 值比空气的大，水强制对流的 α 值比有机液体的大，同一液体，有相变时的 α 值比无相变时的大。

想一想　对流传热系数与导热系数有何异同？

对流传热系数不同于导热系数，它不是物性参数，而是受流体物性、流动状态、传热面的形状及尺寸等诸多因素影响的一个参数。

（3）热辐射。

绝对零度以上的物体通过电磁辐射的方式向外界传递能量的过程，称为热辐射。所有物体，只要温度高于热力学零度，都能将热能以电磁波的形式发射出去，热辐射可以在真空中传播而不需要任何介质，但是只有在物体温度较高时，热辐射才能成为主要的传热方式。

想一想　化工厂冬季防冻常采用蒸汽伴热或热水伴热，这种措施采用了哪些传热方式？

4. 传热操作的分类

（1）按实现方式可分为直接接触式换热（direct contact heat transfer）、蓄热式换热（thermal storage heat transfer）、间壁式换热（partition heat transfer）。

直接接触式换热是冷、热流体以直接混合的方式进行热量交换，又称为混合式换热，它具有传热速度快、效率高、设备简单等优点，常用于热气体的水冷或热水的空气冷却。蓄热式换热时冷、热两种流体交替流过蓄热体，利用蓄热体来蓄积和释放热量而达到换热的目的，多用于高温气体的加热、气体的余热或冷量的回收利用。间壁式换热时冷热两种载热体被一固体间壁所隔开，在换热过程中，两种载热体互不接触，热量由热流体通过间壁传给冷流体，用于工

直接接触式换热

艺上不允许直接接触的流体换热。

蓄热式换热

（2）按生产要求可分为强化传热（enhance heat transfer）和削弱传热（weaken heat transfer）。强化传热，要求传热速率快，传热效果好，如各种换热设备中的传热。削弱传热，要求传热速率慢，以减少热量（或冷量）的损失，如设备和管道的保温。

间壁式换热

（3）按参数变化可分为稳态传热（steady-state heat transfer）和非稳态传热（unsteady-state heat transfer）。稳态传热时系统中无能量累积，系统中各点的温度仅随位置变化，与时间无关，传热速率为常数。非稳态传热时系统中有能量累积，各点的温度既随位置变化，又随时间变化。间歇生产过程中的传热和连续生产过程中开、停车阶段的传热一般属于非稳定传热。化工生产中的传热大多可视为稳态传热，因此，本项目只讨论稳态传热。

5. 传热操作的应用

（1）物料的加热与冷却。化学反应是化工生产的核心，化学反应都要求在一定的温度条件下进行，在蒸馏、吸收和干燥等单元操作中也需要输入或输出热量。例如：合成氨反应在470~520℃时才能获得较大的反应速率和转化率。蒸馏操作中，塔底须用加热蒸汽加热塔釜液体，塔顶须引入冷凝器用冷凝水将蒸气冷凝成液体。

（2）提高热能的综合利用率。化工生产中的化学反应大都为放热反应，其放出的热量可回收利用以降低生产的能量消耗。例如：利用锅炉排出的烟道气的废热来预热燃烧所需要的空气。

（3）设备的隔热与节能。为了减少热量（或冷量）的损失，以满足工艺要求，降低生产成本，改善劳动条件，往往需要对设备和管道进行保温，在外表面包裹一层或几层隔热材料。工业上常见的保温材料有玻璃棉、碳酸镁石棉、硅藻土材料、泡沫混凝土、软木等。

（二）传热操作系统的构成

传热操作系统是由管路、仪表、储罐、输送设备和传热设备构成的，管路、仪表、储罐、输送设备在项目一中已经详细描述，本部分主要介绍传热设备。

1. 换热器的分类

（1）按用途可分为加热器、预热器、过热器、蒸发器、再沸器、冷却器、冷凝器。

（2）按冷热流体接触方式可分为间壁式换热器、混合式换热器、蓄热式换热器。

（3）按换热器传热面的形状可分为管式换热器、板式换热器、特殊形式换热器，具体分类情况如图2-4所示。

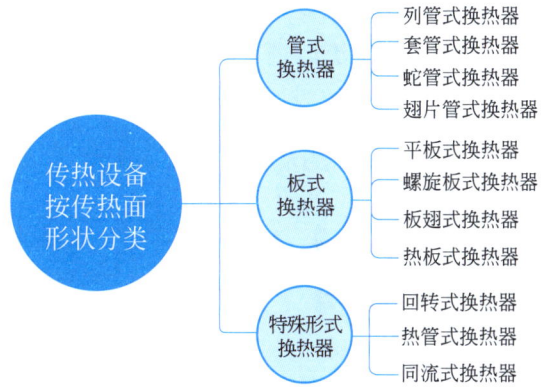

图2-4　换热器按传热面形状分类

化工单元操作

2. 换热器的选用

传热设备各有特点,适用于不同的生产条件,例如,间壁式换热器冷热流体被壁面隔开,适用于两流体在换热过程中不允许混合的场合;混合式换热器两流体直接接触,结构简单,传热效率高,适用于两流体允许混合的场合;蓄热式换热器结构简单,可耐高温,换热过程分两段进行,适用于高温且两流体混合要求不严格的场合,如回转式空气预热器和煤制气过程的气化炉。间壁式换热器形式最多,在化工生产中应用最广。

> **素养充电站——放眼行业前沿**
>
> 传热技术的发展主要表现在以下三方面。一是创新传热理论及计算机技术的应用,奠定了传热技术发展的基础;二是换热器的结构改进与更新,提高了传热效果;三是逐步形成了典型换热器的标准化生产,降低了生产成本,能够适应大批量、专业化的生产需要。

(三)常用传热操作设备

> **素养充电站——回眸产业千载**
>
> 世界上最早的换热设备可以追溯到公元前3000年的古埃及。当时,人们使用石制的热交换器将热量从一个容器传递到另一个容器。在古希腊和古罗马时期,人们开始使用铜制的热交换器,用于加热浴室和温室。这些设备与现代的高效传热设备相比,其传热效率和效果都较为有限。随着工业革命的到来,传热设备得到了快速发展。在19世纪和20世纪,随着材料科学和工程技术的进步,人们开始设计出更为高效和复杂的传热设备,如换热器、冷凝器、蒸发器等,这些设备在化工、电力、制药等领域得到了广泛应用。

传热设备在化工厂的设备投资中占有很大的比例,据统计,在一般的石油化工企业中,换热设备的费用约占总投资的30%~40%。化工生产中降本增效是永恒的主题,研究传热规律及设备操作具有重要的现实意义。

1. 列管式换热器(tubular heat exchanger)

(1)结构。

列管式换热器主要由壳体、换热管、管板、折流挡板和封头等组成,如图2-5所示。在圆形外壳内装入管束,两端固定在管板上。封头用螺栓与壳体两端的法兰连接,便于拆卸、检修和清洗。管板分别焊在外壳的两端,并在其上连接有顶盖。顶盖和壳体上装有流体进、出口接管。沿着管长方向,

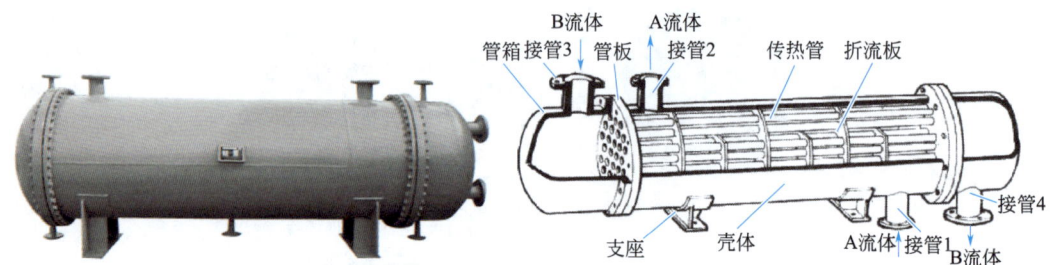

图2-5 列管式换热器的结构

常常装有一系列垂直于管束的挡板。

① 壳体。

换热器的壳体为压力容器，一般为长圆形金属筒体，如图 2-6 所示，壳体上焊有沿壳体轴向或径向设置的接管，供冷、热流体进入和排出。

图 2-6　列管式换热器的壳体

壳程接管进口处的管束易受到高流速介质的冲击产生侵蚀和振动，为了保护管束，常将壳体接管入口制成喇叭状，以降低入口流速，起到缓冲作用。壳程进口接管处也常装有防冲板或导流筒，将流体导至靠近管板处才进入管束间，消除了接管至管板段的滞流死区，也更充分地利用了换热面积。

② 换热管。

换热管是管壳式换热器的传热原件，它直接与两种介质接触。换热管一般采用无缝钢管，除光管外，为了强化传热，还可以做成方形翅片、螺纹、波纹、圆形翅片等多种形状的强化传热管，如图 2-7 所示。

(a) 方形翅片管　　　　(b) 螺纹管　　　　(c) 波纹管　　　　(d) 圆形翅片管

图 2-7　常用换热管的形状

换热管的材料要根据工作压力、温度和介质腐蚀性等来选择。常用金属材料有碳素钢、低合金钢、不锈钢、铜、铝、铝合金等；非金属材料有石墨、陶瓷、聚四氟乙烯等。为了提高管程的传热效率，通常要求管内的流体呈湍动状态（一般液体的流速为 0.3～2m/s，气体流速为 8～25m/s），故一般要求管径较小。此外，采用小管径，布管数量多，单位体积的传热面积大，金属耗量少，结构紧凑，传热效率也相对较高。据估算，同直径换热器的换热管由 $\phi25mm×2.5mm$ 改为 $\phi19mm×2mm$，传热面积可以增加 40% 左右，节约金属 20% 以上，但小直径管子制造较麻烦、阻力大、易结垢，且不易清洗。所以一般对清洁流体用小直径的管子，黏性较大或污浊的流体采用大直径的管子。换热管的长度规格有 1.5m、2.0m、3.0m、4.5m、6.0m、7.5m、9.0m、12.0m 等，6.0m 管长的换热器最常用。换热管（图 2-8）的数量、长度和直径根据换热器的传热面积而定，所选的直径和长度应符合规格。

换热管要在整个管板上均匀排布，同时还要考虑几何分布、流体性质、结构设计、制造

图 2-8 换热器中的换热管

等方面的因素。最常用的排列形式有正三角形、转角正三角形、正方形、转角正方形排列，如图 2-9 所示。其中，三角形排列布管多，结构紧凑，但管外清洗不便；正方形排列便于管外清洗，但布管较少、结构不够紧凑。一般在固定管板式换热器中多用正三角形排列，浮头式换热器多用正方形排列。

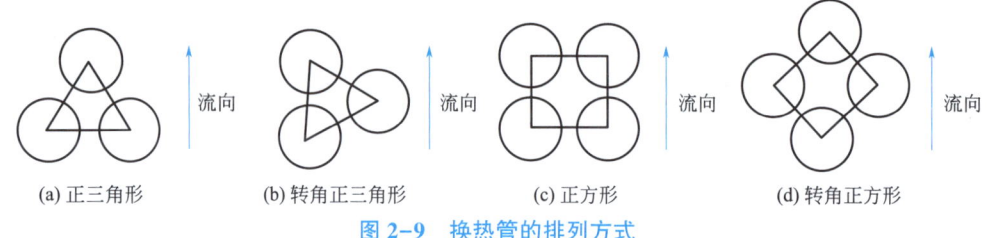

(a) 正三角形　　(b) 转角正三角形　　(c) 正方形　　(d) 转角正方形

图 2-9 换热管的排列方式

③ 管板。

管板是换热器中较为重要的受力部件之一，如图 2-10 所示，主要用来排布换热管，还能分隔管程和壳程空间、避免冷热流体混合。管板同时承受管程、壳程压力和温度的作用。

图 2-10 换热器管板实物图

换热器的类型不同，管板的结构形式也不相同，主要有平板式、椭圆形式、双管板和高温高压换热管板等，其中最常用的是平板式管板。圆形平面管板如图 2-11(a) 所示，在板上开孔并装设换热管。圆形平面管板厚度较大，材料耗用大，机械加工困难，热应力大，换热管与管板的连接处易泄漏。为了改善其性能，国内外都在研制降低管板厚度的新型管板。如图 2-11(b) 所示的椭圆形管板，图 2-11(c) 所示的碟形管板，其受力情况比平板好，厚度较小，管板两面的温差也较小。从而产生的温差应力也较小。如图 2-11(d) 所示的挠性管板，管板与壳体之间有一圆弧过渡且较薄的挠性管板，这种结构使其具有较好的弹性，能够起到补偿管束与壳体间温差应力的作用。

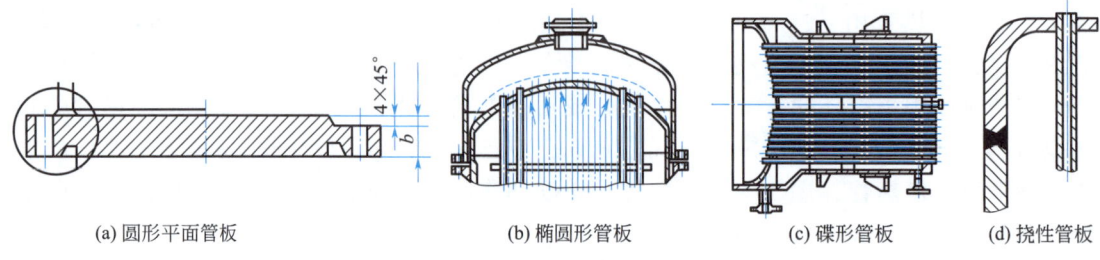

(a) 圆形平面管板　　(b) 椭圆形管板　　(c) 碟形管板　　(d) 挠性管板

图 2-11 常用管板

项目二　传热操作

管板常用的材料有低碳钢、普通低合金钢、不锈钢、合金钢和复合钢板等。工程设计中为了节省耐蚀材料，常采用不锈复合钢板，复合钢板可直接轧制或堆焊一覆盖层，其中基层为碳钢或者普通低合金钢，用以承受机械载荷，而复层为不锈钢，用于抵抗介质的腐蚀。

④ 折流挡板。

为了提高壳程流体的速度，往往在壳体内安装一定数目与管束相垂直的折流挡板，使壳程流体按规定的路径多次错流通过管束，增加湍动程度，从而增加壳程流体的传热系数，同时减少结垢，常用的有螺旋形和圆缺形折流挡板，如图 2-12 所示。

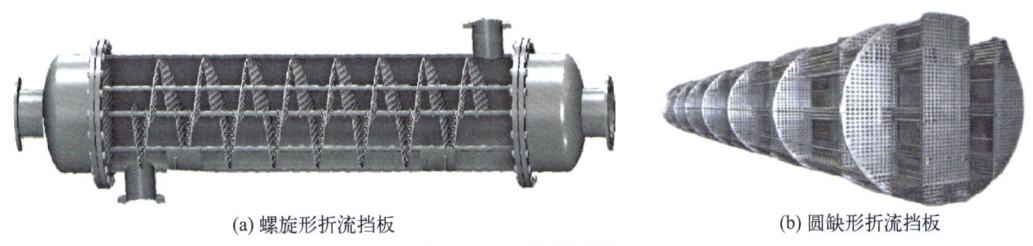

(a) 螺旋形折流挡板　　　　　　　　(b) 圆缺形折流挡板

图 2-12　折流挡板

⑤ 封头。

换热器封头用于固定和保护换热器内部的设备，同时也起到密封的作用，它是换热器设备中的重要组成部分。

顶部是换热器封头的核心部分，通常采用高品质钢材或者不锈钢制造，球形或者半球形的设计能够承受内部压力和外部载荷的双重作用。通常还设有一个或多个开口便于设备的安装和维修，如图 2-13 所示。

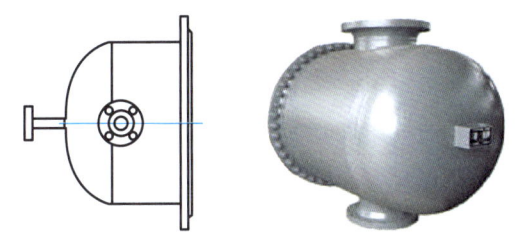

图 2-13　换热器的封头

连接部分将换热器封头与换热器主体或者其他设备相连接，通常采用法兰或者螺纹等结构形式，还需要进行密封处理以确保设备的气密性。

(2) 原理。

列管式换热器两流体进行热交换时，一种流体由顶盖的进口管进入，通过平行管束的管内，从另一段顶盖出口接管流出，此为管程；另一种流体由壳体的接管进入，在壳体与管束间的空隙处流过，由另一接管流出，此为壳程。冷热流体通过壁面进行热量交换。

这一传热过程如图 2-14 所示，首先，热流体以对流传热的方式将热量传递给高温壁面；然后，高温壁面以热传导的方式将热量传递到低温壁面；最后，冷流体再以对

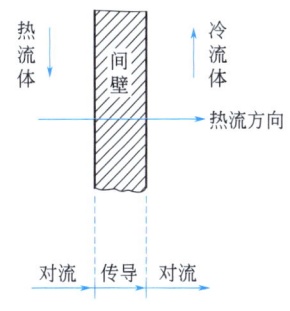

图 2-14　间壁两侧流体的热量传递

111

流传热方式从低温壁面获得热量。流体间壁两侧的热量交换要经历"对流—传导—对流"三个过程。

（3）性能。

列管式换热器的基本性能参数可从国标中查得，GB/T 28712.2—2012《热交换器型式与基本参数》对固定管板式换热器的基本性能参数做了具体规定，详见表2-4。

表 2-4　固定管板式换热器基本参数

公称直径 DN/mm	钢管制圆筒	159　219　273　325　426				
		400　450　500　600　700　800　900　1000				
	卷制圆筒	1100　1200　1300　1400　1500　1600　1700　1800				
		1900　2000　2100　2200　2300　2400				
公称压力 PN/MPa	0.25　0.60　1.00　1.60　2.50　4.00　6.40					
换热管长度 L/m	1.5　2.0　3.0　4.5　6.0　9.0　12.0					

换热管规格及排列形式	换热管外径×壁厚（$d×\delta_t$）				排列形式	管心距
	碳素钢、低合金钢、铝	不锈钢	铜	钛	正三角形	32
	25×2.5	25×2	25×2	25×1.5		
	19×2	19×2	19×2	19×1.5		25

管程数 N	DN/mm	159~219	273	325~500	600~2400
	N	1	1, 2	1, 2, 4	1, 2, 4, 6

折流板（支承板）间距 S/mm	公称直径 DN/mm	管长	折流板间距				
	≤500	≤3000	100	200	300	450	600	—
		4500~6000	—	200	300	450	600	—
	600~800	1500~6000	150	200	300	450	600	—
	900~1300	≤6000		200	300	450	600	
		7500, 9000			300	450	600	750
	1400~1600	6000			300	450	600	
		7500, 9000			—	450	600	750
	1700~1800	6000~9000				450	600	750
	1900~2400	6000~12000				450	600	750

按 GB 151 规定，管壳式换热器的型号按如下方式表示：

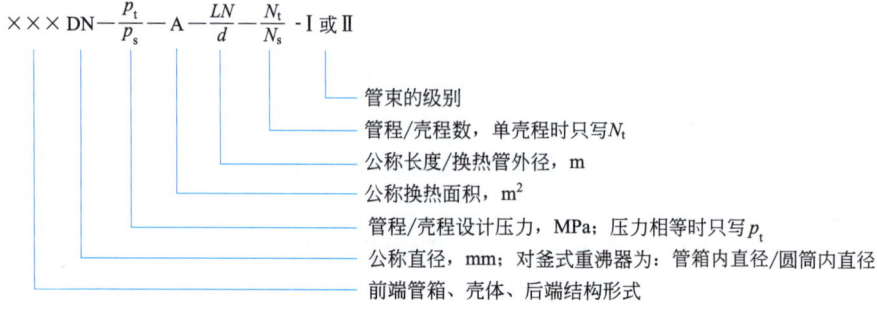

图 2-15　管壳式换热器型号表示方法

管壳式换热器的管束分为Ⅰ级和Ⅱ级。Ⅰ级管束采用较高级冷拔换热管,适用于无相变传热和易产生振动的场合;Ⅱ级管束采用普通级冷拔换热管,适用于重沸、冷凝传热和无振动的一般场合。

除基本性能参数外,还要关注换热器的换热速率、热负荷以及传热系数。

① 换热器总换热速率。

间壁式换热涉及壁面的温度,而通常壁面温度是未知的。为了解决这一问题,在实际传热计算中,常采用换热器中冷、热流体的温度差作为传热推动力的总传热速率方程,又称传热基本方程式。

$$Q = KA\Delta t_m = \frac{\Delta t_m}{\frac{1}{KA}} = \frac{\Delta t_m}{R} \tag{2-3}$$

式中　Q——传热速率,W;
　　　K——总传热系数,W/(m²·K);
　　　A——传热面积,m²;
　　　Δt_m——传热平均温度差,K;
　　　R——换热器的总热阻,K/W。

对于一定的传热任务,确定换热器所需传热面积是选择换热器型号的核心。传热面积可以用传热基本方程计算确定,由式(2-3) 得:

$$A = \frac{Q}{K\Delta t_m} \tag{2-4}$$

② 换热器热负荷。

在换热器计算时,首先需要确定换热器的热负荷,若热损失忽略,根据能量守恒,热流体放出的热量等于冷流体吸收的热量,热负荷可以采用以下方法计算:

a. 焓差法。

$$Q = q_{m,h}(H_{h1} - H_{h2}) = q_{m,c}(H_{c2} - H_{c1}) \tag{2-5}$$

式中　Q——换热器的热负荷,kJ/h 或 W;
　　　q_m——流体的质量流量,kg/h;
　　　H——单位质量流体的焓,kJ/kg。

式中,下标 c、h 表示冷流体、热流体,下标 1、2 表示换热器的进口、出口。

b. 显热法。

若换热器中两流体只有温度变化但不发生相变,此时加入或移走的热量称为显热。如果流体的比热容不随温度变化而变化,或者取平均温度下的比热容时,式(2-5) 可表示为:

$$Q = q_{m,h}c_{ph}(T_1 - T_2) = q_{m,c}c_{pc}(t_2 - t_1) \tag{2-6}$$

式中　c_p——流体的平均比热容,kJ/(kg·℃);
　　　t——冷流体的温度,℃;
　　　T——热流体的温度,℃。

c. 潜热法。

若换热器中的热流体在等温等压的情况下,从一相变到另一相吸收或放出的热量称为潜热,例如饱和冷凝时放出的热量,式(2-6) 可表示为:

$$Q = q_{m,h} r = q_{m,c} c_{pc}(t_2 - t_1) \tag{2-7}$$

式中 $q_{m,h}$——饱和蒸汽（即热流体）的冷凝速率，kg/h；

r——饱和蒸汽的冷凝热，kJ/kg。

式(2-7)的应用条件是冷凝液在饱和温度下离开换热器。当冷凝液的温度低于饱和温度时，则式(2-7)变为：

$$Q = q_{m,h}[r + c_{ph}(T_1 - T_2)] = q_{m,c} c_{pc}(t_2 - t_1) \tag{2-8}$$

想一想 显热与潜热有什么区别？

显热是物体不发生化学变化或相变时温度升高或降低所需的热量，潜热是物体在固、液、气三相之间以及不同的固相之间转移时需要的热量。例如，显热是随着潮湿空气的温度变化而吸收或放出的热量，潜热是随潮湿空气中水蒸气浓度的变化转移的热量。

③ 换热器传热系数。

换热器传热系数是表示间壁两侧流体传热过程强弱的一个参数。其值的大小主要取决于流体的物性、传热过程的操作条件及换热器的类型等。其求取可以采用实验测定、经验值以及通过公式计算。

a. 总传热系数的计算。

在间壁式换热器中，热、冷流体通过间壁的传热由热流体的对流传热、固体壁面的热传导及冷流体的对流传热三步串联过程组成。对于稳定传热过程，各串联环节传热速率相等，过程的总热阻等于各分热阻之和，可联立传热基本方程、对流传热速率方程及热传导传热速率方程得出。

$$\frac{1}{KA} = \frac{1}{\alpha_i A_i} + \frac{\delta}{\lambda A_m} + \frac{1}{\alpha_o A_o} \tag{2-9}$$

式(2-9)是计算 K 值的基本公式。计算时，等式左边的传热面积 A 可分别选择传热面（管壁面）的外表面积 A_o 或内表面积 A_i 或平均表面积 A_m，但传热系数 K 必须与所选传热面积相对应。

若 A 取管外表面积 A_o，则有：

$$K_o = \frac{1}{\dfrac{A_o}{\alpha_i A_i} + \dfrac{\delta A_o}{\lambda A_m} + \dfrac{1}{\alpha_o}} \tag{2-10}$$

若 A 取管内表面积 A_i，则有：

$$K_i = \frac{1}{\dfrac{1}{\alpha_i} + \dfrac{\delta A_i}{\lambda A_m} + \dfrac{A_i}{\alpha_o A_o}} \tag{2-11}$$

若 A 取平均表面积 A_m，则有：

$$K_m = \frac{1}{\dfrac{A_m}{\alpha_i A_i} + \dfrac{\delta}{\lambda} + \dfrac{A_m}{\alpha_o A_o}} \tag{2-12}$$

式中 A_o、A_i、A_m——传热壁的外表面积、内表面积、平均表面积，m²；

K_o、K_i、K_m——基于 A_o、A_i、A_m 的传热系数，W/(m²·K)。

> **素养充电站——对标企业生产**
> 在传热计算中,选择何种面积作为计算基准,结果完全相同。但在工程上,大多以外表面积为基准,除特别说明外,手册中所列 K 值都是基于外表面积的传热系数,换热器标准系列中的传热面积也是指外表面积。

b. 污垢热阻的影响。

换热器在实际操作中,其传热壁面常有污垢形成,对传热产生附加热阻,该热阻称为污垢热阻。通常污垢热阻比传热壁面的热阻大得多,因而在传热计算中应考虑污垢热阻的影响。影响污垢热阻的因素很多,主要有流体的性质、传热壁面的材料、操作条件、清洗周期等。由于对污垢厚度及导热系数难以准确估计,因此通常选用经验值,表2-5列出了一些常见流体的污垢热阻 R_s 的经验值。

表2-5 一些常见流体的污垢热阻

流体	污垢热阻/($\times 10^{-4} m^2 \cdot K/W$)	流体	污垢热阻/($\times 10^{-4} m^2 \cdot K/W$)
石油分馏物		工业用水	
原油	3.44~5.16	自来水、软化锅炉水	1.72
汽油	1.72	硬水	5.16
石脑油	1.72	河水	3.44
煤油	1.72	海水	0.86
柴油	4.60	蒸馏水	0.86
重油	17.2	气体	
沥青油	3.44~5.16	空气	0.26~0.53
液体		溶剂、天然气、焦炉气	1.72
有机化合物	1.72	水(优质、不含油)	0.052
盐水	1.72	水(劣质、不含油)	0.09
熔盐	0.86	有机化合物气体	0.86
植物油	5.16		

设管内、外壁面的污垢热阻分别为 R_{si}、R_{so},根据串联热阻叠加原理,则可写为:

$$K_o = \frac{1}{\dfrac{A_o}{\alpha_i A_i} + R_{si} + \dfrac{\delta A_o}{\lambda A_m} + R_{so} + \dfrac{1}{\alpha_o}} \tag{2-13}$$

式(2-13)表明,间壁两侧流体间传热总热阻等于两侧流体的对流传热热阻、污垢热阻及管壁导热热阻之和。若传热壁面为平壁或薄管壁时,A_o、A_i、A_m 相等或近似相等,则式(2-13)可简化为:

$$K = \frac{1}{\dfrac{1}{\alpha_i} + R_{si} + \dfrac{\delta}{\lambda} + R_{so} + \dfrac{1}{\alpha_o}} \tag{2-14}$$

c. 提高总传热系数的途径。

当管壁热阻和污垢热阻均可忽略,且传热壁面为平壁或薄管壁时,d_i、d_o、d_m 相等或近似相等,则式(2-14)可简化为:

$$K = \frac{1}{\dfrac{1}{\alpha_i} + \dfrac{1}{\alpha_o}} \tag{2-15}$$

若 $\alpha_o \gg \alpha_i$,$K \approx \alpha_i$,称为管壁内侧对流传热控制,此时欲提高 K 值,关键在于提高管壁内侧的对流传热系数;若 $\alpha_i \gg \alpha_o$,则 $K \approx \alpha_o$,称为管壁外侧对流传热控制,此时欲提高 K 值,关键在于提高外侧的对流传热系数。

由此可见,K 总是接近于 α 小的一侧的流体的对流传热系数值,且永远小于 α 的值,当两流体的 α 值相差较大时,设法提高 α 较小的那一侧流体的 α 值。若 $\alpha_o \approx \alpha_i$,则称为管内、外侧对流传热控制,此时必须同时提高两侧的对流传热系数才能提高 K 值。

素养充电站——对标企业生产

管壳式换热器设计和制造的主要依据是 GB 151《管壳式换热器》,适用的换热器有固定管板式、浮头式、U 形管式和填料函式。换热器的设计、制造、检验和验收还应遵守 GB 150《钢制压力容器》和国家颁布的有关法令、法规。

想一想 列管式换热器如何选型?

(1) 根据换热任务,选择合适的加热剂或冷却剂;

(2) 确定基本数据(包括流体流量、进出口温度、定性温度下的有关物性、操作压力等);

(3) 确定流体在换热器内的流动空间;

(4) 根据两流体的温度差和流体类型,确定换热器的结构形式;

(5) 确定并计算热负荷;

(6) 先按逆流(单壳程、单管程)计算平均温度差;

(7) 选取总传热系数,并根据传热速率基本方程,初步算出传热面积,并确定初选换热器的实际换热面积,以及在实际换热面积下所需的传热系数;

(8) 压力降校核,根据初选设备的情况,计算管、壳程流体的压力差是否合理,若压力降不符合要求,则需重新选择其他型号的换热器,重新完成上面的计算,直至压力降满足要求;

(9) 核算总传热系数,计算换热器管、壳程流体的传热系数,确定污垢热阻,再计算总传热系数,由传热基本方程求出所需传热面积,再与换热器的实际换热面积比较,若实际换热面积与所需换热面积之比在 1.1~1.25 之间,则认为合理,否则需另选总传热系数,重新进行上述计算步骤,直至符合要求。

(4) 用途。

列管式换热器在化工生产中应用最为广泛,不同类型的换热器因其结构特点不同,适用条件也不同,表 2-6 对化工厂中常用列管式换热器的类型及用途进行简要说明。

表 2-6 化工生产中常用列管式换热器的用途

类型	结构特点	用途
固定管板式换热器	管束两端固定在管板上,壳程不易检修和清洗,结构简单,热应力较大时易发生形变,需要安装补偿圈	适用于壳程流体清洁且不结垢,两流体温差不大(<70℃)或温差大但压力不大(<600kPa)的场合
浮头式换热器	一端管板不固定在壳体上,是浮头结构,可自由伸缩,能有效地消除热应力,且便于清洗和检修,但结构复杂,造价较高	应用十分广泛,适用于壳体和管束温差较大或壳程流体容易结垢的场合
U形管式换热器	管子弯成 U 形,两端固定在同一管板上,管束可自由伸缩,能有效地消除热应力,管内清洗困难,管板利用率低,结构简单,造价低廉	适用于壳体和管束温差较大或壳程流体容易结垢而管程流体不易结垢的场合
填料函式换热器	管板一端与壳体固定,另一端用填料函密封,管束可自由伸缩,能有效地消除热应力,清洗方便,但填料函不耐高压,结构简单,造价低廉	适用于壳体和管束温差较大或介质容易结垢需要经常清洗且壳程压力不高的场合
釜式换热器	壳体上部设有蒸发空间,管束可以是固定管板式、浮头式或U形管式,清洗方便,并能承受高温高压	适用于液—汽式换热,可做简单的沸热锅炉

2. 套管式换热器（doable-pipe heat exchanger）

套管式换热器是由两种不同直径的直管套在一起组成同心套管,再将若干段这样的套管连接在一起而组成,如图 2-16 所示。每一段套管称为一程,程数可根据传热要求而增减。换热时一种流体走管程,另一种流体走壳程,两种流体按逆流方式进行换热。

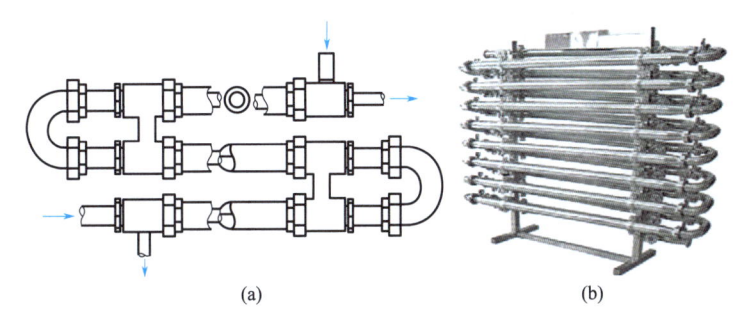

(a)　　　　　　　　(b)

图 2-16 套管式换热器

套管式换热器具有结构简单、加工方便、易于维修和清洗、能承受高温、高压等优点；其缺点是结构不紧凑、单位传热面积的金属消耗大、管间接头较多、易发生泄漏。套管式换热器在小流量、高压力、低传热系数流体的换热中具有独特的优势。

3. 蛇管换热器（spiral tube heat exchanger）

（1）沉浸式蛇管换热器。

沉浸式蛇管换热器的蛇管一般由金属管子弯绕而制成，或由盘成蛇旋形的弯管组成，如图 2-17 所示。除安装成排外，蛇管可构成一个平面，水平地安装在容器底部。对蛇管的形状，还可以根据容器的形状任意加工，并将蛇管浸没在容器的液体中，冷、热流体在管内、外进行换热。

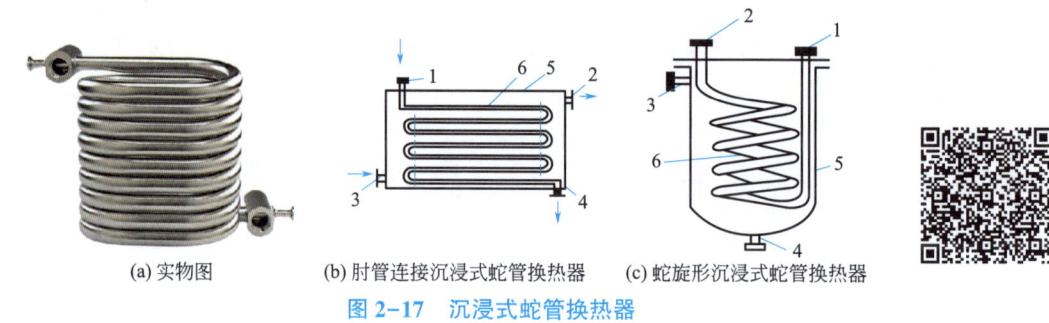

图 2-17 沉浸式蛇管换热器

1,2,3,4—冷热流体进出口；5—容器；6—蛇管

（2）喷淋式蛇管换热器。

喷淋式蛇管换热器常用作冷却器，换热管结构做成平板式，固定在支架上的蛇管排列在同一垂直面上。如图 2-18 所示，冷却水由最上面的多孔分布管（淋水管）均匀地喷洒在各排蛇管上，并沿着管外表面淋下。其优点是结构简单，造价便宜，能耐高压，便于检修、清洗，在具有相同传热量的情况下，其传热效果优于沉浸式蛇管换热器。其缺点是体积庞大，占地面积大，冷却水耗量大，喷淋不易均匀。通常放置在室外空气流通处，冷却水在空气中汽化时可带走部分热量，以提高冷却效果。

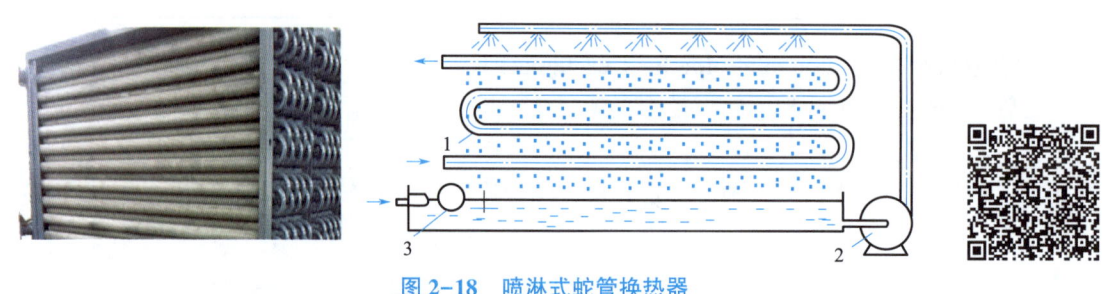

图 2-18 喷淋式蛇管换热器

1—弯道；2—循环泵；3—控制阀

4. 平板式换热器（plate-type heat exchanger）

平板式换热器由一组金属薄片、相邻板之间衬以垫片并用框架夹紧组装而成。矩形板片上四角开有圆孔，其中有两个圆孔和板面上的流道相通，另外两个圆孔则不相通，它们的位置在相邻板上是错开的，可以分别形成两流体的通道。冷、热流体交替地在板片两侧流过，通过金属板片进行换热，如图 2-19 所示。

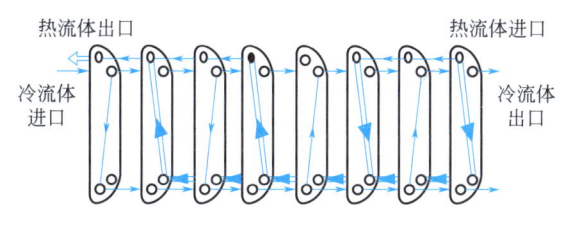

图 2-19　平板式换热器

平板式换热器是一种高效节能换热设备，在石油天然气化工中应用广泛。其优点是结构紧凑，金属消耗量较少，传热系数大，可以任意增减板数以调整传热面积，检修、清洗方便。其主要缺点是允许的操作压力和温度比较低。

5. 螺旋板式换热器（spiral plate heat exchanger）

螺旋板式换热器是由两块薄金属板焊接在一块分隔挡板上卷制而成，构成一对互相隔开的螺旋形流道，两板之间焊有定距柱以维持流道间距，冷热两流体以螺旋板为传热面分别在两通道内流动，如图 2-20 所示。

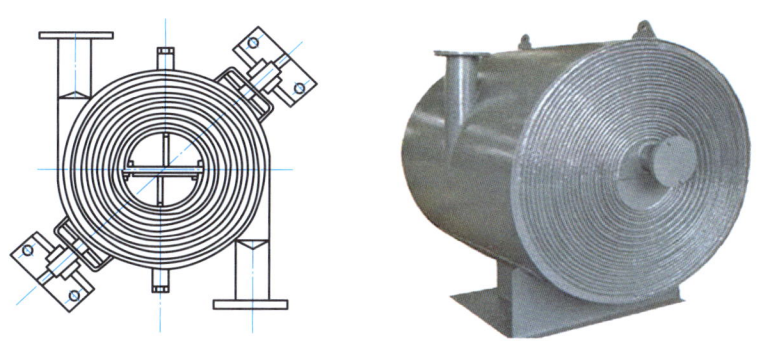

图 2-20　螺旋板式换热器

螺旋板式换热器结构紧凑，单位体积的传热面积大。在该换热器中，流体在较低的雷诺数下（Re 值为 1400~1800）就发生湍流，操作中可选用较高的流速（液体达 2m/s，气体达 20m/s），故总传热系数较大。由于流体的流速较高，对污垢起到冲刷作用，故螺旋板式换热器不易结垢和堵塞；又由于流体流动的流道长而且可实现完全的逆流传热，故能利用低温热源，且能精密控制出口温度。其缺点是操作压力和温度不宜太高，最高操作压力一般在 2MPa 以下，温度约在 400℃ 以下。又因为换热器是卷制而成的，发生泄漏时内部维修困难。

6. 板翅式换热器（plate-fin heat exchanger）

板翅式换热器的结构形式很多，但最基本的结构都大致相同。板翅式换热器的基本元件（或称换热单元）是由两块平行的薄金属板平隔间夹入波纹状或其他形状的金属翅片，两边以侧封条密封组装而成。将各基本元件进行不同的叠积和适当的排列，并用钎焊固定，即可制成错逆流、逆流或错流板翅式换热器组装件，称为板束（或芯部），如图 2-21 所示。再将板束放入带有流体进口、出口的集流箱内用焊接固定，就组成板翅式换热器。

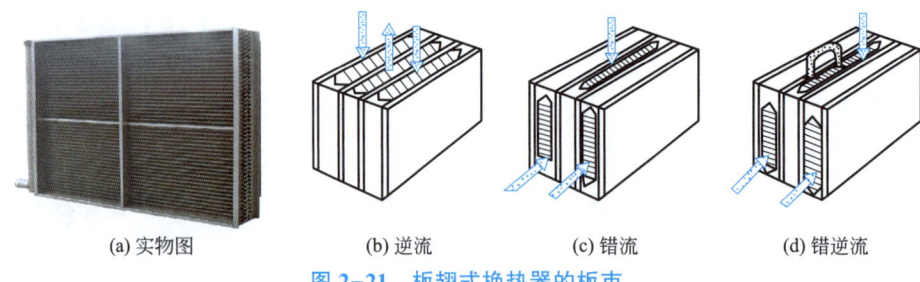

(a) 实物图　　(b) 逆流　　(c) 错流　　(d) 错逆流

图 2-21　板翅式换热器的板束

在冷、热流体热交换过程中，大部分热量是通过翅片进行传递的，形成了"热流体—翅片—平隔板—冷流体"的传热路径。翅片除承担主要的传热任务外，还起到平隔板之间的支撑作用，所以尽管翅片和平隔板都很薄，但却有很高的强度并能承受较高的压力。目前常用的翅片形式有光直翅片、锯齿翅片和多孔翅片，如图 2-22 所示。

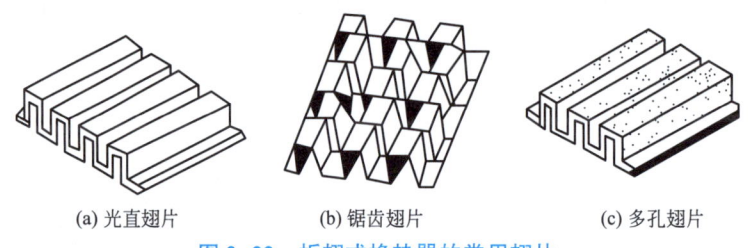

(a) 光直翅片　　(b) 锯齿翅片　　(c) 多孔翅片

图 2-22　板翅式换热器的常用翅片

7. 夹套式换热器（jacket heat exchanger）

夹套式换热器的结构如图 2-23 所示，夹套安装在容器外部，与器壁之间形成密封空间，为载热体提供通道。夹套式换热器主要用于反应过程中的加热或冷却，当用蒸汽进行加热时，蒸汽由上部接管进入夹套，冷却水则由下部接管流出；用于冷却时，冷却剂由夹套下部接管进入，而由上部接管流出。

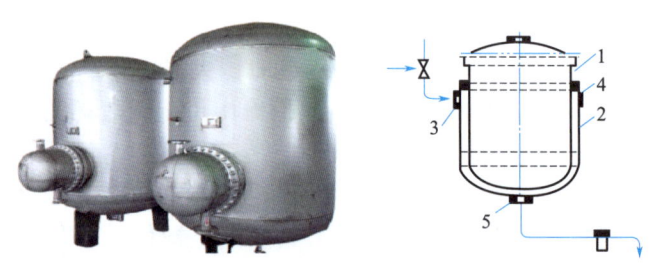

图 2-23　夹套式换热器结构

1—容器；2—夹套；3~5—连接管

这种换热器的传热系数较小，传热面又受容器的限制，因此适用于传热量不太大的场合。为了提高其传热性能，可在容器内安装搅拌器，使器内液体做强制对流。为了弥补传热面的不足，还可在容器内加设蛇管、夹套中加设挡板增大传热系数等措施来提高传热效果。

（四）传热过程的强化

所谓强化传热就是设法提高换热器的传热速率。从传热速率方程 $Q = KA\Delta t_m$ 可以看出，

提高总传热系数 K、增大传热面积 A、提高平均温度差 Δt_m 都可以达到强化传热的目的。

1. 增大传热平均温差

增大平均温度差可以提高传热速率，但是平均温度差的大小取决于两流体的温度条件和流动形式。一般来说，流体的温度由生产工艺条件所规定，因此 Δt_m 可变动的范围是有限的，但是在某些场合也会因所选介质的不同而导致温度有很大的差异。例如，在化工厂中常用饱和水作为加热介质，提高蒸汽的压力，就可以提高蒸汽的温度，从而提高平均温度差。但是提高介质的温度必须考虑技术上的可行性和经济上的合理性。另外，当换热器中两侧流体均变温时，采用逆流操作或增加壳程数可得到较大的平均温差。

2. 增大传热面积

增大传热面积可以提高传热速率，但增大传热面积不应靠增大设备的尺寸来实现，而应从设备的结构来考虑，提高其紧凑性，即单位体积内提供较大的传热面积。工业上可通过改进传热面的结构来实现，主要方法如下：

（1）采用翅化面。采用翅片可增大传热面积，加剧流体湍动，从而提高传热速率。翅化面的种类和形式很多，前面介绍的翅片管式换热器和板翅式换热器均属此类。翅片结构通常用于传热面两侧中传热系数较小的一侧。

（2）采用异形表面。将传热面制造成各种凹凸状、扁平状、波纹形等，使流体流通截面的形状和大小均发生变化。例如，常用波纹管、螺纹管代替光滑管，这不仅可增大传热面积，而且增强流体的湍动，从而强化传热。

（3）采用多孔物质结构。将细小的金属颗粒涂覆于传热表面，可增大传热面积。此法对于沸腾传热过程的强化尤为有效。

（4）采用小直径管。在管壳式换热器中采用小直径管，可增加单位体积的传热面积。

应予指出，上述方法可提高单位体积的传热面积，强化传热过程。但是由于流道的变化，流体流动阻力会有所增加，因此应综合考虑，选择适宜的方法。

3. 增大总传热系数

增大总传热系数 K 可以提高传热速率。从传热系数计算公式可知，要提高 K 值，必须减小各项热阻。可采用的方法如下：

（1）提高流体的流速。在管壳式换热器中增加管程数和壳程的挡板数，可分别提高换热器管程及壳程的流体流速。由于加大流速，加剧了流体的湍动程度，可减小传热边界层中层流内层的厚度，从而提高对流传热系数，减小对流传热热阻。

（2）增强流体的扰动。在管式换热器中，采用各种异形管或在管内加装麻花铁、螺旋团或卷片等添加物，采用波纹状或粗糙的换热面等，均可增强流体的扰动。此外，也可采用平板式或螺旋板式换热器等。由于在换热器中增强了流体的扰动，层流内层减薄，从而提高对流传热系数。

（3）在流体中加入固体颗粒。在流体中加入固体颗粒，由于颗粒的扰动，对流传热系数增大，同时由于颗粒不断地冲击壁面，减少了污垢形成，污垢热阻降低。

（4）采用短管换热器。由于流动入口段对传热的影响，即在管入口处层流内层很薄，故对流传热系数较高。

（5）防止垢层形成并及时清除垢层。增大流速和流体的扰动，可减弱垢层的形成和增厚。让易结垢的流体在管程流动以便于清洗，采用可拆卸的换热器结构，采用机械或化学方法对其定期进行清垢。

三 方案决策

师生共同讨论工作计划,学生修改完善计划,对工作的环节进行梳理,形成文案。

认识传热操作系统可以从四个方面进行:(1)什么是传热操作;(2)传热系统的构成;(3)常用传热操作设备;(4)传热操作过程的强化。

四 实践演练

利用 ppt 讲解或对照现场装置进行讲解。

五 评价改进

(一)实施过程评价

传热操作系统讲解评分指标及分值参考表 2-7。

表 2-7 传热操作系统讲解评分表

	评分指标	分值	得分
1	环境整洁,设备流畅,讲述者着装得体	10	
2	讲述内容要素齐全,内容准确,与职业岗位技能紧密对接	30	
3	语言精练、用词专业、表达流畅,能有效互动,掌控现场节奏	20	
4	重点内容有强调,整体内容有总结,能有效使用案例强化效果	20	
5	学习者的收获度	20	
总分	100		

(二)自我对标分析

_____
_____
_____
_____

(三)改进要点拆解

R:_____

I:_____

A:_____

六　认知拓展

（一）常见换热器性能比较

常见换热器性能比较见表2-8。

表2-8　常见换热器性能

类型	最大操作压力/MPa	最高操作温度/℃	单位体积传热面/(m²/m³)	传热系数/[W/(m²·K)]	结构是否可靠	传热面是否便可调	是否有热补偿	清洗是否方便	检修是否方便
固定管板	84	1000~1500	40~164	849~1698	○	×	×	△	×
U形管式	100	1000~1500	30~130	849~1698	○	×	○	△	×
浮头式	84	1000~1500	35~150	849~1698	△	×	○	△	○
板式	2.8	360	25~1500	6978	△	○	○	○	○
螺旋板式	4	1000	100	698~2908	○	×	○	×	×
板翅式	5	−269~500	250~4370	35~349	△	×	○	×	×
套管式	100	800	20	—	○	○	○	△	△
沉浸盘管	100	—	15	—	○	×	○	△	○
喷淋式	10	—	16	—	△	○	○	○	○

注：○—好；△—尚可；×—不好。

（二）管式加热炉

管式加热炉是炼油装置广泛应用的一种火力加热设备。加热炉的作用就是为转化能量创造条件，将燃料燃烧放出的热量，首先传递到炉管的外表面，然后通过炉管的金属管壁传递给油品或其他介质。

1. 设备结构

一般由辐射室、对流室、余热回收段、燃烧器和烟囱通风系统五部分组成，见图2-24。先进的加热炉还配备计算机控制系统。辐射室和对流室内装有许多炉管，炉管之间以回弯头连接。辐射室（燃烧室或炉膛）是核心部分。炉底或炉侧壁上设置有燃烧器（火嘴）。

2. 工作原理

燃料从燃烧器以雾状喷出，并与空气混合后在辐射室内燃烧，产生的高温烟气（1000~1500℃）由下而上经辐射室进入对流室。由于放出了热量，烟气温度逐渐下降，进对流室时温度一般为600~800℃，最后由烟囱排出时，则降至200~300℃左右。被加热的原料由上而下，首先进入对流室，再进入辐射室，管内油品在与管外烟气逆向流动中不断吸收热量，使其温度在炉出口处达到规定的指标。

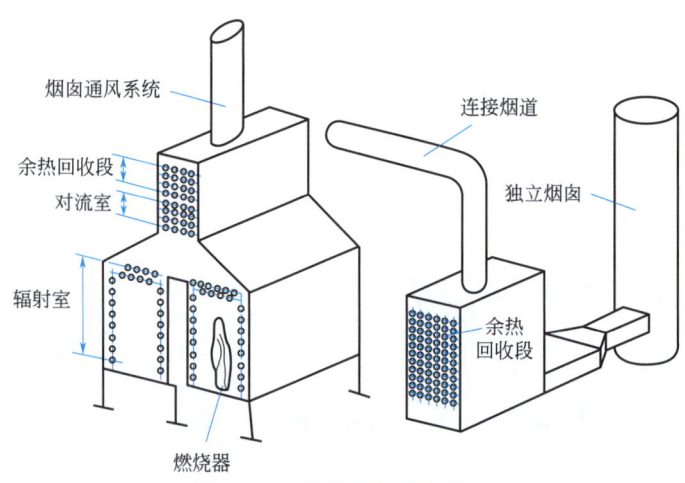

图 2-24 管式加热炉结构图

3. 设备特点

管式加热炉为直接受火式加热设备，只烧气体或液体燃料。被加热物体在管内流动，故仅限加热气体或液体，而且，这些气体或液体通常都是易燃易爆的烃类物质，同锅炉加热水或蒸汽相比，危险性大，操作条件苛刻得多。

4. 分类与应用

管式加热炉各种类型的结构、特点及适用场合见表 2-9。

表 2-9 管式加热炉各种类型的结构、特点及适用场合

管式加热炉的形式		结构与特点	适用场合
按外形分类	箱式炉	分为烟气下行式、大型箱式炉、顶烧式、斜顶炉等，由辐射室、对流室、烟囱组成。优点是热负荷大；缺点是体积大、敷管率低、造价高	适合于热负荷大的大型炉
	立式炉	有许多种形式，传热机理同箱式炉。比较常见的是立管立式炉、环形管立式炉、阶梯炉等	用于大型的高压加氢、焦化、催化重整
	圆筒炉	炉子热负荷小、简单、造价低，对流型是主流	适用于小型炉
	大型方炉	结构简单，节省占地，便于回收余热，容易实现炉群集中排烟，减少大气污染	适用于大型加热炉
按用途分类	化学反应加热炉	这种炉子管内发生吸热化学反应，结构复杂，分为炉管内装催化剂和炉管内不装催化剂的形式	用于烃类水蒸气转化炉和乙烯裂解炉等
	液体加热炉	分为管内无相变化、管内进口为液相出口为气液混相、进口为液相出口全部汽化的炉子	用于液体的加热
	气体加热炉	在较高温度下操作，要保证各路均匀，防止偏流	用于水蒸气的过热、工艺气体的预热等
	汽、液混相流体加热炉	操作较困难，要保证各路均匀	用于加氢精制、加氢裂化等

项目二 传热操作

任务二　操作传热装置

如图 2-25 所示，来自外界的冷物流和来自另一设备的热物流经列管式换热器换热达到目标温度后排出。

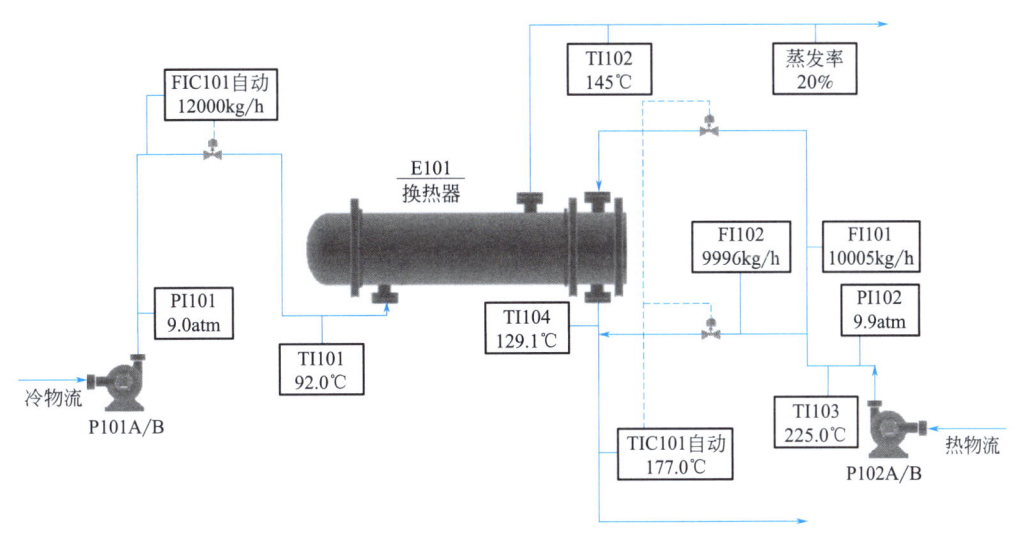

图 2-25　列管式换热器 DCS 图

一　任务拆解

（1）我要完成什么任务？

列管式换热器的开、停车操作，运行控制和事故处理。

（2）我要在什么样的场景下，以什么样的身份，利用什么样的资源，开展什么活动来完成这个任务？达到什么样的标准？

化工生产要对原料或产品换热，从主操与副操的双视角，在虚拟仿真软件上完成列管式换热器的开、停车操作，运行控制和事故处理，百分制系统评分 90 以上。

（3）我要按照怎样的步骤来执行？关键点是什么？第一步要做的是什么？

我要按照"查找资料—制定方案—操作演练—评价改进"的顺序完成任务，关键点是根据任务场景列出工作大纲，第一步要进行信息资讯，储备必要的知识技能。

二　信息资讯

（一）工艺流程描述

如图 2-26 所示，来自界外的 92℃冷物流（沸点：198.25℃）由泵 P101A/B 送至换热器 E101 的壳程被流经管程的热物流加热至 145℃，并有 20%被汽化。冷物流流量由流量控制器 FIC101 控制，正常流量为 12000kg/h。来自另一设备的 225℃热物流经泵

P102A/B 送至换热器 E101 与流经壳程的冷物流进行热交换,热物流出口温度由 TIC101 控制（177℃）。

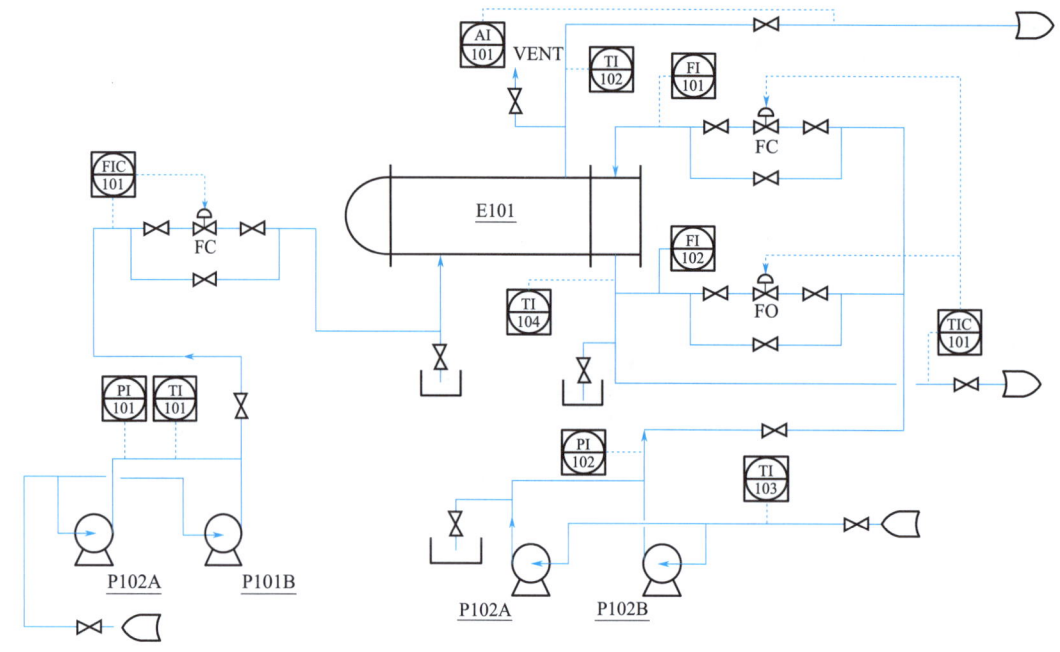

图 2-26　列管式换热器仿真工艺流程图

（二）设备、阀门位号说明

列管式换热器操作仿真系统设备、阀门位号说明见表 2-10。

表 2-10　列管式换热器操作仿真系统设备、阀门位号

1. 主要设备位号和名称			
设备位号	设备名称	设备位号	设备名称
P101A/B	冷物流进料泵	P102A/B	热物流进料泵
E101	列管式换热器		
2. 调节器位号和控制变量			
调节器位号	控制变量	调节器位号	控制变量
FIC101	冷物流进料量	TIC101	冷物流出口温度
3. 显示仪表位号和控制变量			
仪表位号	控制变量	仪表位号	控制变量
PI101	泵 P101A/B 出口压力	PI102	泵 P102A/B 出口压力
FI101	热物流主线流量	FI102	热物流副线流量
TI101	冷物流入口温度	TI102	冷物流出口温度
TI103	热物流入口温度	TI104	热物流出口温度
EVAP. RATE	冷物流出口汽化率		

4. 现场阀位号和名称			
现场阀位号	名称	现场阀位号	名称
VB01	泵 P101A/B 前阀	VB02	泵 P101A 开关按钮
VB03	泵 P101A/B 后阀	VB04	调节阀 FV101 前阀
VB05	调节阀 FV101 后阀	VB06	调节阀 TV101A 后阀
VB07	调节阀 TV101A 前阀	VB08	调节阀 TV101B 后阀
VB09	调节阀 TV101B 前阀	VB010	泵 P102A/B 后阀
VB11	泵 P102A/B 前阀	VB12	泵 P102A 开关按钮
VB13	泵 P102B 开关按钮	VB14	泵 P101B 开关按钮
VD01	调节阀 FV101 旁通阀	VD02	E101 壳程泄液手阀
VD03	E101 壳程排气手阀	VD04	冷物流加热后出口阀
VD05	E101 管程泄液手阀	VD06	E101 管程排气手阀
VD07	热物流冷却后出系统手阀	VD08	调节阀 TV101A 旁通阀
VD09	调节阀 TV101B 旁通阀		

(三) 复杂控制系统说明

冷物流的出口温度由热物流的流量来控制。温度调节器 TIC101 采用分程控制回路来保证热物流的流量稳定，如图 2-27 所示，TV101A 和 TV101B 分别调节流经列管式换热器主和副线的流量，TIC101 输出 0%~100%分别对应 TV101A 开度 0%~100%，TV101B 开度 100~0%。

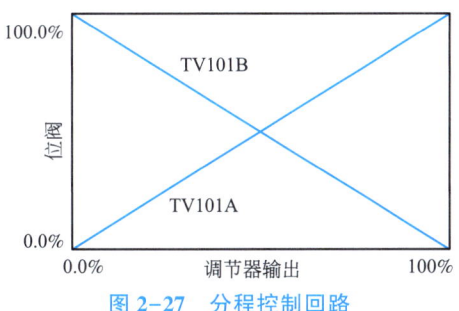

图 2-27 分程控制回路

(四) 操作规程

本操作规程仅为后续方案决策环节提供数据，具体参数及详细操作步骤以所用软件的评分系统为准。

1. 列管换热器冷态开车操作规程

装置的开工状态为换热器处于常温常压下，各调节阀处于手动关闭状态，各手操阀处于关闭状态，可以直接进冷物流。

（1）列管换热器开车操作纲要（A 级）。

> 启动冷物流进料泵 P101A

> 冷物流 E101 进料

> 启动热物流入口泵 P102A

> 热物流进料

（2）列管换热器开车操作纲要（B级）。

> 启动冷物流进料泵 P101A

[P]-开换热器 E101 壳程排气阀 VD03（开度约为 50%）。

[P]-开 P101A 泵的前阀 VB01。

[I]-启动泵 P101A。

(I)-当进料压力指示表 PI101 指示达 9.0atm（表）以上。

[P]-打开 P101A 泵的出口阀 VB03。

> 冷物流 E101 进料

[P]-打开 FV101 的前后阀 VB04、VB05。

[I]-手动逐渐开大调节阀 FV101（FIC101）。

(I)-观察壳程排气阀 VD03 的出口，当有液体溢出时（VD03 旁边排气标志块由红变绿），标志着壳程已无不凝性气体。

[P]-关闭壳程排气阀 VD03，壳程排气完毕。

[P]-打开冷物流出口阀（VD04），将其开度置为 50%。

[I]-手动调节 FV101，使 FIC101 其达到 12000Kg/h，且较稳定时 FIC101 设定为 12000Kg/h，投自动。

> 启动热物流入口泵 P102A

[P]-开管程放空阀 VD06（开度约为 50%）。

[P]-开 P102A 泵的前阀 VB11。

[I]-启动 P102A 泵。

(I)-热物流进料压力表 PI102 指示大于 10.0atm。

[P]-全开 P102A 泵的后阀 VB10。

> 热物流进料

[P]-全开 TV101A 的前后阀 VB06，VB07，TV101B 的前后阀 VB08，VB09。

[I]-打开调节阀 TV101A（默认即开）给 E101 管程注液。

(I)-观察 E101 管程排汽阀 VD06 的出口，当有液体溢出时（VD06 排气标志块由红变绿），标志着管程已无不凝性气体。

[P]-此时关闭管程排气阀 VD06，E101 管程排气完毕。

[P]-打开 E101 热物流出口阀 VD07，将其开度置为 50%。

[I]-手动调节管程温度控制阀 TIC101，使其出口温度在 177±2℃，且较稳定，TIC101 设定在 177℃，投自动。

2. 列管换热器正常运行操作规程

(I)-冷物流流量为 12000kg/h。

(I)-出口温度为 145℃。

(I)-气化率 20%。

(I)-热物流流量为 10000kg/h。

(I)-出口温度为 177℃。

3. 列管换热器停车操作规程

（1）列管换热器停车操作纲要（A级）。

```
┌─────────────────────────┐
│    停热物流进料泵 P102A  │
└─────────────────────────┘

┌─────────────────────────┐
│       停热物流进料       │
└─────────────────────────┘

┌─────────────────────────┐
│    停冷物流进料泵 P101A  │
└─────────────────────────┘

┌─────────────────────────┐
│       停冷物流进料       │
└─────────────────────────┘

┌─────────────────────────┐
│      E101 管程泄液       │
└─────────────────────────┘

┌─────────────────────────┐
│      E101 壳程泄液       │
└─────────────────────────┘
```

（2）列管换热器停车操作纲要（B级）。

```
┌─────────────────────────┐
│    停热物流进料泵 P102A  │
└─────────────────────────┘
```

[P]-关闭 P102 泵的后阀 VB10。

[I]-停 P102A 泵。

(I)-PI102 指示小于 0.1atm。

[P]-关闭 P102 泵入口阀 VB11。

```
┌─────────────────────────┐
│       停热物流进料       │
└─────────────────────────┘
```

[I]-TIC101 置手动。

[P]-关闭 TV101A 的前、后阀 VB06、VB07。

[P]-关闭 TV101B 的前、后阀 VB08、VB09。

[P]-关闭 E101 热物流出口阀 VD07。

```
┌─────────────────────────┐
│    停冷物流进料泵 P101A  │
└─────────────────────────┘
```

[P]-关闭 P101 泵的出口阀 VB03。

[I]-停 P101A 泵。

(I)-PI101 指示小于 0.1atm。
[P]-关闭 P101 泵入口阀 VB01。

停冷物流进料

[I]-FIC101 置手动；
[P]-关闭 FIC101 的前、后阀 VB04、VB05；
[P]-关闭 E101 冷物流出口阀 VD04。

E101 管程泄液

[P]-打开管程排气阀 VD06、泄液阀 VD05。
(I)-观察管程泄液阀 VD05 的出口，当不再有液体泄出时，管程泄液标志块由绿变红。
[P]-关闭泄液阀 VD05 和排气阀 VD06。

E101 壳程泄液

[P]-打开壳程排气阀 VD03、泄液阀 VD02。
(I)-观察壳程泄液阀 VD02 的出口，当不再有液体泄出时，壳程泄液标志块由绿变红。
[P]-关闭泄液阀 VD02 和排气阀 VD03。

（五）仪表及报警限

列管式换热器仿真操作工况参数及报警限见表 2-11。

表 2-11 工况参数及报警限

位号	说明	正常值	量程上限	量程下限	工程单位	高报值	低报值
FIC101	冷物流入口流量控制	12000	20000	0	kg/h	17000	3000
TIC101	热物流入口温度控制	177	300	0	℃	255	45
PI101	冷物流入口压力显示	9.0	27000	0	atm	10	3
TI101	冷物流入口温度显示	92	200	0	℃	170	30
PI102	热物流入口压力显示	10.0	50	0	atm	12	3
TI102	冷物流出口温度显示	145.0	300	0	℃	17	3
TI103	热物流入口温度显示	225	400	0	℃	—	—
TI104	热物流出口温度显示	129	300	0	℃	—	—

（六）事故现象及处理方法

传热单元仿真操作常见事故名称、主要现象及处理方法见表 2-12。

表 2-12 传热单元仿真操作事故及处理方法

事故名称	主要现象	处理方法
FIC101 阀卡	(1) FIC101 流量减小； (2) P101 泵出口压力升高； (3) 冷物流出口温度升高	(1) 关闭 FIC101 前后阀； (2) 打开 FIC101 的旁路阀 VD01，调节流量使其达到正常值

项目二 传热操作

续表

事故名称	主要现象	处理方法
P101A 泵坏	（1）P101 泵出口压力急骤下降； （2）FIC101 流量急骤减小； （3）冷物流出口温度升高，汽化率增大	（1）关闭 P101A 泵； （2）开启 P101B 泵
P1012 泵坏	（1）P102 泵出口压力急骤下降； （2）冷物流出口温度下降，汽化率降低	（1）关闭 P102A 泵； （2）开启 P102B 泵
TV101A 阀卡	（1）热物流经换热器换热后的温度降低； （2）冷物流出口温度降低	（1）关闭 TV101A 前后阀； （2）打开 TV101A 的旁路阀 VD01，调节流量使其达到正常值； （3）关闭 TV101B 前后阀，调节旁路阀 VD09
部分管堵	（1）热物流流量减小； （2）冷物流出口温度降低，汽化率降低； （3）热物流 P102 泵出口压力略升高	停车拆换热器清洗
P101A 泵气缚	热物流出口温度高	停车拆换热器清洗

三 方案决策

师生共同讨论工作计划，学生进行修改完善，对工作的环节进行梳理，形成文案。

（1）列管换热器开车操作时按照"明流程—知操作—记参数—保安全"的步骤梳理操作规程，在仿真软件上进行操作训练。

① 明流程。

② 知操作。

③ 记参数。

④ 保安全。

（2）事故处理时按照"明现象—析原因—做判断—给措施"的步骤梳理操作方案，在仿真软件上进行操作训练。请设计一个事故处理的处理方案。

① 明现象。

_____

_____

② 析原因。

_____

_____

③ 做判断。

_____

_____

④ 给措施。

_____

_____

四　实践演练

在仿真软件上完成列管式换热器的开、停车操作，运行控制和事故处理。

五　评价改进

（一）实施过程评价

列管式换热器仿真操作考核项目及评分标准参考表2-13。

表2-13　列管式换热器仿真操作评分表

考核项目		评分标准	分值	得分
实训五必须（20分）	基础知识	根据任务单叙述操作界面上各符号的意义，每错一处扣1分，扣完为止	4	
	工艺流程	叙述任务工艺流程和工况参数，每错一处扣1分，扣完为止	4	
	操作方案	叙述列管式换热器开车和停车仿真操作方案，每错一处扣1分，扣完为止	4	
	设备检查	检查计算机、操作台和仿真软件，每错、漏一处扣1分，扣完为止	4	
	风险辨识	分析仿真实训室的风险源，给出预防措施，每错、漏一处扣1分，扣完为止	4	
精细操作（50分）	冷态开车	由仿真软件评分系统打分，百分制低于90分本项无成绩	25	
	事故处理	由仿真软件评分系统打分，百分制低于90分本项无成绩	25	

项目二　传热操作

续表

考核项目		评分标准	分值	得分
QHSE （15分）	质量控制	操作人员职责明确，任务单、教材、纸、笔携带齐全，每错、漏一处扣1分，扣完为止	3	
	职业健康	操作前身体异常要及时报告，操作过程中杜绝危害自身安全和他人安全的行为，出现问题扣4分	4	
	安全监测	明确安全出口和消防器材位置，知道危险源所在位置，每错、漏一处扣1分，扣完为止	4	
QHSE （15分）	环境管理	保持工作场地清洁，用品摆放合理，每错、漏一处扣1分，扣完为止	4	
四有工作法 （15分）	工作计划	工作过程严格按照计划执行，无工作计划扣3分，每错、漏一处扣1分，扣完为止	3	
	行动方案	操作严格按照方案执行，无操作方案扣4分，每错、漏一处扣1分，扣完为止	4	
	步步确认	中控和现场之间要有操作指令确认，每少一次扣1分，出现事故扣4分	4	
	事后总结	总结操作中的成功和不足之处，针对问题找出原因，提出改进建议	4	
总分			100	

（二）自我对标分析

_____
_____
_____
_____
_____

（三）改进要点拆解

R：_____

I：_____

A：_____

六　认知拓展

（一）列管式换热器的常见故障及处理方法

化工生产中列管式换热器常见故障及处理方法见表2-14。

表 2-14 列管式换热器常见故障及处理方法

事故名称	主要现象	处理方法
传热效率下降	(1) 列管结垢 (2) 壳体内不凝气或冷凝液增多 (3) 列管、管路或阀门堵塞	(1) 清洗管子 (2) 排放不凝气和冷凝液 (3) 检查清理
发生振动	(1) 壳体介质流动过快 (2) 管路振动所致 (3) 管束与折流板的结构不合理 (4) 机座刚度不够	(1) 调节流量 (2) 加固管路 (3) 改进设计 (4) 加固机座
管板与壳体连接处发生裂纹	(1) 焊接质量不好 (2) 外壳歪斜，连接管线拉力或推动力过大 (3) 腐蚀严重，外壳壁厚减薄	(1) 清除补焊 (2) 重新调整找正 (3) 鉴定后修补
管束、胀口渗漏	(1) 管子被折流板磨损 (2) 壳体和管束温差过大 (3) 管口腐蚀或胀接质量差	(1) 堵管或换管 (2) 补胀或焊接 (3) 换管或补胀

（二）化工企业传热操作紧急情况处理

1. 紧急情况

（1）设备承压壳体或密封面出现严重泄漏，可能产生重大安全、环境污染事故。

（2）附属安全装置失灵，设备超压、附属安全泄压装置未启动，经现场紧急处理未改善，可能产生重大安全、环境污染事故。

（3）其他将严重威胁设备安全运行的情况。

2. 处理措施

工艺操作人员应与主控联系，按操作规程尽快停止设备运行，紧急停车后保护措施如下：

（1）对事故缺陷部位尽量做好保护，查明原因后采取针对性处理措施。

（2）设备内长期存放工艺介质会产生变质或化学反应、腐蚀等，应进行排放、清洗，必要时进行充氮保护。

（3）对将要进行检修的设备，应加装盲板将其与系统隔离并进行排放、清洗、置换，如需要人员进入设备内还应进行工业卫生分析。

项目二　传热操作

任务三　维护保养传热设备

为了保证传热设备能长时间安全良好运行,稳定产品质量和产量,必须做好日常检查与维护保养。

一　任务拆解

(1) 我要完成什么任务?

传热设备的维护保养。

(2) 我要在什么样的场景下,以什么样的身份,利用什么样的资源,开展什么活动来完成这个任务?达到什么样的标准?

化工装置要例行日常检查和定期强制保养,以检修人员的身份,利用实训基地的换热装置,对换热器进行维护保养,百分制评分达到90分以上。

(3) 我要按照怎样的步骤来执行?关键点是什么?第一步要做的是什么?

我要按照"查找资料—制定方案—操作演练—评价改进"的顺序完成任务,关键点是根据任务场景列出工作大纲,第一步要进行信息资讯,储备必要的知识技能。

二　信息资讯

通过企业调研和查找操作规程等资料,归纳出"维护保养流体输送设备"通常分为日常检查和强制保养。具体设备的保养方法不同,以列管式换热器为例进行说明。

(一) 换热器的日常检查

日常检查是及早发现和处理突发性故障的重要手段。工艺操作应特别注意防止温度、压力的波动,需保证压力稳定,绝不允许超温超压运行。日常检查内容包括运行异声、压力、温度、流量、泄漏、介质、基础支架、保温层、振动、仪表灵敏度、安全附件等。

1. 操作人员按巡回检查制度规定的频次进行的检查

(1) 定时检查设备的温度、压力、流量、液位等运行参数,应符合操作规程要求。

(2) 定时检查、发现设备及管道跑、冒、滴、漏现象并及时通报。

(3) 检漏孔、信号孔有无漏液、漏气,检漏孔是否畅通。

(4) 设备及管道清洁,无油垢、污物,环境卫生良好。

(5) 排放(输水、排污)装置是否完好。

(6) 设备保温层或保冷层完好,无脱落、塌陷等缺陷,必要时进行表面温度测量。

(7) 设备与相邻管道或构件有无异常振动、响声或者相互摩擦。

(8) 定期对换热器做进出口物料组分检测,及时发现内漏。

2. 维修人员按巡回检查制度规定的频次进行的检查

(1) 定时检查并消除壳体、封头(浮头)、管程、管板及进出口管道等连接部位的跑、冒、滴、漏现象。

（2）检漏孔、信号孔有无漏液、漏气，检漏孔是否畅通。
（3）设备与相邻管道或构件有无异常振动、响声或者相互摩擦。
（4）基础稳固可靠，地脚螺栓和各部位螺栓紧固、整齐，防锈蚀措施符合技术要求。
（5）保温层或保冷层完整。

（二）换热器的强制保养

换热器检修可分为定期和不定期检修，检修周期见表2-15。不定期检修是临时性的故障检修；定期检修是根据生产装置的特点、介质性质、腐蚀速度、运行周期等情况分为年度计划停车检修、月计划检修和计划性停车抢修。

表2-15 列管式换热器强制保养级别和参考运转时间

保养级别	一级保养	二级保养	三级保养
运转时间	1~12月	12~36月	36~72月

换热器检修周期应结合压力容器安全状况等级与法定检验周期、部件使用寿命、冷热流体性质等综合考虑。

1. 一级保养（小修）内容

（1）检查或更换接管密封垫片；
（2）检查、补充或更换密封填料；
（3）检查、修理或更换接管连接螺栓、螺母；
（4）拆装检查安全阀、压力表、爆破片、液面计等附属安全附件；
（5）拆装人孔盖或检查孔盖、更换垫片；
（6）拆装或更换设备外保温或保冷层；
（7）设备外部除锈防腐；
（8）检查修理防静电接地装置；
（9）简单修理设备局部（例如表面微裂纹打磨但不补焊）；
（10）检查及修理设备浮头、大盖密封面；
（11）疏通或更换非承压排放管；
（12）疏通、拆卸清洗或更换液面计玻璃板、上下导管；
（13）检查修理换热器基础或底座。

2. 二级保养（中修）内容

（1）包括小修的部分或全部内容；
（2）拆装检查、换垫管箱/管箱盖/封头；
（3）研磨修理管板、管箱法兰、填料函等密封面；
（4）换热器抽芯；
（5）拆装、检查、修理内件；
（6）化学清洗或高压水枪冲洗；
（7）焊接修理除主要受压元件外的受压元件；
（8）进行压力试验中的泄漏试验；
（9）无损检测不属于定期检验范畴的设备内、外部；
（10）更换或补充催化剂或充填物；

（11）局部修复、更换金属衬里、非金属衬里；

（12）裙座、鞍座等支座底板或整体更换；

（13）宏观检查设备内部；

（14）清理设备内部；

（15）修理进、出口通道；

（16）打磨焊接膨胀节缺陷；

（17）焊接处理端盖、壳体外部缺陷。

3. 三级保养（大修）内容

（1）包括中修的部分或全部内容；

（2）焊接修理主要受压元件；

（3）改造内件；

（4）安装新设备或搬迁移位旧设备；

（5）定期检验压力容器（包括按定期检验方案进行的耐压试验）；

（6）全部更换金属衬里、非金属衬里；

（7）更新管壳式换热器管束、壳体、内浮头组件或管箱；

（8）全部更换密封垫片或密封条；

（9）更换膨胀节；

（10）修复或更换通道内耐热材料，整体防腐、保温；

（11）焊接修理端盖、壳体内部缺陷。

素养充电站——传承中华文脉

"居安思危，思则有备，有备无患"的思想源自《左传·襄公十一年》，意思是处于安全环境时要考虑到可能出现的危险，并提前做好准备，这样才能避免祸患。这一思想在很多古代典籍中都有体现，如《诗·豳风·鸱鸮》"迨天之未阴雨，彻彼桑土，绸缪牖户"，意思是说，在天还没下雨的时候，就修补好房屋的门窗，以防雨患。

三　方案决策

做好劳动保护和风险辨识防控，按照列管式换热器的日常检查和强制保养标准执行。

素养充电站——链接政策法规

《中华人民共和国职业病防治法》是为预防、控制和消除职业病危害，防治职业病，保护劳动者健康及其相关权益，促进经济社会发展，根据宪法而制定的。规定劳动者依法享有职业卫生保护的权利。用人单位应当为劳动者创造符合国家职业卫生标准和卫生要求的工作环境和条件，并采取措施保障劳动者获得职业卫生保护。同时，用人单位应当建立、健全职业病防治责任制，加强对职业病防治的管理，提高职业病防治水平，对本单位产生的职业病危害承担责任。化工生产过程中可能存在各种职业病危害因素，需要严格遵守职业病防治法，采取有效的职业病防护措施，保障劳动者的健康和安全。

四 实践演练

在传热操作装置上完成列管换热器的一级保养,填写班组信息、工具材料领用、作业许可等表单。

表 2-16 班组信息登记表

姓名	岗位	职责

表 2-17 工具材料领用登记表

单号:

名称	规格	数量	单位	工具状况	归还时间

使用部门: 　　　　　领取人: 　　　　　领取时间:

表 2-18 盲板抽堵作业证

单号:

申请单位		负责人	
设备名称		盲板位置	
盲板类型		介质名称	
介质压力		介质温度	
开工时间			
安全措施			确认人:
完工验收			

项目二　传热操作

表 2-19　设备维护保养记录

单号：

设备名称		设备位号	
维保项目			
耗材用量			
情况记录	说明是否有异常现象，如有请分析原因并写明处理方法。		
维保人员签字：		维保时间：	

五　评价改进

（一）实施过程评价

列管式换热器一级保养操作评分参考表 2-20。

表 2-20　列管式换热器一级保养评分表

	评分指标	分值	得分
1	检查或更换接管密封垫片	7	
2	检查、补充或更换密封填料	7	
3	检查、修理或更换接管连接螺栓、螺母	6	
4	拆装检查安全阀、压力表、爆破片、液面计等附属安全附件	7	
5	拆装人孔盖或检查孔盖、更换垫片	7	
6	拆装或更换设备外保温或保冷层	7	
7	设备外部除锈防腐	7	
8	检查修理防静电接地装置	7	
9	简单修理设备局部（例如表面微裂纹打磨但不补焊）	7	
10	检查及修理设备浮头、大盖密封面	7	
11	疏通或更换非承压排放管	7	
12	疏通、拆卸清洗或更换液面计玻璃板、上下导管	7	
13	检查修理换热器基础或底座	7	
14	按 6s 标准进行工作现场清理整顿，工具摆放整齐，文明施工	10	
总分			

（二） 自我对标分析

_____
_____
_____

（三） 改进要点拆解

R：_____

I：_____

A：_____

六 认知拓展

（一） 列管式换热器的年度检查

按压力容器安全技术监察条例规定的检验周期进行年度检查，由国家授权的检验机构组织具有特种设备检验资质的人员实施并出具"压力容器年度检验报告表"，检验报告中确定该容器的安全状况等级和下次定期检验周期。水冷器每年宜进行一次水侧垢层及腐蚀情况检查。

在设备投入使用前或系统停车期间进行法定年度检验，检验程序包括检验前准备、全面检验实施、缺陷/问题处理、检验结果汇总、结论和报告，检验内容按容规、检规要求进行；检验前逐台编制检验方案，实施时首先进行表面宏观检查并结合测厚，必要时进行无损检测、金相分析、硬度检测、化学成分分析等检测项目。

（二） 化工装置防冻凝检查

化工装置防冻凝检查

项目二 传热操作

【学习成果管理】

一、预期学习成果

传热操作预期学习成果见表 2-21。

表 2-21 传热操作预期学习成果

项目	成果
知识	传热操作系统的对象、本质、原理、分类、应用 传热操作系统的构成 传热设备的原理、结构、性能、用途 强化传热操作的方法 传热装置的开停车操作流程和过程控制要点 传热操作过程中常见事故的现象、成因及处理方法
技能	能独立完成典型传热设备的开、停车操作 能正确调控传热操作过程中的工艺参数 能正确诊断传热操作过程中的异常现象并给出合理的处理方案 能完成常用传热设备的日常检查和强制保养
能力	能通过多种新媒体资源获取信息、处理信息和运用信息 能对工作结果进行总结、评价与优化改进 能组织主操岗位的初步日常工作

二、具体学习成果——传热操作综合操作

传热操作具体学习成果见表 2-22。

表 2-22 传热操作具体学习成果

项目	成果
任务说明	根据仿真操作经验和实训装置设计实训操作方案，并在装置上完成传热装置的开、停车操作。 建议学时：4 学时
参考装置	

141

续表

项目	成果
工艺流程	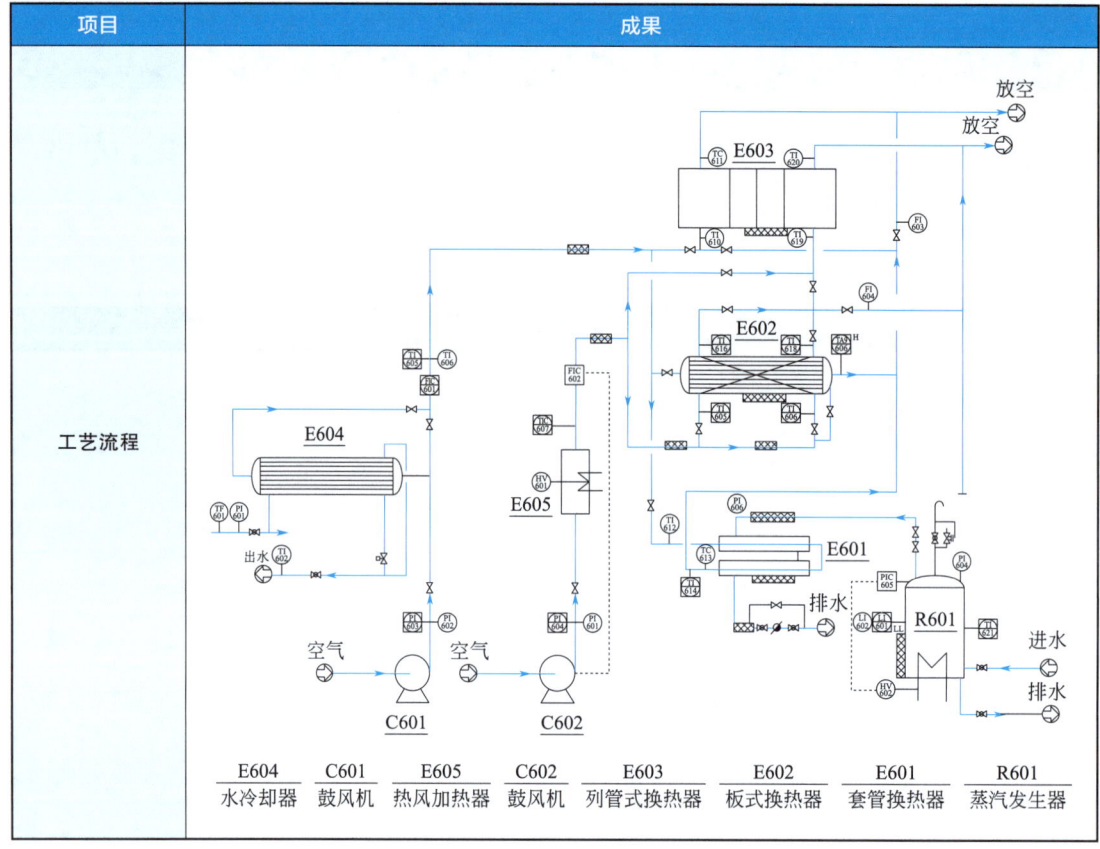

传热操作实训装置静设备参数参考表2-23。

表 2-23　实训装置静设备参数

编号	名称	规格型号	材质	形式
1	列管式换热器	$\phi 260mm \times 1170mm$，$F=1.0m^2$	不锈钢	卧式
2	螺旋板换热器	$F=2.0m^2$		卧式
3	套管式换热器	$\phi 500mm \times 1250mm$，$F=0.2m^2$	不锈钢	卧式
4	水冷却器	$\phi 108mm \times 1180mm$，$F=0.3m^2$	不锈钢	卧式
5	蒸汽发生器（含汽包）	$\phi 426mm \times 870mm$，加热功率 $P=7.5kW$	不锈钢	立式
6	热空加热器	$\phi 190mm \times 1120mm$，加热功率 $P=4.5kW$	不锈钢	卧式

传热操作实训装置动设备参数参考表2-24。

表 2-24　实训装置动设备参数

编号	名称	规格型号	数量
1	热风风机	风机功率 $P=1.1kW$，流量 $Q_{max}=180m^3/h$，$U=380V$	1
2	冷风风机	风机功率 $P=1.1kW$，流量 $Q_{max}=180m^3/h$，$U=380V$	1

项目二 传热操作

（一）操作方案

1. 准备工作

（1）开车前检查。

（2）劳动保护。

2. 冷态开车

（1）明流程。

（2）知操作。

（3）记参数。

（4）保安全。

3. 运行控制

（1）标况参数。

（2）报警限。

（3）异常现象处理。

4. 正常停车

（1）明流程。

（2）知操作。

（3）记参数。

（4）保安全。

（二）风险辨识

传热操作实训装置风险因素、风险来源、规避措施参考表 2-25。

表 2-25　实训装置风险辨识与防控

风险因素		风险来源	规避措施
1 滑跌		楼梯	楼梯安装防护栏，操作人员佩戴安全帽，着工装，负责人提示上下楼梯时注意安全，操作过程必须遵守实训基地安全守则
2 坠落		上层操作台	装置上层安装防护栏，操作人员佩戴安全帽，着工装，负责人提示在上层操作时注意安全，操作过程必须遵守实训基地安全守则
3 触电		通电设备线路	操作人员通电前检查电源、线路和设备，提醒学生用电安全，操作过程必须遵守实训基地安全守则。实训期间教师要密切注意学生操作，遇有违规操作要及时制止，遇有紧急情况及时关闭总闸
4 绊倒		近地设备和管线	操作人员佩戴安全帽，着工装，提示注意安全，尤其是管线，避免绊倒、磕碰和砸伤，操作过程必须遵守实训基地安全守则
5 火灾		电线	负责人强调火源必须远离电线，提醒学生注意观察并牢记逃生通道和灭火器位置，教会学生使用灭火器，操作过程必须遵守实训基地安全守则

续表

风险因素		风险来源	规避措施
6 水灾	水	设备进水阀门和水闸未关闭	实训结束，教师检查设备的进水阀门和总水闸是否关闭，操作过程必须遵守实训基地安全守则
7 烫伤		高温反应器或高温加热设备	操作人员佩戴安全帽，着工装，负责人强调正确操作设备，不能用手触碰高温管路和设备，禁止触摸反应器外壁，操作过程必须遵守实训基地安全守则

我已知晓传热操作实训装置的风险因素、风险来源及规避措施，操作中会做好防护，严守操作规程。

确认人签字：_____

三、学习成果达成度测评

传热操作实训考核项目及评分标准参考表2-26。

表2-26 传热操作实训评分表

1. 列管式换热器操作考核评分表				
项目	分值	考核内容	评分标准	得分
开车前的检查与准备	20分	(1) 检查所有仪表、设备是否处于正常状态。 (2) 检查外部供电系统，确保控制柜上所有开关均处于关闭状态。 (3) 将各阀门顺时针旋转操作到关的状态。检查孔板流量计正压阀和负压阀是否均处于开启状态。 (4) 试电：开启总电源开关，打开控制柜上空气开关，打开装置仪表电源总开关，打开仪表电源开关，查看所有仪表是否上电，指示是否正常	少检、漏检一处扣2分，扣完为止	
开车	20分	(1) 依次打开热风机出口阀、列管式换热器热风进口阀、热风出口阀，关闭热风管路上的其他阀门。 (2) 启动热风机，调节列管式换热器热风进口流量在30~60m³/h之间的一个值稳定，开启热风加热器，调节热风电加热器加热功率，控制加热器出口热风温度稳定（一般为80℃）。用热风对所操作的设备及相关的管道进行预热，直到换热器热风出口温度稳定（一般控制在60℃以上）。 (3) 开启冷风机出口阀，开启水冷却器空气出口阀，列管式换热器冷风进口阀和出口阀，水冷却器冷却水进水阀和出水阀，关闭冷风管路上的其他阀门。启动冷风风机，通过水冷却器冷风出口阀调节冷风出口流量在16~60m³/h之间的一个值稳定。 (4) 通过水冷却器冷却水进水阀调节冷却水流量，来控制冷空气出口温度稳定在0~40℃之间。 (5) 待列管式换热器的冷、热风出口温度恒定时，可认为换热过程达到平衡，记录有关的工艺参数	操作步骤每错、漏一处扣2分，扣完为止。温度、流量等工艺参数达到要求	

续表

1. 列管式换热器操作考核评分表

项目	分值	考核内容	评分标准	得分
正常操作	30 分	列管式换热器热风的进口流量恒定，通过调节水冷却器冷风出口阀开度来改变冷风的流量，从小到大，重复开车操作步骤（4）和步骤（5），做 3~4 组数据，做好操作记录。 （1）经常检查风机运行状况，注意电机温升。 （2）热风加热器运行时，空气流量不得低于 30m³/h，热风机停车时，空气温度不得超过 50℃。 （3）做好操作巡检工作	操作次数不足扣 5 分；数据记录每错、漏一处扣 2 分	
停车	20 分	（1）停热风加热器。 （2）继续大流量运行冷风风机和热风风机，当冷风机出口总管温度接近常温时，停冷风机、停冷风机出口冷却器冷却水；当热风机出口总管温度低于 40℃时，停热风机。 （3）装置系统温度降至常温，各设备内的积水排净后，关闭系统所有阀门。 （4）切断控制台、仪表盘电源	操作步骤错、漏一处扣 2 分，扣完为止；顺序错误扣 5 分	
文明操作	10 分	（1）组员间应相互配合，不能一人单独完成。 （2）正确使用操作工具。 （3）保持操作现场干净整齐，清理现场，搞好设备、管道、阀门维护工作	发生事故扣 5 分；未正确使用设备、工具扣 2 分	

列管式换热器操作报表

序号	时间	打开阀门	冷风			热风		冷风进口温度/℃	冷风出口温度/℃	热风进口温度/℃	热风出口温度/℃
			水冷却器进口压力	阀门 V07 的开度	风机出口流量/(m³/h)	电加热的开度	风机出口流量/(m³/h)				
1											
2											
3											
4											
5											
6											

操作记事：

异常情况记录：

操作人：　　　　　　　　　　　　　　指导教师：

项目二　传热操作

		2. 板式换热器操作考核评分表		
项目	分值	考核内容	评分标准	得分
开车前的检查与准备	20分	（1）检查所有仪表、设备是否处于正常状态。 （2）检查外部供电系统，确保控制柜上所有开关均处于关闭状态。 （3）将各阀门顺时针旋转操作到关的状态。检查孔板流量计正压阀和负压阀是否均处于开启状态。 （4）试电：开启总电源开关，打开控制柜上空气开关，打开装置仪表电源总开关，打开仪表电源开关，查看所有仪表是否上电，指示是否正常	少检、漏检一处扣2分，扣完为止	
开车	20分	（1）依次打开热风机出口阀，板式换热器热风进口阀，关闭热风管路上的其他阀门。 （2）启动热风机，调节板式换热器热风进口流量在30~60m³/h之间的一个值稳定，开启热风加热器，调节热风电加热器加热功率，控制加热器出口热风温度稳定（一般为80℃）。用热风对所操作的设备及相关的管道进行预热，直到板式换热器热风出口温度稳定（一般控制在60℃以上）。 （3）开启冷风机出口阀、板式换热器冷风进口阀、开启水冷却器空气出口阀，水冷却器冷却水进水阀和出水阀，关闭冷风管路上的其他阀门。启动冷风风机，通过水冷却器冷风出口阀调节冷风出口流量在16~60m³/h之间的一个值稳定。 （4）通过水冷却器冷却水进口阀调节冷却水流量，来控制冷空气出口温度稳定在0~40℃之间。 （5）待板式换热器的冷、热风出口温度恒定时，可认为换热过程达到平衡，记录有关的工艺参数	操作步骤每错、漏一处扣2分，扣完为止；温度、流量等工艺参数达到要求	
正常操作	30分	板式换热器热风的进口流量恒定，通过调节水冷却器冷风出口阀开度来改变冷风的流量，从小到大，重复开车操作步骤（4）和步骤（5），做3~4组数据，做好操作记录。 （1）经常检查风机运行状况，注意电机温升。 （2）热风加热器运行时，空气流量不得低于30m³/h，热风机停车时，空气温度不得超过50℃。 （3）做好操作巡检工作	未达到规定的操作次数扣5分；数据记录每错、漏一处扣2分	
停车	20分	（1）停热风加热器。 （2）继续大流量运行冷风风机和热风风机，当冷风风机出口总管温度接近常温时，停冷风机、停风机出口冷却器冷却水；当热风机出口总管温度低于40℃时，停热风机。 （3）装置系统温度降至常温，各设备内的积水排净后，关闭系统所有阀门。 （4）切断控制台、仪表盘电源	操作步骤每错、漏一处扣2分，扣完为止；顺序错误扣5分	
文明操作	10分	（1）组员间应相互配合，不能一人单独完成； （2）正确使用操作工具； （3）保持操作现场干净整齐，清理现场，搞好设备、管道、阀门维护工作	发生事故扣5分；未正确使用设备、工具扣2分	

147

板式换热器操作报表

序号	时间	打开阀门	冷风			热风		冷风进口温度/℃	冷风出口温度/℃	热风进口温度/℃	热风出口温度/℃
			水冷却器进口压力	阀门V07的开度	风机出口流量/(m³/h)	电加热的开度	风机出口流量/(m³/h)				
1											
2											
3											
4											
5											
6											
操作记事											
异常情况记录											
操作人：						指导教师：					

3. 套管式换热器操作考核评分表

项目	分值	考核内容	评分标准	得分
开车前的检查与准备	20分	(1) 检查所有仪表、设备是否处于正常状态。 (2) 检查外部供电系统，确保控制柜上所有开关均处于关闭状态。 (3) 将各阀门顺时针旋转操作到关的状态。检查孔板流量计正压阀和负压阀是否均处于开启状态。 (4) 试电：开启总电源开关，打开控制柜上空气开关，打开装置仪表电源总开关，打开仪表电源开关，查看所有仪表是否上电，指示是否正常	少检、漏检一处扣2分，扣完为止	
开车	20分	(1) 打开蒸汽发生器进水阀和放空阀，关闭其他阀门。对蒸汽发生器加水，加至2/3液位左右关闭进水阀。关闭蒸汽发生器放空阀。 (2) 打开控制面板加热开关，调节加热开度（最大不能超过80%），对蒸汽发生器内的水加热。控制加热器加热功率，当蒸汽发生器内的压力大于0.15MPa时，把加热功率开度调至50%。 (3) 打开蒸汽发生器蒸汽出口阀，打开疏水器阀组，徐徐打开套管式换热器蒸汽出口阀（务必控制流量要小），控制套管式换热器内蒸汽压力为0.02MPa。对套管式换热器进行预热。 (4) 待套管式换热器内的蒸汽压力稳定时，认为设备预热已经充分。依次开启冷风机出口阀，水冷却器冷风出口阀，套管式换热器冷风进口阀和出口阀。关闭冷风管路上的其他阀门。启动冷风机，向套管式换热器内通冷风。通过水冷却器冷风出口阀控制冷风出口流量稳定在16~60m³/h之间的一个值。 (5) 通过水冷却器的冷却水流量控制水冷却器冷风出口温度。 (6) 待冷风进出口温度和套管式换热器内蒸汽压力基本恒定时，可认为换热过程基本平衡，记录相应的工艺参数	操作步骤每错、漏一处扣2分，扣完为止；温度、流量等工艺参数达到要求	

续表

项目	分值	考核内容	评分标准	得分
		3. 套管式换热器操作考核评分表		
正常操作	30分	保持套管式换热器内蒸汽压力恒定，改变冷风流量，冷风流量从小变到大，重复开车步骤（5）和（6），获得一组实验数据。做3~4组数据，做好操作记录。 （1）蒸汽发生器不得干烧，经常检查蒸汽发生器运行状况，注意水位和蒸汽压力变化，蒸汽发生器水位不得低于200mm，如有异常现象，应及时处理。 （2）经常检查风机运行状况，注意电机温升。 （3）做好操作巡检工作	未达到规定的操作次数扣5分；数据记录每错、漏一处扣2分	
停车	20分	（1）停止蒸汽发生器电加热器，关闭蒸汽出口阀，打开套管式换热器疏水阀组旁路阀，将套管式换热器内的蒸汽系统压力卸除。让蒸汽发生器自然冷却，待发生器内的压力降为常压后，打开发生器放空阀。待发生器内的温度降到50℃以下时，打开发生器排污阀，排除发生器内的积水。 （2）将套管式换热器残留水蒸气冷凝液排净。 （3）继续大流量运行冷风风机，当冷风风机出口总管温度接近常温时，停冷风机、停冷风机出口冷却器冷却水。 （4）装置系统温度降至常温，各设备内的积水排净后，关闭系统所有阀门。 （5）切断控制台、仪表盘电源	操作步骤每错、漏一处扣2分，扣完为止；顺序错误扣5分	
文明操作	10分	（1）组员间应相互配合，不能一人单独完成。 （2）正确使用操作工具。 （3）保持操作现场干净整齐，清理现场，搞好设备、管道、阀门维护工作	发生事故扣5分；未正确使用设备、工具扣2分	

套管式换热器操作报表

序号	时间	打开阀门	冷风			蒸汽				冷风进口温度/℃	冷风出口温度/℃	管道蒸汽压力/MPa
			水冷却器进口压力	阀门V07的开度	风机出口流量/(m³/h)	电加热的开度	蒸汽压力/MPa	阀门V29的开度	液位/mm			
1												
2												
3												
4												
5												
6												
7												

续表

序号	时间	打开阀门	冷风			蒸汽				冷风进口温度/℃	冷风出口温度/℃	管道蒸汽压力/MPa
			水冷却器进口压力	阀门V07的开度	风机出口流量/(m³/h)	电加热的开度	蒸汽压力/MPa	阀门V29的开度	液位/mm			
8												
9												
10												
11												
12												
操作记事												
异常情况记录												
操作人：						指导教师：						

4. 列管式换热器与板式换热器联合操作考核评分表

项目	分值	考核内容	评分标准	得分
开车前的检查与准备	20分	（1）检查所有仪表、设备是否处于正常状态。 （2）检查外部供电系统，确保控制柜上所有开关处于关闭状态。 （3）将各阀门顺时针旋转操作到关的状态。检查孔板流量计正压阀和负压阀是否均处于开启状态。 （4）试电：开启总电源开关，打开控制柜上空气开关，打开装置仪表电源总开关，打开仪表电源开关，查看所有仪表是否上电，指示是否正常	少检、漏检一处扣2分，扣完为止	
开车	20分	（1）依次打开热风机出口阀，列管式换热器热风进口阀、热风出口阀和板式换热器热风进口阀，关闭热风管路上的其他阀门。 （2）启动热风机，调节列管式换热器热风进口流量在30~60m³/h之间的一个值稳定，开启热风加热器，调节热风加热器加热功率，控制加热器出口热风温度稳定（一般为80℃）。用热风对所操作的设备及相关的管道进行预热，直到板式换热器热风出口温度稳定（一般控制在60℃以上）。 （3）开启冷风机出口阀，开启水冷却器空气出口阀，列管式换热器冷风进口阀和出口阀，水冷却器冷却水进水阀和水冷却器出水阀，关闭冷风管路上的其他阀门。启动冷风风机，通过水冷却器冷风出口阀调节冷风出口流量在16~60m³/h之间的一个值稳定。 （4）通过水冷却器冷却水进口阀调节冷却水流量，来控制水冷却器冷空气出口温度稳定在0~40℃之间。 （5）待列管式换热器和板式换热器的冷、热风出口温度恒定时，可认为换热过程达到平衡，记录有关的工艺参数	操作步骤每错、漏一处扣2分，扣完为止	

项目二 传热操作

续表

4. 列管式换热器与板式换热器联合操作考核评分表

项目	分值	考核内容	评分标准	得分
正常操作	30分	保持列管式换热器热风的进口流量恒定,通过调节水冷却器冷风出口阀门开度来改变冷风的流量,从小到大,重复开车操作步骤(4)和(5),做3~4组数据,做好操作记录。 (1)经常检查风机运行状况,注意电机温升。 (2)热风加热器运行时,空气流量不得低于30m³/h,热风机停车时,空气温度不得超过50℃。 (3)做好操作巡检工作	未达到规定的操作次数扣5分;数据记录每错、漏一处扣2分	
停车	20分	(1)停热风加热器。 (2)继续大流量运行冷风风机和热风风机,当冷风风机出口总管温度接近常温时,停冷风机、停冷风机出口冷却器冷却水;当热风机出口总管温度低于40℃时,停风机。 (3)装置系统温度降至常温,各设备内的积水排净后,关闭系统所有阀门。 (4)切断控制台、仪表盘电源	操作步骤每错、漏一处扣2分,扣完为止;顺序错误扣5分	
文明操作	10分	(1)组员间应相互配合,不能一人单独完成。 (2)正确使用操作工具。 (3)保持操作现场干净整齐,清理现场,搞好设备、管道、阀门维护工作	发生事故扣5分;未正确使用设备、工具扣2分	

列管式换热器与板式换热器联合操作记录表

| 序号 | 时间 | 打开阀门 | 冷风 | | | 热风 | | | 冷风进口温度/℃ | | 冷风出口温度/℃ | | 热风进口温度/℃ | | 热风出口温度/℃ | |
			水冷却器进口压力	阀门V07的开度	风机出口流量/(m³/h)	列管式流量/(m³/h)	电加热的开度	风机出口流量/(m³/h)	列管式流量/(m³/h)	列管式	板式	列管式	板式	列管式	板式	列管式	板式
1																	
2																	
3																	
4																	
5																	
6																	
7																	
8																	

续表

序号	时间	打开阀门	冷风			热风			冷风进口温度/℃		冷风出口温度/℃		热风进口温度/℃		热风出口温度/℃	
			水冷却器进口压力	阀门V07的开度	风机出口流量/(m³/h)	列管式流量/(m³/h)	电加热的开度	风机出口流量/(m³/h)	列管式流量/(m³/h)	列管式	板式	列管式	板式	列管式	板式	列管式	板式
9																
10																
11																
12																
操作记事																
异常情况																
操作人：								指导教师：								

素养充电站——溯源工程伦理

化工生产中，操作人员应该坚持正确的劳动价值取向，确保工程活动的质量和安全。"三老四严"是中国石油工业的一种优良传统和工作作风，具体包括"当老实人、说老实话、办老实事"和"严格的要求、严密的组织、严肃的态度、严明的纪律"。这一理念强调在工程实践中，工程师和相关人员应该保持诚实、守信、负责的态度，确保工程活动的质量和安全。同时，也提醒我们在工程决策和实践中，要充分考虑各种因素，确保工程活动的公正性和可持续性。"四个一样"则是指"黑天和白天一个样、坏天气和好天气一个样、领导不在场和领导在场一个样、没有人检查和有人检查一个样"。这一理念强调了工程实践中的一致性和稳定性，无论在任何情况下，工程师和相关人员都应遵循相同的工程伦理标准，确保工程活动的质量和安全。

项目二　传热操作

【复盘总结】

一、项目复盘

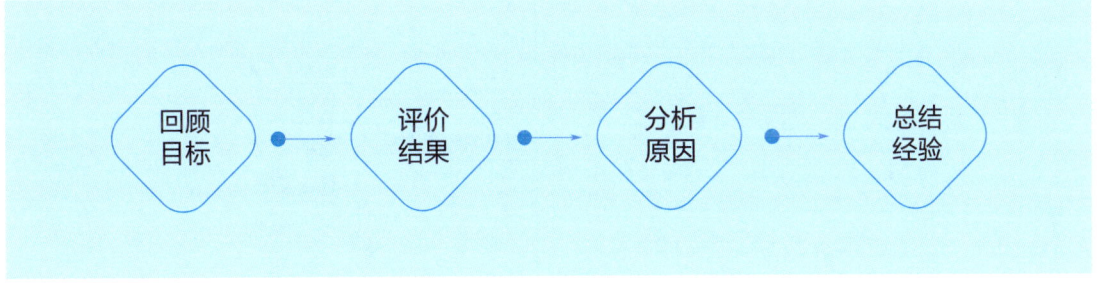

（1）本项目要达到怎样的学习目标？

_____

_____

_____

（2）目前效果如何？

_____

_____

_____

（3）什么原因导致这样的效果？

_____

_____

_____

（4）成功与失败之处有怎样的经验？

_____

_____

_____

_____

二、要点总结

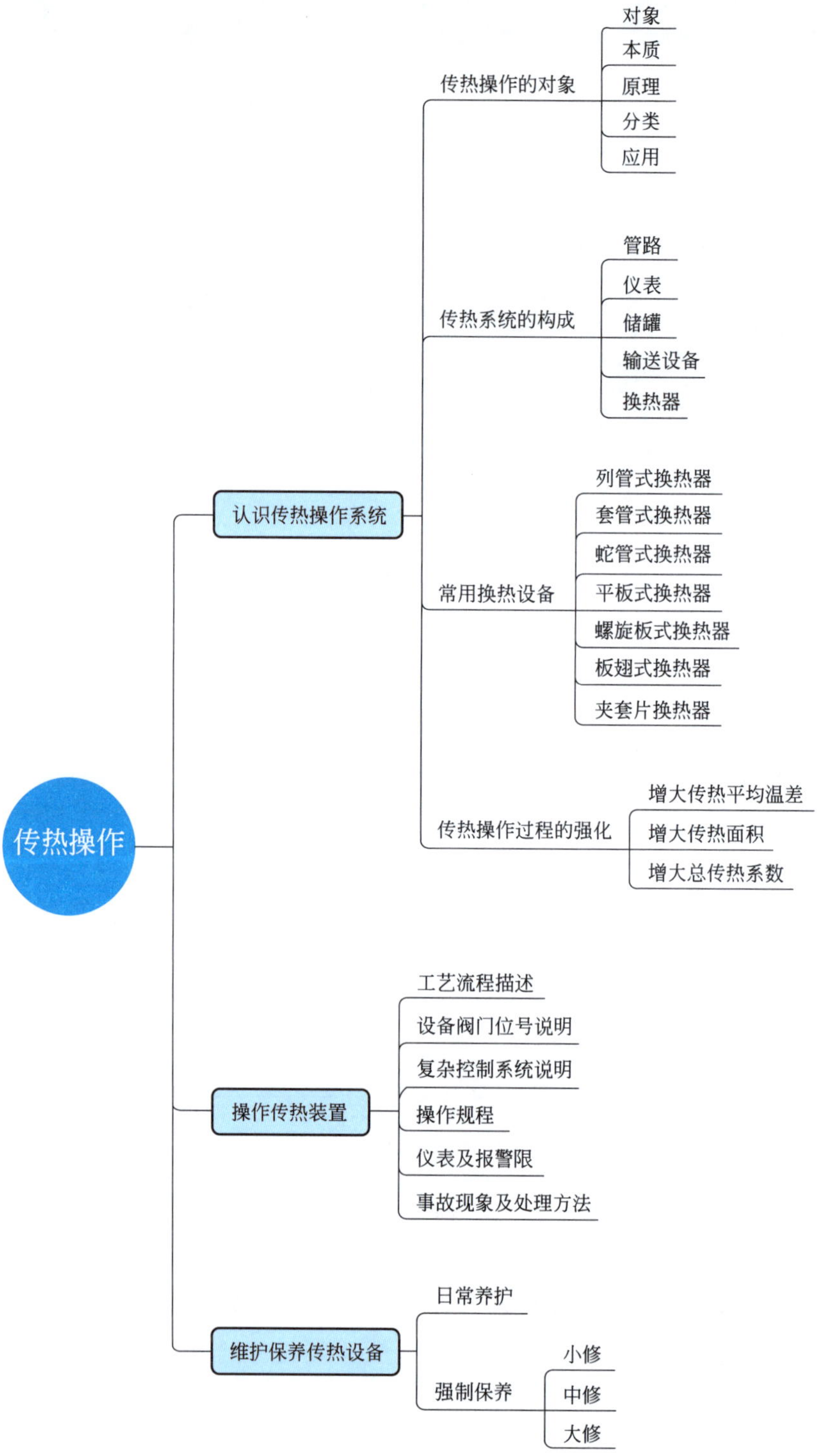

```
                                            ┌─ 对象
                              ┌─ 传热操作的对象 ┼─ 本质
                              │               ├─ 原理
                              │               ├─ 分类
                              │               └─ 应用
                              │
                              │               ┌─ 管路
                              │               ├─ 仪表
                              ├─ 传热系统的构成 ┼─ 储罐
                              │               ├─ 输送设备
                              │               └─ 换热器
            ┌─ 认识传热操作系统 ┤
            │                 │               ┌─ 列管式换热器
            │                 │               ├─ 套管式换热器
            │                 │               ├─ 蛇管式换热器
            │                 ├─ 常用换热设备 ┼─ 平板式换热器
            │                 │               ├─ 螺旋板式换热器
            │                 │               ├─ 板翅式换热器
            │                 │               └─ 夹套片换热器
            │                 │
            │                 │                 ┌─ 增大传热平均温差
            │                 └─ 传热操作过程的强化 ┼─ 增大传热面积
            │                                   └─ 增大总传热系数
 传热操作 ──┤
            │                 ┌─ 工艺流程描述
            │                 ├─ 设备阀门位号说明
            │                 ├─ 复杂控制系统说明
            ├─ 操作传热装置 ──┼─ 操作规程
            │                 ├─ 仪表及报警限
            │                 └─ 事故现象及处理方法
            │
            │                   ┌─ 日常养护
            └─ 维护保养传热设备 ┤                 ┌─ 小修
                                └─ 强制保养 ────┼─ 中修
                                                  └─ 大修
```

项目二 传热操作

【职业能力与创新创业进阶训练】

一、化工总控工职业技能鉴定应知试题（中级工）

<单选题>

1. 保温材料一般都是结构疏松、热导率（　　）的固体材料。
   A. 较小　　　　　　B. 较大　　　　　　C. 无关　　　　　　D. 不一定
2. 传热过程中当两侧流体的对流传热系数都较大时，影响传热过程的将是（　　）。
   A. 管壁热阻　　　　　　　　　　　B. 污垢热阻
   C. 管内对流传热热阻　　　　　　　D. 管外对流传热热阻
3. 管式换热器与板式换热器相比（　　）。
   A. 传热效率高　　B. 结构紧凑　　C. 材料消耗少　　D. 耐压性能好
4. 化工厂常见的间壁式换热器是（　　）。
   A. 固定管板式换热器　　　　　　　B. 板式换热器
   C. 釜式换热器　　　　　　　　　　D. 蛇管式换热器
5. 列管式换热器一般不采用多壳程结构，而采用（　　）以强化传热效果。
   A. 隔板　　　　　B. 波纹板　　　　C. 翅片板　　　　D. 折流挡板
6. 处理管程不易结垢的高压介质，并且管程与壳程温差大的场合时，需选用（　　）换热器。
   A. 固定管板式　　B. U形管式　　　C. 浮头式　　　　D. 套管式
7. 物质热导率的顺序是（　　）。
   A. 金属>一般固体>液体>气体　　　　B. 金属>液体>一般固体>气体
   C. 金属>气体>液体>一般固体　　　　D. 金属>液体>气体>一般固体
8. 下列哪个选项不是列管式换热器的主要构成部件？（　　）
   A. 外壳　　　　　B. 蛇管　　　　　C. 管束　　　　　D. 封头
9. 影响液体对流传热系数的因素不包括（　　）。
   A. 流动形态　　　B. 液体的物理性质　C. 操作压力　　　D. 传热面尺寸
10. 用饱和水蒸气加热空气时，传热管的壁温接近（　　）。
    A. 蒸汽的温度　　　　　　　　　　B. 空气的出口温度
    C. 空气进、出口平均温度　　　　　D. 无法确定
11. 有机化合物及其水溶液作为载冷剂使用时的主要缺点是（　　）。
    A. 腐蚀性强　　　B. 载热能力小　　C. 凝固温度较高　D. 价格较高
12. 在以下换热器中，（　　）不易泄漏。
    A. 波纹管换热器　B. U形管换热器　C. 浮头式换热器　D. 板式换热器
13. 有一换热器型号为FB-700-185-25-4，则其管束直径为（　　）mm。
    A. 10　　　　　　B. 15　　　　　　C. 20　　　　　　D. 25
14. 特别适用于总传热系数受壳程制约的高黏度物流传热的是（　　）。

A. 螺纹管换热器　　B. 折流板换热器　　C. 波纹管换热器　　D. 内插物管换热器

15. 对管束和壳体温差不大、管程物料较干净的场合可选用（　　）换热器。

A. 浮头式　　B. 固定管板式　　C. U 形管式　　D. 套管式

<判断题>

16. 板式换热器是间壁式换热器的一种形式。（　　）
17. 传热的阻力与流体的流动形态关系不大。（　　）
18. 传热速率是由工艺生产条件决定的，是对换热器换热能力的要求。（　　）
19. 多管程换热器的目的是强化传热。（　　）
20. 工业生产中用于废热回收的换热方式是混合式换热。（　　）
21. 热导率是物质导热能力的标志，热导率值越大，导热能力越弱。（　　）
22. 热负荷是指换热器本身具有的换热能力。（　　）
23. 在列管式换热器中，采用多程结构，可增大换热面积。（　　）
24. 增大单位体积的传热面积是强化传热的最有效途径。（　　）
25. 膨胀节是一种位移补偿器，波纹管膨胀节能同时补偿轴向、径向的位移。（　　）

二、化工总控工职业技能鉴定应知试题（高级工）

<单选题>

26. 导致列管式换热器传热效率下降的原因可能是（　　）。

A. 列管结垢或堵塞　　　　　　B. 不凝气或冷凝液增多
C. 管道或阀门堵塞　　　　　　D. 以上三种情况都有可能

27. 对于加热器，热流体应该走（　　）。

A. 管程　　　　　　　　　　　B. 壳程
C. 管程和壳程轮流走　　　　　D. 以上答案都不对

28. 防止换热器管子振动，可采用（　　）的措施。

A. 增大折流板上的孔径与管子外径间隙　　B. 增大折流板间隔
C. 减小管壁厚度和折流板厚度　　　　　　D. 在流体入口处前设置缓冲措施防止脉冲

29. 化工厂常见的间壁式换热器是（　　）。

A. 固定管板式换热器　　　　　B. 板式换热器
C. 釜式换热器　　　　　　　　D. 蛇管式换热器

30. 换热器经长时间使用需进行定期检查，检查内容不正确的是（　　）。

A. 外部连接是否完好　　　　　B. 是否存在内漏
C. 对腐蚀性强的流体，要检测壁厚　　D. 检查传热面粗糙度

31. 可在器内设置搅拌器的是（　　）换热器。

A. 套管　　B. 釜式　　C. 夹套　　D. 热管

32. 列管式换热器停车时（　　）。

A. 先停热流体，再停冷流体　　B. 先停冷流体，再停热流体
C. 两种流体同时停止　　　　　D. 无所谓

33. 列管式换热器在使用过程中出现传热效率下降，其产生的原因及其处理方法是（　　）。

A. 管路或阀门堵塞，壳体内不凝气或冷凝液增多，应及时检查清理，排放不凝气或冷凝液

B. 管路振动，加固管路

C. 外壳歪斜，联络管线拉力或推力甚大，重新调整找正

D. 以上全部正确

34. 列管式换热器中下列流体宜走壳程的是（　　）。

A. 不洁净或易结垢的流体　　　　B. 腐蚀性的流体

C. 压力高的流体　　　　　　　　D. 被冷却的流体

35. 列管式换热器启动时，首先通入的流体是（　　）。

A. 热流体　　　　　　　　　　　B. 冷流体

C. 最接近环境温度的流体　　　　D. 任一流体

36. 某厂已用一换热器使得烟道气能加热水产生饱和蒸汽。为强化传热过程，可采取的措施中（　　）是最有效、最实用的。

A. 提高烟道气流速　　　　　　　B. 提高水的流速

C. 在水侧加翅片　　　　　　　　D. 换一台传热面积更大的设备

37. 为了减少室外设备的热损失，保温层外所包的一层金属皮应该是（　　）。

A. 表面光滑，颜色较浅　　　　　B. 表面粗糙，颜色较深

C. 表面粗糙，颜色较浅　　　　　D. 上述三种情况效果都一样

38. 在管壳式换热器中，不洁净和易结垢的流体宜走管内，因为管内（　　）。

A. 清洗比较方便　　B. 流速较快　　C. 流通面积小　　D. 易于传热

39. 在换热器的操作中，不需做的是（　　）。

A. 投产时，先预热，后加热　　　B. 定期更换两流体的流动途径

C. 定期分析流体的成分，以确定有无内漏　D. 定期排放不凝性气体，定期清洗

40. 不属于换热器检修内容的是（　　）。

A. 清扫管束和壳体

B. 管束焊口、胀口处理及单管更换

C. 检查修复管箱、前后盖、大小浮头、接管及其密封面，更换垫片

D. 检查校验安全附件

<判断题>

41. 采用错流和折流可以提高换热器的传热速率。（　　）

42. 采用列管式换热器，用水冷却某气体，若气体有稀酸冷凝出时，气体应走管程。（　　）

43. 当换热器中热流体的质量流量、进出口温度及冷流体进出口温度一定时，采用并流操作可节省冷流体用量。（　　）

44. 对夹套式换热器而言，用蒸汽加热时应使蒸汽由夹套下部进入。（　　）

45. 换热器投产时，先通入热流体，后通入冷流体。（　　）

46. 换热器在使用前的试压重点检查列管是否泄漏。（　　）

47. 换热器正常操作之后才能打开放空阀。（　　）

48. 热水泵在冬季启动前，必须先预热。（　　）

49. 在列管式换热器中，具有腐蚀性的物料应走壳程。（　　）

50. 在列管式换热器中，为了防止管壳程的物质互混，在列管的接头处必须采用焊接方式连接。（　　）

三、化工总控工职业技能鉴定应知试题（技师）

<简答题>

51. 冷 002 型号 FLB1200-375-25-6 的含义是什么？
52. 换热器的主要结构有哪些？
53. 载热体的概念是什么？
54. 冷换设备投用前的检查内容有哪些？
55. G400-50-16-2Ⅱ中各部分所表示的内容是什么？
56. 液体走管程和壳程的选择原则是什么？
57. 提高换热器传热效率的途径有哪些？
58. 换热器（列管）管程和壳程物料的选择原则是什么？
59. 换热器在冬季如何防冻？
60. 固定管板式换热器壳体上的补偿圈或称膨胀节起什么作用？

四、创新创业训练

通过对周边中小微化工企业调研，针对实际需求，结合本项目所学内容，设计一个创新创业项目或尝试申报一项专利，不限于技术创新，也可以是方法创新、理论创新或管理创新。参考主题如下：

61. 余热回收利用技术

针对生产过程中产生的余热，开发一种能够从化工生产过程中回收余热的装置，将回收的热量用于预热原料或产生蒸汽，实现能源的再利用。

62. 高效节能传热设备

针对需要加热或冷却的化工原料，如塑料颗粒、反应液等，开发一种适用于塑料生产的高效节能热交换器，通过优化传热路径和材料选择，提高传热效率并降低能耗。

63. 智能温控与管理系统

针对需要精确控制温度的化工原料，研发一种能够精确控制反应釜内温度的智能系统，通过自动调节加热或冷却设备的运行参数，确保反应过程的稳定性和产品质量。

64. 中医艾灸温度管理系统

结合中医艾灸疗法，设计一套基于现代传热技术的温度管理系统，确保艾灸过程中的温度安全有效，用现代技术传承与发扬中医文化。

素养充电站——放眼行业前沿

国家级智能制造示范工厂华峰化工与移动合作，建立5G基站，以5G基站为依托，大规模建设工业互联网叠加其他智能化应用。企业通过移动端实时掌握设备运行情况、实时数据以及员工工作动态，4000亩园区的实时动态在巨型显示屏上一目了然，数字化的智能工厂给企业带来了极高的生产效率。2022年，华峰化工产业园11家企业整体员工8000名，营收超过300亿元，人均产值400万元。

项目三
蒸馏操作

[中国国家资历框架标准 6 级　2 学分]

工业背景

化工生产过程中多数原料和半成品是液体均相混合物或能转化成均相液体混合物的混合气体或混合固体，工艺上往往要求对粗产品进行纯化或将溶剂回收提纯，蒸馏是分离均相液体混合物最常用的方法，也是最早实现工业化的典型单元操作，在化工、医药、炼油等领域得到了广泛的应用。 本项目在了解运行工程师岗位职责的基础上认识蒸馏系统，操作精馏设备，完成化工生产中的精馏操作任务，保障装置安、稳、长、满、优运行。

学习路径

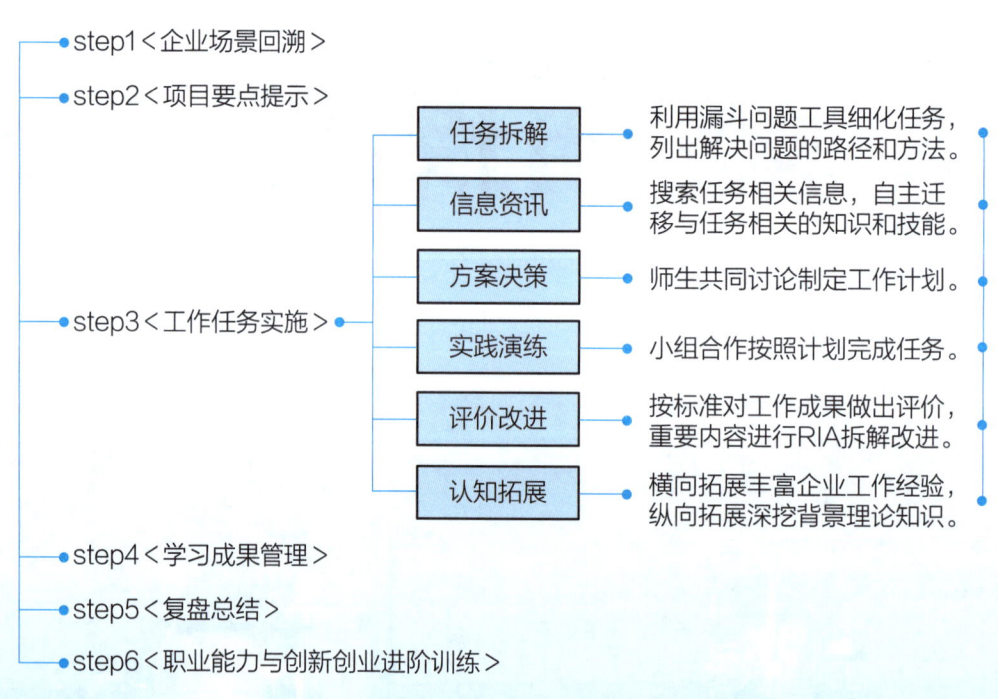

- step1 ＜企业场景回溯＞
- step2 ＜项目要点提示＞
- step3 ＜工作任务实施＞
  - 任务拆解 —— 利用漏斗问题工具细化任务，列出解决问题的路径和方法。
  - 信息资讯 —— 搜索任务相关信息，自主迁移与任务相关的知识和技能。
  - 方案决策 —— 师生共同讨论制定工作计划。
  - 实践演练 —— 小组合作按照计划完成任务。
  - 评价改进 —— 按标准对工作成果做出评价，重要内容进行RIA拆解改进。
  - 认知拓展 —— 横向拓展丰富企业工作经验，纵向拓展深挖背景理论知识。
- step4 ＜学习成果管理＞
- step5 ＜复盘总结＞
- step6 ＜职业能力与创新创业进阶训练＞

项目三 蒸馏操作

【企业场景回溯】

一、生产项目描述

为减少原油运输过程中的挥发，提高资源利用率，需要对采油厂联合站输出的不稳定原油进行分馏，从而得到稳定原油和轻烃。图 3-1 为大庆油田化工有限公司的原油稳定装置，年处理原油量 $230×10^4$ t，生产轻烃 $12×10^4$ t。来油需要通过分馏塔进行分馏，出塔轻、重组分送入下一工序。

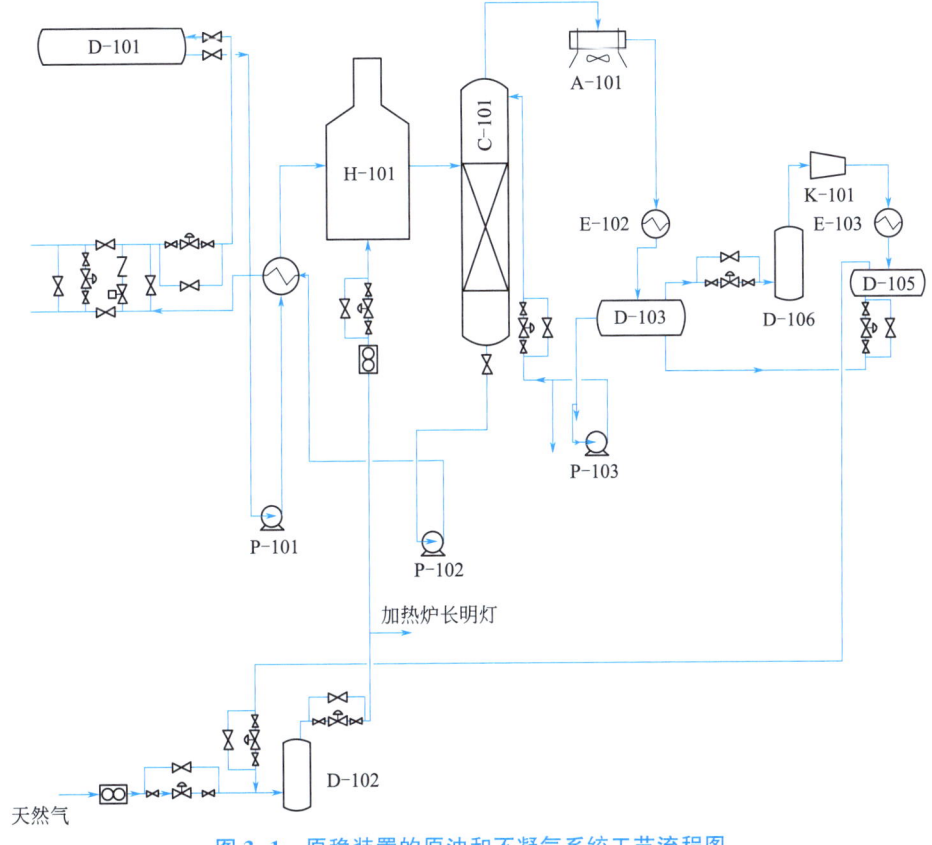

图 3-1 原稳装置的原油和不凝气系统工艺流程图

二、岗位职责分析

生产车间构架如图 3-2 所示，本工段中负责蒸馏操作任务的外操主要是轻烃岗，在熟悉主操、副操的工作任务的基础上要进一步熟悉运行工程师的岗位职责，内容如下：

（1）根据工艺要求，负责精馏装置的开、停操作；
（2）在日常维护工作中负责精馏设备的维护保养，以及操作间的卫生；
（3）负责本岗位在各种事故状态下的处理工作和对有关单位的联系工作；
（4）负责岗位交接班工作，按要求写交接班日记和操作记录。

161

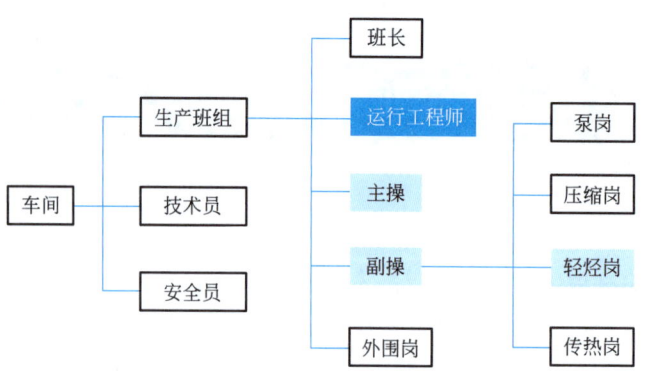

图 3-2　原稳装置车间岗位架构

三、安全生产须知——运行工程师

（1）严格遵守车间各项规章制度，不违反劳动纪律，不违章作业，对本岗位的安全生产负直接责任。

（2）负责当班生产安全技术检查和操作监控，对生产装置平稳操作、变动操作、操作规程及工艺卡片执行情况和临时特殊的生产变动方案执行情况进行指导、监督、确认，对违章行为及时制止。

（3）负责班组人员的安全技术教育工作，督促教育本班职工合理使用劳动保护用品、用具，正确使用消防器材及应急物品。

（4）负责对装置操作波动和事故进行初步的技术分析，并提出相应的对策及措施。

（5）对影响产品质量、装置能耗和安全运行的工艺参数按规定的范围进行优化。

（6）负责本班次生产运行的总结，说明本班次安全生产运行的技术要点，并对下一班次的安全生产运行提出指导性意见。

（7）装置生产期间，每班对现场及设备进行点检，发现隐患及时整改。制止违章作业，紧急情况下对不听劝阻者可停止其工作，并立即报请领导处理。

（8）了解、清楚岗位危害因素、事故预案。

项目三 蒸馏操作

【项目要点提示】

一、I/O 接口

蒸馏操作这一项目的前导知识技能、输出知识技能和后续对接生产项目见图 3-3。

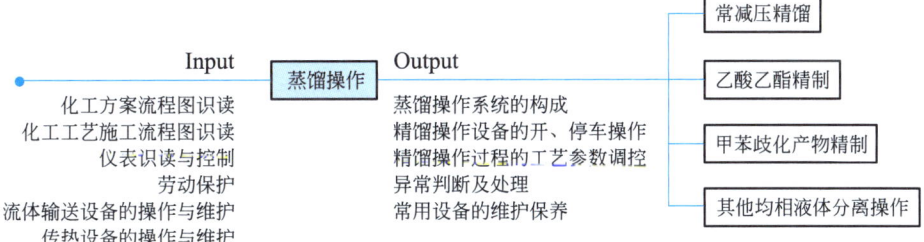

图 3-3 蒸馏操作 I/O 接口

二、学习目标

  知识目标
(1) 能准确说出蒸馏操作系统的对象、本质、原理、分类、应用
(2) 能准确说出精馏操作系统的构成
(3) 能准确说出常用精馏设备的原理、结构、性能、用途
(4) 能准确说出精馏操作的影响因素
(5) 能准确说出精馏装置的开停车操作流程和过程控制要点
(6) 能准确说出精馏过程中常见事故的现象、成因及处理方法

  能力目标
(1) 能独立完成精馏设备的开、停车操作
(2) 能正确调控精馏过程中的工艺参数
(3) 能正确诊断精馏过程中的异常现象并给出合理的处理方案
(4) 能完成常用精馏设备的日常检查和强制保养
(5) 能通过多种新媒体资源获取信息、处理信息和运用信息
(6) 能对工作结果进行总结、评价与优化改进
(7) 能组织运行工程师岗位的初步日常工作

  素质目标
(1) 认同化工企业管理方式,适应化工生产倒班作业
(2) 树立标准化操作、精益求精的工程质量意识,树立正确的劳动观
(3) 认识化工生产中的风险、责任和利益,将道德标准与法制意识深植于心
(4) 发扬诚信、友爱、互助的团队精神,积极践行社会主义核心价值观
(5) 关注产业历史和发展方向,挖掘其蕴含的优秀传统文化,增强"四个自信"
(6) 针对工作问题主动思考、积极创新,形成不断演进的成长型思维

三、重点、难点及解决方案

　　重　　点：精馏设备的开、停车操作，精馏系统的参数控制。

　　解决方案：开、停车操作按照"明流程—知操作—记参数—保安全"的逻辑链逐一展开，过程参数控制要明确其影响因素，熟练操作。

　　难　　点：精馏系统的事故处理。

　　解决方案：按照"明现象—析原因—做判断—给措施"的逻辑链逐一展开，事故处理完成后撰写"事故总结报告"进行复盘，参考格式如下：

＊＊＊＊事故分析报告

发现时间：＊＊＊＊年＊＊月＊＊日＊＊时＊＊分

发现人员：＊＊＊、＊＊＊、＊＊＊

事故位置：＊＊＊＊厂＊＊车间＊＊装置＊＊工段＊＊（设备、仪表、阀门等编号）

事故现象：1. ＊＊＊＊＊＊＊＊＊＊＊＊＊＊＊＊＊；
　　　　　2. ＊＊＊＊＊＊＊＊＊＊＊＊＊＊＊＊＊；
　　　　　3. ＊＊＊＊＊＊＊＊＊＊＊＊＊＊＊＊＊。

分析判定：＊＊＊＊、＊＊＊＊和＊＊＊＊故障都会引发＊＊＊＊现象，对＊＊＊＊进一步检查发现＊＊＊＊现象，据此判定此事故是由＊＊＊＊（事故成因）引起的＊＊＊＊（事故名称）。

处理方法：1. ＊＊＊＊＊＊＊＊＊＊＊＊＊＊＊＊＊；
　　　　　2. ＊＊＊＊＊＊＊＊＊＊＊＊＊＊＊＊＊；
　　　　　3. ＊＊＊＊＊＊＊＊＊＊＊＊＊＊＊＊＊。
　　　　　或：按＊＊＊＊事故处置卡进行处置。

执行单位：＊＊＊＊＊＊＊＊

处理结果：经处理，＊＊＊＊（事故位置）已恢复正常运行。
　　　　　或：＊＊＊＊部分已恢复运行，＊＊＊＊部分仍存在＊＊＊＊问题，需进一步维修，已上报＊＊＊＊，目前进度是＊＊＊＊。
　　　　　或：＊＊＊＊问题因为＊＊＊＊目前无法处理，已上报＊＊＊＊，目前进度是＊＊＊＊。

报告人：＊＊＊
＊＊＊＊年＊＊月＊＊日

四、资源保障

　　移动学习端、精馏塔仿真软件、精馏操作实训装置。

五、参考标准

　　GB/T 15102—2006《石油和天然气工业用钢制固定式压力容器》。

　　HG/T 20679—2009《化工塔类设备施工及验收规范》。

　　HG/T 20569—2009《板式塔技术规定》。

项目三　蒸馏操作

【工作任务实施】

认识蒸馏操作系统

任务一　认识蒸馏操作系统

了解蒸馏操作系统的基本情况是完成操作任务、进行生产管理和技术创新的基础，请为入职培训的新员工介绍蒸馏操作系统概况。

一　任务拆解

（1）我要完成什么任务？
介绍蒸馏操作系统的基本情况。

（2）我要在什么样的场景下，以什么样的身份，利用什么样的资源，开展什么活动来完成这个任务？要达到什么样的标准？
在新员工入职培训时，以装置运行工程师的身份，用 ppt 或对照装置进行讲解，让新员工了解什么是蒸馏操作、精馏操作系统的构成、常用精馏操作设备、精馏操作的影响因素。

（3）我要按照怎样的步骤来执行？关键点是什么？第一步要做的是什么？
按照"查找资料—确定大纲—制作文稿—讲解演示"的顺序完成任务，关键点是根据任务场景列出内容大纲，第一步要进行信息资讯，储备必要的知识技能。

二　信息资讯

> **素养充电站——回眸产业千载**
> 《本草纲目》有云，用浓酒和糟入甑，蒸令气上，用器承取滴露……其清如水，味极浓烈，盖酒露也。这是我国关于蒸馏法酿酒最早的明确记载。酒精的沸点是 78.5℃，而水的沸点是 100℃，把发酵后的酒液加温到两者之间，就可以将酒精从里面提取出来。

（一）什么是蒸馏操作（distillation operation）

1. 蒸馏操作的对象

蒸馏操作的对象是均相液体混合物。例如，石油炼制是用蒸馏的方法把原油按沸点的高低分离为汽油、煤油、柴油等产品；空气中氧气与氮气的分离是先将空气降温、加压，使之液化再进行蒸馏，获得较高纯度的氧和氮；聚合级的乙烯、丙烯生产也是先将炼厂气或裂解气压缩液化后，再进行蒸馏。

2. 蒸馏操作的原理

蒸馏操作将液体混合物部分汽化，利用各组分沸点（挥发度）不同，使低沸点组分蒸发再冷凝，从而实现分离。如加热苯和甲苯的混合液，使之部分汽化，由于苯的沸点（80.1℃）较甲苯的沸点（110.6℃）低，即苯的挥发度比甲苯的高，所以苯比甲苯易于从液相中汽化出来。若将汽化的蒸气全部冷凝，即可得到苯组成高于原料的产品，从而使苯和

165

甲苯得以分离。

物系里沸点低的组分称为易挥发组分或轻组分，用 A 表示，沸点高的组分称为难挥发组分或重组分，用 B 表示。液相组成用 x 表示，气相组成用 y 表示。

3. 蒸馏操作的本质

蒸馏操作是通过液相和气相间的质量传递来实现的，它遵循质量传递的基本规律。

气液两相接触，当汽化速度与凝结速度相等时，气相和液相的量及组成均不再发生变化，气液两相达到动态平衡，这种状态称为气液相平衡状态。气液两相达到相平衡状态是传质过程的极限，它是分析蒸馏原理以及塔设备计算的理论依据。

气液两相达到平衡状态下的组成关系，称为气液相平衡关系。蒸馏操作通常在一定的外压下进行，溶液的平衡温度随组成而变。对于已知组成的液体混合物，其气相与液相之间的平衡关系数据可由实验测定。实验测定的气液相平衡数据可通过平衡数据表、平衡相图、气液平衡关系式等方式加以表达。常见两组分物系常压下的平衡数据可从物理化学或化工手册中查得。

（1）平衡数据表。

最常用的平衡数据表达方式为在一定总压下，温度与液相（气相）平衡组成的关系 [t—$x(y)$关系] 或气相与液相的平衡组成关系（y—x 关系）。以二元物系苯—甲苯混合液为例。常压下苯—甲苯混合液温度与液相（气相）相平衡组成的实验数据如表 3-1 所示。

表 3-1　苯—甲苯混合液的温度与气液相平衡组成数据表（$p=1.013\times10^5$Pa）

温度/℃	液相组成	气相组成	温度/℃	液相组成	气相组成
80.1	1.00	1.00	**95.3**	0.40	0.620
82.3	0.90	0.957	**98.5**	0.30	0.507
84.6	0.80	0.909	**102.5**	0.20	0.373
87.0	0.70	0.854	**106.2**	0.10	0.210
88.5	0.60	0.791	**110.6**	0	0
92.0	0.50	0.713			

注：液相组成、气相组成均指易挥发组分苯的摩尔分数，分别以 x_A、y_A 表示。

理想物系的气液相平衡是相平衡关系中最简单的模型。对于双组分理想物系，如果物系中的溶液为遵守拉乌尔定律的理想溶液，气相则为遵循道尔顿分压定律的理想气体，可根据各纯组分在不同温度下的饱和蒸气压数据，按如下方法换算成 t—$x(y)$ 或 y—x 关系数据。

严格来说理想溶液并不存在，但对于化学结构相似、性质极为相近的组分组成的物系，如苯—甲苯、甲醇—乙醇、常压及150℃以下的各种轻烃的混合物，可近似按理想物系来处理。

对于双组分理想物系，根据拉乌尔定律，平衡体系的液相组成与气相平衡分压之间存在如下关系

$$p_A = p_A^0 x_A \qquad p_B = p_B^0 x_B \tag{3-1}$$

式中　p_A，p_B——相平衡时，组分 A、组分 B 在气相中的分压，Pa；

p_A^0，p_B^0——纯组分 A、纯组分 B 的饱和蒸气压，Pa；

x_A，x_B——相平衡时溶液中组分 A、组分 B 的摩尔分数。

气相的总压等于各组分的分压之和，则

$$p = p_A + p_B = p_A^0 x_A + p_B^0 x_B = p_A^0 x_A + p_B^0 (1-x_A) \tag{3-2}$$

整理式 (3-2) 可得

$$x_A = \frac{p - p_B^0}{p_A^0 - p_B^0} \tag{3-3}$$

式 (3-3) 为泡点方程，即在一定总压 p 下，对于某一指定的相平衡温度 t，当确定 A、B 组分的饱和蒸气压 p_A^0 和 p_B^0 后，可由式 (3-3) 计算相平衡状态下的液相组成 x_A，根据道尔顿分压定律，则组分 A 在气相中的摩尔分数 y_A 应为

$$y_A = \frac{p_A}{p} = \frac{p_A^0}{p} x_A \tag{3-4}$$

式 (3-4) 为露点方程，即在一定总压 p 下，对于某一指定的相平衡温度 t，可由式 (3-4) 计算相平衡状态下的气相组成 y_A。因此，对于双组分理想物系，可根据各纯组分的饱和蒸气压实验数据，按式 (3-3) 和式 (3-4) 换算为温度与平衡组成的关系数据。

（2）平衡相图。

用相图来表达气液相平衡关系比较直观、清晰，而且影响蒸馏的因素可在相图上直接反映出来，对于双组分蒸馏过程的分析和计算非常方便。蒸馏中常用的相图有温度—组成图和气—液相组成图两种。

① 温度—组成（t—x—y）图。

蒸馏操作通常在一定的外压下进行，溶液的平衡温度随组成而变。溶液的平衡温度—组成图是分析蒸馏原理的理论基础。t—x—y 图数据通常由实验测得。以苯—甲苯混合液为例，在常压下，其 t—x—y 图如图 3-4 所示，以温度 t 为纵坐标，液相组成 x_A 和气相组成 y_A 为横坐标（x，y 均指易挥发组分的摩尔分数）。图中有两条曲线，下曲线表示平衡时液相组成与温度的关系，称为液相线；上曲线表示平衡时气相组成与温度的关系，称为气相线。两条曲线将整个 t-x-y 图分成三个区域，液相线以下代表尚未沸腾的液体，称为液相区；气相线以上代表过热蒸气区；被两曲线包围的部分为气液共存区。

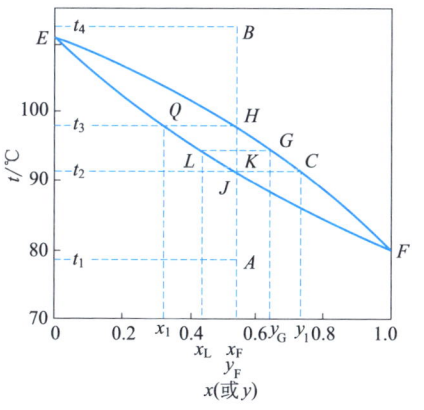

图 3-4　苯—甲苯物系的 t—x—y 图

在恒定总压下，组成为 x、温度为 t_1（图中的点 A）的混合液升温至 t_2（点 J）时，溶

液开始沸腾，产生第一个气泡，相应的温度 t_2 称为泡点，产生第一个气泡的组成为 y_1（点 C）。同样，组成为 y、温度为 t_4（点 B）的过热蒸气冷却至温度 t_3（点 H）时，混合气体开始冷凝产生第一滴液滴，相应的温度 t_3 称为露点，凝结出第一个液滴的组成为 x_1（点 Q）。F、E 两点为纯苯和纯甲苯的沸点。

应用 t—x—y 图，可以求取任一沸点的气液相平衡组成。当某混合物系的总组成与温度位于点 K 时，则此物系被分成互成平衡的气液两相，其液相和气相组成分别用 L、G 两点表示。两相的量由杠杆规则确定。由温度—组成图还可得知，就一定总压下的饱和温度来说，二元理想溶液与纯液体不同的是：沸点（泡点）不是一个定值，而有一个范围，随着溶液中易挥发组分含量的增加，沸点将逐渐降低；同样的组成下，液体开始沸腾的温度（泡点）与蒸气开始冷凝的温度（露点）并不相等。

操作中，根据塔顶、塔底温度，确定产品的组成，判定是否合乎质量要求；反之，则可以根据塔顶、塔底产品的组成，判定温度是否合适。

② 气—液相组成（y—x）图。

y—x 图表示在恒定的外压下，蒸气组成 y 和与之相平衡的液相组成 x 之间的关系。图 3-5 是 101.3kPa 的总压下，苯—甲苯混合物系的 y—x 图，它表示不同温度下互成平衡的气液两相组成 y 与 x 的关系。图中任意点 D 表示组成为 x_1 的液相与组成为 y_1 的气相互相平衡。图中对角线 $y=x$，为辅助线。两相达到平衡时，气相中易挥发组分的浓度大于液相中易挥发组分的浓度，即 $y>x$，故平衡线位于对角线的上方。

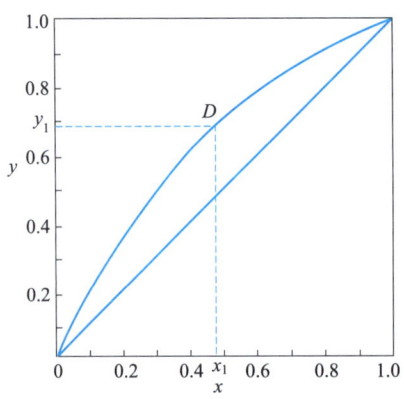

图 3-5　苯—甲苯混合物系的 y—x 图

在两组分精馏的图解计算中，应用一定总压下的 y—x 图非常方便快捷。根据 y—x 图的形状，可以很方便地判断采用蒸馏方法分离该物系的难易程度，若物系的平衡曲线离对角线越远，表示该溶液越易分离；反之，平衡曲线离对角线越远越难分离。

想一想　当物系与拉乌尔定律有正负偏差，且有恒沸点时，恒沸点处气相组成与液相组成相同时要如何分离？

一般的蒸馏方法只能将这类物系分离成一种纯组分和一种具有恒沸组成的溶液，所以不能用一般的精馏方法加以分离，需采用特殊精馏。

(3) 气液平衡关系式。

① 挥发度。

通常，纯液体的挥发度是指该液体在一定温度下的饱和蒸气压。例如，乙醇、水在

25℃时的饱和蒸气压分别为 8.6Pa、31.7Pa，所以乙醇的挥发度较水为大。而溶液中各组分的蒸气压因组分间相互影响要比纯态时低，故溶液中某一组分的挥发度定义为该组分在气相中的分压和与之平衡的液相中的摩尔分数之比，即

$$v_A = \frac{p_A}{x_A} \qquad v_B = \frac{p_B}{x_B} \tag{3-5}$$

对于理想溶液，因服从拉乌尔定律，则有：

$$v_A = \frac{p_A}{x_A} = \frac{p_A^0 x_A}{x_A} = p_A^0 \tag{3-6}$$

$$v_B = \frac{p_B}{x_B} = \frac{p_B^0 x_B}{x_B} = p_B^0 \tag{3-7}$$

由此可知，溶液中组分的挥发度是随温度而变的，在应用上不太方便，故引出相对挥发度的概念。

② 相对挥发度。

两个组分的挥发度之比，称为相对挥发度，用 α 表示。溶液中组分 A 对组分 B 的相对挥发度，以 α_{AB} 表示，则：

$$\alpha_{AB} = \frac{v_A}{v_B} = \frac{p_A / x_A}{p_B / x_B} \tag{3-8}$$

③ 气液平衡关系式。

若气体服从道尔顿分压定律，则：

$$p_A = p y_A \qquad p_B = p y_B \tag{3-9}$$

对于双组分物系，$x_B = 1 - x_A$，$y_B = 1 - y_A$，将各参数分别代入式(3-8)，则：

$$\alpha_{AB} = \frac{p_A / x_A}{p_B / x_B} = \frac{p y_A / x_A}{p y_B / x_B} = \frac{y_A x_B}{y_B x_A} = \frac{y_A (1 - x_A)}{(1 - y_A) x_A} \tag{3-10}$$

略去易挥发组分下标 A，难挥发组分下标 B，相对挥发度下标 A、B，整理得：

$$y = \frac{\alpha x}{1 + (\alpha - 1) x} \tag{3-11}$$

式(3-11) 即为双组分理想物系用相对挥发度 α 表示的气液平衡关系式。

当已知物系的相对挥发度 α，既可以按平衡关系式计算液相与气相的平衡组成，又可以判断混合液能否用普通精馏方法分离及分离的难易程度。当 α>1 时，$y_A > x_A$，则该物系能够采用普通精馏方法分离。并且 α 越大，挥发度差别越大，精馏分离越容易；反之，则越难。当 α=1 时，$y_A = x_A$，则该物系不能采用普通精馏方法分离。

4. 蒸馏操作的分类

(1) 按物系中组分的数目可分为双组分蒸馏（two-components distillation）和多组分蒸馏（multi-components distillation），多组分蒸馏过程更复杂。工业生产中，绝大多数为多组分蒸馏。但双组分蒸馏的原理、设备和规律同样适用于多组分蒸馏，所以学习时多以双组分

蒸馏为例。

（2）按生产方式可分为间歇蒸馏（batch distillation）和连续蒸馏（continuous distillation）。间歇蒸馏是不稳定操作，主要应用于小规模、多品种或某些有特殊要求的场合，工业中以连续蒸馏为主。

（3）按操作压力可分为常压蒸馏（atmospheric distillation）、减压蒸馏（reduced pressure distillation）和加压蒸馏（pressure distillation）。减压蒸馏主要用于分离沸点过高或热敏性物系，如苯酚的真空蒸馏，加压蒸馏主要用于分离常压下为气态的物系，如空气的加压蒸馏。

（4）按蒸馏方式可分为简单蒸馏（simple distillation）、平衡蒸馏（statistical distillation）、精馏（rectification）和特殊精馏（special rectification）。

① 简单蒸馏。

简单蒸馏又称微分蒸馏，主要由蒸馏釜、冷凝器、馏出液接收器组成，流程如图3-6所示。原料液一次性加入蒸馏釜中，在一定压力下加热至沸腾，使液体不断汽化，产生的蒸气经冷凝后作为塔顶产品，也称馏出液，馏出液可按不同组成范围用不同接收器收集，最后从釜中排出残液。

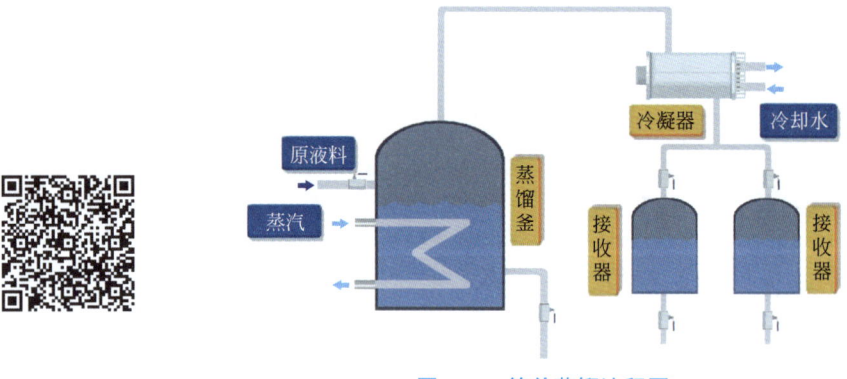

图3-6 简单蒸馏流程图

简单蒸馏属于间歇操作，在操作过程中，由于馏出液、釜液中易挥发组分也将随之递减，釜温逐渐升高，因此，简单蒸馏为不稳定过程。其主要用于分离组分沸点相差很大的液体混合物，或者用于分离纯度要求不高的场合。

② 平衡蒸馏。

平衡蒸馏又称为闪蒸，主要由加热器、减压阀、闪蒸塔等组成，流程如图3-7所示。原料液连续进入加热器中，加热到规定温度后，经减压阀减压，原料液部分汽化，气液两相在闪蒸塔中分开，塔顶与塔底产品呈平衡状态。

平衡蒸馏属于连续稳定过程，生产能力大，分离出的物料组成较稳定。但仅通过一次液体部分汽化，只能部分地分离混合物中的组分，常用于大批量生产且只需粗分的场合，分离效果不如简单蒸馏。

③ 精馏。

精馏是利用回流技术将混合液在精馏塔中同时多次部分汽化和多次部分冷凝，使其分离成几乎纯态组分的过程。

项目三　蒸馏操作

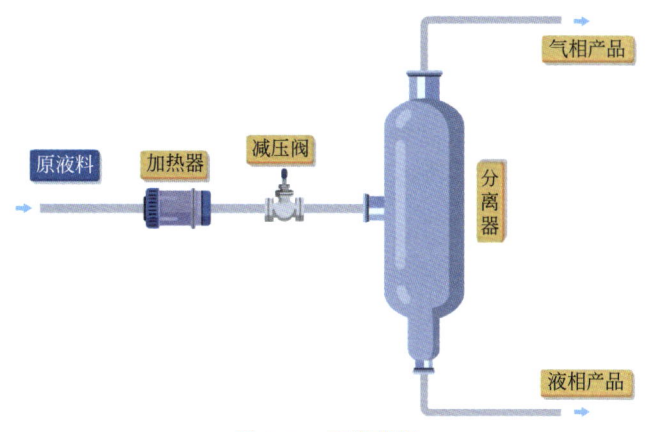

图 3-7　平衡蒸馏

素养充电站——走近领域名家

余国琮先生（1922—2022 年），中国科学院院士，我国精馏学科的创始人，也是新中国成立后首批归国学者之一。余国琮先生倡导科学研究服务于国家经济建设和社会发展，他提出的不稳态蒸馏理论和浓缩重水的"两塔法"，解决了重水分离的关键问题，为新中国核技术的起步和"两弹一星"的突破做出了重要贡献，该技术一直沿用至今。他编写了《化工计算传质学》《化学工程词典》等著作，先后针对大庆乙烯、茂名石化大型减压精馏塔进行技术改造，极大地提高了我国石油化工和精细化工等产业的生产效率和技术水平，为我国能源化工行业的发展提供了有力的技术支撑。

---

a. 精馏原理。

（a）多次部分汽化和多次部分冷凝。

精馏原理可用 $t-x-y$ 图来说明，如图 3-8 所示，组成为 x_F 的原料液加热至泡点以上，如温度为 t_1，使其部分汽化，并将气相和液相分开，气相组成为 y_1，液相组成为 x_1，且必有 $y_1 > x_F > x_1$。若将组成为 y_1 的气相混合物进行部分冷凝，则可得到气相组成为 y_2 与液相组成为 x_2' 的平衡两相，且 $y_2 > y_1$；若将组成为 y_2 的气相混合物进行部分冷凝，则可得到气相组成为 y_3 与液相组成为 x_3' 的平衡两相，且 $y_3 > y_2 > y_1$。同理，若将组成为 x_1

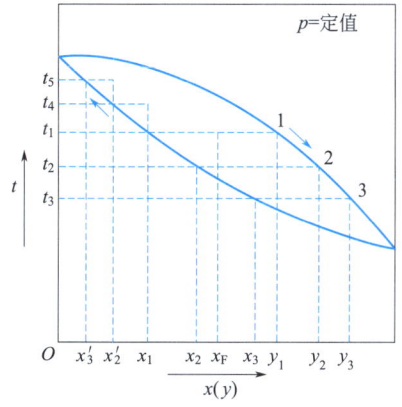

图 3-8　多次部分汽化和部分冷凝示意图

的液体加热，使之部分汽化，可得到气相组成为 y_2' 与液相组成为 x_2 的平衡两相，且 $x_2<x_1$，若将组成为 x_2 的液体进行部分汽化，则可得到气相组成为 y_3' 与液相组成为 x_3 的平衡两相，且 $x_3<x_2<x_1$。即气体混合物经多次部分冷凝，所得气相中易挥发组分含量就越高，最后可得到几乎纯态的易挥发组分；液体混合物经多次部分汽化，所得到液相中易挥发组分的含量就越低，最后可得到几乎纯态的难挥发组分。

（b）回流。

每一次部分汽化和部分冷凝都会产生部分中间产物，致使最终得到的纯产品量极少，而且设备庞杂，能量消耗大，工业生产中通过回流技术解决上述问题。

如图 3-9 所示，回流就是将每一级中间产品返回到下一级中，例如，对第二级而言，如果没有液体 x_3 回流到 y_1 中，又无中间加热器和冷凝器，就不会有溶液的部分汽化和蒸气的部分冷凝，第二级也就没有分离作用。对于最上一级而言，将 y_3 冷凝后不是全部作为产品，而把其中一部分返回与 y_2 相混合。引回设备的部分产品称为回流液，回流是保证精馏过程连续稳定操作的必要条件之一。

（c）精馏塔模型。

工业精馏过程在直立精馏塔内完成，其模型如图 3-10 所示。将精馏塔模型中的每个容器做成一块板，板上安装溢流装置以维持板上一定液层高度。将许多块板叠起来成为一个多块板的塔或在一个圆形的塔内装有一定高度的填料。尽管塔板的形式和填料的种类很多，但板上液层和填料表面都是在气液两相进行传热和传质的场所。操作时塔顶和塔底分别得到易挥发组分和难挥发组分。

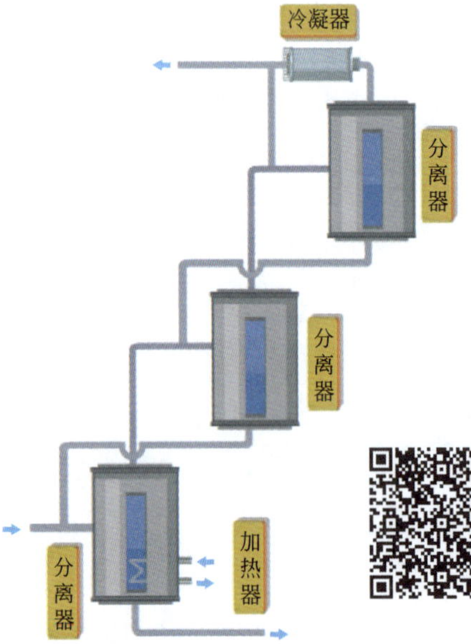

图 3-9　回流模型 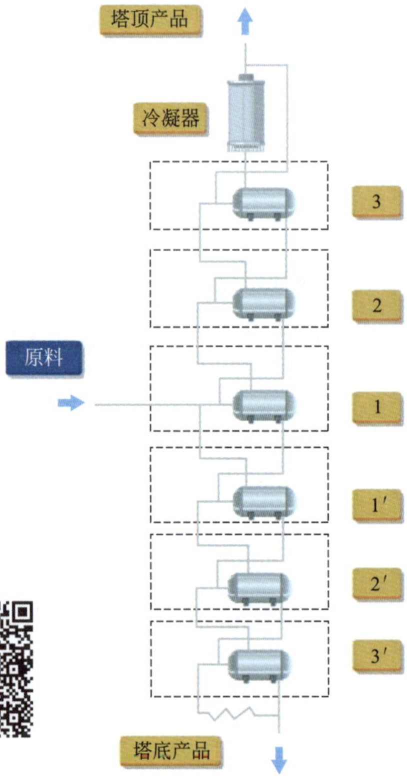　　　　图 3-10　精馏塔模型

b. 精馏流程。

工业上的精馏装置由除了提供分离场所的精馏塔（distillation tower）外，还必须有提供回流液的塔顶冷凝器（ocerhead condenser）、提供上升蒸气的塔底再沸器（bottom reboiler），以及原料预热器、产品冷却器、回流泵等其他附属设备。

（a）连续精馏操作流程。

连续精馏操作流程如图 3-11 所示，原料液预热至指定的温度后，在塔中段适当位置送入精馏塔内，与塔上段下降的液体汇合，然后逐板下流，最后流入塔底，部分液体作为塔底产品，其主要成分为难挥发组分；另一部分液体在再沸器中被加热，产生蒸气引入精馏塔釜，逐板上升，进入塔顶冷凝器中，被冷凝为液体，进入回流罐，并将部分冷凝液送回塔顶作为回流液体，其余部分经冷却器冷却后被送出作为塔顶产品，其主要成分为易挥发组分。

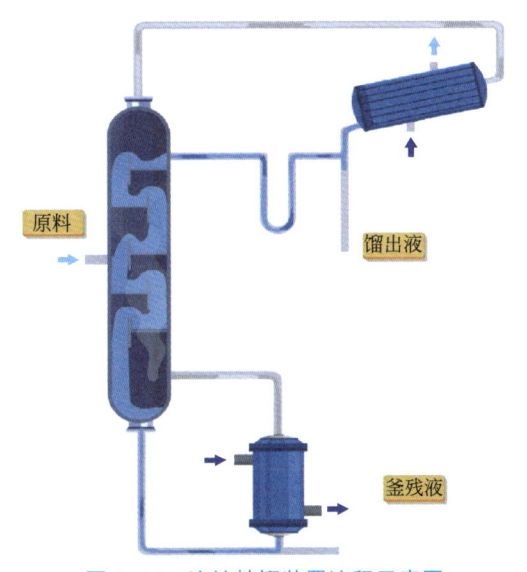

图 3-11　连续精馏装置流程示意图

通常，将原料加入时对应的塔板称为加料板（feed plate）。加料板以上的部分起精制原料中易挥发组分的作用，称为精馏段（rectifying section），塔顶产品称为馏出液（overhead product）。加料板以下的部分（含加料板）起提浓原料中难挥发组分的作用，称为提馏段（stripping section），从塔釜抽出的液体称为塔底产品或釜残液（bottom product）。

在连续精馏过程中，原料液连续进入塔内，塔顶产品和塔釜产品分别从塔顶和塔釜取出，当操作达到稳定时，每层塔板上液相和气相组成均保持不变，且原料、塔顶产品、塔釜产品的组成和流量也都保持定值。

（b）间歇精馏操作流程。

间歇精馏装置流程如图 3-12 所示。间歇精馏原料液一次性加入再沸器中，因此间歇精馏只有精馏段而没有提馏段。同时，因间歇精馏釜液组成不断变化，故一般馏出液组成也逐渐降低。当釜液组成降到规定值后，停止间歇精馏操作，排出釜残液。

间歇精馏能单塔分离多组分混合物；允许进料组成在很大的范围内变化；可适用于不同分离要求的物料，如相对挥发度及产品纯度要求不同的物料。此外，间歇精馏还比较适用于高沸点、高凝固点和热敏性等物料的分离。

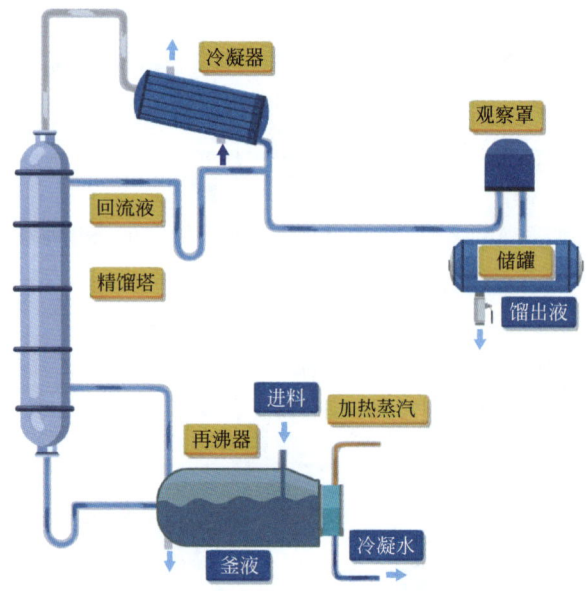

图 3-12　间歇精馏装置流程示意图

④ 特殊精馏。

当物系组分间挥发度很接近，若采用一般精馏，所需塔板太多，经济上不合理。另外，若物系要形成共沸液，一般的精馏方法只能将这类物系分离成一种纯组分和一种具有恒沸组成的溶液，无法分离得到两个较纯组分。因此，对于普通蒸馏方法无法分离或分离时操作费用和设备投资很大，经济上不合理时，可采用特殊精馏。

a. 恒沸精馏。

若待分离的物系要形成恒沸液，可采用恒沸精馏的方法加以分离。恒沸精馏是指在待分离的原料液中加入第三组分（称为恒沸剂或夹带剂），该组分能与原料液中的一个或两个组分形成新的恒沸液，且其沸点比原组分构成的恒沸液的沸点更低，使组分间相对挥发度增大，从而使原料液得到分离。

例如，乙醇—水物系形成共沸液，常压下恒沸点为 78.15℃，恒沸液乙醇摩尔分数为 0.894，用普通精馏只能得到乙醇含量接近恒沸组成的工业乙醇，不能得到无水乙醇。若采用恒沸精馏，在原料液中加入苯作为恒沸剂，可形成苯—乙醇—水的三元恒沸液，常压下其恒沸点为 64.6℃，恒沸物组成苯 0.544、乙醇 0.230、水 0.226（均为摩尔分数）。通过图 3-13 所示的流程，最终可得到纯度 99.99% 的无水乙醇。

原料液与苯进入恒沸精馏塔中，塔底得到无水乙醇，塔顶蒸出苯—乙醇—水三元恒沸物，在冷凝器中冷凝后，部分液相回流至精馏塔内，其余进入分层器中，上层为富苯层，返回精馏塔作为补充回流，下层为富水层（含少量苯），进入苯回收塔的上部，从其顶部引出的也进入冷凝器中，底部流出的稀乙醇溶液进入乙醇回收塔中，其塔顶产品为乙醇—水恒沸液，再打回恒沸精馏塔作为原料重新分离。恒沸剂苯要循环使用，会损失一部分苯，应及时补充。

对夹带剂的要求是：

（1）夹带剂能与被分离组分形成新的恒沸液沸点要低，与被分离组分的沸点差大，一般两者沸点差不小于 10℃；

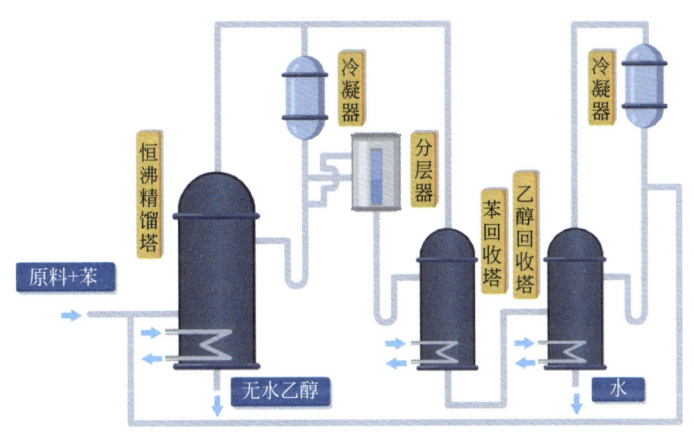

图 3-13 乙醇—水溶液的恒沸精馏流程示意图

（2）新恒沸液所含夹带剂的量要少，这样可减少夹带剂用量与汽化、回收时的热量消耗；

（3）新恒沸液宜为非均相混合物，便于分层法分离夹带剂；

（4）无毒、无腐蚀性，热稳定性好；

（5）来源容易，价格便宜等。

b. 萃取精馏。

萃取精馏也是在待分离的原料液中加入第三组分（称为萃取剂或溶剂），以改变原组分间的相对挥发度而得到分离。但与恒沸精馏不同的是，要求萃取剂的沸点比原料液中各组分的沸点要高得多，且不与组分形成恒沸液。萃取精馏常用于组分间挥发度很接近（或沸点差小于3℃）的物系。

例如，苯—环己烷物系，两者的沸点分别为 80.1℃ 和 80.7℃，十分接近，它们很难用普通精馏方法予以分离。若采用萃取精馏，在苯—环己烷溶液中加入萃取剂糠醛（沸点为 161.7℃），由于糠醛分子与苯分子间的作用力较强，从而使环己烷和苯间的相对挥发度增大，将两组分分离为纯组分。图 3-14 为分离苯—环己烷溶液的萃取精馏流程示意图。

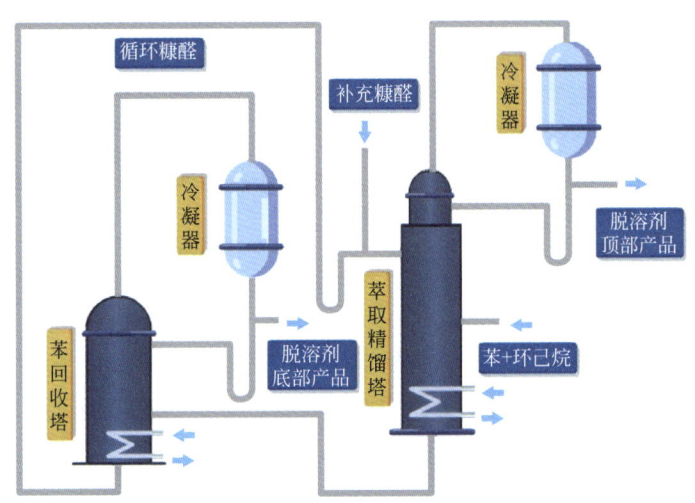

图 3-14 苯—环己烷溶液的萃取精馏流程示意图

原料液从萃取精馏塔的中部进入，萃取剂糠醛从塔顶加入，塔顶蒸出的是环己烷。为防止糠醛从塔顶部带出，在精馏塔顶部设萃取剂回收段，用回流液回收。糠醛与苯从塔釜排出，送入溶剂回收塔中，苯与糠醛的沸点相差很大，故两者很容易分离，糠醛沸点高，从塔底部排出，回收的溶剂糠醛可循环使用。

萃取精馏中对萃取剂的要求是：

（1）萃取剂应使原组分间的相对挥发度有显著提高。

（2）萃取剂挥发性应较低，沸点低于原混合液中纯组分沸点，且不与之形成共沸液。

（3）与原料液的互溶性好，不产生分层现象。

（4）无毒、无腐蚀性，热稳定性好，价格便宜等。

> **素养充电站——放眼行业前沿**
>
> 　　随着社会发展新型精馏技术不断出现，如反应精馏、热泵精馏、萃取精馏、吸附精馏、加盐精馏、膜精馏等。其中将化学反应和精馏过程结合，伴有化学反应的精馏过程称为反应精馏。按照反应中是否使用催化剂可将反应精馏分为有催化剂反应精馏和无催化剂反应精馏。催化反应精馏按所用催化剂相态分为均相催化反应精馏和非均相催化反应精馏，非均相催化精馏即为通常所讲的催化精馏。与传统精馏的过程相比，催化精馏具有投资少、操作费用低、节能、收率高，能避免均相反应精馏中存在的催化剂回收困难以及随之带来的腐蚀、污染等一系列问题等特点，其研究与应用日趋广泛。

选择蒸馏方案时，除应考虑能源费外，还应考虑其设备投资费等因素，对经济合理性进行综合评价，实际中要优化设计工艺流程，以便获得节能效果和经济效益最佳的方案。

5. 蒸馏操作的应用

蒸馏操作在化工生产中应用广泛，是实现化工产品分离、提纯和回收的关键技术之一。

（1）反应物净化。在化学反应中，蒸馏可用于分离和去除反应混合物中的杂质，提升产品质量，并减少后续处理过程中的困难。石油工业中，原油经过精馏塔进行分离，得到不同的馏分，如天然气、汽油、柴油、润滑油和渣油等，再进行下一步的加工。

（2）溶剂回收。在溶剂萃取过程中，蒸馏可用于回收和分离萃取溶剂。这不仅可以使溶剂再次使用，降低生产成本，而且有助于减少环境污染。

（3）产品或中间产品分离。化工生产中，许多化学品具有相似的物理和化学性质，难以通过简单的物理方法分离。蒸馏操作可以利用这些化学品挥发度的差异，实现有效分离，从而得到纯度较高的单一化学品。例如在酒精生产过程中，通过精馏，可以去除发酵液中的杂质，得到符合工业或食品饮料生产要求的酒精。

（4）废气处理。在某些化工过程中，会产生含有害物质的废气。通过蒸馏操作，可以去除这些废气中的有害物质，保护环境和人类健康。

（二）精馏操作系统的构成

为实现精馏过程，需要为该过程提供物料的储存、输送、传热、分离、控制等设备和仪表。所以精馏操作系统是由管路、仪表、储罐、输送设备和传热设备、精馏设备构成的，管路、仪表、储罐、输送设备、换热设备在项目一、项目二中已经详细描述，本部分主要介绍精馏设备。

1. 精馏设备的分类

精馏操作采用塔设备，在工程上按塔的内部构件分为板式塔和填料塔两大类。工业上常用的板式塔根据板间有无降液管又分为有降液管和无降液管两类。

2. 精馏设备的选用

精馏操作中，板式塔和填料塔的选择应根据具体的工艺要求和操作条件来决定。

板式塔具有通量高、分离效率高、操作稳定等特点，通常用于处理流量较大、黏度较小、腐蚀性较弱的物料，同时要求分离效率较高的情况。填料塔阻力较小，能够降低能耗，同时具有较高的传质效率和抗腐蚀性能，适用于流量较小、黏度较大、腐蚀性较强，或要求压力降较小的情况。

精馏操作中，根据物料的特性、流量、分离要求和操作条件等因素综合考虑，选择使用板式塔或填料塔。

（三）常用精馏操作设备

> **素养充电站——回眸产业千载**
>
> 世界上最早的蒸馏设备是陶瓷制成的"鼎"，通过蒸馏可以提炼出"火酒"。这种蒸馏方法在古代被广泛运用于药物提取、香料制造等领域，在当时被认为是一种神秘而神奇的技术。后来，随着技术的发展和进步，人们开始使用青铜制成的蒸馏器进行蒸馏操作。目前发现的最早的青铜蒸馏器实物是汉朝时期的釜、蒸馏筒、天锅三件组合的青铜蒸馏器。这种蒸馏器的工作原理是通过加热釜中的液体，使其产生蒸气，然后通过冷凝器冷却蒸气，最后收集液态产物。随着时间的推移，蒸馏技术不断发展和改进，逐渐成为一种重要的分离和纯化技术，在化工、医药、食品等领域得到了广泛的应用。

化工生产中精馏操作使用最多的是有降液管的板式塔，本项目侧重介绍此类板式塔。

1. 结构

板式塔主要是由塔体、塔板、降液管、溢流堰、受液盘及气体和液体进出口管等部件组成，如图3-15所示。溢流堰、降液管、受液盘合称为溢流装置，溢流装置与塔板组成塔盘。由于安装和检修的需要，塔体上还要设置人孔或手孔、平台、扶梯和吊柱等，整个塔体由塔座支撑。

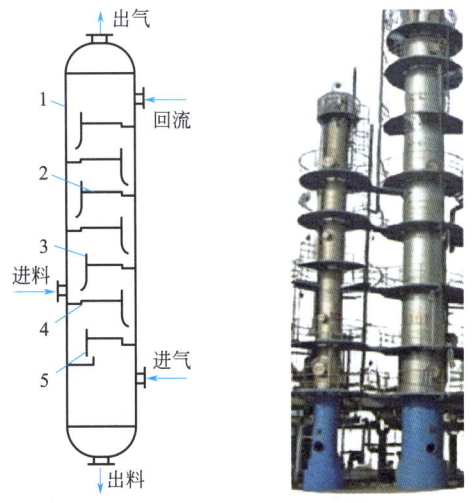

图3-15　板式塔结构

1—塔体；2—塔板；3—溢流堰；4—受液盘；5—降液管

（1）塔体。

塔体是塔设备的外壳，由筒体和封头组成。筒体用钢板卷制而成，通常为等直径、等厚度的圆筒，大型塔可采用不等直径、不等厚度的筒体以节省材料。封头常采用标准椭圆形封头，用钢板压制焊接而成。对承受外压较大的减压塔，其多采用半球形封头。

（2）塔板。

塔板是板式塔内气、液接触的场所，是板式塔的核心构件，它决定整个塔的基本性能。在长期的生产实践中，人们不断地研究和开发新型塔板，以改善塔板上的气、液接触状况，提高板式塔的效率。在有降液管的塔板上，有专供液体流通的降液管，每层板上的液层高度可以由适当的溢流挡板调节，塔板上气、液两相呈错流方式接触，如泡罩塔板、浮阀塔板、筛孔塔板、喷射型塔板等。在无降液管的塔板上，没有降液管，气、液两相同时逆向通过塔板上的小孔，故又称穿流塔板。这种塔板结构简单，塔板上气、液两相呈逆流方式接触，如筛孔塔板、穿流栅孔塔板等。

① 泡罩塔板（bubble-cap tray）。

泡罩塔板是工业上最早大规模使用的塔板，主要元件为泡罩，如图3-16所示，底部开有孔隙的泡罩安装在升气管顶部，气体从升气管上升，通过齿缝被分散为细小的气泡或流股经液层上升，液层中充满气泡而形成泡沫层，为气液两相提供了大量的传质界面，操作状况如图3-17所示。

  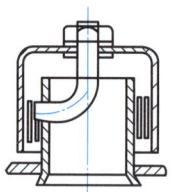

(a) 泡罩塔板实物图　　(b) 泡罩实物图　　(c) 泡罩结构图

图3-16　泡罩塔板

由于升气管高出液层，泡罩塔板即使在很低的气速下操作也不至于产生严重漏液，所以塔板操作平稳，操作弹性大，板效率不易因气液负荷而产生明显变化。但泡罩塔板结构过于复杂，造价高；气体通道曲折，塔板压降大；雾沫夹带现象严重，限制了气速的提高，致使生产能力及板效率均较低。

② 筛板塔板（sieve tray）。

筛板塔板（图3-18）的出现略迟于泡罩塔板，与泡罩塔板的差别在于取消了泡罩与升气管，直接在塔板上均匀地钻有若干小孔，称为筛孔，孔的直径为3～8mm，孔心距与孔径之比常在2.5～5.0范围内。正常操作时，液体由降液管流到塔板上并由于溢流堰而形成一定深度的液层，气体经筛孔分散成小股气流，鼓泡通过液层，形成气液两相的密切接触。

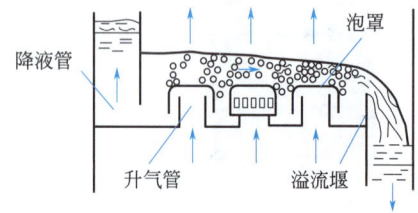 

图3-17　泡罩塔板操作状况　　　　图3-18　筛板塔板实物图

筛板塔板在应用初期因为操作弹性小被认为操作困难,气速过小时筛孔会漏液,气速过大时,气体通过筛孔后排开上方液体会造成严重的轴向混流。随着人们对筛板塔性能研究的逐步深入,其设计更趋合理。生产实践表明,筛板塔板的结构简单、造价低廉、压降低,其生产能力、板效率比泡罩塔板高10%~15%。筛板塔板的应用日趋广泛。其缺点是筛孔孔径小,易堵塞,不宜处理易结焦、黏度大的物料。

③ 浮阀塔板(floating valve tray)。

浮阀塔板在第二次世界大战后开始研究,20世纪50年代开始使用。其特点是在筛板塔板的基础上,在每个筛孔(标准孔为39mm)处安装一个可以上下浮动的阀体,如图3-19所示。

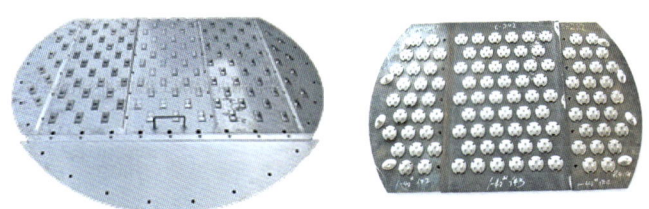

图3-19 浮阀塔板实物图

常用的浮阀有FI型、V-4型和T型等多种形式,如图3-20所示。筛孔气速高时,阀片被顶起,由阀脚钩住塔板维持最大开度,气速低时,阀片因自重而下降。阀体可以随上升气量的变化而自动调节开度,这样可以避免塔板上进入液层的气速随气体负荷的变化而大幅变化,同时气体从阀体下水平吹出,加强了气液接触,传质效果较好。

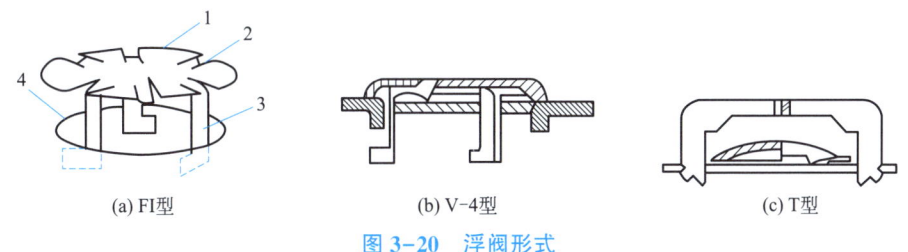

(a) FI型　　　　(b) V-4型　　　　(c) T型

图3-20 浮阀形式

1—浮阀片;2—凸缘;3—浮阀腿;4—塔板开孔

浮阀塔板具有结构简单、造价低、生产能力大、操作弹性大、塔板效率高等优点,在化工生产中获得较为广泛的应用。其缺点是处理胶黏性和含固体颗粒物料时,易导致阀片与塔板粘接或被架起,同时在操作过程中可能会发生阀片脱落或卡死等现象,使操作弹性和塔板效率下降。

想一想 泡罩塔板、筛孔塔板、浮阀塔板中气液以何种状态接触?是否存在弊端?

气体以鼓泡或泡沫状态与液体接触,当气体垂直向上穿过液层时,会使分散形成的液滴或泡沫具有一定向上的速度,若气速过高,会造成较为严重的液沫夹带,使塔板效率下降,生产能力受到一定限制。喷射型塔板能很好地克服这一弊端。

④ 喷射塔板(spray tray)。

20世纪60年代开发出喷射塔板,气体喷出的方向与液体流动的方向一致,充分利用气体的动能来促进两相间的接触,提高了传质效果。塔板上液层薄,气体不必再通过较深的液层,因此压降低,且因雾沫夹带量较小,故可采用较大的气速。在生产上应用较为广泛的有舌形塔板、浮舌塔板、斜孔塔板等。

a. 舌形塔板。塔板上冲出许多舌形孔，舌叶与板面成一定角度，向塔板的溢流出口侧张开，如图 3-21 所示。上升气流穿过舌形孔后，沿舌叶的张角向斜上方以较高速度（20~30m/s）喷出。

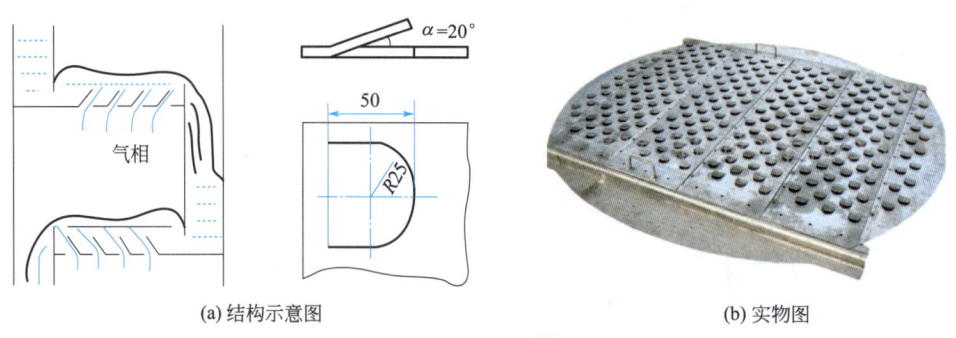

图 3-21　舌形塔板

从上层塔板降液管流出的液体，流过每排舌形孔时，被喷出的气流强烈扰动而形成泡沫体，并有部分液滴被斜向喷射到液层上方。最后，在塔板的出口侧，被喷射的液流高速冲至降液管上方的塔壁，流入降液管。

舌形塔板的液体流出口侧不设溢流堰，而降液管截面积要比一般塔板设计得大些。舌形塔板开孔率较大，故可采用较大空速，生产能力比泡罩塔、筛板塔大。板上滞留液量也较小，故操作灵敏且压力降小。但舌形塔板也有对负荷波动的适应能力较差的缺点。此外，气相夹带的现象严重，塔板效率明显下降。

b. 浮舌塔板。浮舌塔板是结合舌形塔板和浮阀塔板的优点而提出的又一种新型塔板，将固定舌形板的舌片改成浮动舌片，兼有浮阀和喷射的特点，其结构如图 3-22 所示。浮舌塔板结构简单，制造方便；操作弹性大，负荷变动范围甚至可超过浮阀塔板；效率较高，介于浮阀塔板与舌形塔板之间；压力降小，特别适用于减压蒸馏。

c. 斜孔塔板。塔板上冲有一定形状的斜孔，斜孔开口方向与液流方向垂直，相邻两排斜孔的开口方向相反，如图 3-23 所示。板面上液层低而均匀，气液接触良好，传质效率高。其生产能力比浮阀塔板大 30% 左右，效率与之相当，且结构简单，是一种性能优良的塔板。

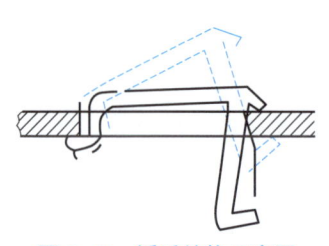　　

图 3-22　浮舌结构示意图　　图 3-23　斜孔塔板开孔方向

d. 穿流栅孔塔板。也称淋降板，没有降液管，塔板上开有栅缝或筛孔，气、液两相同时逆流通过，如图 3-24 所示。

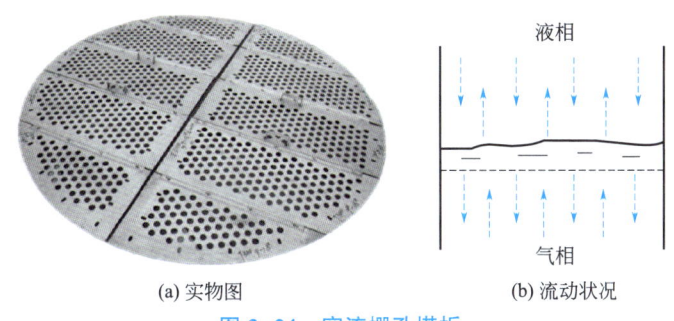

(a) 实物图　　　　(b) 流动状况

图 3-24　穿流栅孔塔板

操作时气体由孔或缝中上升，对液体产生阻滞作用，在板上造成一定的液层。气体穿过部分筛孔或缝鼓入此液层，形成泡沫层和雾滴层气液接触。在塔板上与气体接触的液体又不断地通过部分筛孔或缝下落，在筛孔或缝中形成了气、液的上下穿流。但气、液并非同时在所有的同一筛孔中穿流，而是气流通过部分筛孔或缝，在塔板上与液体形成鼓泡层；液体则经另部分筛孔或缝落下，而且气、液交叉通过的孔或缝的位置是不断变化着的。

（3）溢流装置。

板式塔的溢流装置包括溢流堰、降液管、受液盘等部件。

① 溢流堰。

为保证气、液两相在塔板上有充分的接触时间，塔板上必须储有一定量的液体。为此，在塔板的出口端设有溢流堰，也称出口堰。塔板上的液层厚度或持液量由堰高决定。生产中最常用的是弓形堰，小塔中也可用圆形降液管升出板面一定高度作为出口堰。

② 降液管。

降液管是塔板间液流通道，也是溢流液中所夹带气体分离的场所。正常工作时，液体从上层塔板的降液管流出，横向流过塔板，翻越出口，进入该层塔板的降液管，流向下层塔板。降液管有圆形和弓形两种，弓形降液管具有较大的降液面积，气、液分离效果好，降液能力大，因此生产上广泛采用。

为了保证液流能顺畅地流入下层塔板，并防止沉淀物堆积和堵塞液流通道，降液管与下层塔板间应有一定的间距。为保持降液管的液封，防止气体由下层塔板进入降液管，此间距应小于出口堰高度。

③ 受液盘。

降液管下方的塔板通常又称为受液盘，有凹型及平型两种，一般较大的塔采用凹型受液盘，平型受液盘就是塔板面本身。

想一想　在塔径较大的塔中，怎样能减少液体自降液管下方流出的水平冲击？

可以通过设置进口堰解决这一问题，用扁钢或 $\phi 8\sim 10$ mm 的圆钢直接点焊在降液管附近的塔板上。为保证液流畅通，进口堰与降液管间的水平距离不能小于降液管与塔板的间距。

2. 原理

板式塔是一类用于气液或液液系统的分级接触传质设备。液体在重力作用下，自上而下依次流过各层塔板，至塔底排出；气体在压力差推动下，自下而上依次穿过各层塔板，至塔顶排出，如图 3-25 所示。每块塔板上保持着一定深度的液层，气体通过塔板分散到液层中去，进行相际接触传质，如图 3-26 所示。

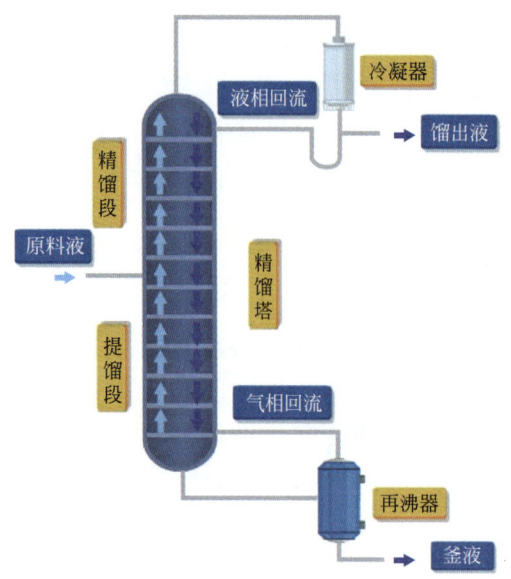

图 3-25　板式塔工作原理

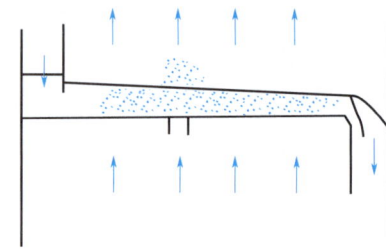

图 3-26　塔板上的传质示意图

3. 性能

（1）基本假设。

① 恒摩尔流假定。

由于精馏过程涉及传热和传质过程，相互影响因素较多，为便于分析，从中导出表达精馏塔操作关系的方程，需要对过程做一些简化处理，提出如下恒摩尔流假定。

a. 恒摩尔汽化。

精馏操作时，在精馏塔的精馏段内，每层塔板的上升蒸气摩尔流量都是相等的；提馏段亦然。但两段的上升蒸气摩尔流量不一定相等，即

$$V_1 = V_2 = \cdots = V_n = V \tag{3-12}$$

$$V'_1 = V'_2 = \cdots = V'_n = V' \tag{3-13}$$

式中　V——精馏段中上升蒸气的摩尔流量，kmol/h；

　　　V'——提馏段中上升蒸气的摩尔流量，kmol/h。

下标表示塔板的序号。

b. 恒摩尔溢流。

精馏操作时，在精馏塔的精馏段内，每层塔板下降的液体摩尔流量都是相等的；提馏段亦然。但两段的液体摩尔流量不一定相等，即

$$L_1 = L_2 = \cdots = L_n = L \tag{3-14}$$

$$L'_1 = L'_2 = \cdots = L'_m = L' \tag{3-15}$$

式中　L——精馏段中下降液体的摩尔流量，kmol/h；

　　　L'——提馏段中下降液体的摩尔流量，kmol/h。

下标表示塔板的序号。

通常上述两项假设被称为恒摩尔流假定，假定必须是在塔板上气液两相接触时，每 1kmol 的蒸气冷凝相应就能有 1kmol 的液体汽化才能成立。为此，必须满足以下条件：

(a) 各组分的摩尔汽化潜热相等；
(b) 气液两相接触时，因温度不同而交换的显热可以忽略；
(c) 精馏塔保温良好，热损失可以忽略不计。

精馏操作时恒摩尔流虽是一种假设，但有些物系如苯—甲苯、乙烯—乙烷、乙醇—水等，基本上符合上述条件，因此可将这些物系在塔内的气、液两相视为恒摩尔流动，从而简化精馏计算。

② 全塔物料衡算。

对于稳定操作的精馏塔，不管塔内操作情况如何，加料、馏出液和釜液的流量与组成之间的关系受全塔物料衡算的约束。通过对精馏塔的全塔物料衡算，可以确定馏出液及釜液的流量及组成，全塔物料衡算示意图如图 3-27 所示。

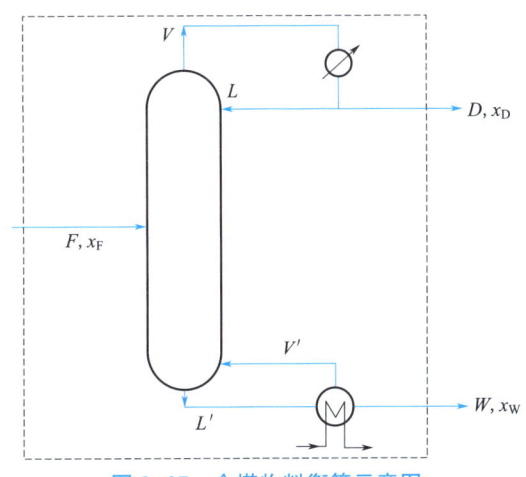

图 3-27 全塔物料衡算示意图

稳态时，进塔的物料必须等于出塔的物料，所以总的物料平衡关系为

$$F = D + W \tag{3-16}$$

轻组分的物料平衡关系为

$$Fx_F = Dx_D + Wx_W \tag{3-17}$$

式中，F、D、W 分别为进料量、塔顶采出量、塔底采出量；x_F、x_D、x_W 分别为进料、塔顶采出物、塔底采出物中轻组分的浓度。

联立上述方程可得

$$D = F(x_F - x_W)/(x_D - x_W) \tag{3-18}$$

$$W = F(x_D - x_F)/(x_D - x_W) \tag{3-19}$$

D/F 为馏出液采出率；W/F 为釜液采出率。

【例 3-1】 用连续精馏塔分离苯—甲苯混合液。已知原料液质量流量为 10000kg/h，苯的组成为 40%（质量分数，下同）。要求馏出液苯的组成为 98%，釜残液中含苯不高于 2%。操作压力为 101.3kPa。试确定馏出液和釜残液的摩尔流量（kmol/h）。

本例目的是确定精馏塔塔顶和塔釜的产量，可根据全塔物料衡算求得。

解：苯和甲苯的摩尔质量分别为 78kg/kmol 和 92kg/kmol。

(1) 将组成由质量分数换算成摩尔分数。

原料液组成为：

$$x_F = \frac{40 \div 78}{40 \div 78 + 60 \div 92} = 0.44$$

馏出液组成为：

$$x_D = \frac{98 \div 78}{98 \div 78 + 2 \div 92} = 0.983$$

釜残液组成为：

$$x_W = \frac{2 \div 78}{2 \div 78 + 98 \div 92} = 0.0235$$

（2）将原料液的流量由质量流量换算成摩尔流量。
原料液的平均摩尔质量为：

$$M_F = M_A x_F + M_B x_F = 0.44 \times 78 + 0.56 \times 92 = 85.8 (\text{kg/kmol})$$

原料液摩尔流量为：$F = 10000 \div 85.8 = 116.6 (\text{kmol/h})$

③ 塔顶的冷凝器为全凝器。
塔顶引出的蒸气在塔顶冷凝器中被全部冷凝，其冷凝液的一部分在泡点温度下回流入塔，因此：

$$x_D = y_1 = x_0 \tag{3-20}$$

式中　x_D——塔顶产品（馏出液）中易挥发组分的摩尔分数；
　　　y_1——塔顶引出蒸气中易挥发组分的摩尔分数；
　　　x_0——回流液中易挥发组分的摩尔分数。

④ 操作线方程。
对于板式精馏塔，基于理论板的概念，离开任意理论板（n 层）的气液两相组成 y_n 与 x_n 之间的关系可由相平衡关系确定。为进一步确定整个塔内气液两相组成的分布情况，还应知道由任意板（n 层）下降的液相组成 x_n 与由下一层板层（$n+1$ 层）上升的气相组成 y_{n+1} 之间的关系。y_{n+1} 与 x_n 的关系称为操作关系，其数学描述称为操作线方程。操作线方程可由塔板间的物料衡算求得。在连续精馏塔中，由于进料的影响，精馏段和提馏段的操作关系有所不同，应分别进行讨论。

a. 精馏段操作线方程。
以精馏段第 $n+1$ 层塔板以上塔段和冷凝器为衡算范围（如图 3-28 虚线范围），以单位时间为基准做物料衡算，即

总物料　　　　　　　　　　$V = L + D$ 　　　　　　　　　　(3-21)
易挥发组分　　　　　　　　$V y_{n+1} = L x_n + D x_D$ 　　　　　(3-22)

式中　x_n——精馏段中任意第 n 层板下降液体的组成（摩尔分数）；
　　　y_{n+1}——精馏段中任意第 $n+1$ 层板上升蒸气的组成（摩尔分数）。

将式（3-21）代入式（3-22），并整理得

$$y_{n+1} = \frac{L}{L+D} x_n + \frac{D}{L+D} x_D \tag{3-23}$$

令 $\dfrac{L}{D} = R$，称为回流比，代入上式得

$$y_{n+1}=\frac{R}{R+1}x_n+\frac{1}{R+1}x_D \qquad (3-24)$$

式(3-23)、式(3-24)均称为精馏段操作线方程，该方程表明了在一定操作条件下从精馏段内任意第 n 层板下降的液相组成 x_n 与下一层（$n+1$）板上升的气相组成 y_{n+1} 之间的关系。

在连续稳定操作中，精馏段操作线方程在 x-y 直角坐标系中为一直线，直线的斜率为 $R/(R+1)$，截距为 $x_D/(R+1)$。采用两点法作图，当 $x_n=x_D$ 时，$y_{n+1}=x_D$，即点 (x_D,y_D) 位于对角线上，如图 3-29 中的 a 点；又当 $x_n=0$ 时，$y_{n+1}=x_D/(R+1)$，即该点 $[0,x_D/(R+1)]$ 位于 y 轴上，如图 3-29 中 b 点，连接 ab 即得到精馏段操作线。

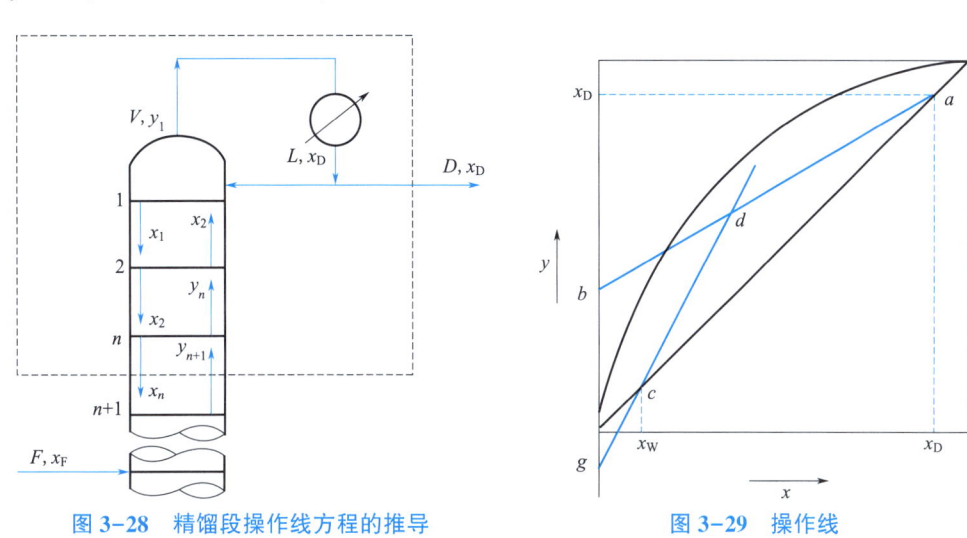

图 3-28 精馏段操作线方程的推导　　图 3-29 操作线

b. 提馏段操作线方程。

以提馏段任意相邻两板 m 和 $m+1$ 间至塔底釜残液出口（按图 3-30 虚线范围）作为物料衡算范围，以单位时间为基准做物料衡算，即

总物料　　　　　　　　　$L'=V'+W'$ 　　　　　　　(3-25)

易挥发组分　$L'x'_m=V'y'_{m+1}+W'x_W$ 　　(3-26)

式中　x'_m——提馏段中第 m 板下降液体的液相组成（摩尔分数）；

y'_{m+1}——提馏段中第 $m+1$ 板上升的气相组成（摩尔分数）。

联立式(3-25)和式(3-26)，可得

$$y'_{m+1}=\frac{L'}{V'}x'_m-\frac{W}{V'}x_W=\frac{L'}{L'-W}x'_m-\frac{W}{L'-W}x_W$$
(3-27)

式(3-27)称为提馏段操作线方程，该式表明了在一定的操作条件下，提馏段内任意第 m 板下降的液相组成 x'_m 与相邻的下一层（即 $m+1$）板上升的蒸气组成 y'_{m+1} 之间的关系。

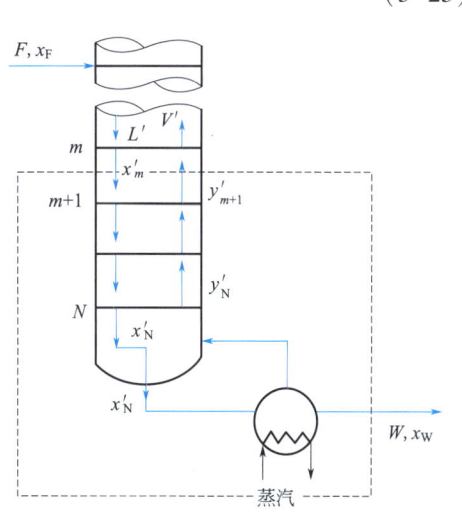

图 3-30 提馏段操作线方程的推导

【例 3-2】 用连续精馏塔分离丙酮—正丁醇混合液。已知原料液流量为 14.6kmol/h，含 0.35（摩尔分数，下同）的丙酮，馏出液含 0.96 的丙酮，馏出液流量为 5.14kmol/h。泡点进料。回流比为 2。求精馏段、提馏段操作线方程。

本例目的是判别塔板上上升蒸气和下降液体组成之间的关系，可根据操作线方程进行解决。

解：（1）求精馏段操作线方程

$$y_{n+1} = \frac{R}{R+1}x_n + \frac{1}{R+1}x_D = \frac{2}{2+1}x_n + \frac{0.96}{2+1} = 0.67x_n + 0.32$$

（2）求提馏段操作线方程

由全塔物料衡算式：

$$D + W = F$$

$$Dx_D + Wx_W = Fx_F$$

代入数据：

$$5.14 + W = 14.6$$

$$0.96 \times 5.14 + Wx_W = 14.6 \times 0.35$$

得：$W = 9.46$ kmol/h，$x_W = 0.019$ kmol/h

泡点进料，$q = 1$

$$L' = L + F = RD + F = 2 \times 5.14 + 14.6 = 24.88 \text{（kmol/h）}$$

则提馏段操作线方程为

$$y'_{m+1} = \frac{L'}{L'-W}x'_m - \frac{W}{L'-W}x_W = \frac{24.88}{24.88-9.46}x'_m - \frac{9.46 \times 0.019}{24.88-9.46} = 0.67x'_m - 0.012$$

⑤ 进料线方程。

由于提馏段操作线的截距很小，因此提馏段操作线 cg 不易准确作出。通常是先找出提馏段操作线与精馏段操作线的交点 d，再连接 cd 即可得到提馏段操作线。两操作线的交点可通过联立两操作线方程而得到：

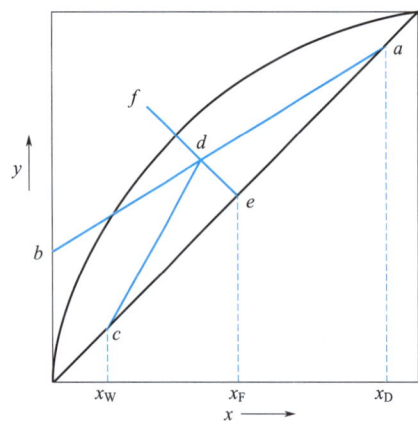

图 3-31 q 线和两操作线

$$y = \frac{q}{q-1}x - \frac{x_F}{q-1} \quad (3-28)$$

式(3-28) 为两条操作线交点的轨迹方程，称为 q 线方程或进料方程。

在连续定态操作中，当进料热状况一定时，进料方程也是一条直线。采用点斜率法作图。当 $x = x_F$，$y = x_F$，如图 3-31 中点 e，再过 e 点作斜率为 $q/(q-1)$ 的直线，如图中直线 ef，即为 q 线。q 线必与两操作线相交于一点。

利用 q 线画提馏段操作线。分别作 q 线与精馏段操作线 ab，两线相交于点 d，该点即为两操作线交点。连接点 $c(x_W,x_W)$ 和点 d，直线 cd 即为提馏段操作线。

(2) 理论塔板数。

理论板是指离开这一块塔板的气液两相互成平衡的塔板，实际上由于塔板上气液之间的接触面积和接触时间有限，气液两相难以达到平衡，所以实际塔板数和理论塔板数有差距，但理论塔板可以作为衡量实际塔板分离效率的标准。

已知待分离物系进料量 F、进料液组成 x_F、馏出液组成 x_D、釜残液组成 x_W，进料热状况 q，选定的操作回流比 R，塔釜采用间接蒸汽加热。理论塔板数的计算需要借助气液平衡关系和操作关系，计算达到既定分离要求所需汽化—冷凝次数。理论板层数的求算方法较多，通常采用逐板计算法、图解法及简捷法。

① 逐板计算法求理论塔板数。

对于理论塔板，离开塔板的气液相组成满足相平衡关系方程；而相邻两块塔板间相遇的气液相组成之间属操作关系，满足操作线方程。这样，交替地使用相平衡关系和操作线方程逐板计算每一块塔板上的气液相组成，所用相平衡关系的次数就是理论塔板数。

$$y_1=x_D \xrightarrow{\text{平衡关系}} x_1 \xrightarrow{\text{精馏段操作关系}} y_2$$
$$\xrightarrow{\text{平衡关系}} x_2 \xrightarrow{\text{精馏段操作关系}} y_3 \cdots x_n \leqslant x_F \text{（泡点进料）}$$
$$\xrightarrow{\text{提馏段操作关系}} y_{n+1} \xrightarrow{\text{平衡关系}} x_{n+1} \cdots x_N \leqslant x_W$$

如图 3-32，连续精馏塔，泡点进料，塔顶采用全凝器，泡点回流，塔釜采用间接蒸汽加热。从塔顶开始计算：

说明：

a. 从 $y_1=x_D$ 开始，交替使用相平衡方程及精馏段操作线方程计算，直到 $x_n \leqslant x_F$ 为止，使用一次相平衡方程相当于有一块理论板，第 n 块板即为加料板，精馏段 $N_T = n-1$（块）。

b. 当 $x_n \leqslant x_F$（泡点进料）时，改交替使用相平衡方程及提馏段操作线方程计算，直到 $x_N \leqslant x_W$ 为止，使用相平衡方程的次数为 N，再沸器相当于一块理论板，总 $N_T = N-1$（块）。

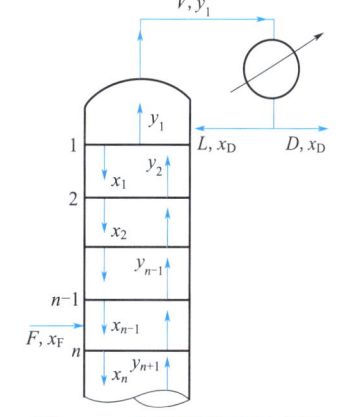

图 3-32　逐板计算法示意图

逐板计算法是求算理论板层数的基本方法，计算结果比较精确，且可同时求得各层板板上的气液相组成。但该法比较烦琐，尤其当理论板层数较多时更甚，故一般在两组分精馏计算中较少采用，适用于计算机编程计算。

② 图解法求理论塔板数。

图解法求理论板的依据与逐板计算完全相同，只不过是用相平衡曲线和操作线分别代替气液相平衡方程和操作线方程，用简便的图解法代替繁杂的计算，以图解而得完成要求分离任务所需要之理论塔板数。图解法中以 $x-y$ 图解法最为常用。

a. $x-y$ 图解法求理论板层数的步骤：

(a) 如图 3-33 所示，在直角坐标上绘出待分离混合液的 $x-y$ 相平衡曲线及对角线 $y=x$。

(b) 在 x 轴上作垂线 $x=x_D$ 与对角线相交于点 a，再按精馏段操作线的截距 $x_D/(R+1)$

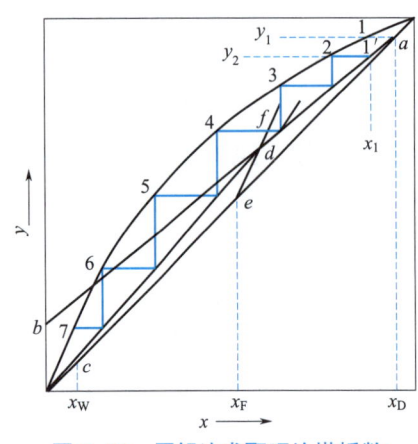

图 3-33 图解法求取理论塔板数

在 y 轴上定出点 b。连 ab，得精馏段操作线。

(c) 在 x 轴上作垂线 $x=x_F$ 与对角线相交于点 e，再按进料热状况算出的 q 线斜率 $q/(q-1)$ 从 e 点绘出 q 线，与精馏段操作线 ab 交于点 d。

(d) 在 x 轴上作垂线 $x=x_W$ 与对角线相交于点 c，再将点 c 与点 d 相连得提馏段操作线 cd。

(e) 从点 a 开始，在精馏段操作线与平衡线之间绘出由水平线与垂直线组成的梯级。当梯级跨过点 d 时，则改在提馏段操作线与平衡线之间绘梯级，直到某个梯级的垂直线达到或跨过点 c 为止。每一个梯级，代表一层理论板，梯级总数即为理论板总层数。

图解法简单直观，但计算精确度较差，对相对挥发度较小而所需理论塔板数较多的场合更是如此。

b. 适宜进料位置的确定。

最优的进料位置一般应在塔内液相或气相组成与进料组成相近或相同的塔板上。在上述的确定理论板数的逐板计算法中，计算到 $x_n \leq x_F$ 的梯级即代表适宜的加料板；在图解法中，图解到跨过两操作线交点 d 的梯级即代表适宜的加料板，这是因为对一定的分离任务而言，按上述方法选择进料板位置，可以使所需的总理论板数为最少。跨过两操作线交点后继续在精馏段操作线与平衡线之间作阶梯，或没有跨过交点过早更换操作线，都会使所需理论板数增加。

对于已有的精馏装置，在适宜进料位置进料，可获得最佳分离效果。在实际操作中，如果进料位置不当，将会使馏出液和釜残液不能同时达到预期的组成。进料位置过高，使馏出液的组成偏低（难挥发组分含量偏高）；反之，进料位置偏低，使釜残液中易挥发组分含量增高，从而降低馏出液中易挥发组分的收率。

③ 吉利兰图简捷法求理论塔板数。

在精馏塔的初步设计计算中，为进行技术经济分析，确定适宜回流比，可采用图 3-34 所示的吉利兰图简捷计算理论板数。

简捷法求理论板数的步骤如下：

① 根据已知条件求解最小回流比 R_{min}，并选择适宜的回流比 R；

② 应用芬斯克方程或图解法计算最小理论板数 N_{min}；

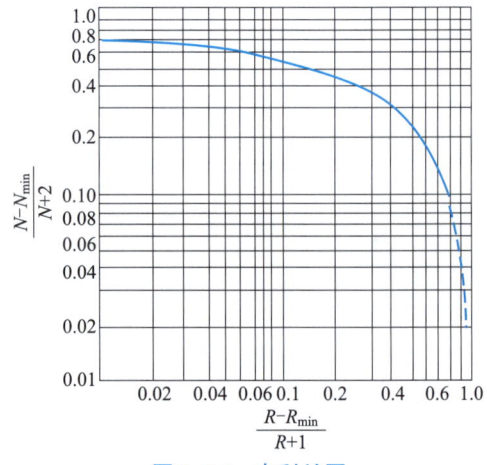

图 3-34 吉利兰图

③ 计算横坐标 $(R-R_{min})/(R+1)$ 的值，查吉利兰图得到纵坐标 $(N-N_{min})/(N+2)$ 的数值，可相应计算出理论板数 N（不包括再沸器）；

(3) 实际塔板数

实际上，理论板是不存在的。理论板仅是作为衡量实际板分离效率的依据和标准，它是一种理想板。一块实际板不同于一块理论板，实际操作中的塔板，由于接触时间有限、雾沫夹带等原因，在气、液接触、传质后离开时，一般不能达到气液平衡状态。通常用塔板效率来表示塔板上传质的完善程度，以便根据理论塔板数得出实际塔板数。

① 塔板效率。

塔板效率分为单板效率和全塔效率两种。

a. 单板效率。

表示气相或液相经过一层实际塔板前后的组成变化与经过一层理论板前后的组成变化之比值。

$$E_{MV} = \frac{y_n - y_{n+1}}{y_n^* - y_{n+1}} \quad \text{或} \quad E_{ML} = \frac{x_{n-1} - x_n}{x_{n-1} - x_n^*} \quad (3-29)$$

式中　E_{MV}——气相单板效率；

　　　E_{ML}——液相单板效率；

　　　y_{n+1}——升入第 n 层塔板的气相组成（摩尔分数）；

　　　x_n——离开第 n 层塔板的液相组成（摩尔分数）；

　　　y_n^*——与第 n 层塔板上液相组成 x_n 互成平衡的气相组成（摩尔分数）；

　　　x_n^*——与第 n 层塔板上气相组成 y_n 互成平衡的液相组成（摩尔分数）。

通常，精馏塔中各层塔板的单板效率并不相等，所以它仅直接反映单独一层塔板上传质的效果。单板效率可由实验测定。

b. 全塔效率。

全塔效率反映塔中各层塔板的平均效率，因此它是理论塔板数的一个校正系数。

影响板效率的因素很多且复杂，如物系性质、塔板形式与结构、操作条件等。故目前对板效率还不易做出准确的计算。实际设计时一般采用来自生产及中间实验的数据或用经验公式估算。其中，比较典型、简易的方法是奥康奈尔的关联法，如图 3-35 所示的曲线，该曲线也可关联成如下形式，即

$$E_T = 0.49(\alpha\mu_L)^{-0.245} \quad (3-30)$$

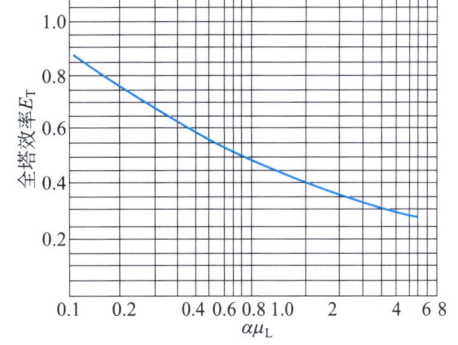

图 3-35　精馏塔效率关联曲线

式中　E_T——全塔效率；

　　　α——塔顶与塔底平均温度下的物系相对挥发度；

　　　μ_L——塔顶与塔底平均温度下的液相黏度，mPa·s。

② 实际塔板数。

实际塔板数和理论塔板数的差别用塔板效率来衡量。

$$N_P = \frac{N_T}{E_T} \times 100\% \quad (3-31)$$

式中　E_T——全塔效率，%；

　　　N_P——实际塔板数；

　　　N_T——理论塔板数。

> **素养充电站——溯源工程伦理**
> 　　经济利益是化工生产的主要驱动力，企业追求利润最大化，通过生产、销售化工产品获取经济收益。然而，在追求经济利益的同时，企业需要遵守工程伦理规范，确保生产过程的安全、环保和可持续性。采用环保的生产技术、加强安全管理、提高产品质量等，确保生产过程对社会的负面影响最小化。

（4）进料热状况。

① 五种进料热状况。

在实际生产中，进料共有五种可能的热状况：a. 温度低于泡点的冷液体；b. 温度等于泡点的饱和液体；c. 温度介于泡点和露点之间的气液混合物；d. 温度等于露点的饱和蒸气；e. 温度高于露点的过热蒸气。进料状况对进料板上、下各流股的影响见图3-36。

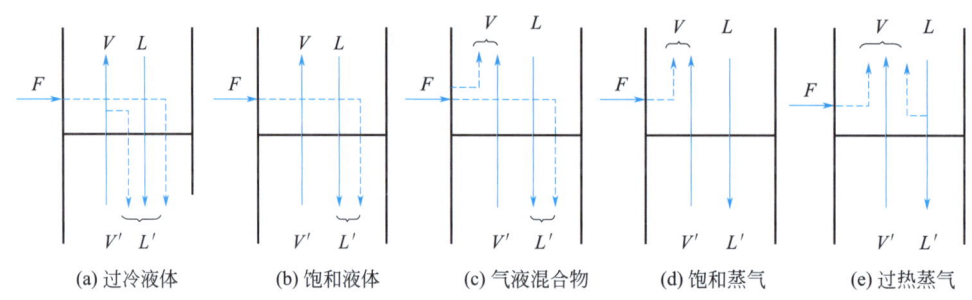

图3-36　进料状况对进料板上、下各流股的影响

a. 过冷液体进料。

加入精馏塔的原料液温度低于泡点。提馏段内下降液体流量包括三部分：精馏段内下降的液体流量 L；原料液流量 F；由于将原料液加热到进料板上液体的泡点温度，必然会有一部分自提馏段上升的蒸气被冷凝，即这部分冷凝液也将成为 L' 的一部分。因此精馏段内上升蒸气流量 V 比提馏段上升的蒸气流量 V' 要少，其差值即为被冷凝的蒸气量。由此可知：

$$L'>L+F；V'>V$$

b. 饱和液体进料。

加入精馏塔的原料液温度等于泡点。由于原料液的温度与进料板上液体的温度相近，因此原料液全部进入提馏段，而两段的上升蒸气流量相等，即

$$L'=L+F；V'=V$$

c. 气液混合物进料。

原料温度介于泡点和露点之间。进料中液体部分成为 L' 的一部分，而其中蒸气部分成为 V' 的一部分，即

$$L<L'<L+F；V'<V$$

d. 饱和蒸气进料。

原料为饱和蒸气，其温度为露点。进料为 V 的一部分，而两段的液体流量相等，即

$$L=L'；V=V'+F$$

e. 过热蒸气进料。

原料为温度高于露点的过热蒸气。精馏段上升蒸气流量包括三部分：提馏段上升蒸气流

量 V'，原料液流量 F，由于原料温度降至进料板上温度必然会放出一部分热量，使来自精馏段的下降液体被汽化，汽化的蒸气量也成为 V 的一部分，而提馏段下降的液体流量 L' 也就比精馏段的下降液体量 L 要少，差值即为被汽化的部分液体量。由此可知：

$$L<L'; V>V'+F$$

由上面分析可知，精馏塔中两段的 L 和 L'、V 和 V' 的关系受进料量和进料热状况的影响，定量关系可通过进料板上的物料衡算和热量衡算求得。

② 进料热状况参数。

进料的液相分率 q 与热状况的关系，可由热量衡算决定。令进料、饱和液体、饱和蒸气的焓（摩尔焓）分别为 I_F、I_L、I_V（kJ/mol 或 kcal/mol，从 0℃ 的液体算起），因进料带入的总焓为其中气、液两相各自带入的焓之和，而有：

$$FI_F = qFI_L + (1-q)FI_V \tag{3-32}$$

对于 1kmol 进料，将上式除以 F：

$$I_F = qI_L + (1-q)I_V \tag{3-33}$$

可解出 q

$$q = \frac{I_V - I_F}{I_V - I_L} = \frac{1\text{kmol 原料变为饱和蒸气所需热量}}{\text{原料液的千摩尔汽化潜热}} \tag{3-34}$$

q 称为进料热状况参数。q 的意义为：每进料 1kmol/h 时，提馏段中的液体流量较精馏段中增大的 kmol/h 值。对于泡点、露点、混合进料，q 值相当于进料中饱和液相所占的分率。

（5）回流比。

回流是保证精馏过程能连续稳定操作的必要条件，因此回流比是精馏过程的重要参数，它的大小影响精馏的投资费用和操作费用，也影响精馏塔的分离程度。因此，在精馏塔的设计中，对于一定的分离任务而言，应选定适宜的回流比。

回流比有两个极限值，上限为全回流（即回流比为无穷大），下限为最小回流比，适宜回流比为两极限值之间的某一值。

① 全回流和最少理论板数。

若塔顶上升蒸气经冷凝后，全部回流到塔内，这种操作方式称为全回流。此时没有产品流出，通常是既不向塔内加料，也不从塔内取出产品，即 F、D、W 皆为零。全塔也就无精馏段和提馏段之区分，此时全塔只有一条操作线（图 3-37）。

精馏段操作线的斜率为 $R/(R+1)$，当全回流时回流比为 $R=L/D=L/0=\infty$，所以斜率 $R/(R+1)=1$；此外精馏段操作线的截距为 $x_D/(R+1)=0$，此时精馏段操作线在 x-y 相图上与对角线相重合，即操作线方程为 $y=x$。显然此时操作线和平衡线间距离最远；在操作线和平衡线之间所画的梯级，跨度最大。因此，达到给定分离要求时，所需的理论板数最少，以 $N_{\min}$ 表示，可在 x-y 图上的平衡线和对角线之间直接图解而得。

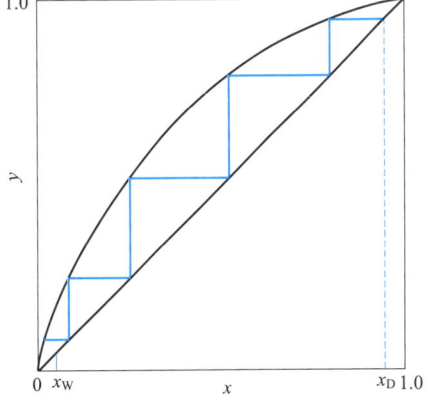

图 3-37　全回流时理论塔板数

最小理论板数 $N_{\min}$ 也可采用芬斯克方程计算

$$N_{\min} = \frac{\lg\left(\dfrac{x_D}{1-x_D} \cdot \dfrac{1-x_W}{x_W}\right)}{\ln\alpha_m} - 1 \tag{3-35}$$

式中　$N_{\min}$——全回流时的最小理论板数,不包括再沸器;

α_m——全塔平均相对挥发度,一般可取塔顶、塔底或塔顶、塔底、进料几何平均值。

全回流在实际生产中没有意义,但在装置开工、调试、操作过程异常或实验研究中多采用全回流。

② 最小回流比。

如图3-38所示,当回流从全回流逐渐减小时,精馏段操作线的截距则随之逐渐增大,操作线的位置向平衡线靠近,为达到给定分离要求所需理论板数也逐渐增大,特别是当回流比减小到两段操作线交点逼近平衡线时,理论板数的增加就更为明显。而当回流比减小到使两操作线的交点正落在平衡线上时,若在平衡线和操作线之间绘梯级,就无法通过点 d,而且需要无限多的梯级才能达到点 d,这种情况下的回流比称为最小回流比,以 $R_{\min}$ 表示。

在最小回流比下,两操作线与平衡线的交点称为夹紧点,其附近(通常在加料板附近)各板之间气、液相组成基本上没有变化,即无增浓作用,称为恒浓区。

最小回流比 $R_{\min}$ 可通过作图求得,依据图中三角形 adh 的几何关系算出。ad 线(精馏段操作线)的斜率为:

$$\frac{R_{\min}}{R_{\min}+1} = \frac{x_D - y_q}{x_D - x_q} \tag{3-36}$$

将上式整理可得最小回流比的计算式:

$$R_{\min} = \frac{x_D - y_q}{y_q - x_q} \tag{3-37}$$

式中　x_q、y_q——q 线与平衡线的交点坐标,可由图中读得。

最小回流比与平衡曲线的形状有关。对于某些不正常的平衡曲线,如乙醇—水物系,具有下凹的部分。夹点可能在两操作线与平衡线交点前出现,先出现在精馏段操作线与平衡线相切的位置,如图3-39中点 g 所示。

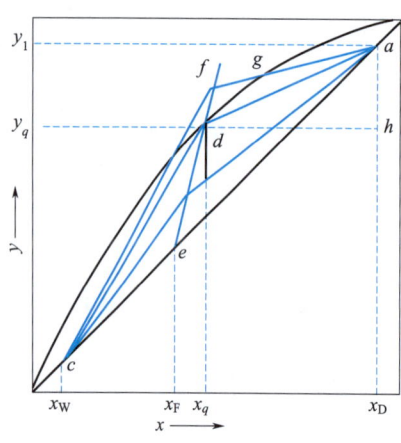

图3-38　最小回流比的确定

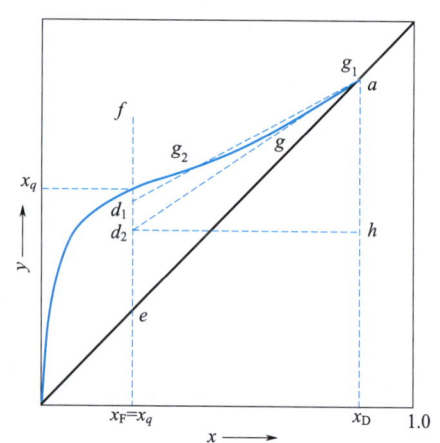

图3-39　不正常平衡曲线的最小回流比的确定

点 g 附近已出现恒浓区，相应的回流比便是最小回流比。对于这种情况下的 $R_{\min}$ 的求法是由点 $a(x_D, x_D)$ 向平衡线作切线，再由切线的斜率求之。如图 3-39 所示，可按下式计算：

$$\frac{R_{\min}}{R_{\min}+1} = \frac{ah}{d_2 h} \tag{3-38}$$

③ 适宜回流比的选择。

全回流和最小回流比都不会为生产所采用，实际回流比应通过经济衡算来决定，以达到操作费用及设备折旧费用总和为最小。

精馏的操作费用，主要取决于再沸器中加热蒸汽消耗量及塔顶冷凝器中冷却水的消耗量，而两者又都取决于塔内上升蒸气量。因 $V = L + D = (R+1)D$，$V' = V + (q-1)F$。所以，当 F、D、q 一定时，上升蒸气量 V 和 V' 皆正比于 $(R+1)$。当 R 增大时，加热和冷却介质消耗量亦随之增多，操作费用则相应增加，如图 3-40 中线 2 所示。

设备折旧费是指精馏塔、再沸器、冷凝器等设备的投资费乘以折旧率。如设备类型和材料已经选定，则此项费用主要决定于设备的尺寸。当 $R = R_{\min}$ 时，塔板层数为 ∞，故设备费用为 ∞。但 R 稍大于 $R_{\min}$，塔板数便从 ∞ 锐减至某一有限层数，所以设备费明显降低。当 R 连续增大时，塔板数固然仍随之减小，但已较缓慢；而另一方面由于 R 的增大，上升蒸气量也随之增加，从而使塔径及再沸器、冷凝器等尺寸相应增大，因此 R 增至某一值后，设备费用反而又回升，如图 3-40 中线 1 所示。

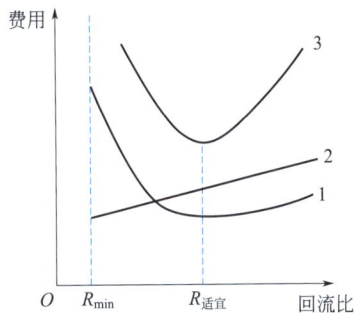

图 3-40　适宜回流比的确定
1—设备费；2—操作费；3—总费用

总费用为设备折旧费和操作费之和，如图 3-40 中线 3 所示。总费用最低值所对应的回流比，即为适宜的回流比。

在通常情况下，一般并不进行详细的经济衡算，而是根据经验选取。适宜的回流比可取为最小回流比的 1.1~2 倍，即：$R = (1.1~2)R_{\min}$。

上述考虑的是一般的原则，实际回流比还应视具体情况选定。例如，对于难分离的混合液，相对挥发度接近 1，应选用较大的回流比；对于易分离体系，相对挥发度较大，可采用较小的回流比，以减少加热蒸汽消耗量，降低操作费用。以上是从设计角度进行分析的，即在给定的分离任务下，考虑设备的投资和操作费而对 R 加以选择。

在生产中因为设备已安装好，从而精馏塔的塔板数和再沸器的传热面积等都已固定，若原料的组成及其受热状况也一定，则加大 R 可以提高产品纯度（操作线改变）。但由于再沸器的负荷一定（即上升蒸气 V 一定），$V = (R+1)D$，此时加大 R 会使塔顶产品量降低，即降低塔的生产能力。回流比过大，将会造成塔内物料循环量过大，甚至破坏塔的正常操作。反之，减小回流比，情况正好相反。

4. 用途

在精馏操作中，不同类型板式塔用途不同，如：

（1）泡罩板式塔通过泡罩分布器将液体均匀分布到塔板上，形成一层液层，这有助于稳定易起泡或易聚合的物料。泡罩塔的操作相对稳定，适用于对操作稳定性要求较高的场合。

（2）筛板板式塔适用于处理清洁、不易起泡的物料，其结构简单、液体流动阻力小。

筛板塔的处理能力较大，适用于需要大规模处理的场合。另外筛板塔相对其他类型塔板成本较低，适用于对成本有严格要求的场合。

（3）浮阀板式塔通过浮动的阀片控制液体流量，能够适应易起泡或易聚合的物料。操作弹性大，能够适应不同操作条件下的物料处理。通常具有较高的塔板效率，适用于对分离效果有较高要求的场合。

（4）喷射板式塔利用喷射器将液体喷成雾状与气体接触，适用于气体负荷大、液体负荷小的物料。喷射塔的处理能力大、传质效率高，适用于需要大规模气体处理、传质效率要求高的场合。

实际应用中需要根据具体的物料性质、操作条件、工艺要求和经济分析来综合选择。此外，还要考虑其他因素，如塔板的维护成本、使用寿命、环保要求等。

> **素养充电站——品读工业智慧**
>
> 极限思维——指的是把所思考的问题和条件进行理想化、极限性的假设，当把假设一步步推到极端的时候，问题的实质也便凸显出来。就是把所知的事实进行无限放大，这样就能够发现问题的破绽，从而找到解决问题之策。

（四）精馏操作的影响因素

对于现有的精馏装置和特定的物系，精馏操作的基本要求是使设备具有尽可能大的生产能力，达到预期分离效果的操作费用最低。影响精馏装置稳定、高效操作的主要因素包括进料量、进料组成、进料热状况、回流比、操作温度、操作压力以及冷凝器和再沸器的传热性能、设备散热情况等。

1. 进料量对精馏操作的影响

生产过程中进料量发生改变，不仅会使塔内的气液相负荷发生变化，而且会影响全塔的总物料平衡和易挥发组分的平衡。如果是因生产上需要而使进料量改变，则可根据维持稳定的连续操作为条件进行调节，使过程仍在 $Dx_D = Fx_F - Wx_W$ 下操作。若操作条件没做相应的调整，其结果必然使过程处于物料不平衡下操作，即 $Dx_D \neq Fx_F - Wx_W$，操作过程会逐渐恶化。例如，当进料量减少时，若不及时调低塔顶馏出液的采出，将使塔顶产品不合格。当进料量大于出料量，会引起淹塔；当进料量小于出料量，会引起塔釜蒸干，从而严重破坏塔的正常操作。

2. 进料组成对精馏操作的影响

若进料组成发生波动，例如 x_F 下降（进料中易挥发组分减少），在塔板数、回流比不变的情况下，塔顶产品组成 x_D 和塔釜产品组成 x_W 必然下降。欲维持塔顶产品组成和产量不变，在 x_F 减小、过程处于 $Dx_D > Fx_F - Wx_W$ 的状态下，塔内轻组分大量馏出，而重组分在塔内逐渐积累，塔顶温度逐渐升高，塔顶产品不合格。为此，应及时增加回流比，降低进料位置来维持塔的正常操作。

3. 进料热状况对精馏操作的影响

当进料热状况（x_F 和 q）发生变化时，应适当改变进料位置，并及时调节回流比 R。一般精馏塔常设几个进料位置，以适应生产中进料热状况，保证在精馏塔的适宜位置进料。如进料热状况改变而进料位置不变，必然引起馏出液和釜残液组成的变化。

进料情况对精馏操作有着重要意义。常见的进料热状况有五种，不同的进料状况，都显著地直接影响提馏段的回流量和塔内的气液平衡。精馏塔较为理想的进料状况是泡点进料，它较为经济和最为常用。对特定的精馏塔，若 x_F 减小，则将使 x_D 和 x_W 均减小，欲保持 x_D 不变，则应增大回流比。

4. 塔板数对精馏操作的影响

塔板是气液两相传质、传热的场所，精馏操作要达到规定的分离要求，精馏塔需要有足够层数的塔板。

5. 回流比对精馏操作的影响

回流比是影响精馏塔分离效果的主要因素，生产中经常用回流比来调节、控制产品的质量。回流比增加，塔内上升蒸气量及下降液体量均增加，若塔内气液负荷超过允许值，则可能引起塔板效率下降，此时应减小原料液流量。

当回流比增大时，精馏产品质量提高；反之，当回流比减小时，x_D 减小而 x_W 增大，使分离效果变差。常用回流比的调节方法如下：

（1）减少塔顶采出量以增大回流比。

（2）塔顶冷凝器为分凝器时，可增加塔顶冷剂的用量，以提高凝液量，增大回流比。

（3）有回流液中间储槽的强制回流，可暂时加大回流量，以提高回流比，但不得将回流储槽抽空。

必须注意，在馏出液采出率 D/F 规定的条件下，增加回流比 R 以提高 x_D 的方法并非总是有效。此外，加大操作回流比意味着加大蒸发量与冷凝量，这些数值还将受到塔釜及冷凝器的传热面的限制。

6. 温度对精馏操作的影响

（1）塔顶温度的影响。

塔顶温度是表征塔顶产品质量高低与质量稳定性的重要参数。由气液平衡关系可知，在一定塔压下，塔顶温度与塔顶蒸气组成成对应关系，所以，只有塔顶温度恒定时，才能反映产品质量的稳定。塔顶温度会受到进料、塔压和塔釜温度等因素的影响。

（2）灵敏板温度的影响。

一个正常操作的精馏塔当受到某一外界因素的干扰（如回流比、进料组成发生波动等），全塔各板的组成将发生变动，全塔的温度分布也将发生相应的变化。因此，有可能用测量温度的方法来预示塔内组成，尤其是塔顶馏出液组成的变化。

在一定总压下塔顶温度是馏出液组成的直接反映。但当分离的产品较纯时，在临近塔顶或塔底的各板之间，温度差已经很小，这时，塔顶或塔底温度变化0.5℃，可能已超出产品组成的允许范围。以乙苯—苯乙烯在8kPa下的减压精馏为例，当塔顶馏出液中含乙苯由99.9%降至90%时，泡点变化仅为0.7℃。可见，高纯度分离时一般不能用控制塔顶温度的方法来控制馏出液的质量。

当操作条件发生变化时，某些塔板上的温度将发生显著变化，这种塔板称为灵敏板。通过检测灵敏板的温度变化可以较早发现精馏操作所受到的干扰；而且灵敏板比较靠近进料位置，可在塔顶馏出液组成尚未产生变化之前先感受到进料参数的变动并及时采取调节手段，以稳定馏出液的组成。

（3）塔釜温度的影响。

釜温是由釜压和物料组成决定的。精馏过程中，只有保持规定的釜温，才能确保产品质量。因此釜温是精馏操作中重要的控制指标之一。

提高塔釜温度时，则使塔内液相中易挥发组分减少，同时，使上升蒸气的速度增大，有利于提高传质效率。如果由塔顶得到产品，则塔釜排出难挥发物中，易挥发组分减少，损失减少；如果塔釜排出物为产品，则可提高产品质量，但塔顶排出的易挥发组分中夹带的难挥发组分增多，从而增大损失。因此，在提高温度的时候，既要考虑到产品的质量，又要考虑到工艺损失。一般情况下，操作习惯于用温度来提高产品质量，降低工艺损失。当釜温变化时，通常是改变蒸发釜的加热蒸汽量，将釜温调节至正常。当釜温低于规定值时，应加大蒸汽用量，以提高釜液的汽化量，使釜液中重组分的含量相对增加，泡点提高，釜温提高。当釜温高于规定值时，应减少蒸汽用量，以减少釜液的汽化量，使釜液中轻组分的含量相对增加，泡点降低，釜温降低。此外还有与液位串级调节的方法等。

对精馏操作而言，塔顶温度、塔釜温度和灵敏板等重要塔板温度都要保持平稳，否则必然会引起产品质量的变化。

7. 压力对精馏操作的影响

塔的压力是精馏塔主要的控制指标之一。在精馏操作中，常常规定了操作压力的调节范围。塔压波动过大，就会破坏全塔的气液平衡和物料平衡，使产品达不到所要求的质量。

提高操作压力，可以相应地提高塔的生产能力，操作稳定。但在塔釜难挥发产品中，易挥发组分含量增加。如果从塔顶得到产品，则可提高产品的质量和易挥发组分的浓度。

影响塔压变化的因素是多方面的，例如塔顶温度，塔釜温度、进料组成、进料流量、回流量、冷剂量、冷剂压力等的变化，以及仪表故障、设备和管道的冻堵等，都可以引起塔压的变化。真空精馏的真空系统出了故障、塔顶冷凝器的冷却剂突然停止等都会引起塔压的升高。

对于常压塔的压力控制，主要有以下三种方法：

（1）对塔顶压力在稳定性要求不高的情况下，不需安装压力控制系统，应当在精馏设备（冷凝器或回流罐）上设置一个通大气的管道，以保证塔内压力接近于大气压。

（2）对塔顶压力的稳定性要求较高或被分离的物料不能和空气接触时，若塔顶冷凝器为全凝器时，塔压多是靠冷剂量的大小来调节。

（3）用调节塔釜加热蒸汽量的方法来调节塔釜的气相压力。

在生产中，当塔压变化时，控制塔压的调节机构就会自动动作，使塔压恢复正常。当塔压发生变化时，首先要判断引起变化的原因，而不要简单地只从调节上使塔压恢复正常，要从根本上消除变化的原因，才能不破坏塔的正常操作。如釜温过低引起塔压降低，若不提釜温，而单靠减少塔顶采出来恢复正常塔压，将造成釜液中轻组分大量增加。由于设备原因而影响了塔压的正常调节时，应考虑改变其他操作因素以维持生产，严重时则要停车检修。

三 方案决策

师生共同讨论工作计划，学生修改完善计划，对工作的环节进行梳理，形成文案。

认识精馏操作系统可以从四个方面：（1）什么是蒸馏操作；（2）蒸馏系统的构成；（3）常用蒸馏操作的设备；（4）蒸馏操作的影响因素。

项目三 蒸馏操作

四 实践演练

利用 ppt 讲解或对照现场装置进行讲解。

五 评价改进

（一）实施过程评价

精馏操作系统讲解评分指标及分值参考表 3-2。

表 3-2 蒸馏操作系统讲解评分参考

	评分指标	分值	得分
1	环境整洁，设备流畅，讲述者着装得体	10	
2	讲述内容要素齐全，内容准确，与职业岗位技能紧密对接	30	
3	语言精练、用词专业、表达流畅，能有效互动，掌控现场节奏	20	
4	重点内容有强调，整体内容有总结，能有效使用案例强化效果	20	
5	学习者的收获度	20	
	总分	100	

（二）自我对标分析

_____
_____
_____

（三）改进要点拆解

R：_____

I：_____

A：_____

六 认知拓展

精馏操作的节能措施

精馏是工业上应用最广的分离操作，消耗大量能量。减少精馏操作的能耗，一直是工业实践和科学研究的热门课题。应用高效换热设备以及高效率、低压降的新型塔板和填料，均是实现节能的重要途径，采用适宜回流比和适当的进料热状态也可达到一定节能的效果，降低操作温度及做好系统保温也能得到直接节能效果。

(一) 采用中间冷凝器和中间再沸器

普通精馏塔供冷集中在塔顶冷凝器，供热集中在塔底再沸器，当塔顶、塔底温度相差较大时，特别是顶温低于环境温度、底温高于环境温度时，对冷却剂及加热剂的要求比较高，冷源及热源的级别相对较高，从节能角度来说是不合理的。若在精馏段设置中间冷凝器，就可以适当提高冷源的温度，使用比塔顶冷凝器温度稍高而价格较低的冷剂作为冷源，以代替一部分塔顶所用的价格较高的低温级冷剂，从而有效节能，如图3-41所示。

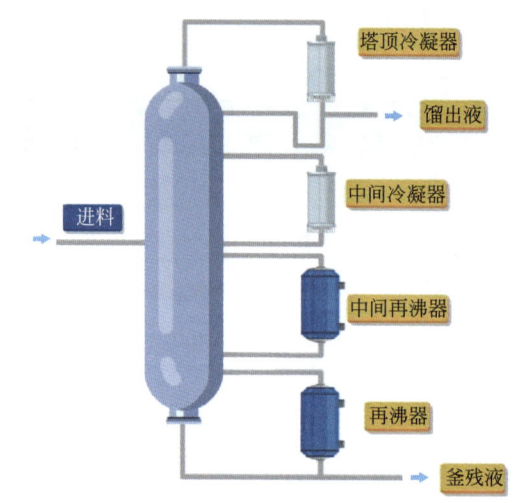

图3-41　采用中间冷凝器和中间再沸器的精馏流程示意图

类似的，设置中间再沸器，可以用温度比塔底再沸器稍低而价格较廉的加热剂作为热源，达到节能的目的。在深冷分离塔中，则可以回收温位较低的冷量。

(二) 进行多效精馏

比如，某精馏的操作温度为5℃，室温为10℃，则不能用水作冷却剂，只能用低温冷却剂，如冷冻盐水，如果设置中间冷器，其操作温度为25℃（因为精馏塔自上而下温度逐渐升高），则可以用水作为冷却剂，这样，就可以节约一定量的冷冻盐水，从而达到节能的目的。

多效精馏是仿照多效蒸发的原理，如图3-42所示。把精馏任务在压力不同的多个塔内完成，每个塔称为一效，前一效的压力高于后一效，并且维持相邻两效之间的压力差，足以使前一效塔顶蒸气冷凝温度略高于后一效塔釜液体的沸腾温度。各效分别进料。第一效精馏塔用外来热剂或水蒸气加热，而第一效的塔顶蒸气进入第二效的塔釜作为加热剂使用并同时冷凝成塔顶产品。同理，在其他各效中均用前一效塔顶蒸气加热后一效塔釜液体，并在后一效塔釜液体吸热沸腾的同时，又使前一效塔顶蒸气冷凝为产品……直到最后一效，塔顶蒸气才需要用外来冷剂进行冷凝成产品。

多效精馏适用于进料中轻重组分沸点差较大的场合。多效精馏降低了冷、热剂的消耗量，可节省能耗，但需增加设备投资，流程复杂，经济上是否可行需要通过经济核算确定。由于塔间需采用热耦合，所以要求更高级的控制系统。

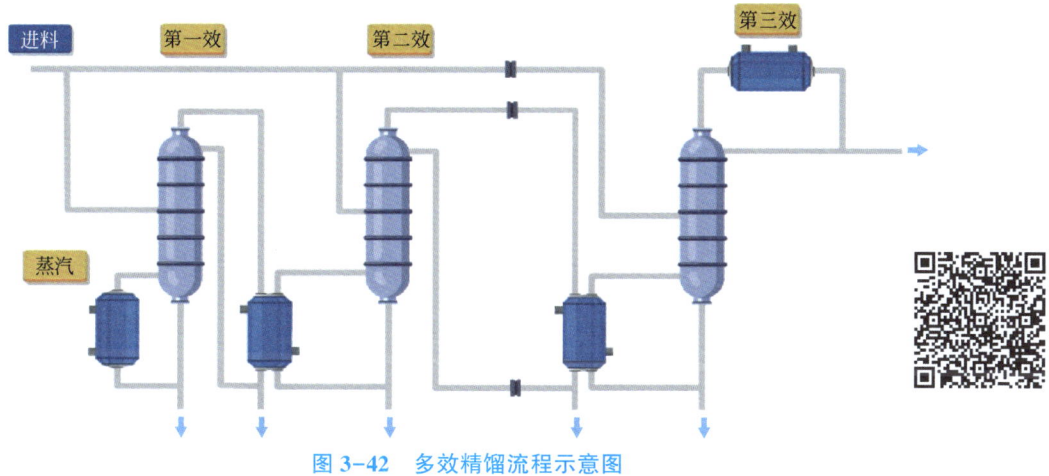

图 3-42 多效精馏流程示意图

(三) 采用热泵精馏

热泵精馏是通过热泵利用低温热能的一种精馏系统。热泵系统实质上是一个制冷系统，主要设备为压缩机和膨胀器。

热泵精馏流程见图 3-43，热泵系统的工作原理为：工作介质经压缩后在较高露点下冷凝，放出的热量供再沸器中的物料汽化；被液化的工作介质经过膨胀，在低压下汽化，汽化时需要吸收热量将塔顶冷凝器的热量移去。通过压缩机和膨胀阀的作用致使工质冷凝和汽化，将塔顶的低温位热送到塔底高温位处利用，整个系统因而得名热泵。热泵系统中压缩机消耗的能量是唯一由外界提供的能量，它比再沸器直接加热所消耗的能量少得多，一般只相当于后者的 20%~40%。

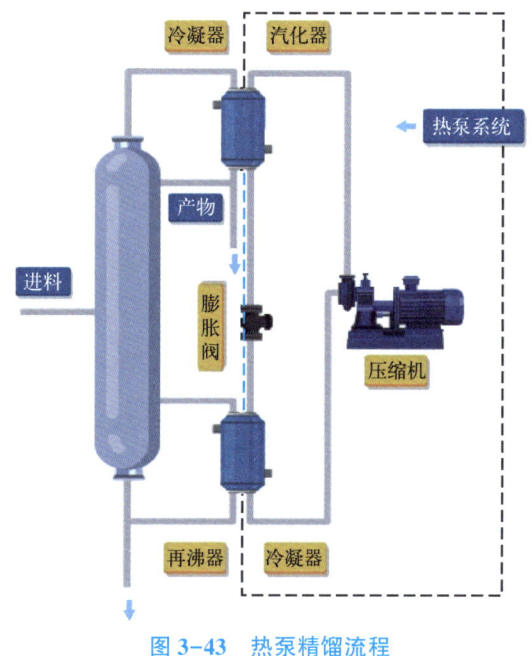

图 3-43 热泵精馏流程

如果被分离的物料本身可以作为热泵的工作介质，可进一步提高热泵精馏的效益，如图 3-44 和图 3-45 所示的两种流程。图 3-44 为再沸液闪蒸的热泵系统，此系统中省去了再沸器，从塔底出来的液体经节流减压在塔顶冷凝器中汽化，再经压缩升温作为塔底上升蒸气使用。图 3-45 为蒸气再压缩的热泵系统，此系统省去了塔顶冷凝器，塔顶蒸气经压缩后在再沸器中冷凝，冷凝液经节流降温再回流到塔内。这两种流程不仅能减少热交换器的投资，而且将进一步提高热泵的节能性能。

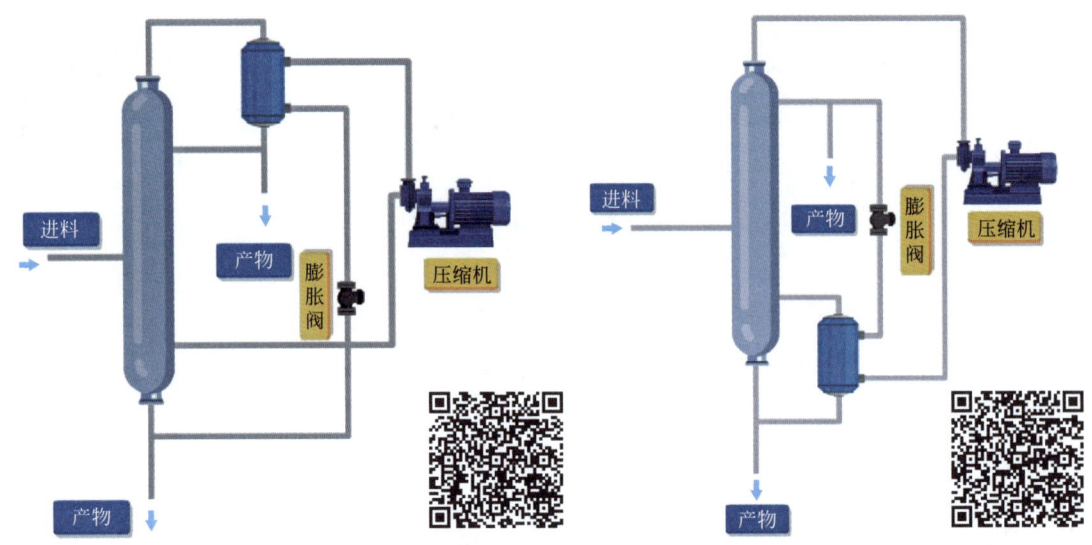

图 3-44　再沸液闪蒸热泵系统　　　　图 3-45　蒸气再压缩热泵系统

由于压缩机、电能等的限制以及具体工艺条件的不同，不同物系采用热泵精馏的效益差别甚大，所以并非任何精馏过程都能采用热泵进行节能。通常，以下情况适宜用热泵进行节能：(1) 塔顶与塔釜间温差小的系统。(2) 塔内压降较小的系统。(3) 被分离物系的组分间因沸点相近而难以分离，必须采用较大回流比，从而消耗热能较大的系统。(4) 低温精馏过程需要制冷设备的系统。

热泵精馏是靠消耗机械能达到低温热能再利用的，因此消耗单位机械能回收的热能是一项重要的经济指标。只有节能所带来的效益超过热泵系统的投资时，才能采用热泵精馏。

热泵精馏是一种高效节能技术，能有效避免均相反应精馏中存在的催化剂回收困难以及随之带来的腐蚀、污染等一系列问题等特点，逐渐受到人们的重视，其研究与应用日趋广泛。

项目三 蒸馏操作

任务二 操作精馏装置

如图 3-46 所示，利用精馏方法可以在脱丁烷塔中将丁烷从脱丙烷塔釜混合物中分离出来。本装置中将脱丙烷塔釜混合物部分汽化，由于丁烷的沸点较低，其挥发度较高，故丁烷易于从液相中汽化出来，再将汽化的蒸气冷凝，可得到丁烷组成高于原料的混合物，经过多次汽化冷凝，即可达到分离混合物中丁烷的目的。

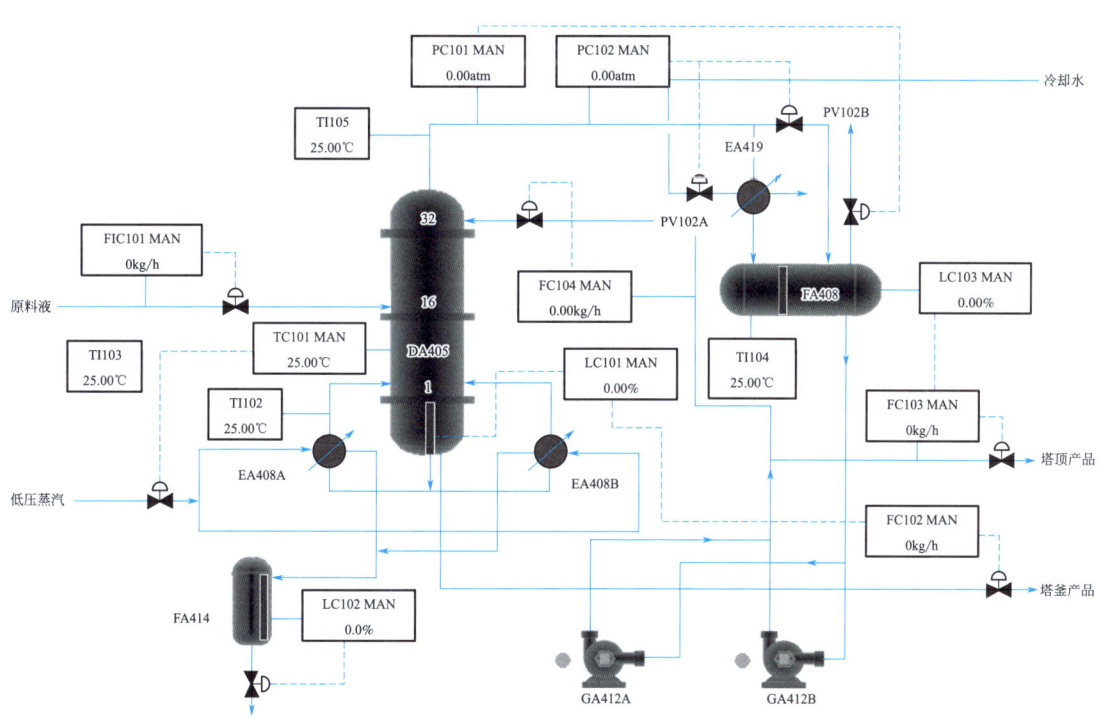

图 3-46　精馏塔 DCS 图

一 任务拆解

（1）我要完成什么任务？

精馏塔的开、停车操作，运行控制和事故处理。

（2）我要在什么样的场景下，以什么样的身份，利用什么样的资源，开展什么活动来完成这个任务？达到什么样的标准？

化工生产中要对原料、产物或中间产品进行分离，以运行工程师的身份，在虚拟仿真软件上完成精馏塔的开、停车操作，运行控制和事故处理，百分制系统评分 90 以上。

（3）我要按照怎样的步骤来执行？关键点是什么？第一步要做的是什么？

我要按照"查找资料—制定方案—操作演练—评价改进"的顺序完成任务，关键点是根据任务场景列出工作大纲，第一步要进行信息资讯，储备必要的知识技能。

二 信息资讯

（一）工艺流程描述

如图3-47所示，原料为67.8℃脱丙烷塔的釜液（主要有C_4、C_5、C_6、C_7等），由脱丁烷塔（DA405）的第16块板进料（全塔共32块板），进料量由流量控制器FIC101控制。灵敏板温度由调节器TC101通过调节再沸器加热蒸汽的流量，来控制提馏段灵敏板温度，从而控制丁烷的分离质量。

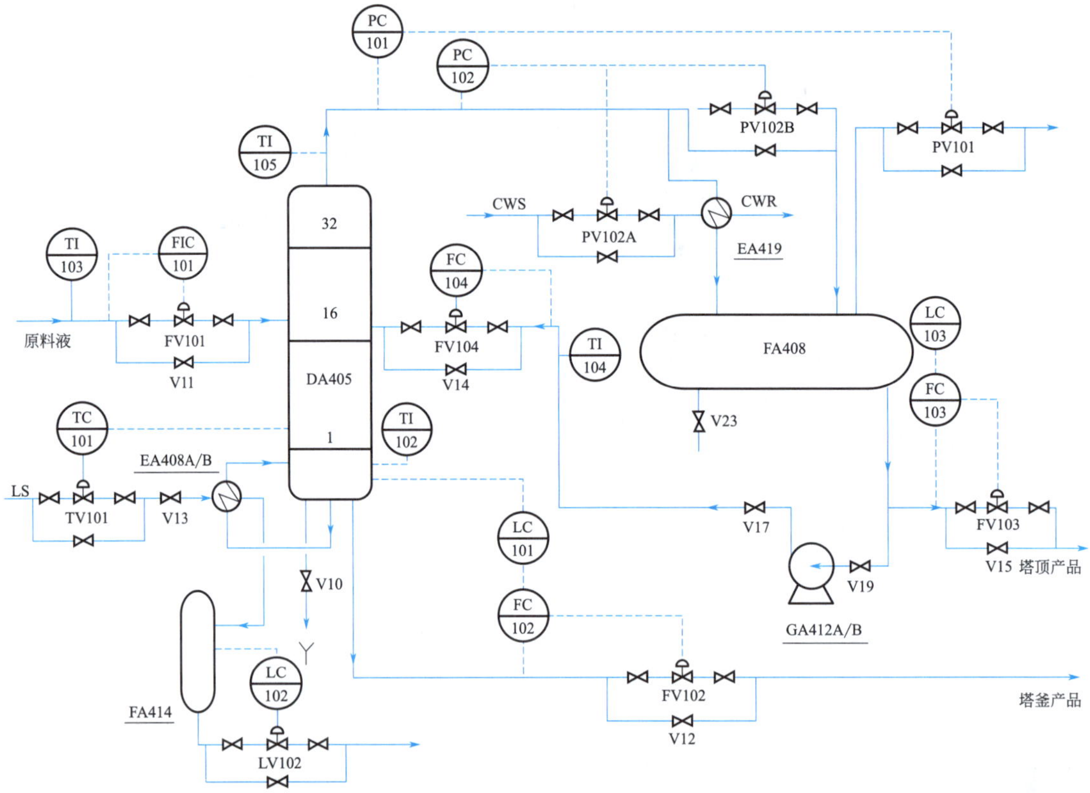

图3-47 精馏塔仿真工艺流程图

脱丁烷塔塔釜液（主要为C_5以上馏分）一部分作为产品采出，另一部分经再沸器（EA418A/B）部分汽化为蒸气从塔底上升。塔釜的液位和塔釜产品采出量由LC101和FC102组成的串级控制器控制。再沸器采用低压蒸汽加热。塔釜蒸汽缓冲罐（FA414）液位由液位控制器LC102调节底部采出量控制。

塔顶的上升蒸气（C_4馏分和少量C_5馏分）经塔顶冷凝器（EA419）全部冷凝成液体，该冷凝液靠位差流入回流罐（FA408）。塔顶压力PC102采用分程控制：在正常的压力波动下，通过调节塔顶冷凝器的冷却水量来调节压力，当压力超高时，压力报警系统发出报警信号，PC102调节塔顶至回流罐的排气量来控制塔顶压力调节气相出料。操作压力4.25atm（表压），高压控制器PC101将调节回流罐的气相排放量，来控制塔内压力稳定。冷凝器以冷却水为载热体。回流罐液位由液位控制器LC103调节塔顶产品采出量来维持恒定。回流罐中的液体一部分作为塔顶产品送下一工序，另一部分液体由回流泵（GA412A/B）送回塔顶作为回流，回流量由流量控制器 FC104 控制。

（二）设备、阀门位号说明

精馏操作仿真系统设备、阀门位号说明详见表 3-3。

表 3-3　精馏操作仿真系统设备、阀门位号说明

1. 主要设备位号和名称			
设备位号	设备名称	设备位号	设备名称
DA405	精馏塔	GA412A/B	回流液输送泵（备用）
EA419	精馏塔塔顶冷凝器	EA408A/B	精馏塔塔釜再沸器（备用）
FA408	精馏塔塔顶回流罐	FA414	精馏塔塔釜蒸汽缓冲罐
2. 调节器位号和控制变量			
调节器位号	控制变量	调节器位号	控制变量
FIC101	塔进料量控制	TC101	灵敏板温度控制
FC102	塔釜采出量控制	LC101	塔釜液位控制
FC103	塔顶采出量控制	LC102	塔釜蒸汽缓冲罐液位控制
FC104	塔顶回流量控制	LC103	塔顶回流罐液位控制
PC102	塔顶压力控制		
3. 显示仪表位号和控制变量			
仪表位号	控制变量	仪表位号	控制变量
TI102	塔釜温度	TI104	回流温度
TI103	进料温度	TI105	塔顶蒸汽温度
4. 现场阀位号和控制变量			
现场阀位号	名称	现场阀位号	名称
V10	DA405 塔釜泄液阀	V15	塔顶出料阀 FV103 旁通阀
V11	进料阀 FV101 旁通阀	V16	塔釜蒸汽进 EA408A 手阀
V12	出料阀 FV102 旁通阀	V17	回流泵 GA412A 泵后阀
V13	塔釜蒸汽进 EA408A 手阀	V19	回流泵 GA412A 泵前阀
V14	塔顶回流阀 FV104 旁通阀		

（三）复杂控制系统说明

1. 串级回路

串级回路是在简单调节系统基础上发展起来的。在结构上，串级回路调节系统有两个闭合回路。主、副调节器串联，主调节器的输出为副调节器的给定值，系统通过副调节器的输出操纵调节阀动作，实现对主参数的定值调节。所以在串级回路调节系统中，主回路是定值调节系统，副回路是随动系统。

DA405 的塔釜液位控制 LC101 和塔釜出料控制 FC102 构成一串级回路。FC102.SP 随 LC101.OP 的改变而变化。

2. 分程控制

由一只调节器的输出信号控制两只或更多的调节阀，每只调节阀在调节器的输出信号的某段范围中工作。

PIC102 为一分程控制器，分别控制 PV102A 和 PV102B，当 PC102.OP 逐渐开大时，PV102A 从 0 逐渐开大到 100；而 PV102B 从 100 逐渐关小至 0。

（四）操作规程

本操作规程仅为后续方案决策环节提供数据，具体参数及详细操作步骤以所用软件的评分系统为准。

1. 精馏塔冷态开车操作规程

装置冷态开工状态为精馏塔单元处于常温、常压氮吹扫完毕后的氮封状态，所有阀门、机泵处于关停状态。

（1）精馏塔开车操作纲要（A 级）。

```
进料
↓
启动再沸器
↓
建立回流
↓
调节至正常
```

（2）精馏塔开车操作纲要（B 级）。

```
进料
```

［I］-开 FA-408 顶放空阀 PC101 排放不凝气。

［I］-稍开 FIC101 调节阀（不超过 20%），向精馏塔进料。

（I）-塔压力 PC101 升至 0.5atm。

［I］-关闭 PC101 调节阀投自动，并控制塔压不超过 4.25atm（如果塔内压力大幅波动，改回手动调节稳定压力）。

```
启动再沸器
```

（I）-压力 PC101 升至 0.5atm。

［I］-打开冷凝水 PC102 调节阀至 50%；塔压基本稳定在 4.25atm 后，可加大塔进料（FIC101 开至 50%左右）。

（I）-塔釜液位 LC101 升至 20%以上。

［P］-开加热蒸汽入口阀 V13。

［I］-稍开 TC101 调节阀，给再沸器缓慢加热，并调节 TC101 阀开度使塔釜液位 LC101 维持在 40%-60%。

［I］-FA-414 液位 LC102 升至 50%。

［I］-LC102 投自动，设定值为 50%。

建立回流

［I］-塔压升高时，通过开大 PC102 的输出，改变塔顶冷凝器冷却水量和旁路量来控制塔压稳定。

（I）-回流罐液位 LC103 升至 20%以上

［P］-开回流泵 GA412A/B 的入口阀 V19，

［I］-启动泵

［P］-开出口阀 V17。

［I］-通过 FC104 的阀开度控制回流量，维持回流罐液位不超高，同时逐渐关闭进料，全回流操作。

调整至正常

［I］-各项操作指标趋近正常值时，打开进料阀 FIC101。

［I］-逐步调整进料量 FIC101 至正常值。

［I］-通过 TC101 调节再沸器加热量使灵敏板温度 TC101 达到正常值。

［I］-逐步调整回流量 FC104 至正常值。

［I］-开 FC103 和 FC102 出料，注意塔釜、回流罐液位。

［I］-各控制回路投自动，参数稳定并与工艺设计值吻合后，投产品采出串级。

> **素养充电站——对标企业生产**
>
> 大庆油田化工有限公司在精馏开车时为使装置快速进入稳定运行状态，实施"快、慢、细、微"操作法-针对密度变化，快调原料升温；针对蒸汽变化，慢调塔底温度；针对塔压变化，细调冷凝开度；针对流量变化，微调回流开度。

2. 精馏塔正常操作规程

［I］-进料流量 FIC101 设为自动，设定值为 14056kg/h。

［I］-塔釜采出量 FC102 设为串级，设定值为 7349kg/h，LC101 设自动，设定值为 50%。

［I］-塔顶采出量 FC103 设为串级，设定值为 6707kg/h。

［I］-塔顶回流量 FC104 设为自动，设定值为 9664kg/h。

［I］-塔顶压力 PC102 设为自动，设定值为 4.25atm，PC101 设自动，设定值为 5.0atm。

［I］-灵敏板温度 TC101 设为自动，设定值为 89.3℃。

［I］-FA-414 液位 LC102 设为自动，设定值为 50%。

［I］-回流罐液位 LC103 设为自动，设定值为 50%。

想一想 精馏操作的主要工艺生产指标如何调控？

① 质量调节：本系统的质量调节采用以提馏段灵敏板温度作为主参数，以再沸器和加热蒸汽流量的调节系统，以实现对塔的分离质量控制。

② 压力控制：在正常的压力情况下，由塔顶冷凝器的冷却水量来调节压力，当压力高于操作压力 4.25atm（表压）时，压力报警系统发出报警信号，同时调节器 PC101 将调节回流罐的气相出料，为了保持同气相出料的相对平衡，该系统采用压力分程调节。

③ 液位调节：塔釜液位由调节塔釜的产品采出量来维持恒定。设有高低液位报警。回流罐液位由调节塔顶产品采出量来维持恒定。设有高低液位报警。

④ 流量调节：进料量和回流量都采用单回路的流量控制；再沸器加热介质流量，由灵敏板温度调节。

素养充电站——链接政策法规

化工生产中的质量控制与质量法需要贯穿整个生产过程，从原材料到产品都需要进行严格的质量控制和管理，确保产品质量符合国家标准和用户要求。化工企业需要遵守国家相关的法律法规和标准，如《产品质量法》、《计量法》等。同时还需要建立完善的质量管理体系，明确质量管理的目标、职责、流程和要求，确保质量管理的有效实施。并加强员工的质量意识和培训，提高质量素质，确保产品质量得到全面控制。

---

3. 精馏塔停车操作规程

（1）精馏塔停车操作纲要（A级）。

降负荷

停进料和再沸器

停回流

降温、降压

（2）精馏塔停车操作纲要（B级）。

降负荷

[I]-逐步关小FIC101调节阀，降低进料至正常进料量的70%。（在降负荷过程中，保持灵敏板温度TC101的稳定性和塔压PC102的稳定，使精馏塔分离出合格产品。）

[I]-通过FC103排出回流罐中的液体产品，至回流罐液位LC104在20%左右。

[I]-通过FC102排出塔釜产品，使LC101降至30%左右。

停进料和再沸器

[I]-负荷降至正常的70%，且产品已大部采出后，停进料和再沸器。

[I]-关FIC101调节阀，停精馏塔进料。

[I]-关TC101调节阀。

[P]-关蒸汽进口阀V13或V16阀，停再沸器的加热蒸汽。

[I]-关FC102调节阀和FC103调节阀，停止产品采出。

[P]-打开塔釜泄液阀V10，排不合格产品，并控制塔釜降低液位。

[I]-手动打开LC102调节阀，对FA-114泄液。

停回流

[I]-回流罐中的液体全部通过回流泵打入塔以降低塔内温度。

（I）-当回流罐液位至 0 时
[I]-关 FC104 调节阀
[P]-关泵出口阀 V17（或 V18）
[I]-停泵 GA412A（或 GA412B）
[P]-关入口阀 V19（或 V20），停回流。
[P]-开泄液阀 V10 排净塔内液体。

> 降压、降温

[I]-打开 PC101 调节阀，将塔压降至接近常压后，关 PC101 调节阀。
（I）-全塔温度降至 50℃ 左右时
[I]-关塔顶冷凝器的冷却水（PC102 的输出至 0）。

（五）仪表及报警限

精馏仿真操作工况参数及报警限见表 3-4。

表 3-4　工况参数及报警限

位号	说明	正常值	量程上限	量程下限	工程单位	高报值	低报值
FIC101	塔进料量控制	14056.0	28000.0	0.0	kg/h	—	—
FC102	塔釜采出量控制	7349.0	14698.0	0.0	kg/h	—	—
FC103	塔顶采出量控制	6707.0	13414.0	0.0	kg/h	—	—
FC104	塔顶回流量控制	9664.0	19000.0	0.0	kg/h	—	—
PC101	塔顶压力控制	4.25	8.5	0.0	atm	5.5	1.275
PC102	塔顶压力控制	4.25	8.5	0.0	atm	5.5	1.275
LC101	塔釜液位控制	50.0	100.0	0.0	%	80	20
LC102	蒸汽缓冲罐液位控制	50.0	100.0	0.0	%	80	20
LC103	回流罐液位控制	50.0	100.0	0.0	%	80	20
TC101	灵敏板温度控制	89.3	190.0	25	℃	95	49.75
TI102	塔釜温度	109.3	200.0	25	℃	17	3
TI103	进料温度	67.8	100.0	0.0	℃	—	—
TI104	回流温度	39.1	100.0	0.0	℃	—	—
TI105	塔顶蒸汽温度	46.5	100.0	0.0	℃	—	—

（六）事故现象及处理方法

精馏仿真操作事故名称、主要现象及处理方法表 3-5。

表 3-5　精馏操作事故及处理方法

事故名称	主要现象	处理方法
加热蒸汽压力过高	加热蒸汽的流量增大 塔釜温度持续上升	适当减小 TC101 的阀门开度

续表

事故名称	主要现象	处理方法
加热蒸汽压力过低	加热蒸汽的流量减小塔釜温度持续下降	适当增大 TC101 的开度
冷凝水中断	塔顶温度上升塔顶压力升高	开回流罐放空阀 PC101 保压；手动关闭 FC101，停止进料；手动关闭 TC101，停加热蒸汽；手动关闭 FC103 和 FC102，停止产品采出；开塔釜排液阀 V10，排不合格产品；手动打开 LIC102，对 FA114 泄液；当回流罐液位为 0 时，关闭 FIC104；关闭回流泵出口阀 V17/V18；关闭回流泵 GA424A/B；关闭回流泵入口阀 V19/V20；待塔釜液位为 0 时，关闭泄液阀 V10；待塔顶压力降为常压后，关闭冷凝器
停电	回流泵 GA412A 停止回流中断	手动开回流罐放空阀 PC101 泄压；手动关进料阀 FIC101；手动关出料阀 FC102 和 FC103；手动关加热蒸汽阀 TC101；开塔釜排液阀 V10 和回流罐泄液阀 V23，排不合格产品；手动打开 LIC102，对 FA114 泄液；当回流罐液位为 0 时，关闭 V23；关闭回流泵出口阀 V17/V18；关闭回流泵 GA424A/B；关闭回流泵入口阀 V19/V20；待塔釜液位为 0 时，关闭泄液阀 V10；待塔顶压力降为常压后，关闭冷凝器
回流泵 GA412A 泵坏	GA412A 断电回流中断塔顶压力、温度上升	开备用泵入口阀 V20；启动备用泵 GA412B；开备用泵出口阀 V18；关闭运行泵出口阀 V17；停运行泵 GA412A，关闭运行泵入口阀 V19
回流控制阀 FC104 阀卡	回流量减小塔顶温度上升压力增大	打开旁路阀 V14，保持回流

三 方案决策

师生共同讨论工作计划，学生进行修改完善，对工作的环节进行梳理，形成文案。

（1）精馏塔开车操作时按照"明流程—知操作—记参数—保安全"的步骤梳理操作规程，在仿真软件上进行操作训练。

① 明流程。

② 知操作。

③ 记参数。

④ 保安全。

（2）事故处理时按照"明现象—析原因—做判断—给措施"的步骤梳理操作方案，在仿真软件上进行操作训练。请设计一个事故的处理方案。

① 明现象。

② 析原因。

③ 做判断。

④ 给措施。

四 实践演练

在仿真软件上完成精馏塔的开、停车操作，运行控制和事故处理。

五 评价改进

（一）实施过程评价

精馏塔仿真操作考核项目及评分标准参考表3-6。

表 3-6 精馏塔仿真操作评分表

考核项目		评分标准	分值	得分
实训五必须（20分）	基础知识	根据任务单叙述操作界面上各符号的意义，每错一处扣1分，扣完为止	4	
	工艺流程	叙述任务工艺流程和工况参数，每错一处扣1分，扣完为止	4	
	操作方案	叙述精馏塔开车和停车仿真操作方案，每错一处扣1分，扣完为止	4	
	设备检查	检查计算机、操作台和仿真软件，每错、漏一处扣1分，扣完为止	4	
	风险辨识	分析仿真实训室的风险源，给出预防措施，每错、漏一处扣1分，扣完为止	4	
精细操作（50分）	冷态开车	由仿真软件评分系统打分，百分制低于90分本项无成绩	25	
	事故处理	由仿真软件评分系统打分，百分制低于90分本项无成绩	25	
QHSE（15分）	质量控制	操作人员职责明确，任务单、教材、纸、笔携带齐全，每错、漏一处扣1分，扣完为止	3	
	职业健康	操作前身体异常要及时报告，操作过程中杜绝危害自身安全和他人安全的行为，出现问题扣4分	4	
	安全监测	明确安全出口和消防器材位置，知道危险源所在位置，每错、漏一处扣1分，扣完为止	4	
	环境管理	保持工作场地清洁，用品摆放合理，每错、漏一处扣1分，扣完为止	4	
四有工作法（15分）	工作计划	工作过程严格按照计划执行，无工作计划扣3分，每错、漏一处扣1分，扣完为止	3	
	行动方案	操作严格按照方案执行，无操作方案扣4分，每错、漏一处扣1分，扣完为止	4	
	步步确认	中控和现场之间要有操作指令确认，每少一次扣1分，出现事故扣4分	4	
	事后总结	总结操作中的成功和不足之处，针对问题找出原因，提出改进建议	4	
总分			100	

（二）自我对标分析

_____

_____

（三）改进要点拆解

R：_____

I：_____

A：_____

六 认知拓展

(一) 精馏塔的控制调节

1. 控制温度

要保持精馏塔的平稳操作，物料进料温度，塔顶、塔釜及回流液温度都应严加控制。进料温度变化时，有可能改变进料状态，破坏全塔的热平衡，使塔内气、液分布及热负荷发生改变，从而影响塔的平稳操作和产品质量。如进料温度不变，回流量、回流温度、各处馏出物数量的变化，也会破坏塔内热平衡，引起各处温度条件的变化。最灵敏反映热平衡变化的是塔顶温度，塔顶温度主要受塔顶回流液的影响，一般用调节冷却剂的用量和温度的办法，来控制塔顶温度。而塔釜温度可通过调节塔底再沸器的低压蒸汽量来确保塔釜温度的稳定。

2. 控制压力

影响塔压力变化的主要有冷却剂的温度和流量、塔顶采出量及不凝气体的积聚等。如塔顶冷凝器超负荷或冷凝效率低，使冷凝后温度升高，引起压力上升时，应加大冷却剂用量或降低温度，使回流液温度降低。

3. 控制回流量

回流量的多少常用回流比来表示。一般精馏塔回流比的大小由全塔物料衡算决定。随着塔内温度等条件变化，适当改变回流量可维持塔顶温度平衡，从而调节产品质量。精馏塔适宜的回流比为最小回流比的 1.1~2.0 倍。

4. 适宜的蒸气量和蒸气速度

在稳定操作时，上升蒸气量及蒸气速度是一定的。如果蒸气速度过低，上升蒸气不能均衡地通过塔板，会使塔板效率降低。若蒸气速度过高，会产生雾沫夹带现象，也会降低塔板效率。

5. 稳定精馏塔液位

塔底液面的变化反映出物料平衡的变化，反映出温度、流量、压力等操作参数的稳定情况。当塔底液面过高时，应增加塔底抽出量，降低操作压力或降低进料量。当塔底液面过低时，应降低塔底温度，减小塔底抽出量。

(二) 塔板上的异常操作

塔设计或操作控制不当会造成传质不良，甚至更严重的后果。以下几种现象是使塔板效率下降或破坏塔正常操作的重要原因，在设计和操作中应注意控制或避免它们的出现。

1. 漏液

当气体速度较小时，气体通过筛孔的动能不足以阻止板上液体的流下，液体会直接从孔口落下，这种现象称为漏液。少量漏液在实际操作中是不可避免的，但严重漏液会使塔板上的液体量减少，以致在塔板上建立不起一定厚度的液层，从而导致塔板效率严重下降，甚至无法正常操作。

引起漏液的主要原因是气速太小和液面落差太大使气体在塔板上的分布不均匀。在塔板入口处由于液层较厚，往往出现倾向性漏液，为此常在塔板液体入口处留出一条不开孔的区域作为安定区。

为保证塔的正常操作，一般控制漏液量不大于液体流量的10%。

2. 雾沫夹带

上升气体穿过板上液层时，会将液体分散成液滴或雾沫，当气体离开液体时，会夹带少量的液滴和雾沫进入上层塔板，这种现象称为雾沫夹带。当雾沫夹带过量时，将会明显减少上层塔板的液相传质推动力，不利于传质，最终导致塔效率的严重下降。

影响雾沫夹带的主要因素是操作的气速和板间距，其随操作气速的增大和板间距的减小而增加。

为了维持塔的正常操作，一般应控制液沫夹带量$e_V<0.1$kg 液体/kg 气体。

3. 气泡夹带

板上经过气液接触的液体，越过出口堰进入降液管，由于液体在降液管中停留时间过短，夹在液体中的少量气泡来不及分离，被液体带入下一层塔板的现象称为气泡夹带。气泡夹带是气相在塔板间的返混现象，导致塔效率下降。

通常在板上液体进入降液管前，有一段不鼓泡的安定区域，使液体进入降液管前进一步分离夹带的气泡。为避免严重的气泡夹带，液体在降液管内应有足够的停留时间，一般不得低于5s。

4. 液泛

为使液体能稳定地流入下一层塔板，降液管内须维持一定高度的液柱。气速增大，气体通过塔板的压降也增大，降液管内的液面相应地升高；液体流量增加，液体流经降液管的阻力增加，降液管液面也相应地升高。如降液管中泡沫液体高度超过上层塔板的出口堰，板上液体将无法顺利流下，液体充满塔板之间的空间，即液泛，严重时造成淹塔。液泛是气液两相做逆向流动时的操作极限。发生液泛时，压力降急剧增大，塔板效率急剧降低，塔的正常操作将被破坏，在实际操作中要避免。开始发生液泛时的气速称为泛点气速。正常操作气速应控制在泛点气速之下。影响液泛的因素除气相、液相流量外，还与塔板的结构特别是塔板间距有关。塔板间距增大，可提高泛点气速。

（三）化工企业单塔循环投运

化工企业单塔循环投运

项目三 蒸馏操作

任务三　维护保养精馏设备

为了保证精馏设备能长时间安全良好运行，稳定产品质量和产量，必须做好日常检查与维护保养。

一　任务拆解

（1）我要完成什么任务？
塔设备的维护保养。

（2）我要在什么样的场景下，以什么样的身份，利用什么样的资源，开展什么活动来完成这个任务？达到什么样的标准？
化工装置要例行日常检查和定期强制保养，以检修人员的身份，利用实训基地的精馏装置，对塔设备进行维护保养，百分制评分达到 90 分以上。

（3）我要按照怎样的步骤来执行？关键点是什么？第一步要做的是什么？
我要按照"查找资料—制定方案—操作演练—评价改进"的顺序完成任务，关键点是根据任务场景列出工作大纲，第一步要进行信息资讯，储备必要的知识技能。

二　信息资讯

通过企业调研和查找操作规程等资料，归纳出"维护保养精馏操作设备"通常分为日常检查和强制保养。

（一）塔设备的日常检查

塔设备日常运行过程中，受到内部介质压力、操作温度的作用，还受到物料的化学腐蚀和电化学腐蚀作用，能否长期运行、及时发现隐患并排除，都与运行中的检查维护有很大关系。因此，为保证塔设备安全稳定运行，必须做好日常的检查与维护，并认真记录检查结果，以作为定期停车检修的历史资料。塔设备的日常检查项目如下：

1. 外操日常检查内容
（1）检查确认现场压力表是否准确；
（2）检查确认现场温度指示是否准确；
（3）检查确认塔附属安全附件（安全阀、压力表、液面计、爆破片）是否正常投用，无泄漏、卡涩、零部件松动等现象；
（4）检查塔附属管道的阀门填料、管道法兰有无泄漏；
（5）检查人孔有无泄漏；
（6）检查塔体基础是否下沉、有裂纹，螺栓是否松动；
（7）检查塔及附属管道阀门的保温层或保冷层是否损坏、脱落；
（8）检查液位计指示是否准确；
（9）目测、耳听、手摸附属管道支架是否松动，管道是否振动；
（10）检查塔防静电接地线是否完好。

213

2. 内操检查内容

（1）检查塔顶温度、塔釜温度、灵敏板温度、塔内各测量点温度是否正常；
（2）检查塔顶、塔釜压力是否正常；
（3）检查塔进料量、塔顶出料量、塔釜出料量是否正常；
（4）检查塔内液位是否正常，顶底压差是否正常；
（5）检查中控系统仪表显示、手操器是否正常；
（6）检查塔顶、塔釜在线分析仪表工作是否正常。

想一想　什么情况要停塔检修？

精馏塔禁止超温、超压、超负荷运行。1. 压力超出允许压力，不停塔压力降不下来，或压力表失灵而又无法确认塔内压力；2. 系统安全阀失灵；3. 塔主要部件出现裂纹或漏气、漏液现象；4. 发生其他安全规则中不允许继续运行的情况。

（二）塔设备的强制保养

塔设备应定期进行检查，塔的定期检查分为外部检查和内外部检查，塔的外部检查每季度应进行一次，塔的内外部检查时间为1~5年。

想一想　塔设备的检修时间是一样的吗？

如有下列情况之一的塔设备，内外部检查的周期应缩短：1. 工作介质对塔的腐蚀情况不明时；2. 通过定点测厚发现腐蚀严重又未采取可行的防腐措施时；3. 工况条件差的；4. 塔在运行中或在外部检查中发现有泄漏、变形，处于危险状态时；5. 首次检查的。

1. 精馏塔的外部检查

塔设备的外部检查（用肉眼或10倍放大镜）一般在塔设备运行条件下进行，并应做好记录和分析。外部检查内容如下：

（1）检查塔设备的保温层或保冷层是否完好，有无漏气或漏液现象；对无保温层的塔设备应检查防腐层是否完好以及塔体外表面的锈蚀情况；检查塔体的密封部位、焊缝、开孔接管处、连接过渡部位等有无泄漏、裂缝及变形，特别应注意转角、人孔及接管的焊缝处有无泄漏。
（2）塔的液位计、自动调节装置、进出口阀门等是否完好，有无漏液、漏气迹象；塔体有无超温或局部过热。
（3）塔的各紧固件是否齐全，有无松动；安全栏杆、平台是否牢固。
（4）塔的基础有无下沉、倾斜或裂纹等现象，基础螺栓和螺母有无松动、裂纹、腐蚀。
（5）塔设备运行中有无异常声响或振动，塔与管道或相邻的构件之间有无摩擦。
（6）塔的防雷、防静电装置，放空阻火器，防火呼吸器，安全阀等安全附件，接地线及现场检测仪表是否齐全、完好、准确。
（7）对腐蚀严重的部位进行定点测厚。

素养充电站——对标企业生产

由于承载介质不同，精馏塔的检修周期也不同，现在各石化企业定期对精馏塔进行全面检查，一般3~6个月一次。检修分为计划检修和临时抢修，计划检修周期为3~5年，在日常运行过程中本着哪里出现问题处理哪里的原则，这样做的目的是为了节约成本，减少检修风险。出现以下情况时需要临时抢修：（1）塔体发生大面积泄漏；（2）塔压居高不下；（3）塔冻堵无法解决；（4）塔盘结焦严重；（5）塔内部件损坏。

2. 精馏塔的内外部检查与检修

塔设备的内外部检修，是在塔设备停车或大修时进行，根据实际情况 1~5 年进行一次。但停用两年以上需要恢复使用的、由外部位调入的、变更塔的主要结构的（如更换塔节、封头以及进行局部补焊的）、更换衬里的，根据塔的技术状况，设备管理部门或塔的使用单位认为有必要进行内外部检查的，存在上述情况之一的塔设备，在投运前必须进行内外部检查。检查的内容如下：

（1）外部检查的全部项目，对有保温层的塔设备应部分或全部拆除保温层进行检查。

（2）清洗塔的内、外表面至金属检查塔体内壁，重点检查焊缝、修补部位、开孔接管处、封头过渡区以及应力集中部位有无介质腐蚀、冲刷、磨损。

（3）塔的所有焊缝、封头过渡区以及应力集中部位有无裂纹、断裂及变形；对宏观检查中怀疑存在裂纹部位用 10 倍放大镜检查，或用磁粉、着色法进行表面探伤，如发现有表面裂纹，还应对其相应的外侧进行检查。表面探伤方法和评定标准应执行国家现行的有关标准。

（4）在宏观检查中发现有局部或均匀腐蚀时，应进行多点测厚以查明腐蚀深度和分布情况，对局部蚀坑除测量其面积大小外，还应测量蚀坑的深度；对内壁涂有防腐层的塔设备，应检查防腐层的完好情况，破损部位应查明腐蚀深度和分布情况。

（5）有衬里的塔设备，要检查衬里是否有凸起、开裂及其他损坏现象，发现衬里有破损部位，应查明腐蚀深度和分布情况；上述缺陷可能影响塔的本体时，应将该处的衬里部分或全部更换，并检查塔体是否有腐蚀或裂纹。

（6）塔设备经宏观检查（对有无损检验要求的还应进行无损检验）合格后，按设计图样要求进行耐压试验或气密性试验。

三 方案决策

做好劳动保护和风险辨识防控，按照塔设备的日常检查和强制保养标准执行。

四 实践演练

在精馏操作装置上完成精馏塔外部检查，填写班组信息、工具材料领用、作业许可等表单。

表 3-7 班组信息登记表

姓名	岗位	职责

表 3-8　工具材料领用登记表

单号：

名称	规格	数量	单位	工具状况	归还时间

使用部门：　　　　　领取人：　　　　　领取时间：

表 3-9　高处作业证

单号：

申请单位		负责人	
作业时间		作业地点	
作业高度		作业类别	
作业人		监护人	
作业内容			
安全措施			确认人：

安全部门审批意见：　　　　　时间：

表 3-10　设备维护保养记录

单号：

设备名称		设备位号	
维保项目			
耗材用量			
情况记录	说明是否有异常现象，如有请分析原因并写明处理方法。		

维保人员签字：　　　　　维保时间：

五 评价改进

（一）评价标准

精馏塔外部检查评分参考表 3-11。

表 3-11 精馏塔外部检查评分表

	评分指标	分值	得分
1	检查塔设备的保温层是否完好，有无漏气或漏液现象；对无保温层的塔设备应检查防腐层是否完好以及塔体外表面的锈蚀情况；检查塔体的密封部位、焊缝、开孔接管处、连接过渡部位等有无泄漏、裂缝及变形	30	
2	塔的液位计、自动调节装置、进出口阀门等是否完好，有无漏液、漏气迹象；塔体有无超温或局部过热	10	
3	塔的各紧固件是否齐全，有无松动；安全栏杆、平台是否牢固	10	
4	塔的基础有无下沉、倾斜或裂纹等现象，基础螺栓和螺母有无松动、裂纹、腐蚀	10	
5	塔设备运行中有无异常声响或振动，塔与管道或相邻的构件之间有无摩擦	10	
6	塔的防雷、防静电装置，放空阻火器，防火呼吸器，安全阀等安全附件，接地线及现场检测仪表是否齐全、完好、准确	10	
7	对腐蚀严重的部位进行定点测厚	10	
8	按 6s 标准进行工作现场清理整顿，工具摆放整齐，文明施工	10	
总分	100		

（二）自我对标分析

_____

_____

（三）改进要点拆解

R：_____

I：_____

A：_____

六 认知拓展——塔设备常见故障及处理方法

化工生产中精馏塔常见故障原因及处理方法见表 3-12。

表 3-12 精馏塔常见故障及处理方法

故障名称	故障原因	处理方法
工作表面结构	（1）被处理物料中含有有机杂质 （2）被处理物料中含有结晶析出和沉淀 （3）硬水所产生的水垢 （4）设备结构材料被腐蚀产生腐蚀物	（1）考虑增设过滤设备 （2）清除结晶、水垢和腐蚀产物 （3）调整工艺 （4）采取防腐蚀措施

续表

故障名称	故障原因	处理方法
法兰密封泄漏	(1) 法兰连接螺栓没有拧紧 (2) 螺栓拧得过紧而产生塑性变形 (3) 由于设备振动而引起螺栓松动 (4) 密封垫圈产生疲劳破坏（失去弹性） (5) 垫圈受介质的腐蚀而破坏 (6) 法兰面上的衬里不平 (7) 焊接法兰翘曲 (8) 温度、压力突变	(1) 拧紧松动螺栓 (2) 更换变形螺栓 (3) 消除振动，拧紧松动螺栓 (4) 更换变质的垫圈，带压堵漏 (5) 换上耐蚀垫圈，带压堵漏 (6) 加工不平的法兰，带压堵漏 (7) 更换法兰，带压堵漏 (8) 稳定操作
塔体厚度减薄	设备在操作中，受到介质的腐蚀、冲刷和摩擦，局部过热，壳体变形	减压使用，或修理腐蚀严重部分，或设备报废
塔体局部变形	(1) 塔体局部腐蚀或过热使材料强度降低而引起设备变形 (2) 开孔无补强或焊缝处的应力集中，使材料内应力超过屈服极限发生塑性变形 (3) 当受外压设备的工作压力超过临界工作压力时，设备失稳而变形	(1) 防止局部腐蚀产生 (2) 矫正变形或切割下严重变形处，补焊钢板 (3) 稳定正常操作
塔体出现裂缝穿孔	(1) 局部变形加剧 (2) 焊接的内应力 (3) 气液冲击作用 (4) 结构材料缺陷 (5) 水力冲击作用 (6) 振动与温差的影响 (7) 应力腐蚀	修补
塔盘上鼓泡元件脱落或腐蚀	(1) 安装不牢 (2) 操作条件破坏 (3) 泡罩材料不耐蚀	(1) 重新调整 (2) 改善操作条件 (3) 选择耐蚀材料，更换泡罩
传质效率过低	(1) 气液两相接触不均匀 (2) 塔盘、浮阀、网板及填料堵塞 (3) 喷淋液管及进液管堵塞	(1) 调节气相、液相流量 (2) 清洗塔盘及填料 (3) 清理进液管及喷淋管
流量、压力突然变大或者缩小	(1) 塔盘上浮阀脱落或损坏 (2) 进出液管结垢或堵塞	(1) 更换或增补浮阀 (2) 清理进出液管
塔内压力增大	(1) 塔盘、浮阀、网板及填料堵塞 (2) 液体流量大，液位增高，阻止气流 (3) 气体流速及压力小 (4) 塔节设备零部件垫片渗漏	(1) 清洗塔盘及填料 (2) 调节液相流量 (3) 调节增加气体流速和压力 (4) 更换垫片
塔板越过稳定操作区	(1) 气相负荷减小或增大 (2) 塔板安装不水平	(1) 控制气、液相的流量，调整降液管、出入口堰高度 (2) 调整塔板的水平度

项目三 蒸馏操作

【学习成果管理】

一、预期学习成果

蒸馏操作预期学习成果见表 3-13。

表 3-13 蒸馏操作预期学习成果

项目	成果
知识	蒸馏操作系统的对象、本质、原理、分类、应用 精馏操作系统的构成 精馏设备的原理、结构、性能、用途 精馏操作的影响因素 精馏装置的开、停车操作流程和过程控制要点 精馏操作过程中常见事故的现象、成因及处理方法
技能	能独立完成典型精馏设备的开、停车操作 能正确调控精馏操作过程中的工艺参数 能正确诊断精馏操作过程中的异常现象并给出合理的处理方案 能完成常用精馏设备的日常检查和强制保养
能力	能通过多种新媒体资源获取信息、处理信息和运用信息 能对工作结果进行总结、评价与优化改进 能组织运行工程师岗位的初步日常工作

二、具体学习成果——蒸馏操作综合操作

蒸馏操作具体学习成果见表 3-14。

表 3-14 蒸馏操作具体学习成果

项目	成果
任务说明	根据仿真操作经验和实训装置设计实训操作方案,并在装置上完成精馏装置的开、停车操作。 建议学时:4 学时
参考装置	

续表

项目	成果
工艺流程	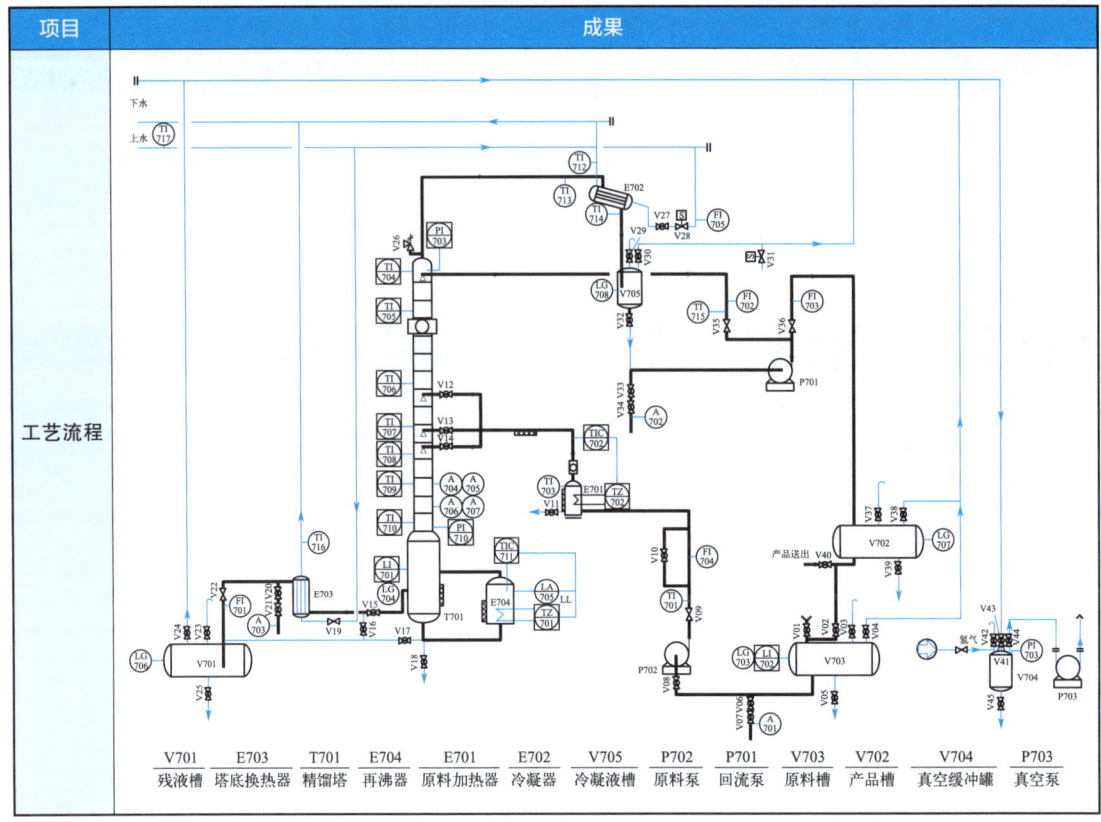

蒸馏操作实训装置静设备参数见表3-15。

表3-15 实训装置静设备参数

编号	名称	规格型号	材质	数量
1	残液槽	$\phi 300mm \times 680mm$，$V=40L$	不锈钢	1
2	产品槽	$\phi 300mm \times 680mm$，$V=40L$	不锈钢	1
3	原料槽	$\phi 400mm \times 825mm$，$V=84L$	不锈钢	1
4	真空缓冲罐	$\phi 300mm \times 680mm$，$V=40L$	不锈钢	1
5	冷凝液槽	$\phi 108mm \times 200mm$，$V=1.8L$	工业高硼硅视镜	1
6	原料加热器	$\phi 219mm \times 380mm$，$V=6.4L$，$P=2.5kW$	不锈钢	1
7	冷凝器	$\phi 260mm \times 780mm$，$F=0.7m^2$	不锈钢	1
8	再沸器	$\phi 273mm \times 380mm$，$P=4.5kW$	不锈钢	1
9	塔底换热器	$\phi 240mm \times 780mm$，$F=0.55m^2$	不锈钢	1
10	精馏塔	主体不锈钢$DN100$；共14块塔板；塔釜：不锈钢塔釜，$\phi 273mm \times 680mm$	不锈钢	1

蒸馏操作实训装置动设备参数见表3-16。

项目三 蒸馏操作

表 3-16 实训装置动设备参数

编号	名称	规格型号	数量
1	回流泵	离心泵/齿轮泵	1
2	原料泵	离心泵/齿轮泵	1
3	真空泵	旋片式真空泵（流量 4L/s）	1

（一）操作方案

1. 准备工作

（1）开车前检查。

（2）劳动保护。

2. 冷态开车

（1）明流程。

（2）知操作。

（3）记参数。

（4）保安全。

3. 运行控制

（1）标况参数。

（2）报警限。

（3）异常现象处理。

4. 正常停车

（1）明流程。

___

___

（2）知操作。

___

___

（3）记参数。

___

___

（4）保安全。

___

___

（二）风险辨识

蒸馏操作实训装置风险因素、风险来源与规避措施见表3-17。

表3-17　实训装置风险辨识与防控

风险因素		风险来源	规避措施
1 滑跌		楼梯	楼梯安装防护栏，操作人员佩戴安全帽，着工装，负责人提示上下楼梯时注意安全，操作过程必须遵守实训基地安全守则
2 坠落		上层操作台	装置上层安装防护栏，操作人员佩戴安全帽，着工装，负责人提示在上层操作时注意安全，操作过程必须遵守实训基地安全守则
3 触电		通电设备线路	操作人员通电前检查电源、线路和设备，提醒学生用电安全，操作过程必须遵守实训基地安全守则。实训期间教师要密切注意学生操作，遇有违规操作要及时制止，遇有紧急情况及时关闭总闸
4 绊倒		近地设备和管线	操作人员佩戴安全帽，着工装，提示注意安全，尤其是管线，避免绊倒、磕碰和砸伤，操作过程必须遵守实训基地安全守则
5 火灾		电线	负责人强调火源必须远离电线，提醒学生注意观察并牢记逃生通道和灭火器位置，教会学生使用灭火器，操作过程必须遵守实训基地安全守则
6 水灾		设备进水阀门和水闸未关闭	实训结束教师检查设备的进水阀门和总水闸是否关闭，操作过程必须遵守实训基地安全守则

项目三　蒸馏操作

续表

风险因素	风险来源	规避措施
7 烫伤	高温反应器或高温加热设备	操作人员戴安全帽，着工装，负责人强调正确操作设备，不能用手触碰高温管路和设备，禁止触摸反应器外壁，操作过程须遵守实训基地安全守则

我已知晓蒸馏操作实训装置的风险因素、风险来源及规避措施，操作中会做好防护，严守操作规程。

确认人签字：＿＿＿＿＿

三、学习成果达成度测评

蒸馏操作实训考核内容及评分标准参考表3-18。

表3-18　蒸馏操作实训评分表

蒸馏操作考核评分表				
项目	分值	考核内容	评分标准	得分
开车前的检查与准备	20分	（1）开启总电源、仪表盘电源，查看电压表、温度显示、实时监控仪。 （2）检查并确定工艺流程中各阀门状态，调整至准备开车状态并挂牌标识。 （3）记录电表初始度数，记录DCS操作界面原料罐液位，填入工艺记录卡。 （4）检查并清空回流罐、产品罐中积液。 （5）查有无供水，并记录水表初始值，填入工艺记录卡。 （6）规范操作进料泵，将原料加入再沸器至合适液位（85~115mm）。 （7）点击评分表中的"清零""复位"键并至"复位"键变成绿色后，切换至DCS控制界面并点击"考核开始"	少检、漏检一处扣2分，扣完为止；挂牌标识每错一处扣1分	
开车	20分	（1）启动精馏塔再沸器加热系统，升温。 （2）开启冷却水上水总阀及精馏塔塔顶冷凝器冷却水进口阀，调节冷却水流量。 （3）当回流罐液位达到适当液位时，规范操作采出泵，并通过回流转子流量计进行全回流操作。 （4）控制回流罐液位及回流量，控制系统稳定性，适时取样分析。 （5）适时打开系统放空，排放不凝性气体，维持塔顶压力在2kPa以内，塔压差控制在5kPa以内	操作步骤每错、漏一处扣2分，扣完为止；温度、流量等工艺参数达到要求	
正常操作	30分	（1）选择合适的进料位置，开启相应的进料阀门，进料量≤60L/h，进料温度与进料板温度差不超过10℃。 （2）开启进料后5min预热器温度必须超过75℃，同时须防止预热器过压操作。 （3）每隔10min进行一次操作数据记录。 （4）规范操作回流泵，经塔顶产品罐冷却器，将塔顶馏出液冷却至50℃以下后收集塔顶产品，最终产品浓度须大于85%。 （5）启动塔釜残液冷却器，将塔釜残液冷却至60℃以下后，收集塔釜残液	未达到规定的操作次数扣5分；数据记录每错、漏一处扣2分	

续表

蒸馏操作考核评分表

项目	分值	考核内容	评分标准	得分
停车	20分	(1) 停进料泵,关闭相应管线上阀门。 (2) 规范停止预热器加热及再沸器电加热。 (3) 及时点击DCS控制界面的"考核结束",停回流泵。 (4) 将塔顶馏出液送入产品槽,停馏出液冷凝水,停采出泵。 (5) 停止塔釜残液采出、塔釜冷凝水,关闭上水阀、回水阀,并正确记录水表读数、电表读数。 (6) 各阀门恢复初始开车前的状态。 (7) 记录原料储罐液位,计算原料消耗量	操作步骤错、漏一处扣2分,扣完为止;顺序错误扣5分	
文明操作	10分	(1) 组员间应相互配合,不能一人单独完成。 (2) 正确使用操作工具。 (3) 保持操作现场干净整齐,清理现场,搞好设备、管道、阀门维护工作	发生事故扣5分;未正确使用设备、工具扣2分	

蒸馏操作报表

序号	时间	进料系统			塔系统							
		原料槽液位/mm	进料流量/(L/h)	进料温度/℃	塔釜液位/mm	再沸器温度/℃	第3塔板温度/℃	第7塔板温度/℃	第10塔板温度/℃	第13塔板温度/℃	塔釜蒸汽温度/℃	塔釜压力/kPa	塔顶压力/kPa
1													
2													
3													
4													
5													
6													

序号	时间	冷凝系统				回流系统			残液系统		
		塔顶蒸汽温度/℃	冷凝液温度/℃	冷却水出口温度/℃	冷却水流量/(L/h)	塔顶温度/℃	回流温度/℃	回流流量/(L/h)	产品流量/(L/h)	残液流量/(L/h)	冷却水流量/(L/h)
1											
2											
3											
4											
5											
6											

操作记事	
异常情况记录	
操作人:	指导教师:

项目三　蒸馏操作

【复盘总结】

一、项目复盘

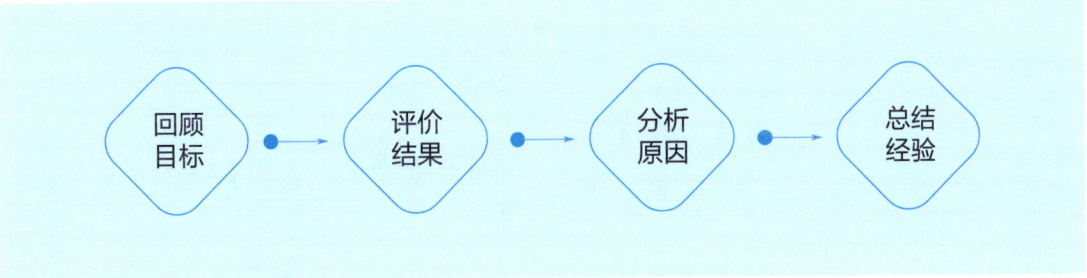

（1）本项目要达到怎样的学习目标？

（2）目前效果如何？

（3）什么原因导致这样的效果？

（4）成功与失败之处有怎样的经验？

二、要点总结

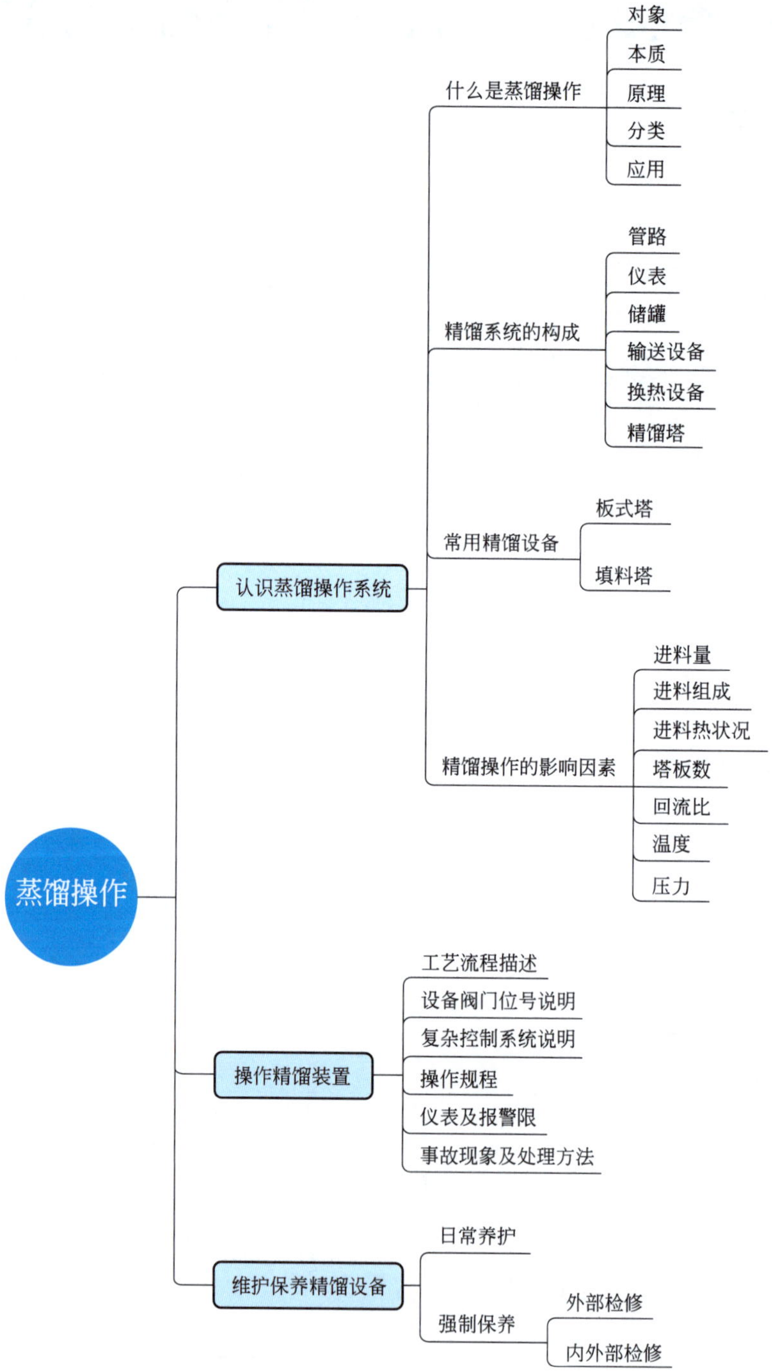

蒸馏操作
- 认识蒸馏操作系统
  - 什么是蒸馏操作
    - 对象
    - 本质
    - 原理
    - 分类
    - 应用
  - 精馏系统的构成
    - 管路
    - 仪表
    - 储罐
    - 输送设备
    - 换热设备
    - 精馏塔
  - 常用精馏设备
    - 板式塔
    - 填料塔
  - 精馏操作的影响因素
    - 进料量
    - 进料组成
    - 进料热状况
    - 塔板数
    - 回流比
    - 温度
    - 压力
- 操作精馏装置
  - 工艺流程描述
  - 设备阀门位号说明
  - 复杂控制系统说明
  - 操作规程
  - 仪表及报警限
  - 事故现象及处理方法
- 维护保养精馏设备
  - 日常养护
  - 强制保养
    - 外部检修
    - 内外部检修

项目三 蒸馏操作

【职业能力与创新创业进阶训练】

一、化工总控工职业技能鉴定应知试题（中级工）

<单选题>

1. 当分离沸点较高，又是热敏性的混合液时，精馏操作压力应采用（　　）。
 A. 加压　　　　　　　B. 减压　　　　　　C. 常压　　　　　　D. 不确定
2. 降低精馏塔的操作压力，可以（　　）。
 A. 降低操作温度，改善传热效果　　　　B. 降低操作温度，改善分离效果
 C. 提高生产能力，降低分离效果　　　　D. 降低生产能力，降低分离效果
3. 精馏分离操作能完成（　　）任务。
 A. 混合气体的分离　　　　　　　　　　B. 气、固相分离
 C. 液、固相分离　　　　　　　　　　　D. 溶液系的分离
4. 某精馏塔的塔顶压力为 3atm，此精馏塔是（　　）。
 A. 减压精馏　　　　　　　　　　　　　B. 常压精馏
 C. 加压精馏　　　　　　　　　　　　　D. 以上都不是
5. 区别精馏与普通蒸馏的必要条件是（　　）。
 A. 相对挥发度大于 1　　　　　　　　　B. 操作压力小于饱和蒸气压
 C. 操作温度大于泡点温度　　　　　　　D. 回流
6. 溶液能否用一般方法分离，主要取决于（　　）。
 A. 各组分溶解度的差异　　　　　　　　B. 各组分相对挥发度的大小
 C. 是否遵循拉乌尔定律　　　　　　　　D. 以上答案都不对
7. 在化工生产中，提纯高浓度产品应用最广泛的蒸馏方式是（　　）。
 A. 简单蒸馏　　　　　　　　　　　　　B. 平衡蒸馏
 C. 精馏　　　　　　　　　　　　　　　D. 特殊精馏
8. 在蒸馏单元操作中，对产品质量影响最重要的因素是（　　）。
 A. 压力　　　　　　　　　　　　　　　B. 温度
 C. 塔釜液位　　　　　　　　　　　　　D. 进料量
9. （　　）是保证精馏过程连续稳定操作的必要条件之一。
 A. 液相回流　　　　　　　　　　　　　B. 进料
 C. 侧线抽出　　　　　　　　　　　　　D. 产品提纯
10. 精馏塔中自上而下（　　）。
 A. 分为精馏段、加料板和提馏段　　　　B. 温度依次降低
 C. 易挥发组分浓度依次降低　　　　　　D. 蒸汽质量依次减少
11. 可用来分析蒸馏原理的相图是（　　）。
 A. $t-y$ 图　　　　B. $x-y$ 图　　　　C. $t-x-y$ 图　　　　D. $t-x$ 图

12. 塔顶冷凝器的作用是提供（　　）产品及保证有适宜的液相回流。
A. 塔顶气相　　　　　　　　　　　B. 塔顶液相
C. 塔底气相　　　　　　　　　　　D. 塔底液相

13. 下列（　　）不属于精馏设备的主要部分。
A. 精馏塔　　　　　　　　　　　　B. 塔顶冷凝器
C. 再沸器　　　　　　　　　　　　D. 馏出液储槽

14. 有关灵敏板的叙述，正确的是（　　）。
A. 是操作条件变化时，塔内温度变化最大的那块板
B. 板上温度变化，物料组成不一定都变
C. 板上温度升高，反映塔顶产品组成下降
D. 板上温度升高，反映塔底产品组成增大

15. 精馏操作中，多次部分汽化将获得接近纯的（　　）。
A. 难挥发组分　　　　　　　　　　B. 难挥发组分和易挥发组分
C. 易挥发组分　　　　　　　　　　D. 原料液

16. 精馏塔中，加料板以上（不包括加料板）的塔部分称为（　　）。
A. 精馏段　　　　　　　　　　　　B. 提馏段
C. 进料板　　　　　　　　　　　　D. 混合段

17. 下列精馏塔中，（　　）操作弹性最大。
A. 泡罩塔　　　　　　　　　　　　B. 填料塔
C. 浮阀塔　　　　　　　　　　　　D. 筛板塔

18. 不影响理论塔板数的是进料的（　　）。
A. 位置　　　　　　　　　　　　　B. 热状态
C. 组成　　　　　　　　　　　　　D. 进料量

19. 精馏操作中，料液的黏度越高，塔的效率将（　　）。
A. 越低　　　　　　　　　　　　　B. 有微小的变化
C. 不变　　　　　　　　　　　　　D. 越高

20. 最小回流比（　　）。
A. 回流量接近于零
B. 在生产中有一定应用价值
C. 不能用公式计算
D. 是一种极限状态，可用来计算实际回流比

21. 精馏的操作线为直线，主要是因为（　　）。
A. 理论板假设　　　　　　　　　　B. 理想物系
C. 塔顶泡点回流　　　　　　　　　D. 恒摩尔流假定

22. 精馏塔操作时，回流比与理论塔板数的关系是（　　）。
A. 回流比增大时，理论塔板数增大
B. 回流比增大时，理论塔板数减小
C. 全回流时，理论塔板数最大，但此时无产品
D. 回流比为最小回流比时，理论塔板数最小

23. 若仅仅加大精馏塔的回流量，会引起（　　）。

A. 塔顶产品中易挥发组分浓度提高　　B. 塔底产品中易挥发组分浓度提高
C. 塔顶产品的产量提高　　　　　　　D. 塔釜产品的产量减少

24. 下列说法错误的是（　　）。
A. 回流比增大时，操作线偏离平衡线越远越接近对角线
B. 全回流时所需理论板数最小，生产中最好选用全回流操作
C. 全回流有一定的实用价值
D. 实际回流比应在全回流和最小回流比之间

25. 在精馏的过程中，回流的作用是（　　）。
A. 提供下降的液体　　　　　　　　　B. 提供上升的液体
C. 提供塔顶产品　　　　　　　　　　D. 提供塔底产品

26. 降低精馏塔的操作压力，可以（　　）。
A. 降低操作温度，改善传热效果　　　B. 降低操作温度，改善分离效果
C. 提高生产能力，降低分离效果　　　D. 降低生产能力，降低传热效果

27. 精馏塔的下列操作中先后顺序正确的是（　　）。
A. 先通加热蒸汽再通冷凝水　　　　　B. 先全回流再调节回流比
C. 先停再沸器再停进料　　　　　　　D. 先停冷却水再停产品产出

28. 精馏过程设计时，增大操作压力，塔顶温度（　　）。
A. 增大　　　B. 减小　　　C. 不变　　　D. 不能确定

29. 精馏塔的操作压力增大，（　　）。
A. 气相量增加　　　　　　　　　　　B. 液相和气相中易挥发组分的浓度都增加
C. 塔的分离效率增大　　　　　　　　D. 塔的处理能力减小

30. 在一定操作压力下，塔釜、塔顶温度可以反映出（　　）。
A. 生产能力　　　　　　　　　　　　B. 产品质量
C. 操作条件　　　　　　　　　　　　D. 不确定

31. 塔板上造成气泡夹带的原因是（　　）。
A. 气速过大　　　　　　　　　　　　B. 气速过小
C. 液流量过大　　　　　　　　　　　D. 液流量过小

32. 下列（　　）不是诱发降液管液泛的原因。
A. 液、气负荷过大　　　　　　　　　B. 过量雾沫夹带
C. 塔板间距过小　　　　　　　　　　D. 过量漏液

33. 下列判断不正确的是（　　）。
A. 上升气速过大引起漏液　　　　　　B. 上升气速过大造成过量雾沫夹带
C. 上升气速过大引起液泛　　　　　　D. 上升气速过大造成大量气泡夹带

34. 精馏塔内上升蒸气不足时将发生的不正常现象是（　　）。
A. 液泛　　　　　　　　　　　　　　B. 漏液
C. 雾沫夹带　　　　　　　　　　　　D. 干板

35. 可能导致液泛的操作是（　　）。
A. 液体流量过小　　　　　　　　　　B. 气体流量过小
C. 过量液沫夹带　　　　　　　　　　D. 严重漏液

<判断题>

36. 当塔顶产品重组分增加时，应适当提高回流量。（　　）
37. 浮阀塔板结构简单，造价也不高，操作弹性大，是一种优良的塔板。（　　）
38. 间歇精馏只有精馏段而无提馏段。（　　）
39. 精馏过程塔顶产品流量总是小于塔釜产品流量。（　　）
40. 精馏塔板的作用主要是支承液体。（　　）
41. 精馏塔釜压升高将导致塔釜温度下降。（　　）
42. 精馏塔中温度最高处在塔顶。（　　）
43. 理想的进料板位置是其气体和液体的组成与进料的气体和液体组成最接近。（　　）
44. 筛板精馏塔的操作弹性大于泡罩精馏塔的操作弹性。（　　）
45. 通过简单蒸馏可以得到接近纯的部分。（　　）
46. 再沸器的作用是提供精馏塔物料热源，使物料得到加热汽化。（　　）
47. 在产品浓度要求一定的情况下，进料温度越低，精馏所需的理论板数就越小。（　　）
48. 在对热敏性混合液进行精馏时必须采用加压分离。（　　）
49. 在精馏塔中从上到下，液体中的轻组分逐渐增大。（　　）
50. 蒸馏塔总是塔顶作为产品，塔底作为残液排放。（　　）

二、化工总控工职业技能鉴定应知试题（高级工）

<单选题>

51. 想要得到质量分数为98%的乙醇，适宜的操作是（　　）。
    A. 简单蒸馏　　　　　　　　　B. 精馏
    C. 水蒸气精馏　　　　　　　　D. 恒沸精馏

52. 常压下，苯的沸点为80.1℃，环己烷的沸点为80.73℃，欲使此两组分混合物分离，则宜采用（　　）。
    A. 恒沸精馏　　　　　　　　　B. 普通精馏
    C. 萃取精馏　　　　　　　　　D. 水蒸气精馏

53. 加大回流比，塔顶轻组分的组成将（　　）。
    A. 不变　　　　　　　　　　　B. 变小
    C. 变大　　　　　　　　　　　D. 忽大忽小

54. 适宜的回流比取决于（　　）。
    A. 生产能力　　　　　　　　　B. 生产能力和操作费用
    C. 塔板数　　　　　　　　　　D. 操作费用和设备折旧费用

55. 精馏塔操作前，釜液进料位置应该达到（　　）。
    A. 低于1/3　　B. 1/3　　C. 1/2~2/3　　D. 满釜

56. 精馏塔开车时，塔顶馏出物应该是（　　）。
    A. 全回流　　　　　　　　　　B. 部分回流部分出料
    C. 低于最小回流比回流　　　　D. 全部出料

57. 精馏塔温度控制最关键的部位是（　　）。
    A. 灵敏板　　B. 塔底　　C. 塔顶　　D. 进料

项目三 蒸馏操作

58. 精馏塔在全回流操作下（　　）。
A. 塔顶产量为零，塔底必须取出产品
B. 塔顶、塔底产品量为零，必须不断加料
C. 塔顶、塔底产品量及进料量均为零
D. 进料量与塔底产品量均为零，但必须从塔顶取出产品

59. 下列操作中，（　　）会造成塔底轻组分含量大。
A. 塔顶回流量小　　　　　　　　　B. 塔釜蒸气量大
C. 回流量大　　　　　　　　　　　D. 进料温度高

60. 精馏塔釜温度指示较实际温度高，会造成（　　）。
A. 轻组分损失增加　　　　　　　　B. 塔顶馏出物作为产品不合格
C. 釜液作为产品质量不合格　　　　D. 可能造成塔板严重漏液

61. 下列不是产生淹塔的原因是（　　）。
A. 上升蒸气量大　B. 下降液体量大　C. 再沸器加热量大　D. 回流量小

62. 下列操作中属于板式塔正常操作的是（　　）。
A. 液泛　　　B. 鼓泡　　　C. 漏液　　　D. 雾沫夹带

63. 下列（　　）是产生塔板漏液的原因。
A. 上升蒸气量小　　　　　　　　　B. 下降液体量大
C. 进料量大　　　　　　　　　　　D. 再沸器加热量大

64. 严重的雾沫夹带将导致（　　）。
A. 塔压增大　　　　　　　　　　　B. 板效率下降
C. 液泛　　　　　　　　　　　　　D. 板效率提高

65. 一板式精馏塔操作时漏液，采用（　　）方法可以解决。
A. 加大回流比　　　　　　　　　　B. 加大塔釜供热量
C. 减小进料量　　　　　　　　　　D. 减小塔釜供热量

66. 由气体和液体流量过大两种原因共同造成的是（　　）。
A. 漏液　　　　　　　　　　　　　B. 液沫夹带
C. 气泡夹带　　　　　　　　　　　D. 液泛

67. 在板式塔中进行气液相传质时，若液体流量一定，气速过小，容易发生（　　）现象，气速过大，容易发生（　　）或（　　）现象，所以必须控制适宜的气速。
A. 漏液　液泛　淹塔　　　　　　　B. 漏液　液泛　液沫夹带
C. 漏液　液沫夹带　液泛　　　　　D. 液沫夹带　液泛　淹塔

68. 在精馏塔操作中，若出现淹塔，可采取的处理方法有（　　）。
A. 调进料，降釜温，停采出　　　　B. 降回流，增大采出量
C. 停车检修　　　　　　　　　　　D. 以上方法都可以

69. 在精馏塔操作中，若出现塔釜压力及温度不稳定，产生的原因可能是（　　）。
A. 蒸汽压力不稳定　　　　　　　　B. 疏水器不畅通
C. 加热器有泄漏　　　　　　　　　D. 以上原因都可能

70. 在蒸馏生产中，液泛是容易产生的操作事故，其表现形式是（　　）。
A. 塔压增加　　　　　　　　　　　B. 温度升高
C. 回流比减小　　　　　　　　　　D. 温度降低

<判断题>

71. 连续精馏预进料时，先打开放空阀，充氮置换系统中的空气，以防进料时出现事故。（   ）
72. 连续精馏停车时，先停再沸器，后停进料。（   ）
73. 雾沫夹带过量是造成精馏塔液泛的原因之一。（   ）
74. 精馏操作主要通过控制温度、压力、进料量和回流比来实现对气、液负荷的控制。（   ）
75. 在精馏操作中，严重的雾沫夹带将导致塔压的增大。（   ）
76. 精馏操作中，操作回流比必须大于最小回流比。（   ）
77. 控制精馏塔时加大加热蒸汽量，则塔内温度一定升高。（   ）
78. 控制精馏塔时加大回流量，则塔内压力一定降低。（   ）
79. 在精馏操作过程中同样条件下以全回流时的产品浓度最高。（   ）
80. 精馏塔操作中常以灵敏板温度来控制塔釜再沸器的加热蒸汽量。（   ）
81. 减压蒸馏时应先加热再抽真空。（   ）
82. 精馏塔操作中，若馏出液质量下降，常采用增大回流比的办法使产品质量合格。（   ）
83. 精馏操作中，若塔板上气液两相接触越充分，则塔板分离能力越高，满足一定分离要求所需要的理论塔板数越小。（   ）
84. 精馏操作中，在进料状态稳定的情况下，塔内气相负荷的大小是通过调整回流比大小来实现的。（   ）
85. 沸程又叫馏程，它是指单组分物料在一定压力下从初馏点到干点的温度范围。（   ）

三、化工总控工职业技能鉴定应知试题（技师）

<简答题>

86. 精馏的三个最基本的条件是什么？
87. 请说明淹塔是怎样造成的。
88. 蒸馏塔顶产品外送送不出去的原因是什么？
89. 影响稳定塔的操作因素有哪些？具体写出其影响。
90. 进料温度对产品质量的影响如何？
91. 影响塔底温度的因素有哪些？如何调节？
92. 塔底液面的高低对塔操作有何影响？
93. 回流温度对塔操作有何影响？
94. 为什么要保持回流罐液面？
95. 回流量的大小对塔操作有何影响？
96. 简述评价塔设备的基本性能指标。
97. 压力高对产品质量有什么影响？
98. 塔底液面高对精馏效果有何影响？
99. 塔底再沸器的作用是什么？
100. 塔顶冷凝器的作用是什么？

四、X证书-化工精馏安全控制应知试题（高级工）

<单选题>

101. 以下说法正确的是（　　）。
A. 冷液进料 $q=1$　　　　　　B. 气液混合进料 $0<q<1$
C. 过热蒸气进料 $q=0$　　　　D. 饱和液体进料 $q>1$

102. 如果精馏塔进料组成发生变化，轻组分增加，则（　　）。
A. 釜温下降　　B. 釜温升高　　C. 釜压升高　　D. 顶温升高

103. 只要求从混合液中得到高纯度的难挥发组分，采用只有提馏段的半截塔，则进料口应位于塔的（　　）部。
A. 顶　　　　　B. 中　　　　　C. 中下　　　　D. 底

104. 某二元混合物，进料量为100kmol/h，$x_F = 0.6$，要求塔顶 x_D 不小于0.9，则塔顶最大产量为（　　）。
A. 60kmol/h　　B. 66.7kmol/h　　C. 90kmol/h　　D. 100kmol/h

105. 精馏操作中，其他条件不变，仅将进料量升高，则塔液泛速度将（　　）。
A. 减小　　　　B. 不变　　　　C. 增大　　　　D. 以上答案都不正确

106. 精馏塔塔底产品纯度下降，可能是因为（　　）。
A. 提馏段板数不足　　　　　　B. 精馏段板数不足
C. 再沸器热量过多　　　　　　D. 塔釜温度升高

107. 某精馏塔的理论板数为17（包括塔釜），全塔效率为0.5，则实际塔板数为（　　）。
A. 34　　　　　B. 31　　　　　C. 33　　　　　D. 32

108. 连续精馏中，精馏段操作线随（　　）而变。
A. 回流比　　　　　　　　　　B. 进料热状态
C. 残液组成　　　　　　　　　D. 进料组成

109. 操作中的精馏塔，若选用的回流比小于最小回流比，则（　　）。
A. 不能操作　　　　　　　　　B. x_D、x_W 均增大
C. x_D、x_W 均不变　　　　D. x_D 减小，x_W 增大

110. 某常压精馏塔，塔顶设全凝器，现测得其塔顶温度升高，则塔顶产品中易挥发组分的含量将（　　）。
A. 升高　　　　B. 降低　　　　C. 不变　　　　D. 以上答案都不对

111. 对于难分离进料组分低浓度混合物，为了保 x_D，采用下列哪种进料较好？（　　）
A. 靠上　　　　　　　　　　　B. 与平常进料一样
C. 靠下　　　　　　　　　　　D. 以上都可以

112. 气液两相在筛板上接触，其分散相为液相的接触方式是（　　）。
A. 鼓泡接触　　　　　　　　　B. 喷射接触
C. 泡沫接触　　　　　　　　　D. 以上三种都不对

113. 若进料量、进料组成、进料热状况都不变，要提高 x_D，可采用（　　）的措施。
A. 减小回流比　　　　　　　　B. 增加提馏段理论板数
C. 增加精馏段理论板数　　　　D. 塔釜保温良好

114. 下列（ ）不属于塔板上的非理想流动。
 A. 液沫夹带 B. 降液管液泛
 C. 返混现象 D. 气泡夹带

115. 在四种典型塔板中，操作弹性最大的是（ ）型。
 A. 泡罩 B. 筛孔 C. 浮阀 D. 舌

116. 蒸馏生产要求控制压力在允许范围内稳定，大幅度波动会破坏（ ）。
 A. 生产效率 B. 产品质量
 C. 气—液平衡 D. 不确定

117. 在筛板精馏塔设计中，增加塔板开孔率，可使漏液线（ ）。
 A. 上移 B. 不动 C. 下移 D. 都有可能

118. 下列操作中（ ）可引起冲塔。
 A. 塔顶回流量大 B. 塔釜蒸气量大
 C. 塔釜蒸气量小 D. 进料温度低

119. 精馏塔的操作中，先后顺序正确的是（ ）。
 A. 先通入加热蒸汽再通入冷凝水 B. 先停冷却水，再停产品产出
 C. 先停再沸器，再停进料 D. 先全回流操作再调节适宜回流比

120. 在一定操作压力下，塔釜、塔顶温度可以反映出（ ）。
 A. 生产能力 B. 产品质量
 C. 操作条件 D. 不确定

五、创新创业训练

通过对周边中小微化工企业调研，针对实际需求，结合本项目所学内容，设计一个创新创业项目或尝试申报一项专利，不限于技术创新，也可以是方法创新、理论创新或管理创新。参考主题如下：

121. 节能型蒸馏方案设计

针对石油、杂醇溶液等原料，通过优化塔内结构和操作条件，或合理调整物料走向，提高能量利用率。

122. 高纯度产品蒸馏技术

开发针对含有多种杂质的酒精溶液的蒸馏提纯技术，通过多级分馏和精确控制操作条件，获得高纯度的酒精产品。

123. 蒸馏过程智能控制系统

开发一套能够自动完成蒸馏操作、实时监测产品质量并自动调整操作参数的控制系统，提高蒸馏过程的自动化水平和产品质量稳定性。

124. 传统酿酒文化体验馆

结合蒸馏技术，打造传统酿酒文化体验馆。游客可以亲手操作蒸馏设备，品尝美酒，了解社会发展与科技进步下酿酒工艺的演进历史，感受中国酒文化的魅力。

项目四
吸收操作

[中国国家资历框架标准 6 级　1 学分]

工业背景

　　化工生产中许多原料、中间产品都是气体混合物，常需将各个组分加以分离使之满足工艺要求。吸收操作是分离气体混合物的重要单元操作，在化工、医药、炼油等领域得到了广泛的应用。本项目在了解班长岗位职责的基础上认识吸收系统、操作吸收设备，完成化工生产中的吸收操作任务，保障装置安、稳、长、满、优运行。

学习路径

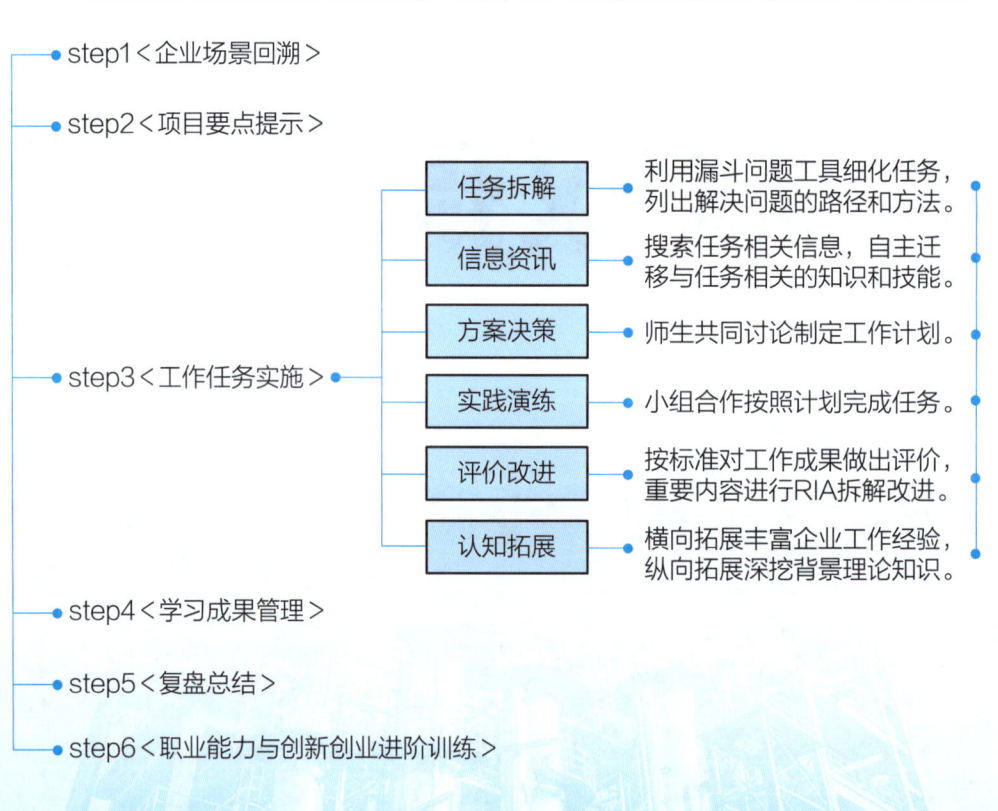

- step1 ＜企业场景回溯＞
- step2 ＜项目要点提示＞
- step3 ＜工作任务实施＞
  - 任务拆解 —— 利用漏斗问题工具细化任务，列出解决问题的路径和方法。
  - 信息资讯 —— 搜索任务相关信息，自主迁移与任务相关的知识和技能。
  - 方案决策 —— 师生共同讨论制定工作计划。
  - 实践演练 —— 小组合作按照计划完成任务。
  - 评价改进 —— 按标准对工作成果做出评价，重要内容进行RIA拆解改进。
  - 认知拓展 —— 横向拓展丰富企业工作经验，纵向拓展深挖背景理论知识。
- step4 ＜学习成果管理＞
- step5 ＜复盘总结＞
- step6 ＜职业能力与创新创业进阶训练＞

项目四 吸收操作

【企业场景回溯】

一、生产项目描述

在炼焦制取城市煤气的生产过程中，焦炉煤气中含有少量的苯、甲苯类低碳氢化物的蒸气，现采用如图 4-1 的流程对焦炉煤气进行分离，以回收苯、二甲苯等有用组分。

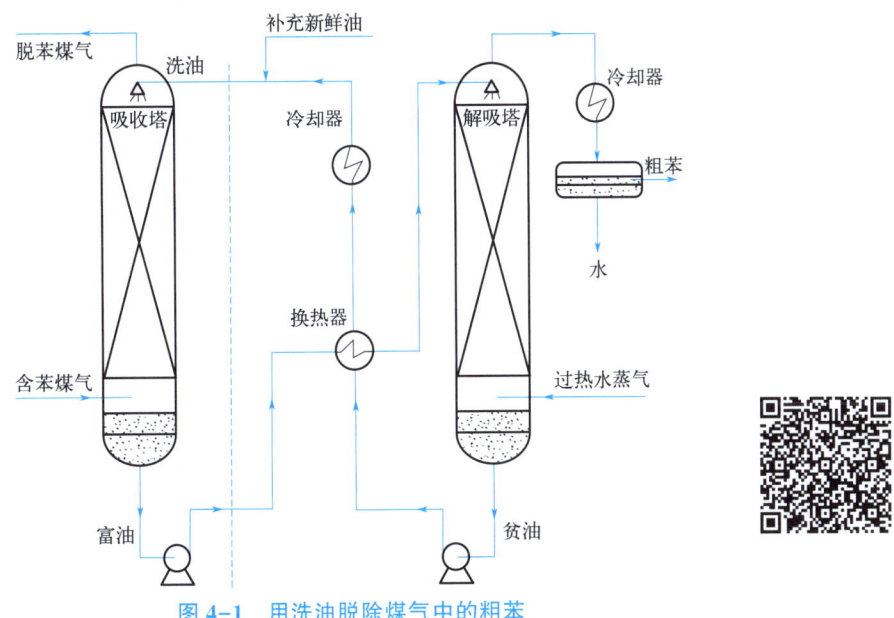

图 4-1　用洗油脱除煤气中的粗苯

二、岗位职责分析

生产车间构架如图 4-2 所示，本项目在熟悉主操、副操、运行工程师工作任务的基础上要进一步熟悉班长的岗位职责，内容如下：

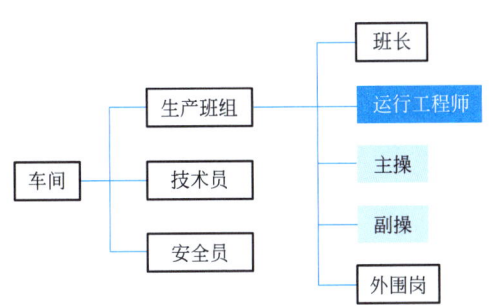

图 4-2　原稳装置车间岗位架构

（1）根据工艺要求，负责吸收装置的开、停操作；
（2）在日常维护工作中负责吸收设备的维护保养，以及操作间的卫生；
（3）负责本岗位在各种事故状态下的处理工作和对有关单位的联系工作；
（4）负责岗位交接班工作，按要求写交接班日记和操作记录。

三、安全生产须知——班长

（1）贯彻执行车间对安全生产的指令和要求，全面负责本班组的安全生产。

（2）组织班组职工贯彻执行企业、车间各项安全生产规章制度和安全技术操作规程，教育职工遵章守纪，制止违章行为。

（3）组织并参加班组安全活动，坚持班前讲安全，班中检查安全，班后总结安全。

（4）负责班组安全检查，发现不安全因素及时组织消除，并及时上报。发生事故立即报告，组织抢救，保护现场，做好详细记录，参加事故调查、分析，落实防范措施。

（5）协助车间管理人员对生产设备、安全装置、消防设施、防护器材和急救器具进行检查维护，使其经常保持完好和正常运行。督促教育本班职工合理使用劳动保护用品、用具，正确使用消防器材。

（6）提高班组安全管理水平，保持生产作业现场整齐、清洁，实现清洁生产。

（7）明确操作岗危害因素、事故预案。

项目四 吸收操作

【项目要点提示】

一、I/O 接口

吸收操作这一项目的前导知识技能、输出知识技能和后续对接生产项目见图 4-3。

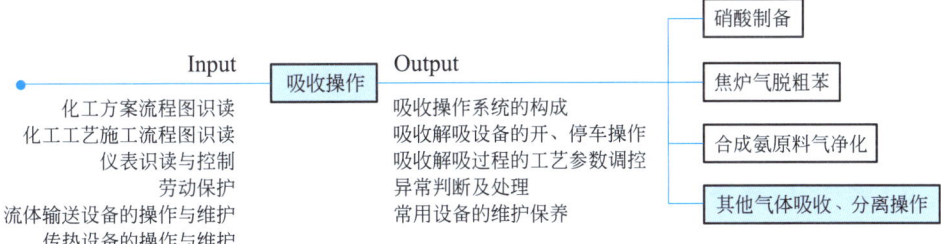

图 4-3 吸收操作 I/O 接口

二、学习目标

 知识目标
(1) 能准确说出吸收操作系统的对象、本质、原理、分类、应用
(2) 能准确说出吸收操作系统的构成
(3) 能准确说出常用吸收设备的原理、结构、性能、用途
(4) 能准确说出吸收解吸操作的影响因素
(5) 能准确说出吸收装置的开、停车操作流程和过程控制要点
(6) 能准确说出吸收过程中常见事故的现象、成因及处理方法

 能力目标
(1) 能独立完成吸收解吸设备的开、停车操作
(2) 能正确调控吸收解吸过程中的工艺参数
(3) 能正确诊断吸收解吸过程中的异常现象并给出合理的处理方案
(4) 能完成常用吸收设备的日常检查和强制保养
(5) 能通过多种新媒体资源获取信息、处理信息和运用信息
(6) 能对工作结果进行总结、评价与优化改进
(7) 能组织班长岗位的初步日常工作

 素质目标
(1) 认同化工企业管理方式,适应化工生产倒班作业
(2) 树立标准化操作、精益求精的工程质量意识,树立正确的劳动观
(3) 认识化工生产中的风险、责任和利益,将道德标准与法制意识深植于心
(4) 发扬诚信、友爱、互助的团队精神,积极践行社会主义核心价值观
(5) 关注产业历史和发展方向,挖掘其蕴含的优秀传统文化,增强"四个自信"
(6) 针对工作问题主动思考、积极创新,形成不断演进的成长型思维

239

三、重点、难点及解决方案

重　　点：吸收设备的开、停车操作，吸收系统的参数控制。

解决方案：开、停车操作按照"明流程—知操作—记参数—保安全"的逻辑链逐一展开，过程参数控制要明确其影响因素，熟练操作。

难　　点：吸收系统的事故处理。

解决方案：按照"明现象—析原因—做判断—给措施"的逻辑链逐一展开，事故处理完成后撰写"事故总结报告"进行复盘，参考格式如下：

**** 事故分析报告

发现时间：**** 年 ** 月 ** 日 ** 时 ** 分

发现人员：***、***、***

事故位置：**** 厂 ** 车间 ** 装置 ** 工段 **（设备、仪表、阀门等编号）

事故现象：1. ********************；
　　　　　2. ********************；
　　　　　3. ********************。

分析判定：****、**** 和 **** 故障都会引发 **** 现象，对 **** 进一步检查发现 **** 现象，据此判定此事故是由 ****（事故成因）引起的 ****（事故名称）。

处理方法：1. ********************；
　　　　　2. ********************；
　　　　　3. ********************。
　　　或：按 **** 事故处置卡进行处置。

执行单位：********

处理结果：经处理，****（事故位置）已恢复正常运行。
　　　或：**** 部分已恢复运行，**** 部分仍存在 **** 问题，需进一步维修，已上报 ****，目前进度是 ****。
　　　或：**** 问题因为 **** 目前无法处理，已上报 ****，目前进度是 ****。

报告人：***
**** 年 ** 月 ** 日

四、资源保障

移动学习端、吸收解吸仿真软件、吸收解吸操作实训装置。

五、参考标准

GB/T 15102—2006《石油和天然气工业用钢制固定式压力容器》。
HG/T 20679—2009《化工塔类设备施工及验收规范》。
SH/T 3024—2012《石油化工填料塔技术规程》。

项目四 吸收操作

【工作任务实施】

认识吸收操作系统

任务一 认识吸收操作系统

了解吸收操作系统的基本情况是完成操作任务、进行生产管理和技术创新的基础，请为入职培训的新员工介绍吸收操作系统概况。

一 任务拆解

（1）我要完成什么任务？
介绍吸收操作系统的基本情况。

（2）我要在什么样的场景下，以什么样的身份，利用什么样的资源，开展什么活动来完成这个任务？要达到什么样的标准？
在新员工入职培训时，以班长的身份，用 ppt 或对照装置进行讲解，让新员工了解什么是吸收操作、吸收操作系统的构成、常用吸收解吸设备、吸收解吸的影响因素。

（3）我要按照怎样的步骤来执行？关键点是什么？第一步要做的是什么？
按照"查找资料—确定大纲—制作文稿—讲解演示"的顺序完成任务，关键点是根据任务场景列出内容大纲，第一步要进行信息资讯，储备必要的知识技能。

二 信息资讯

（一）什么是吸收操作（absorption operation）

1. 吸收操作的对象
吸收操作的对象是均相气体混合物。

2. 吸收操作的本质
吸收操作的本质是质量传递，遵循质量传递的基本规律，传质过程如图 4-4 所示。

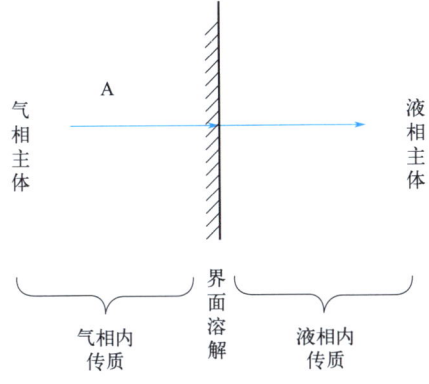

图 4-4 气液两相间的传质示意图

(1) 溶质由气相主体传递到气液界面,即气相内的物质传递。
(2) 溶质在相界面上的溶解,溶质由气相进入液相。
(3) 溶质由液相侧界面向液相主体的传递,即液相内的物质传递。

吸收传质过程与间壁式换热器中两流体通过间壁的传热过程相类似,但更为复杂。

> **素养充电站——品读工业智慧**
>
> 洞见思维是通过现象看透本质的能力,是解决复杂问题的底层逻辑和深层次规律。培养洞见思维的好方法是遇事多思考为什么,分析问题时不罗列现象,而是为现象找到原因,处理问题时抽丝剥茧,培养将复杂问题简单化的抽象思维能力。

3. 吸收操作的原理

利用气体混合物中各组分在液体中溶解度不同实现分离。工业生产中常常会遇到均相气体混合物的分离问题。为了分离混合气体中的各组分,通常将混合气体与选择的某种液体相接触,气体中的一种或几种组分便溶解于液体内而形成溶液,不能溶解的组分则保留在气相中,从而实现了气体混合物分离的目的。吸收过程常在吸收塔中进行,图4-5为逆流操作的吸收塔示意图。

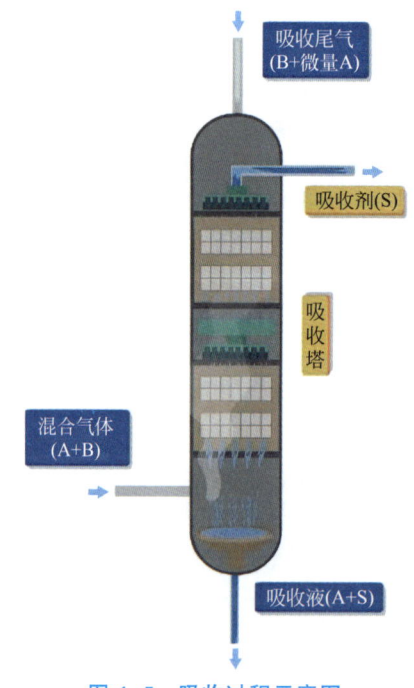

图 4-5 吸收过程示意图

(1) 基本概念。

在吸收操作中,能够溶解的组分称为吸收质(absorbate)或溶质(solute),以 A 表示;不被吸收的组分称为惰性组分(inert component)或载气(carrier gas),以 B 表示;吸收操作所用的液体称为溶剂(solvent)或吸收剂(absorbent),以 S 表示;吸收所得到的溶液称为溶液(solution)或吸收液(absorbing solution),其主要成分为溶剂 S 和溶质 A;吸收排出的气体称为吸收尾气(absorb exhaust gas),其主要成分是惰性气体 B 和残余的少量溶质 A。

(2) 气液相平衡。

在恒定的温度与压力下，使一定量的吸收剂与混合气体接触，溶质便向液相转移，直至液相中溶质达到饱和，浓度不再增加为止。此时并非没有溶质分子继续进入液相，只是任何瞬间进入液相的溶质分子数与从液相逸出的溶质分子数恰好相抵。在宏观上过程就像停止了，这种状态称为相际动平衡或气液相平衡。此时液相中溶质达到饱和，气液两相中溶质浓度不再随时间改变。

① 亨利定律。

在低浓度吸收操作中，对应的气相中溶质浓度与液相中溶质浓度之间可用亨利定律描述：当总压不高，在一定温度下气液两相达到平衡时，稀溶液上方气体溶质的平衡分压与溶质在液相中的摩尔分数成正比，即

$$p^* = Ex \tag{4-1}$$

式中　p^*——溶质在气相中的平衡分压，kPa；
　　　E——亨利系数，kPa；
　　　x——溶质在液相中的摩尔分数。

亨利系数 E 的值随物系而变化。当物系一定时，温度升高，E 值增大。亨利系数由实验测定，一般易溶气体的 E 值小，难溶气体的 E 值大。

由于气、液相组成表示方法不同，亨利定律可有多种形式。

当气、液相组成用摩尔分数表示时，则亨利定律表示为

$$y^* = mx \tag{4-2}$$
$$m = E/P$$

式中　y^*——相平衡时溶质在气相中的摩尔分数；
　　　x——溶质在液相中的摩尔分数；
　　　m——相平衡常数；
　　　p——总压。

当气、液相组成用摩尔比表示时，则亨利定律表示为

$$Y^* = mX \tag{4-3}$$

式中　Y^*——相平衡时溶质在气相中的摩尔比；
　　　X——溶质在液相中的摩尔比。

亨利定律的各种表达式所描述的都是互成平衡的气液两相组成之间的关系，它们既可以用来根据液相组成计算与之平衡的气相组成，也可以根据气相组成计算与之平衡的液相组成。

素养充电站——走近领域名家

亨利（Henry William Dalton），19世纪的英国化学家，1803年发现了亨利定律，描述了气体在液体中的溶解度与气体在液体表面上的分压之间的关系，即气体在液体中的溶解度随着气体分压的增大而增大。亨利定律对于理解气体在液体中的行为、气体在溶液中的传递过程以及气体在环境中的分布和迁移等问题都具有重要的意义，在化学、物理学和环境科学等领域有着广泛的应用。

② 吸收平衡线。

表明吸收过程中气液相平衡关系的曲线称为吸收平衡线，如图 4-6 所示。当液相中溶

质组成足够低时,平衡关系在 Y—X 图中可近似表示为一条通过原点、斜率为 m 的直线,如图 4-7 所示。

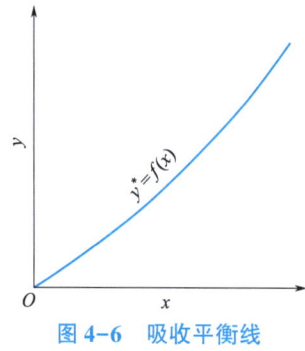

图 4-6　吸收平衡线

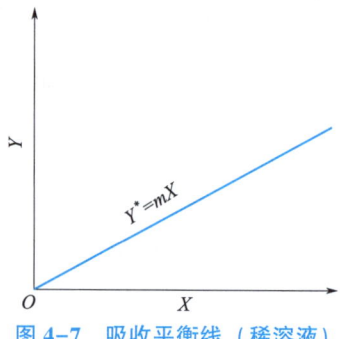

图 4-7　吸收平衡线(稀溶液)

③ 相平衡关系在吸收过程中的应用。

a. 判别过程的方向。

溶解平衡是吸收过程进行的极限,若未达平衡,则组分将由一相向另一相传递。在一定的温度和压力下,使吸收质浓度为 Y 的混合气与吸收质浓度为 X 的液体接触时:

当 $Y>Y^*$ 或 $X<X^*$ 时,吸收质自气相进入液相,进行吸收过程;

当 $Y<Y^*$ 或 $X>X^*$ 时,吸收质自液相进入气相,进行解吸过程;

当 $Y=Y^*$ 或 $X=X^*$ 时,两相处于平衡,达到了极限状态。

b. 确定吸收推动力。

在吸收操作中,如果气液两相的组成达到平衡,则吸收过程不能进行,只有气液两相处于不平衡状态时,才能进行吸收。通常以气液两相的实际状态与相应的平衡状态的偏离程度表示吸收推动力。如果气液两相处于平衡状态,则两相的实际状态与相应的平衡状态无偏离,吸收推动力为零;实际状态与相应的平衡状态偏离越大,吸收推动力越大,吸收越容易。

吸收推动力可用气相浓度差表示,即 $\Delta Y = Y - Y^*$;也可用液相浓度差表示,即 $\Delta X = X^* - X$;还可直观地表示在相平衡图上,如图 4-8 所示。

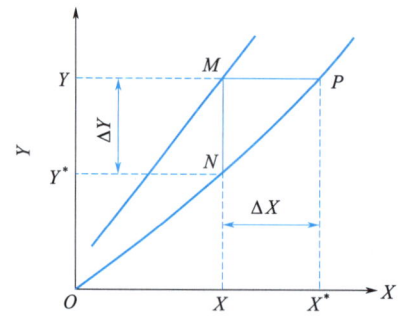

图 4-8　吸收推动力在相平衡图上的表示

(3) 工业吸收过程。

① 部分吸收剂再循环的吸收流程。

操作时,用泵从塔底将溶液抽出,一部分作为产品引出或作为废液排放,另一部分则经冷却器冷却后与新吸收剂一起再送入塔顶,如图 4-9 所示。

项目四 吸收操作

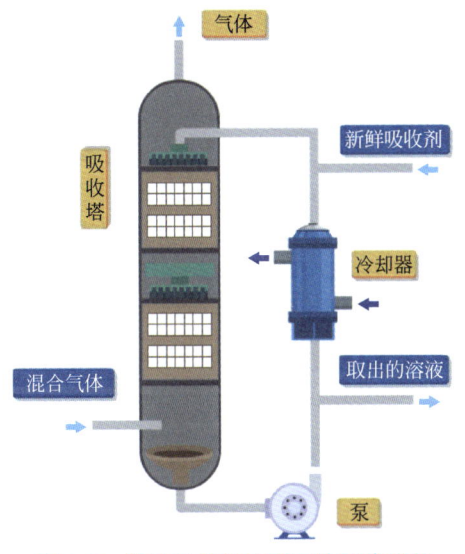

图 4-9 部分吸收剂再循环的吸收流程

由于部分溶液循环使用，入塔吸收剂中吸收质组分浓度升高，吸收过程推动力减小，同时还降低了吸收率。另外，部分溶液循环增加了动力消耗，但它可在不增加吸收剂用量的情况下增大喷淋密度和气液两相接触面，而且可利用循环溶液移走塔内部分热量，降低操作湿度，有利于吸收。

此种流程主要用于下列两种情况：吸收剂价格昂贵，要求耗用量少，无法保证填料的充分润湿；吸收过程放热，为保证过程的正常进行，需不断从塔内取走热量。

② 多塔串联吸收流程。

操作时，用泵将前一个塔的塔底溶液抽送至后一个塔顶部，气体与液体逆流接触。实际生产中还可根据需要在塔间的液体或气体管路上设置冷却器，如图 4-10 所示。

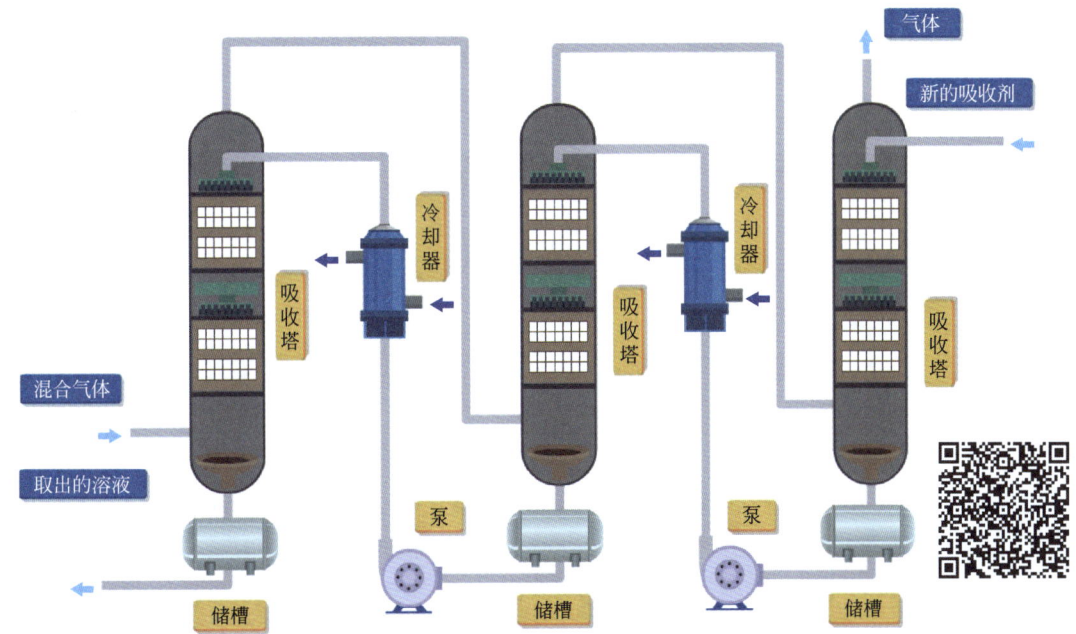

图 4-10 多塔串联吸收流程

串联吸收可将一个高塔分成几个矮塔，便于安装和维修。同时，可在两塔之间设置冷却装置，用于降低吸收液的温度。所以，当所需填料层太高，或塔底吸收液温度过高时可用此流程。如果处理的气量很大，或所需塔径太大时，也可考虑由几个小直径塔并联操作。

③ 吸收—解吸联合流程。

工业吸收过程通常在吸收塔内进行。除少数直接获得液体产品的吸收操作外，一般的吸收过程都要求对吸收后的溶剂（吸收液、富液）进行再生，即在另一称为解吸塔的设备中进行与吸收相反的操作——解吸。因此，一个完整的吸收分离过程一般包括吸收和解吸两部分。

图 4-11 为煤气中回收粗苯的吸收—解吸联合流程，左边为吸收部分，含苯煤气由底部进入吸收塔，洗油从顶部喷淋而下与气体呈逆流流动。在煤气和洗油的逆流接触中，苯类物质蒸气大量溶于洗油中，从塔顶引出的煤气中仅含少量的苯，溶有较多苯类物质的洗油（称为富油）则由塔底排出。为了回收富油中的苯并使洗油能循环使用，在另一称为解吸塔的设备中进行与吸收相反的操作——解吸，右边即为解吸部分。从吸收塔底排出的富油首先经换热器被加热后，由解吸塔顶引入，在与解吸塔底部通入的过热蒸汽逆流接触过程中，粗苯由液相释放出来，并被水蒸气带出塔顶，再经冷凝分层后即可获得粗苯产品。脱除了大部分苯的洗油（称为贫油）由塔底引出，经冷却后再送回吸收塔顶循环使用。

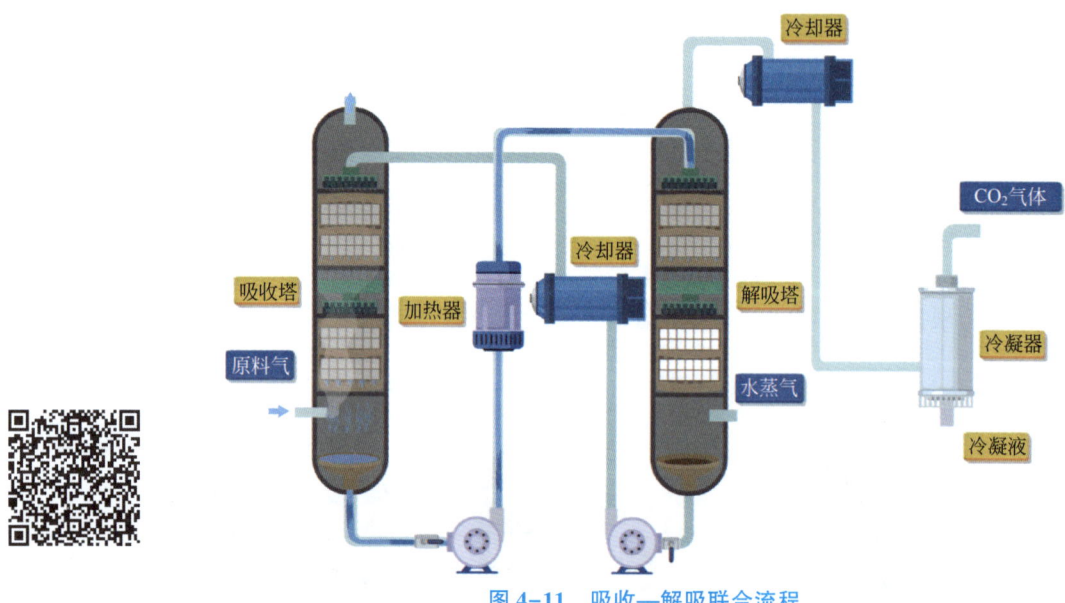

图 4-11 吸收—解吸联合流程

4. 吸收操作的分类

（1）按过程有无化学反应分为物理吸收（physical absorption）和化学吸收（chemical absorption）。如果溶质与溶剂之间不发生显著的化学反应，可以当作气体单纯地溶解于液相的物理过程，则称为物理吸收；如果溶质与溶剂发生显著的化学反应，则称为化学吸收。前面提到的用水吸收二氧化碳、用洗油吸收芳烃等过程都属于物理吸收，用硫酸吸收氨、用碱液吸收二氧化碳等过程都属于化学吸收。

（2）按被吸收的组分数目分为单组分吸收（singal-component absorption）和多组分吸收（multi-component absorption）。混合气体中只有一个组分（溶质）进入液相，其余组分皆可认为不溶解于吸收剂的吸收过程称为单组分吸收；混合气体中有两个或更多组分进入液相的吸收过程称为多组分吸收。例如合成氨原料气含有 N_2、H_2、CO 及 CO_2 等几种成分，其中只有 CO_2 在水中有较为显著的溶解度，这种原料气用水吸收的过程即属于单组分吸收；用洗油处理焦炉气时，气体中的苯、甲苯、二甲苯等几种组分都在洗油中有显著的溶解度，这种吸收过程则应属于多组分吸收。

（3）按吸收过程有无温度变化分为等温吸收（isothermal absorption）和非等温吸收（non-isothermal absorption）。气体溶解于液体时，常常伴随着热效应，当有化学反应时，还会有反应热，其结果是随吸收过程的进行，溶液温度会逐渐变化，则此过程为非等温吸收；若吸收过程的热效应较小，或被吸收的组分在气相中浓度很低，而吸收剂用量相对较大时，温度升高不显著，则可认为是等温吸收。另外，如果有换热设备随时移走吸收过程产生的热量，也可以达到等温吸收。

（4）按吸收过程的操作压力分为常压吸收（atmospheric pressure absorption）和加压吸收（pressurized absorption）。当操作压力增大时，溶质在吸收剂中的溶解度将随之增加。

（5）按被吸收组分浓度的高低分为低浓度吸收（low-concentration absorption）和高浓度吸收（high-concentration absorption）。当混合气体中溶质的体积分数小于5%～10%时，气、液两相的流量可视为常量，此时吸收过程可认为是低浓度吸收；否则为高浓度吸收。

5. 吸收操作的应用

在化工生产中，气体吸收操作广泛应用于直接生产化工产品、分离气体混合物、原料气的精制及从废气中回收有用组分或除去有害物质等过程。

（1）制取产品或中间体。将气体中需要的成分用指定的溶剂吸收出来，成为液态的产品或半成品。例如，用水吸收二氧化氮制造硝酸，用水吸收氯化氢制取盐酸，用水吸收甲醛制备福尔马林溶液等。

（2）分离气体混合物。气体吸收常被用于混合气体的分离，以得到目的产物或回收其中的某些组分。例如，油吸收法分离石油裂解气，将 C_3 以上馏分与氢、甲烷分开；用醋酸亚铜氨液从 C_4 馏分中提取丁二烯等。

（3）回收混合气体中的有用组分。例如，用硫酸处理焦炉气以回收其中的氨生成硫铵，用洗油处理焦炉气以回收其中的苯、二甲苯等，用液态烃处理石油裂解气以回收其中的乙烯、丙烯等。

（4）净化或精制气体。例如，用水或碱液脱除合成氨原料气中的二氧化碳，用丙酮脱除石油裂解气中的乙炔等。

（5）废气治理，保护环境。工业废气中含有 SO_2、NO、NO_2、H_2S 等有害气体，直接排入大气，对环境危害很大，可通过吸收操作使之净化，变废为宝，综合利用。

（6）生化工程。生化技术在化工合成及三废治理中广泛应用，它们都离不开氧在其中的溶解。例如，柠檬酸的生产常采用深层发酵法，即在带有氧气和搅拌的发酵团中使菌体在液体内培养的发酵工艺，因为菌体是好气性菌，所以发酵中必须给予大量的空气以维持生物的正常吸收和代谢；在废水处理中采用曝气法以及活性污泥法等，均要应用空气中的氧在水中的溶解（吸收）这一基本过程。

想一想 你知道碳达峰和碳中和吗？吸收操作在碳中和中有什么作用？

碳达峰是指二氧化碳排放量达到历史最高值后，经历平台期进入持续下降的过程，是二氧化碳排放量由增转降的历史拐点。碳中和则是指某个地区在一定时间内（一般指一年）人为活动直接和间接排放的二氧化碳，与其通过植树造林等吸收的二氧化碳相互抵消，实现二氧化碳"净零排放"。

吸收操作在实现碳达峰和碳中和的过程中发挥着重要作用。一方面，通过吸收操作可以有效地减少工业排放中的二氧化碳等温室气体，从而降低碳排放量，达到碳减排的目标。例如，在石油化工、制药等行业中，通过使用吸收剂或吸附剂等材料，可以将废气中的二氧化碳等有害气体吸收并分离出来，从而减少废气的排放。

另一方面，吸收操作还可以用于碳捕捉技术中。碳捕捉是指将大气中的二氧化碳捕集下来，并经过处理后进行储存或利用。通过吸收操作，可以将排放到大气中的二氧化碳捕集下来，并将其转化为固态或液态形式，从而方便储存和运输。这种技术可以用于减小大气中的二氧化碳浓度，缓解全球气候变暖的趋势。

> **素养充电站——链接政策法规**
>
> 2018年5月18日，总书记在全国生态环境保护大会上说，生态文明建设是中华文明发展的永续大计，党的二十大报告专门论述了推动绿色发展，促进人与自然和谐共生，强调人与自然和谐共生是中国式现代化的重要特征，新时代新征程上我们要大力推进生态文明建设，努力建设美丽中国，实现中华民族的永续发展。

> **素养充电站——溯源工程伦理**
>
> 化工生产往往伴随着大量的能源消耗和废弃物排放，对环境造成一定的污染和破坏，所以环境利益是化工生产中不可忽视的一方面。从工程伦理的角度出发，化工企业需要承担起保护环境的责任，吸收操作通过减少排放和碳捕捉技术在实现碳达峰和碳中和的过程中扮演着重要的角色，为实现全球碳减排和应对气候变化做出了积极的贡献。

（二）吸收操作系统的构成

吸收操作系统是由管路、仪表、储罐、输送设备和传热设备构成的，管路、仪表、储罐、输送设备、传热设备在项目一和项目二中已经详细描述，本部分主要介绍吸收解吸设备。

1. 吸收设备的分类

目前，工业生产中使用的吸收塔的主要类型有板式塔、填料塔、湍流塔、喷洒塔和喷射式吸收器等，其中以填料塔应用最为广泛。

2. 吸收设备的选用

吸收操作中，塔设备的选择应根据具体的工艺要求和操作条件来决定。填料塔具有结构简单、压降低等优点，尤其是近年来由于新型填料的开发和塔内分布器等附件的改进，填料塔的应用范围愈加广泛，不仅用于中小型塔，也可用于直径为几米甚至十几米的大型塔。

（三）常用吸收操作设备

> **素养充电站——回眸产业千载**
>
> 20世纪初，随着中国工业化进程的加速，化工、制药、石油等行业逐渐兴起，吸收塔等工业设备也逐渐得到应用。在此过程中，中国的工程师和技术人员也不断吸收和引进国外的先进技术，对吸收塔等设备进行了改进和创新，使其更加适合中国的工业生产需求。

化工生产中吸收操作多用填料塔，本项目主要介绍填料塔。

1. 原理

填料塔是连续接触式的传质设备，液体由塔的上部通过分布器进入，沿填料表面下降。气体则由塔的下部通过填料孔隙逆流而上，与液体密切接触而相互作用。

2. 结构

填料塔为一直立式圆筒，由塔体、填料、填料支承装置、填料压紧装置、液体分布装置、液体再分布装置和除沫装置构成，填料塔内有填料乱堆或整砌在靠近筒底部的支撑板上，如图 4-12 所示。

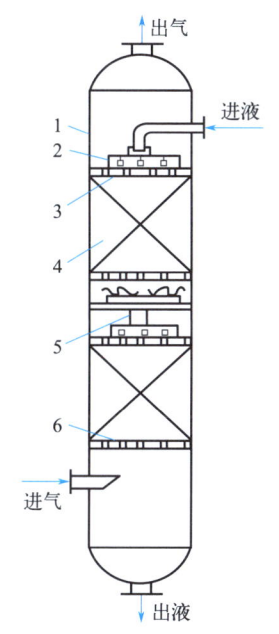

图 4-12　填料塔结构示意图

1—塔体；2—液体分布器；3—填料压紧装置；4—填料层；5—液体再分布器；6—支承装置

（1）塔体。

塔体是塔设备的外壳，由筒体和封头组成，塔体除用金属材料制作以外，还可以用陶瓷、塑料等非金属材料制作，或在金属壳体内壁衬以橡胶或陶瓷。金属或陶瓷塔体一般均为圆柱形，圆柱形塔体有利于气体和液体的均匀分布，但大型的耐酸石或耐酸砖塔则砌成方形或多角形。封头常采用标准椭圆形，用钢板压制而成，对承受外压较大的减压塔，其封头多采用半球形。

（2）填料。

填料是填料塔的核心部分，它提供了气液两相接触传质的界面，是决定填料塔性能的主要因素。填料的种类很多，大致可分为散装填料和整砌填料两大类。散装填料是一粒粒具有一定几何形状和尺寸的颗粒体，一般以散装方式堆积在塔内。根据结构特点的不同，散装填料分为环形填料、鞍形填料、环鞍形填料及球形填料等。整砌填料是一种在塔内整齐、有规则排列的填料，根据其几何结构可以分为格栅填料、波纹填料等。常见填料的实物图、结构、特点及应用见表 4-1。

表 4-1 常见的填料

名称	实物图	结构	特点及应用
拉西环		最早使用的一种填料，是外径与高度相等的圆环。可用陶瓷、金属、塑料及石墨等材质制造	拉西环形状简单，制造容易，操作时有严重的沟流和壁流现象，气液分布较差，传质效率低。填料层持液量大，气体通过填料层的阻力大，通量较低
鲍尔环		在拉西环的侧壁上开出两排长方形的窗孔，被切开的环壁一侧仍与壁面相连，另一侧向环内弯曲，形成内伸的舌叶，舌叶的侧边在环中心相搭	气体流动阻力降低，液体分布比较均匀。同种规格鲍尔环的气体通量比拉西环增大50%以上，传质效率增加30%左右，操作弹性大，但价格较高。因性能优良得到广泛应用
阶梯环		是对鲍尔环的改进，阶梯环圆筒部分的高度仅为直径的一半，圆筒一端有向外翻卷的锥形边，高度为全高的1/5	气体通量大、流动阻力小、传质效率高，是目前使用的环形填料中性能最为良好的一种
鞍形填料		是敞开型填料，包括弧鞍与矩鞍。敞开型填料的特点是表面全部敞开，不分内外，液体在表面两侧均匀流动，表面利用率高，气体流动阻力小	填充密度及液体分布都较均匀，空隙率也有所提高，阻力较低，不易堵塞，制造简单，性能较好
金属鞍环		采用极薄的金属板轧制，既有类似开孔环形填料的圆环、开孔和内伸的叶片，也有类似矩鞍形填料的侧面	综合了环形填料通量大及鞍形填料的液体再分布性能好的优点，阻力减小，通量增大，传质效率提高，机械强度强。性能优于目前的鲍尔环和矩鞍形填料
球形填料		一般采用塑料材质注塑而成，其结构有许多种	球体为空心，可以允许气体、液体从内部通过。填料装填密度均匀，不易产生空穴和架桥，气液分散性能好。一般适用于某些特定场合，工程上应用较少
波纹填料		由许多波纹薄板组成的圆盘状填料，波纹与水平方向成45°倾角，相邻两波纹板反向靠叠，使波纹倾斜方向相互垂直。各盘填料垂直叠放于塔内，相邻两盘填料间交错90°排列	结构紧凑，比表面积大，阻力小，传质效率高。但不适于处理黏度大、易聚合或有悬浮物的物料，造价也较高。金属丝网波纹填料特别适用于精密精馏及真空精馏装置，为难分离物系、热敏性物系的精馏提供了有效的手段。金属孔板波纹填料特别适用于大直径蒸馏塔。金属压延孔板波纹填料主要用于分离要求高，物料不易堵塞的场合

无论散装填料还是整砌填料均可用陶瓷、金属和塑料制造。陶瓷填料应用最早,其润湿性能好,但因较厚,空隙小,阻力大,气液分布不均匀导致效率较低,而且易破碎,故仅用于高温、强腐蚀的场合。金属填料强度高,壁薄,空隙率和比表面积大,故性能良好。不锈钢较贵,碳钢便宜但耐腐蚀性差,在无腐蚀场合广泛采用。塑料填料价格低廉,不易破碎,质轻耐蚀,加工方便,但润湿性能差。

> **素养充电站——放眼行业前沿**
>
> 随着新型材料技术和计算机模型技术的不断进步和工业化的发展,填料塔中的新型填料不断涌现,如高分子球形填料、陶瓷球形填料、不锈钢骨架填料、铝合金骨架填料、网式填料、泡沫注塑填料等。这些新型填料的应用不仅能够提高填料塔的性能和效率,还能够降低运行成本和维护成本,为化工、环保等领域的可持续发展做出重要贡献。

(3) 填料支承装置。

填料支承装置支承塔内填料及其持有的液体重量,故支承装置要有足够的强度。同时为使气液顺利通过,支承装置的自由截面积应大于填料层的自由截面积,否则当气速增大时,填料塔的液泛将首先在支承装置发生。常用的填料支承装置有栅板型、孔管型、驼峰型等,如图4-13所示。根据塔径、使用的填料种类及型号、塔体及填料的材质、气液流速来选择支承装置。

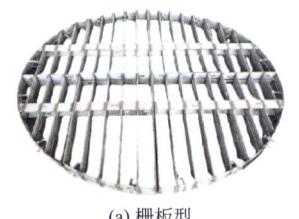

(a) 栅板型　　　　　　(b) 孔管型　　　　　　(c) 驼峰型

图 4-13　填料支承装置

(4) 填料压紧装置。

填料压紧装置安装于填料上方,保持操作中填料床层高度恒定,防止在高压降、瞬时负荷波动等情况下填料床层发生松动和跳动,如图4-14所示。填料压板适用于陶瓷、石墨制的散装填料。床层限制板用于金属散装填料、塑料散装填料及所有规整填料。

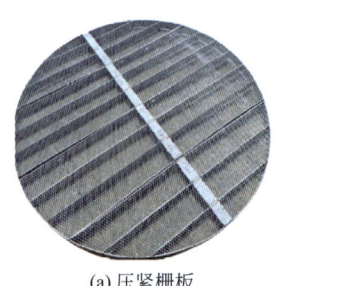

(a) 压紧栅板　　　　　　(b) 压紧网板

图 4-14　填料压紧装置

(5) 液体分布装置。

液体分布装置设在塔顶,为填料层提供足够数量并分布适当的喷淋点,以保证液体初始均匀分布。莲蓬式喷洒器一般适用于处理清洁液体，且直径小于 600mm 的小塔。盘式分布器常用于直径较大的塔。管式分布器适用于液量小而气量大的填料塔。槽式液体分布器多用于气液负荷大及含有固体悬浮物、黏度大的分离场合。常用的液体分布装置如图 4-15 所示。

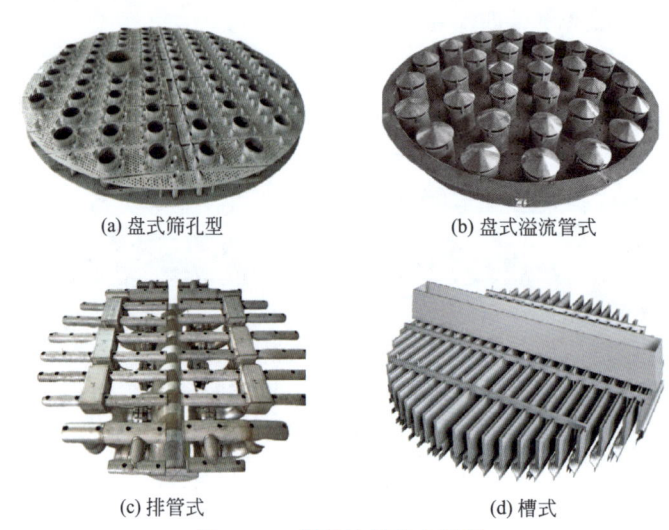

(a) 盘式筛孔型　　　　(b) 盘式溢流管式

(c) 排管式　　　　(d) 槽式

图 4-15　常见液体分布装置

（6）液体再分布装置。

壁流将导致填料层内气液分布不均，使传质效率下降。为减小壁流现象，可间隔一定高度在填料层内设置液体再分布装置，最简单的液体再分布装置为截锥式再分布器，常见液体再分布装置如图 4-16 所示。

(a) 斜板式液体再分布器　　　　(b) 折板式液体再分布器

图 4-16　常见液体再分布装置

（7）除沫装置。

在液体分布器的上方安装除沫装置，清除气体中夹带的液体雾沫。图 4-17 所示为折板除沫器、丝网除沫器，此外还有填料除沫器。

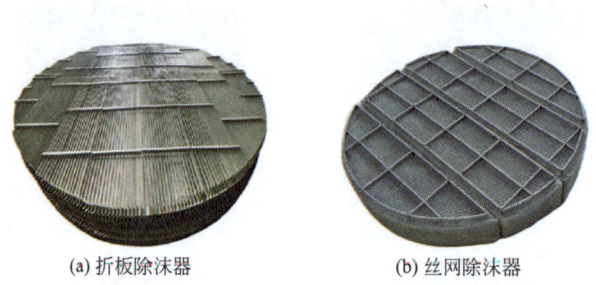

(a) 折板除沫器　　　　(b) 丝网除沫器

图 4-17　常见除沫器

3. 性能

（1）填料层的持液量。

填料层的持液量是指在一定操作条件下，在单位体积填料层内所积存的液体体积，以 m^3 液体/m^3 填料表示。

填料层的持液量可由实验测出，也可由经验公式计算。一般来说，适当的持液量对填料塔操作的稳定性和传质是有益的，但持液量过大，将减少填料层的空隙和气相流通截面，使压降增大，处理能力下降。

（2）填料层的压降。

在逆流操作的填料塔中，从塔顶喷淋下来的液体，依靠重力在填料表面呈膜状流动。上升气体与下降液膜的摩擦阻力形成了填料层的压降。填料层压降与液体喷淋量及气速有关，在一定的气速下，液体喷淋量越大，压降越大；在一定的液体喷淋量下，气速越大，压降也越大。不同液体喷淋量下的单位填料层的压降 $\Delta p/Z$ 与空塔气速 u 的关系标绘在双对数坐标纸上，可得到如图 4-18 所示的曲线。

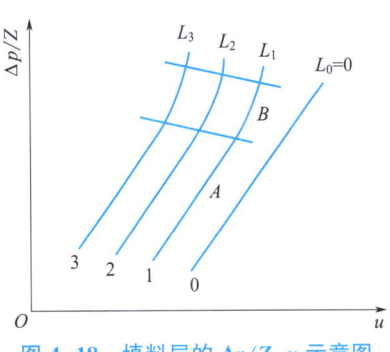

图 4-18　填料层的 $\Delta p/Z - u$ 示意图

（3）载点气速。

当气速超过 A 点时，气体对液膜的曳力较大，对液膜流动产生阻滞作用，使液膜增厚，填料层的持液量随气速的增加而增大，此现象称拦液。开始发生拦液现象时的空塔气速称为载点气速，曲线上的转折点 A，称为载点。

（4）泛点气速。

若气速继续增大，到达图中 B 点时，由于液体不能顺利流下，填料层的持液量不断增大，填料层内几乎充满液体，气速增加很小便会引起压降的剧增，此现象称为液泛。开始发生液泛现象时的空塔气速称为泛点气速，以 u_F 表示。曲线上的 B 点称为泛点，从载点到泛点的区域称为载液区，泛点以上的区域称为液泛区。

4. 特点

与板式塔相比，填料塔具有以下特点：

（1）结构简单，便于安装，小直径的填料塔造价低。

（2）压力降较小，适合减压操作，且能耗低。

（3）分离效率高，用于难分离的混合物，塔高较低。

（4）适用于易起泡物系的分离，因为填料对泡沫有限制和破碎作用。

（5）适用于腐蚀性介质，因为可采用不同材质的耐腐蚀填料。

（6）适用于热敏性物料，因为填料塔持液量低，物料在塔内停留时间短。

（7）操作弹性较小，对液体负荷的变化特别敏感。当液体负荷较小时，填料表面不能很好地润湿，传质效果急剧下降；当液体负荷过大时，则易产生液泛。

（8）不宜处理易聚合或含有固体颗粒的物料。

（四）吸收解吸的影响因素

化工生产中，在吸收塔的结构形式、尺寸、吸收流程、吸收剂的性质等都已确定的情况下，影响吸收塔操作的主要因素有以下几方面。

1. 温度

一般的吸收均为放热过程。放热将使体系的温度上升，吸收平衡线上移，过程推动力减小。降低吸收剂的进口温度或及时移走吸收过程所放热量均能使吸收质在液相中溶解度增加，平衡线下移，过程推动力增加。

对于单塔的低浓度气体吸收过程，为降低尾气浓度，提高吸收率，工程上常加大喷淋量，使吸收操作温度不发生明显变化，放热对过程造成的影响可忽略。然而，实际生产中的吸收往往是多塔串联或吸收—解吸联合操作，吸收放热对体系的影响就不能忽略不计。为保证吸收过程能按工艺要求顺利进行，工业吸收流程中常配合塔器附加一些移除吸收放热的措施及设备。最常见的有塔外部的冷却器和塔内部的冷却器。实际生产中，吸收操作温度控制的实质就是正确操作和使用上述各种冷却装置，以确保吸收过程在工艺要求的温度条件下进行。

2. 压力

增加吸收系统的压力，即增大了吸收质的分压，能提高吸收推动力，对吸收有利。但过高地增大系统压力，会使动力消耗增大，同时设备强度要求也提高，因而使设备的投资和操作费用加大。一般能在常压下进行的吸收操作不必在高压下进行。但对一些在吸收后需要加压的系统，可以在较高压力下进行吸收，既有利于吸收，又有利于增加吸收塔的生产能力。

3. 吸收剂的进口浓度

降低入塔吸收剂中溶质的浓度，可以增加吸收的推动力。因此，对有吸收剂再循环的吸收操作来说，吸收液的解吸应尽可能完全。当解吸塔操作不正常，可能会使吸收剂的进口浓度增加，而过程推动力下降，出塔尾气浓度上升，吸收效果差。而当吸收剂的进口浓度增加时，其他操作条件未变，出塔液的浓度将上升，使解吸塔负荷增加，在未采取强化解吸操作措施时解吸效果更差，吸收剂的进口浓度又将上升，这将导致整个系统的恶性循环。为了严格控制吸收剂的进口浓度，应及时改善解吸操作。

4. 液气比

当吸收剂进口浓度和出塔尾气浓度一定时，液气比增大，将使出塔液浓度减小，过程的平均推动力增大，从而可使所需的塔高降低，但解吸所需的再生费用将大大增加。反之，液气比减小，再生费用减少，但塔高增加。设计液气比是否为最适宜的操作液气比，必须经过生产实践的检验；考虑连续生产过程中前后工序的相互制约，操作液气比也不可能维持为常量，常需及时调节、控制。液气比的调节、控制主要应考虑如下几个方面的问题：

（1）为确保填料层的充分润湿，喷淋密度不能太小。若喷淋密度过小，则填料表面不能被完全润湿，损失传质面积，可能会导致无法达到分离要求；若喷淋密度过大，则流体阻力增加，甚至引起液泛。应确定适宜的喷淋密度，以保证填料的充分润湿和良好的气液接触状态。

（2）最小液气比的限制取决于预定的生产目的和分离要求，并非吸收塔不允许在更低的液气比下操作。

（3）当入塔的气体条件发生变化时，为了达到预期的分离要求，操作时应及时调整液体喷淋量。

（4）当吸收与解吸操作联合进行时，吸收剂的入塔条件将受解吸操作的影响，在此种联合操作系统中，加大吸收的喷淋量，虽然能增大吸收推动力，但应同时考虑解吸设备的生产能力。如果吸收剂循环量增大使解吸操作恶化，则吸收塔的液相进口浓度将上升，增加吸收剂流量往往得不偿失；若解吸是在升温条件下进行的，解吸后吸收剂的冷却效果不好，还将使吸收操作的温度上升，吸收效果下降。此时的操作重点是设法提高解吸后吸收剂的冷却效果，而非盲目加大循环量。

液气比是吸收操作的重要控制参数，调节的前提是确保达到预期分离要求，经济效益最佳。为此，我们必须坚持以理论作指导，综合现场的生产实际情况，对全系统进行全面分析，然后采取最有效的调节措施。

三 方案决策

师生共同讨论工作计划，学生修改完善计划，对工作的环节进行梳理，形成文案。

认识吸收操作系统可以从四个方面进行：（1）什么是吸收操作；（2）吸收系统的构成；（3）常用吸收操作设备；（4）吸收操作过程的强化。

四 实践演练

利用ppt讲解或对照现场装置进行讲解。

五 评价改进

（一）实施过程评价标准

吸收操作系统讲解评分指标及分值参考表4-2。

表4-2 吸收操作系统讲解评分参考

	评分指标	分值	得分
1	环境整洁，设备流畅，讲述者着装得体	10	
2	讲述内容要素齐全，内容准确，与职业岗位技能紧密对接	30	
3	语言精练、用词专业、表达流畅，能有效互动，掌控现场节奏	20	
4	重点内容有强调，整体内容有总结，能有效使用案例强化效果	20	
5	学习者的收获度	20	
	总分	100	

（二）自我对标分析

_____

_____

（三）改进要点拆解

R：_____

I：_____

A：_____

> **素养充电站——传承中华文脉**
>
> 精益求精的工匠精神是推动社会进步的重要动力。《论语》中云"知之为知之，不知为不知，是知也。"这句话鼓励人们保持谦逊，不断求知，追求技艺的极致。在中国陶瓷史上，工匠们精雕细琢，千锤百炼，不断精进技艺，使得中国陶瓷闻名世界，成为中华文化的瑰宝。古人不断试验、改进，最终发明了造纸术、印刷术、火药和指南针，这些发明不仅改变了中国，也影响了世界。在技艺追求上永无止境，鼓励人们保持谦逊、不断求知，为社会的繁荣和进步贡献力量。

六 认知拓展

填料的类型及性能评价

填料是填料塔的核心部分，它提供了气液两相接触传质的界面，是决定填料塔性能的主要因素。对操作影响较大的填料特性有：

（一）比表面积

单位体积填料层所具有的表面积称为填料的比表面积，以 δ 表示，其单位为 m^2/m^3。显然，填料应具有较大的比表面积，以增大塔内传质面积。同一种类的填料，尺寸越小，则其比表面积越大。

（二）空隙率

单位体积填料层所具有的空隙体积，称为填料的空隙率，以 ε 表示，其单位为 m^3/m^3。填料的空隙率大，气液通过能力大且气体流动阻力小。

（三）填料因子

将 δ 与 ε 组合成 δ/ε^3 的形式称为干填料因子，单位为 m^{-1}。填料因子表示填料的流体力学性能。当填料被喷淋的液体润湿后，填料表面覆盖了一层液膜，δ 与 ε 均发生相应的变化，此时 δ/ε^3 称为湿填料因子，以 ϕ 表示。ϕ 值小则填料层阻力小，发生液泛时的气速提高，亦即流体力学性能好。

（四）单位堆积体积的填料数目

对于同一种填料，单位堆积体积内所含填料的个数是由填料尺寸决定的。填料尺寸减小，填料数目可以增加，填料层的比表面积增大，而空隙率减小，气体阻力亦相应增加，填料造价提高。若填料尺寸过大，在靠近塔壁处，填料层空隙很大，将有大量气体由此短路流过。为控制气流分布不均匀现象，填料尺寸不应大于塔径的 1/10～1/8。

此外，从经济、实用及可靠的角度考虑，填料还应具有质量轻、造价低、坚固耐用、不易堵塞，耐腐蚀，有一定的机械强度等特性。各种填料往往不能完全具备上述各种条件，实际应用时，应依具体情况加以选择。

任务二　操作吸收解吸装置

如图 4-19 所示，利用吸收解吸的方法可以以 C_6 油为吸收剂，分离气体混合物（其中，C_4 的含量为 25.13%，CO 和 CO_2 的含量为 6.26%，N_2 的含量为 64.58%，H_2 的含量为 3.5%，O_2 的含量为 0.53%）中的 C_4 组分（吸收质）。

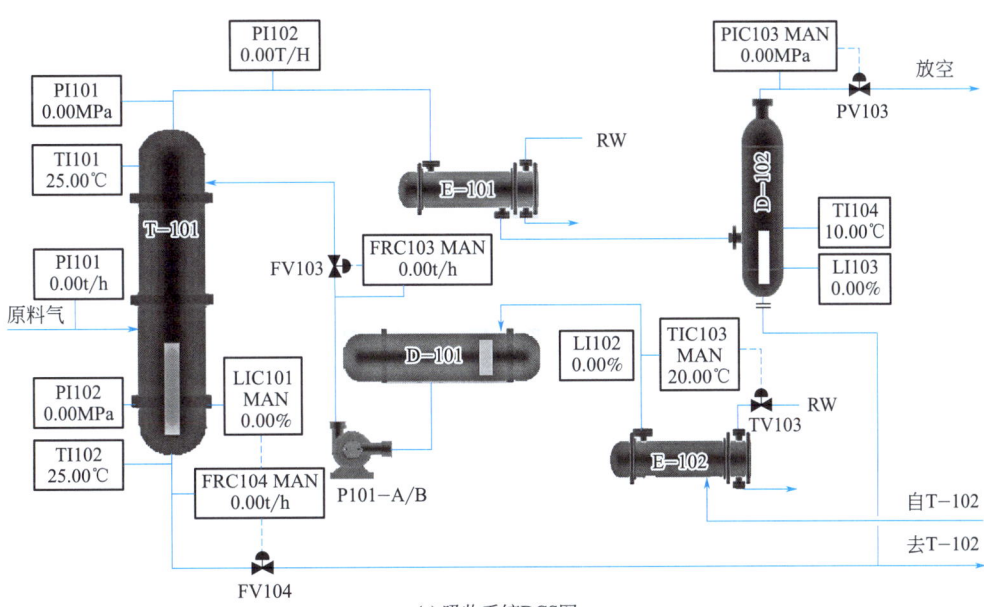

(a) 吸收系统DCS图

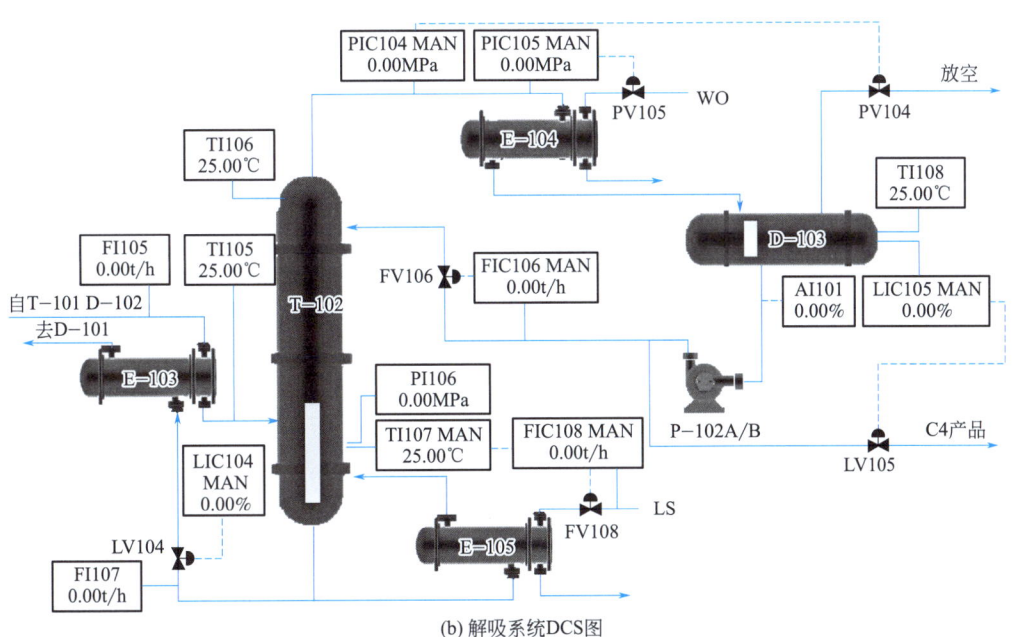

(b) 解吸系统DCS图

图 4-19　吸收解吸 DCS 图

一 任务拆解

（1）我要完成什么任务？

吸收解吸装置的开、停车操作，运行控制和事故处理。

（2）我要在什么样的场景下，以什么样的身份，利用什么样的资源，开展什么活动来完成这个任务？达到什么样的标准？

化工生产中要对原料、产物或中间产品进行分离，以班长的身份，在虚拟仿真软件上完成吸收解吸装置的开、停车操作，运行控制和事故处理，百分制系统评分90以上。

（3）我要按照怎样的步骤来执行？关键点是什么？第一步要做的是什么？

我要按照"查找资料—制定方案—操作演练—评价改进"的顺序完成任务，关键点是根据任务场景列出工作大纲，第一步要进行信息资讯，储备必要的知识技能。

二 信息资讯

（一）工艺流程描述

如图4-20所示，从界区外来的富气从底部进入吸收塔T-101。界区外来的纯C_6油吸收剂储存于C_6油储罐D-101中，由C_6油泵P-101A/B送入吸收塔T-101的顶部，C_6流量由FRC103控制。吸收剂C_6油在吸收塔T-101中自上而下与富气逆向接触，富气中C_4组分被溶解在C_6油中。不溶解的贫气自T-101顶部排出，经盐水冷却器E-101被-4℃的盐水冷却至2℃进入尾气分离罐D-102。吸收了C_4组分的富油（C_4 8.2%，C_6 91.8%）从吸收塔底部排出，经贫富油换热器E-103预热至80℃进入解吸塔T-102。吸收塔塔釜液位由LIC101

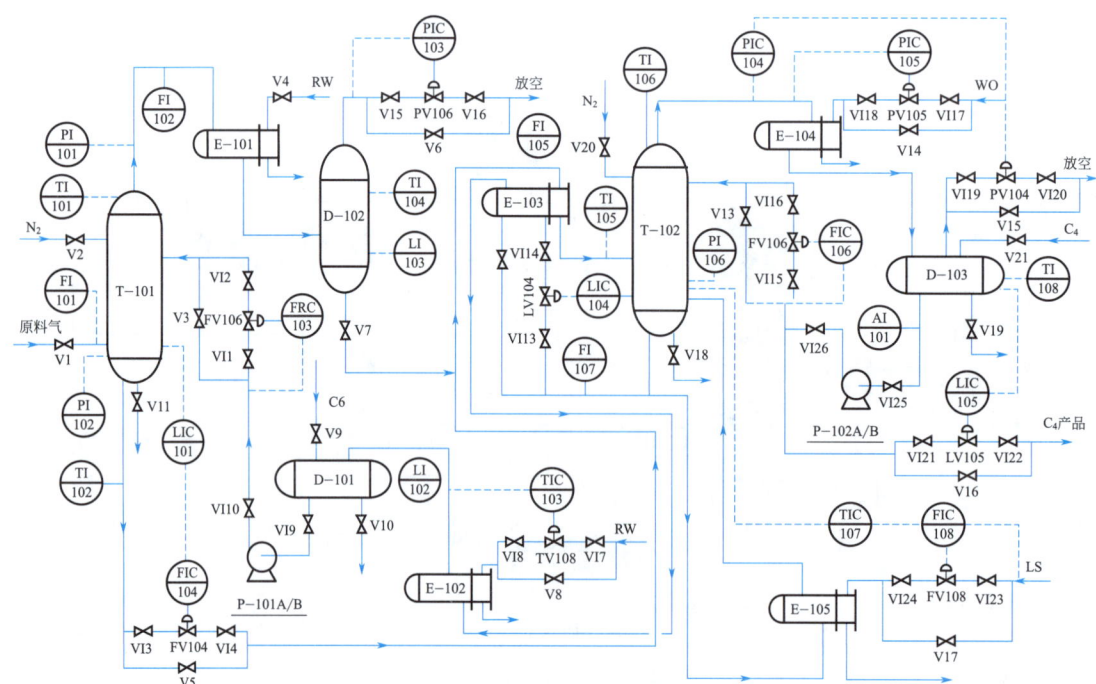

图4-20 吸收解吸仿真工艺流程图

和FIC104通过调节塔釜富油采出量串级控制。

来自吸收塔顶部的贫气在尾气分离罐D-102中回收冷凝的C_4、C_6后，不凝气在D-102压力控制器PIC103［1.2MPa(G)］控制下排入放空总管进入大气。回收的冷凝液（C_4、C_6）与吸收塔釜排出的富油一起进入解吸塔T-102。

预热后的富油进入解吸塔T-102进行解吸分离。塔顶气相出料（C_4 95%）经全冷器E-104换热降温至40℃全部冷凝进入塔顶回流罐D-103，其中一部分冷凝液由P-102A/B泵打回流至解吸塔顶部，回流量8.0t/h，由FIC106控制，其他部分作为C_4产品在液位控制（LIC105）下由P-102A/B泵抽出。塔釜C_6油在液位控制（LIC104）下，经贫富油换热器E-103和盐水冷却器E-102降温至5℃返回至C_6油储罐D-101再利用，返回温度由温度控制器TIC103通过调节E-102循环冷却水流量控制。

T-102塔釜温度由TIC104和FIC108通过调节塔釜再沸器E-105的蒸汽流量串级控制，控制温度102℃。塔顶压力由PIC105通过调节塔顶冷凝器E-104的冷却水流量控制，另有一塔顶压力保护控制器PIC104，在塔顶有凝气压力高时通过调节D-103放空量降压。

因为塔顶C_4产品中含有部分C_6油及其他C_6油损失，所以随着生产的进行，要定期观察C_6油储罐D-101的液位，补充新鲜C_6油。

（二）设备、阀门位号说明

吸收解吸操作仿真系统设备、阀门位号见表4-3。

表4-3　吸收解吸操作仿真系统设备、阀门位号说明

1. 主要设备位号和名称			
设备位号	设备名称	设备位号	设备名称
T-101	吸收塔	T-102	解吸塔
D-101	C_6油储罐	D-102	气液分离罐
D-103	解吸塔顶回流罐	E-101	吸收塔顶冷凝器
E-102	循环油冷却器	E-103	贫富油换热器
E-104	解吸塔顶冷凝器	E-105	解吸塔釜再沸器
P-101A/B	C_6油供给泵	P-102A/B	解吸塔回流、塔顶产品采出泵
2. 调节器位号和控制变量			
调节器位号	控制变量	调节器位号	控制变量
PIC103	吸收塔顶压力控制	PIC104	解吸塔顶压力控制
PIC105	解吸塔顶压力控制	FIC104	富油流量控制
FIC106	回流量控制	FIC108	加热蒸汽量控制
LIC101	吸收塔液位控制	LIC104	解吸塔釜液位控制
LIC105	回流罐液位控制	FRC103	吸收油流量控制
TIC103	循环油温度控制	TIC107	解吸塔釜温度控制

续表

3. 显示仪表位号和控制变量			
仪表位号	控制变量	仪表位号	控制变量
PI101	吸收塔顶压力显示	PI102	吸收塔底压力显示
PI106	解吸塔底压力显示	TI101	吸收塔塔顶温度
TI102	吸收塔塔底温度	TI104	C_4 回收罐温度显示
TI105	预热后温度显示	TI106	吸收塔顶温度显示
TI108	回流罐温度显示	FI101	T-101 进料量
FI102	T-101 塔顶气量	FI105	T-102 进料量
FI107	T-101 塔底贫油采出	AI101	回流罐 C_4 组分
LI102	D-101 液位	LI103	D-102 液位
4. 现场阀位号和控制变量			
现场阀位号	名称	现场阀位号	名称
V1	原料富气进料阀	V2	吸收段 N_2 冲压阀
V3	调节阀 FV103 旁通阀	V4	E-101 冷却盐水阀
V5	调节阀 FV104 旁通阀	V6	调节阀 PV103 旁通阀
V7	气液分离罐 D-102 分液阀	V8	调节阀 TV103 旁通阀
V9	C_6 油储罐进料阀	V10	C_6 油储罐泄液阀
V11	T-101 泄液阀	V12	调节阀 LV104 旁通阀
V13	调节阀 FV106 旁通阀	V14	调节阀 PV105 旁通阀
V15	调节阀 PV104 旁通阀	V16	调节阀 LV105 旁通阀
V17	调节阀 FV108 旁通阀	V18	T102 泄液阀
V19	D-101 泄液阀	V20	解吸段 N_2 冲压阀
V21	C_6 物料进料阀	VI1	调节阀 FV103 前阀
VI2	调节阀 FV103 后阀	VI3	调节阀 FV104 前阀
VI4	调节阀 FV104 后阀	VI5	调节阀 PV103 前阀
VI6	调节阀 PV103 后阀	VI7	调节阀 TV103 前阀
VI8	调节阀 TV103 后阀	VI9	泵 P-101A 前阀
VI10	泵 P-101A 后阀	VI13	调节阀 LV104 前阀
VI14	调节阀 LV104 后阀	VI15	调节阀 FV106 前阀
VI16	调节阀 FV106 后阀	VI17	调节阀 PV105 前阀

续表

现场阀位号	名称	现场阀位号	名称
VI18	调节阀 PV105 后阀	VI19	调节阀 PV104 前阀
VI20	调节阀 PV104 后阀	VI21	调节阀 LV105 前阀
VI22	调节阀 LV105 后阀	VI23	调节阀 FV108 前阀
VI24	调节阀 FV108 后阀	V25	泵 P-102A 前阀
V26	泵 P-102A 后阀		

4. 现场阀位号和控制变量

（三）复杂控制系统说明

在吸收塔、解吸塔和产品罐中使用了液位与流量串级回路。串级回路调节系统有两个闭合回路。主、副调节器串联，主调节器的输出为副调节器的给定值，系统通过副调节器的输出操纵调节阀动作，实现对主参数的定值调节。所以在串级回路调节系统中，主回路是定值调节系统，副回路是随动系统。

在吸收塔 T-101 中，为了保证液位的稳定，有一塔釜液位与塔釜出料组成的串级回路。液位调节器的输出同时是流量调节器的给定值，即流量调节器 FIC104 的 SP 值由液位调节器 LIC101 的输出 OP 值控制，LIC101 OP 的变化使 FIC104 SP 产生相应的变化。

（四）操作规程

本操作规程仅为后续方案决策环节提供数据，具体参数及详细操作步骤以所用软件的评分系统为准。

1. 吸收解吸冷态开车操作规程

装置的开工状态为吸收塔解吸塔系统均处于常温常压下，各调节阀处于手动关闭状态，各手操阀处于关闭状态，氮气置换已完毕，公用工程已具备条件，可以直接进行氮气充压。

（1）吸收解吸冷态开车操作纲要（A 级）。

氮气充压

进吸收油

C_6 油冷循环

向 T102 回流罐 D103 灌 C_4

C_6 油热循环

进富气

（2）吸收解吸冷态开车操作纲要（B级）。

氮气充压

［I］-确认所有手阀处于关状态。
［P］-打开氮气充压阀 V2，给吸收塔系统充压。
［I］-当吸收塔系统压力升至 1.0MPa（g）左右时
［P］-关闭 N_2 充压阀；
［P］-打开氮气充压阀 V20，给解吸塔系统充压；
［I］-当吸收塔系统压力升至 0.5MPa（g）左右时
［P］-关闭 N_2 充压阀。

进吸收油

① 吸收塔系统进吸收油
［P］-打开引油阀 V9 至开度 50%左右，给 C_6 油贮罐 D101 充 C_6 油至液位 70%。
［P］-打开 C_6 油泵 P101A（或 B）的入口阀。
［I］-启动 P101A（或 B）。
［P］-打开 P101A（或 B）出口阀，手动打开 FV103 阀至 30%左右给吸收塔 T101 充液至 50%。
［I］-充油过程中注意观察 D101 液位，必要时给 D101 补充新油。
② 解吸塔系统进吸收油
［I］-手动打开调节阀 FV104 开度至 50%左右，给解吸塔 T-102 进吸收油至液位 50%；
［I］-给 T-102 进油时注意给 T101 和 D101 补充新油，以保证 D101 和 T101 的液位均不低于 50%。

C_6 油冷循环

［I］-贮罐，吸收塔，解吸塔液位 50%左右；
［I］-手动逐渐打开调节阀 LV104，向 D-101 倒油；
［I］-当向 D101 倒油时，同时逐渐调整 FV104，以保持 T102 液位在 50%左右，将 LIC104 设定在 50%设自动；
［I］-由 T101 至 T102 油循环时，手动调节 FV103 以保持 T101 液位在 50%左右，将 LIC101 设定在 50%投自动；
［I］-手动调节 FV103，使 FRC103 保持在 13.50T/h，投自动，冷循环 10 分钟。

向 T102 回流罐 D103 灌 C_4

［P］-打开 V21 向 D103 灌 C4 至液位为 20%。

C_6 油热循环。

［I］-确认冷循环过程已经结。
［I］-确认 D103 液位已建立。
① T102 再沸器投用。

［I］-设定 TIC103 于 5℃，投自动；

［I］-手动打开 PV105 至 70%；

［I］-手动控制 PIC105 于 0.5MPa，待回流稳定后再投自动；

［I］-手动打开 FV108 至 50%，开始给 T102 加热。

② 建立 T-102 回流。

（I）-随着 T-102 塔釜温度 TIC107 逐渐升高，C6 油开始汽化，并在 E-104 中冷凝至回流罐 D-103。

（I）-塔顶温度高于 50℃。

［P］-打开 P-102A/B 泵的入出口阀 VI25/27、VI26/28，打开 FV106 的前后阀。

［I］-手动打开 FV106 至合适开度，维持塔顶温度高于 51℃。

（I）-TIC107 温度指示达 102℃。

［I］-TIC107 设定在 102℃投自动，TIC107 和 FIC108 投串级，热循环 10 分钟。

> 进富气

（I）-确认 C6 油热循环已经建立。

［P］-逐渐打开富气进料阀 V1，开始富气进料；

［I］-手动调节 PIC103 使压力恒定在 1.2MPa（表）。

（I）-当富气进料达到正常值。

［I］-设定 PIC103 于 1.2MPa（表），投自动；

［I］-当吸收了 C4 的富油进入解吸塔后，塔压将逐渐升高，手动调节 PIC105，维持 PIC105 在 0.5MPa（表），稳定后投自动；

［I］-当 T-102 温度，压力控制稳定后，手动调节 FIC106 使回流量达到正常值 8.0T/h，投自动；

［I］-观察 D-103 液位，液位高于 50 时，打开 LIV105 的前后阀，手动调节 LIC105 维持液位在 50%，投自动；

［I］-将所有操作指标逐渐调整到正常状态。

2. 正常操作规程

> 监控工况参数

（I）-吸收塔顶压力控制 PIC103：1.20MPa（表）；

（I）-吸收油温度控制 TIC103：5.0℃；

（I）-解吸塔顶压力控制 PIC105：0.50MPa（表）；

（I）-解吸塔顶温度：51.0℃；

（I）-解吸塔釜温度控制 TIC107：102.0℃。

> 补充新油

（I）-观察 C_6 油贮罐 D101 的液位，液位低于 30%。

［P］-打开阀 V9 补充新鲜的 C_6 油。

> D102 排液

（I）-定期观察 D-102 的液位，液位高于 70%。

[P]-打开阀 V7 将凝液排放至解吸塔 T-102 中。

T102 塔压控制

（I）-T102 顶部压力超高

[I]-打开 PV104 至开度 1%~3% 来调节压力。

素养充电站——对标企业生产

吸收操作时应注意保证系统的气密性，由于吸收操作处理的是气体混合物，为防止气体逸出造成燃烧、爆炸和中毒等事故，设备必须保证良好的密闭性。另外，吸收操作中有很多吸收剂具有腐蚀性等危险，在使用时应按照化学危险物质使用注意事项，避免造成伤害性事故。

---

3. 吸收解吸停车操作规程

（1）吸收解吸正常停车操作纲要（A级）。

停富气进料

停吸收塔系统

停解吸塔系统

吸收油贮罐 D101 排油

（2）吸收解吸正常停车操作纲要（B级）。

停富气进料

[P]-关富气进料阀 V1，停富气进料。

[I]-手动调节 PIC103，维持 T101 压力>1.0MPa（表）。

[I]-手动调节 PIC105 维持 T102 塔压力在 0.20MPa（表）左右，维持 T101→T102→D101 的 C_6 油循环。

停吸收塔系统

① 停 C_6 油进料。

[I]-停 C_6 油泵 P101A/B。

[P]-关闭 P101A/B 入出口阀。

[I]-FRC103 置手动。

[P]-关 FV103 前后阀。

[P]-手动关 FV103 阀，停 T101 油进料。

注意：此时应注意保持 T101 的压力，压力低时可用 N_2 充压，否则 T101 塔釜 C6 油无法排出。

② 吸收塔系统泄油

[I]-LIC101 和 FIC104 置手动，FV104 开度保持 50%，向 T102 泄油。
(I)--LIC101 液位降至 0%。
[P]-关闭 FV108。
[P]-打开 V7 阀，将 D102 中的凝液排至 T102 中。
(I)--D102 液位指示降至 0%。
[P]-关 V7 阀。
[P]-关 V4 阀，中断盐水停 E101。
[I]-手动打开 PV103，吸收塔系统泄压至常压，关闭 PV103。

停解吸塔系统

① 停 C4 产品出料。
[I]-富气进料中断后，将 LIC105 置手动，关阀 LV105。
[P]-关 LV105 前后阀。
② T102 塔降温。
[I]-TIC107 和 FIC108 置手动，关闭 E-105 蒸汽阀 FV108，停再沸器 E-105；
[I]-停止 T-102 加热的同时，手动关闭 PIC105 和 PIC104，保持解吸系统的压力。
③ 停 T-102 回流。
(I)-D-103 液位 LIC105 指示小于 10%。
[I]-停回流泵 P-102A/B。
[P]-关 P-102A/B 的入出口阀。
[I]-手动关闭 FV106。
[P]-手动关闭 FV106 前后阀，停 T-102 回流。
[P]-打开 D-103 泄液阀 V19。
(I)-D-103 液位指示下降至 0%。
[P]-关 V19 阀。
④ T-102 泄油。
[I]-手动置 LV104 于 50%，将 T-102 中的油倒入 D-101。
(I)-T-102 液位 LIC104 指示下降至 10%。
[I]-关 LV104。
[I]-手动关闭 TV103，停 E-102。
[P]-打开 T-102 泄油阀 V18。
(I)-T-102 液位 LIC104 下降至 0%时。
[P]-关 V18。
⑤ T-102 泄压。
[I]-手动打开 PV104 至开度 50%；开始 T-102 系统泄压。
(I)-当 T-102 系统压力降至常压时。
[P]-关闭 PV104。

吸收油贮罐 D101 排油

(I)-D-101 液位必然上升。

［P］-打开 D-101 排油阀 V10 排污油。
（I）-D-101 液位下降至 0%。
［P］-关 V10。

（五）仪表及报警限

吸收解吸仿真操作工况参数及报警限见表 4-4。

表 4-4　工况参数及报警限

位号	说明	正常值	量程上限	量程下限	工程单位	高报值	低报值
AI101	回流罐 C_4 组分	>95.0	100.0	0	%	—	—
FI101	T-101 进料	5.0	10.0	0	t/h	—	—
FI102	T-101 塔顶气量	3.8	6.0	0	t/h	—	—
FRC103	吸收油流量控制	13.50	20.0	0	t/h	16.0	4.0
FIC104	富油流量控制	14.70	20.0	0	t/h	16.0	4.0
FI105	T-102 进料	14.70	20.0	0	t/h	—	—
FIC106	回流量控制	8.0	14.0	0	t/h	11.2	2.8
FI107	T-101 塔底贫油采出	13.41	20.0	0	t/h	—	—
FIC108	加热蒸汽量控制	2.963	6.0	0	t/h	—	—
LIC101	吸收塔液位控制	50	100	0	%	85	15
LI102	D-101 液位	60.0	100	0	%	85	15
LI103	D-102 液位	50.0	100	0	%	65	5
LIC104	解吸塔釜液位控制	50	100	0	%	85	15
LIC105	回流罐液位控制	50	100	0	%	85	15
PI101	吸收塔顶压力显示	1.22	20	0	MPa	1.7	0.3
PI102	吸收塔塔底压力	1.25	20	0	MPa	—	—
PIC103	吸收塔顶压力控制	1.2	20	0	MPa	1.7	0.3
PIC104	解吸塔顶压力控制	0.55	1.0	0	MPa	—	—
PIC105	解吸塔顶压力控制	0.50	1.0	0	MPa	—	—
PI106	解吸塔底压力显示	0.53	1.0	0	MPa	—	—
TI101	吸收塔塔顶温度	6	40	0	℃	—	—
TI102	吸收塔塔底温度	40	100	0	℃	—	—
TIC103	循环油温度控制	5.0	50	0	℃	10.0	2.5

项目四 吸收操作

续表

位号	说明	正常值	量程上限	量程下限	工程单位	高报值	低报值
TI104	C₄回收罐温度显示	2.0	40	0	℃	—	—
TI105	预热后温度显示	80.0	150.0	0	℃	—	—
TI106	吸收塔顶温度显示	6.0	50	0	℃	—	—
TIC107	解吸塔釜温度控制	102.0	150.0	0	℃	—	—
TI108	回流罐温度显示	40.0	100	0	℃	—	—

（六）事故现象及处理方法

吸收解吸仿真操作事故主要现象、处理方法见表 4-5。

表 4-5 吸收操作事故及处理方法

事故名称	主要现象	处理方法
冷却水中断	（1）冷却水流量为 0。 （2）入口路各阀常开状态	（1）停止进料，关 V1 阀。 （2）手动关 PV103 保压。 （3）手动关 FV104，停 T102 进料。 （4）手动关 LV105，停出产品。 （5）手动关 FV103，停 T-101 回流。 （6）手动关 FV106，停 T-102 回流。 （7）关 LIC104 前后阀，保持液位
加热蒸汽中断	（1）加热蒸汽管路各阀开度正常。 （2）加热蒸汽入口流量为 0。 （3）塔釜温度急剧下降	（1）停止进料，关 V1 阀。 （2）停 T-102 回流。 （3）停 D-103 产品出料。 （4）停 T-102 进料。 （5）关 PV103 保压。 （6）关 LIC104 前后阀，保持液位
仪表风中断	各调节阀全开或全关	（1）打开 FRC103 旁路阀 V3。 （2）打开 FIC104 旁路阀 V5。 （3）打开 PIC103 旁路阀 V6。 （4）打开 TIC103 旁路阀 V8。 （5）打开 LIC104 旁路阀 V12。 （6）打开 FIC106 旁路阀 V13。 （7）打开 PIC105 旁路阀 V14。 （8）打开 PIC104 旁路阀 V15。 （9）打开 LIC105 旁路阀 V16。 （10）打开 FIC108 旁路阀 V17
停电	（1）泵 P-101A/B 停。 （2）泵 P-102A/B 停	（1）打开泄液阀 V10，保持 LI102 液位在 50%。 （2）打开泄液阀 V19，保持 LI105 液位在 50%。 （3）关小加热油流量，防止塔温上升过高。 （4）停止进料，关 V1 阀

续表

事故名称	主要现象	处理方法
P-101A 泵坏	(1) FRC103 流量降为 0。 (2) 塔顶 C_4 上升，温度上升，塔顶压力上升。 (3) 釜液位下降	(1) 停 P-101A，先关泵后阀，再关泵前阀。 (2) 开 P-101B，先开泵前阀，再开泵后阀。 (3) 由 FRC103 调至正常值，并投自动
LIC104 调节阀卡	(1) FI107 降至 0。 (2) 塔釜液位上升，并可能报警	(1) 关 LIC104 前后阀 VI13、VI14。 (2) 开 LIC104 旁路阀 V12 至 60% 左右。 (3) 调整旁路阀 V12 开度，使液位保持 50%
换热器 E-105 结垢严重	(1) 调节阀 FIC108 开度增大。 (2) 加热蒸汽入口流量增大。 (3) 塔釜温度下降，塔顶温度也下降，塔釜 C_4 组成上升	(1) 关闭富气进料阀 V1。 (2) 手动关闭产品出料阀 LIC102。 (3) 手动关闭再沸器后，清洗换热器 E-105

> **素养充电站——链接政策法规**
>
> 我国为了应对突发事件，保障人民群众的生命财产安全，维护社会稳定，制定了《中华人民共和国突发事件应对法》。突发事件应对包括应急预案制定、应急准备、应急响应、信息公开和舆论引导、事后恢复和总结等。化工生产中的事故处理需要采取多种措施，从预防到应急响应再到事后恢复，都需要有完善的制度和流程。《突发事件应对法》为应对突发事件提供了法律保障和指导，有助于保障人民群众的生命财产安全和社会稳定。

三 方案决策

师生共同讨论工作计划，学生进行修改完善，对工作的环节进行梳理，形成文案。

(1) 吸收解吸开车操作时按照"明流程—知操作—记参数—保安全"的步骤梳理操作规程，在仿真软件上进行操作训练。

① 明流程。

② 知操作。

③ 记参数。

④ 保安全。

（2）事故处理时按照"明现象—析原因—做判断—给措施"的步骤梳理操作方案，在仿真软件上进行操作训练。请设计一个事故的处理方案。

① 明现象。

② 析原因。

③ 做判断。

④ 给措施。

四 实践演练

在仿真软件上完成吸收解吸装置的开、停车操作，运行控制和事故处理。

五 评价改进

（一）实施过程评价

吸收解吸仿真操作考核项目及评分标准参考表 4-6。

化工单元操作

表 4-6 吸收解吸仿真操作评分表

考核项目		评分标准	分值	得分
实训五必须 （20 分）	基础知识	根据任务单叙述操作界面上各符号的意义，每错一处扣 1 分，扣完为止	4	
	工艺流程	叙述任务工艺流程和工况参数，每错一处扣 1 分，扣完为止	4	
	操作方案	叙述吸收解吸开车和停车仿真操作方案，每错一处扣 1 分，扣完为止	4	
	设备检查	检查计算机、操作台和仿真软件，每错、漏一处扣 1 分，扣完为止	4	
	风险辨识	分析仿真实训室的风险源，给出预防措施，每错、漏一处扣 1 分，扣完为止	4	
精细操作 （50 分）	冷态开车	由仿真软件评分系统打分，百分制低于 90 分本项无成绩	25	
	事故处理	由仿真软件评分系统打分，百分制低于 90 分本项无成绩	25	
QHSE （15 分）	质量控制	操作人员职责明确，任务单、教材、纸、笔携带齐全，每错、漏一处扣 1 分，扣完为止	3	
	职业健康	操作前身体异常要及时报告，操作过程中杜绝危害自身安全和他人安全的行为，出现问题扣 4 分	4	
	安全监测	明确安全出口和消防器材位置，知道危险源所在位置，每错、漏一处扣 1 分，扣完为止	4	
	环境管理	保持工作场地清洁，用品摆放合理，每错、漏一处扣 1 分，扣完为止	4	
四有工作法 （15 分）	工作计划	工作过程严格按照计划执行，无工作计划扣 3 分，每错、漏一处扣 1 分，扣完为止	3	
	行动方案	操作严格按照方案执行，无操作方案扣 4 分，每错、漏一处扣 1 分，扣完为止	4	
	步步确认	中控和现场之间要有操作指令确认，每少一次扣 1 分，出现事故扣 4 分	4	
	事后总结	总结操作中的成功和不足之处，针对问题找出原因，提出改进建议	4	
总分			100	

（二）自我对标分析

_____

_____

（三）改进要点拆解

R：_____

I：_____

A：_____

六 认知拓展

（一）吸收塔的操作要点

吸收操作的目的是获得溶质较高的吸收率，吸收率的高低除与塔的尺寸、结构有关外，还与塔的操作条件有关。影响吸收塔操作的因素有流量、温度、压力及液位等。

1. 流量的调节

（1）原料进气量的调节。

进气量反映吸收塔的负荷，它是由上一工段送来的，受上一工段操作的影响，一般不宜随意变动。如果在吸收塔前有缓冲气柜，可允许在短时间内做幅度不大的调节，通过开大或关小进气管线上的调节阀来调节进气量。

（2）吸收剂流量的调节。

操作中发现吸收塔中尾气的浓度增加，应开大阀门，增大吸收剂用量。但吸收剂用量增加，使吸收剂的消耗和回收费用也增加。

2. 吸收剂的温度的调节

吸收剂的温度越低，气体的溶解度越大，越有利于提高吸收率。吸收剂的温度可由冷却剂用量来调节。但温度过低，会使冷却剂消耗量增加，而且液体温度过低，造成黏度过高，输送液体消耗的能量也增加，严重的会使流体在塔内流动不畅，造成操作困难。

3. 维持塔压

一定的温度条件下，提高系统压力，有利于吸收。在日常操作中，塔的压力由压缩机及吸收前各个设备的压降所决定。多数情况下，塔的压力很少是可调的，在操作时应注意维持，防止其降低。

4. 维持塔底液位

液位是吸收塔操作中，能否维持吸收塔稳定操作的关键因素。液位可用液体出口阀来控制。液位过高，开大阀门，反之关小阀门。

（二）解吸塔的操作要点

解吸塔操作的温度、压力的选择正好与吸收操作相反，高温低压有利于溶质的解吸。吸收率的高低除受吸收塔操作影响外，还与解吸塔的操作有关。吸收剂是来自解吸塔的再生液，解吸不好，必然会引起入塔吸收剂浓度增大，降低吸收率。入塔吸收剂的温度也受解吸操作的影响。如再生液冷却不好将使吸收剂入塔温度升高，从而影响吸收塔的操作。所以应根据对再生液浓度及温度的要求控制解吸塔的操作条件，如吸收剂入塔温度升高则应加大再生液冷却器的冷却水量等。

（三）工艺操作指标的调节

吸收是气液两相之间的传质过程，影响吸收操作的主要因素有操作温度、压力、气体流量、吸收剂用量和吸收剂入塔浓度等。

1. 温度

吸收温度对塔的吸收率影响很大。吸收剂的温度降低，气体的溶解度增大，溶解度系数增大。对于液膜控制的吸收过程，降低操作温度，吸收过程的阻力 $1/K_G \approx 1/Hk_L$ 将减小，结果使吸收效果良好，Y_2 降低，传质推动力增大。对于气膜控制的吸收过程，降低操作温度，$1/K_G \approx 1/k_G$ 基本不变，但传质推动力增大，吸收效果同样变好。总之，吸收剂温度的降低，改变了相平衡常数，对过程阻力及过程推动力都产生影响，使吸收总效果变好，溶质回收率增大。

2. 压力

提高操作压力，可以提高混合气体中溶质组分的分压，增大吸收的推动力，有利于气体吸收。但压力过高，操作难度和生产费用会增大，因此，吸收一般在常压下操作。若吸收后气体在高压下加工，则可采用高压吸收操作，既有利于吸收，又有利于增大吸收塔的处理能力。

3. 气体流量

在稳定的操作情况下，当气速不大时，液体做层流流动，流体阻力小，吸收速率很低；当气速增大呈湍流流动时，气膜变薄，气膜阻力减小，吸收速率增大；当气速增大到液泛速度时，液体不能顺畅向下流动，造成雾沫夹带，甚至造成液泛现象。因此，稳定操作流速，是吸收高效、平稳操作的可靠保证。对于易溶气体吸收，传质阻力通常集中在气侧，气体流量的大小及其湍动情况对传质阻力影响很大。对于难溶气体吸收，传质阻力通常集中在液侧，此时气体流量的大小及湍动情况虽可改变气侧阻力，但对总阻力影响很小。

4. 吸收剂用量

改变吸收剂用量是吸收过程最常用的方法。当气体流量一定时，增大吸收剂流量，吸收速率增大，溶质吸收量增加，气体的出口浓度减小，回收率增大。当液相阻力较小时，增大液体的流量，传质总系数变化较小或基本不变，溶质吸收量的增大主要是由传质推动力的增加而引起，此时吸收过程的调节主要靠传质推动力的变化。当液相阻力较大时，增大吸收剂流量，传质系数大幅增加，传质速率增大，溶质吸收量增大。

5. 吸收剂入塔浓度

吸收剂入塔浓度升高，使塔内的吸收推动力减小，气体出口浓度 Y_2 升高。吸收剂的再循环会使吸收剂入塔浓度提高，对吸收过程不利。但有时采用吸收剂再循环可能有利，例如当新鲜吸收剂量过小以致不能满足良好润湿填料的要求时，采用吸收剂再循环，推动力的降低可由有效比表面积 α 和体积传质系数 $K_Y\alpha$ 的增大得到补偿，吸收效果好；某些有显著热效应的吸收过程，吸收剂经塔外冷却后再循环可降低吸收剂的温度，相平衡常数减小，全塔吸收推动力有所提高，吸收效果好。

总体上，吸收塔开车时应先进吸收剂，待其流量稳定后，再将混合气体送入塔中；停车时应先停混合气体，再停吸收剂，长期不操作时应将塔内液体卸空。操作过程中注意维持塔内的温度、压力、气液流量稳定，维持塔釜恒定的液封高度。

项目四 吸收操作

任务三　维护保养吸收设备

为了保证吸收解吸装置能长时间安全良好运行，稳定产品质量和产量，必须做好日常检查与维护保养。其日常检查与项目三中板式塔相同，本次任务主要侧重塔设备的检修。

一　任务拆解

（1）我要完成什么任务？
吸收解吸设备的检修。

（2）我要在什么样的场景下，以什么样的身份，利用什么样的资源，开展什么活动来完成这个任务？达到什么样的标准？
化工装置要例行日常检查和定期强制保养，以检修人员的身份，利用实训基地的吸收解吸装置，对吸收解吸设备进行维护保养，百分制评分达到90分以上。

（3）我要按照怎样的步骤来执行？关键点是什么？第一步要做的是什么？
我要按照"查找资料—制定方案—操作演练—评价改进"的顺序完成任务，关键点是根据任务场景列出工作大纲，第一步要进行信息资讯，储备必要的知识技能。

二　信息资讯

通过企业调研和查找操作规程等资料，归纳出"维护保养吸收解吸设备"通常分为日常检查和强制保养。具体设备的保养方法不同，以吸收塔为例进行说明。

（一）吸收系统的日常检查

吸收系统正常运行时需检查如下内容：
（1）检查塔的进料量、出料量是否正常；
（2）检查塔顶、塔底的压力是否正常；
（3）检查塔顶、塔底的温度是否正常；
（4）检查塔顶、塔底的流量是否正常；
（5）检查塔的液位是否正常（50%）；
（6）检查油储罐的液位是否正常；
（7）检查吸收塔顶冷凝器冷却水量是否正常；
（8）检查吸收塔顶回流罐的液位（50%）、压力是否正常；
（9）检查吸收塔贫液泵、富液泵的轴承温度、振动频率、油杯液位、出口压力是否正常，备用泵是否处于正常状态；
（10）检查吸收系统有无跑、冒、滴、漏现象；
（11）检查仪表指示是否准确；
（12）检查调节阀灵活好用、调节平稳；
（13）检查塔的防腐保温层有无脱落现象；

（14）检查塔的防静电接地线是否完好；

（15）检查塔体基础有无裂痕、下沉，螺栓是否松动；

（16）检查塔安全阀等安全附件是否正常。

（二）塔设备的强制保养

吸收塔检修周期应结合压力容器安全状况等级与法定检验周期、部件使用寿命等综合考虑。塔设备检修应结合装置停工检修进行，一般介质检修时间较短，易自聚、易腐蚀介质检修时间较长。

1. 塔设备检修内容

（1）清理塔内壁和塔盘等内件；

（2）检查修理塔体和内衬的腐蚀、变形和各部焊缝；

（3）修理更换受损的塔盘、填料和鼓泡元件；

（4）修理或更换其他塔内构件；

（5）修理或更换塔内分配器、集液箱、喷淋装置和除沫器等部件；

（6）检查校验或更换安全阀等安全附件；

（7）检查修复塔基础裂纹、破损、倾斜和下沉；

（8）修复塔体防腐漆和保温层或保冷层；

（9）校验或更换温度、压力等仪表；

（10）校验或修复调节阀；

（11）修复、校验或更换塔的防静电接地线。

2. 检修前的准备

（1）确定检修内容，备齐必要的图纸、技术资料，制定检修方案，编制检修计划和检修进度。检修方案应经过有关主管领导批准后方能实施。若需要挖补、焊接及热处理时，应参照相应的技术规范并经过主管压力容器的安全技术人员同意，从国外引进的塔设备还应经过技术总负责人的批准；焊接工艺应经过焊接技术负责人审查同意。

（2）向检修人员进行任务、技术、安全交底，检修人员应熟悉检修规程和质量标准，对于重大缺陷应提出技术措施。

（3）备好工器具、材料和劳动保护用品。

（4）塔设备与连接管线应加盲板隔离。塔内部必须吹扫（蒸煮）、置换、清洗干净，并符合有关安全规定。

（5）加工高含硫原油装置的塔设备经吹扫置换后，内部残留的硫化亚铁遇空气会自燃，必须在塔设备吹扫（蒸煮）后用钝化剂进行钝化和水清洗。

3. 拆卸与检查

（1）拆除方法

① 拆除塔设备的方法有两种，即吊下后再进行解体的整体拆除和分节拆除；

② 人孔拆卸必须自上而下逐只打开，进入塔内检查、拆卸内件必须符合有关安全要求。

（2）塔的筒体检查内容

① 检查塔体腐蚀、变形、壁厚减薄、裂纹及各部件焊接情况，筒体有内衬的还应检查其腐蚀、鼓泡和焊缝情况；

② 检查塔内污垢情况，若积垢太厚应予以清除；
③ 检查塔体的附件完好情况。

（3）塔内件的检查内容

① 检查塔板各部件的结焦、污垢、堵塞情况，检查塔板、鼓泡元件和支承结构的腐蚀变形及紧固情况，塔盘、鼓泡元件和各构件等几何尺寸和材质应符合图纸规定；

② 检查塔板上各部件（出口堰、受液盘、降液管）的尺寸是否符合图纸及标准；

③ 对于各种浮阀、条阀塔板应检查其浮阀、条阀的灵活性，是否有卡死、变形、冲蚀等现象，浮阀、条阀孔是否有堵塞等情况；

④ 检查分配器、集油箱、喷淋装置和除沫器等部件的腐蚀、结垢、破损、堵塞情况；

⑤ 检查填料的腐蚀、结垢、破损、堵塞情况；

⑥ 检查塔内各构件的紧固情况，是否有松动现象。

4. 清除积垢

积垢最容易在设备截面急剧改变或转角处产生，因为这些地方介质流动缓慢，所以固体颗粒很容易沉积起来，而在其他地方虽然也会积垢，但相对较少。目前，最常用的清除积垢的方法有机械法和化学法两种。

5. 试验与验收

（1）试验。

① 检修记录齐全、准确。

② 确认质量合格，并具备试验条件。

③ 泡罩塔盘应做充水和鼓泡试验。

a. 充水试验。试验前应将所有泪孔堵死，加水至泡罩最高液面，充水后10min，水面下降高度不大于5mm为合格，试验后应使所有泪孔畅通。

b. 鼓泡试验。将水不断地注入受液盘内，在塔盘下部通入0.001MPa以下的压缩风，要求所有齿缝都均匀鼓泡，且泡罩无振动现象为合格。

④ 填料塔盘液体分布装置应做喷淋试验，按技术要求通入具有一定压力和流量的清洁水，要求喷淋装置在塔截面上分布均匀，喷孔不得堵塞。

（2）验收。

① 试运行一周，各项指标达到技术要求或能满足生产需要。

② 设备达到完好标准。

③ 提交下列技术资料：a. 设计变更及材料代用通知单，材质、零部件合格证。b. 隐蔽工程记录和封闭记录。c. 检修记录。d. 焊缝质量检验（外观、无损探伤等）报告。e. 试验报告。

三　方案决策

做好劳动保护和风险辨识防控，按照吸收塔的日常检查和检修标准执行。

四　实践演练

在吸收操作装置上完成吸收塔设备的检修，填写班组信息、工具材料领用、作业许可等表单。

化工单元操作

表 4-7　班组信息登记表

姓名	岗位	职责

表 4-8　工具材料领用登记表

单号：

名称	规格	数量	单位	工具状况	归还时间

使用部门：　　　　　　　　领取人：　　　　　　　　领取时间：

表 4-9　受限空间作业证

单号：

作业内容			
作业时间		作业地点	
作业单位		监护人	
安全措施			确认人：
作业条件现场确认			确认人：
安全部门审批意见：		时间：	

表 4-10　设备维护保养记录

单号：

设备名称		设备位号	
维保项目			
耗材用量			
情况记录	说明是否有异常现象，如有请分析原因并写明处理方法。		
维保人员签字：		维保时间：	

五 评价改进

（一）评价标准

吸收塔检修评分参考表4-11。

表4-11 吸收塔检修评分表

	评分指标	分值	得分
1	清理塔内壁和塔盘等内件	10	
2	检查修理塔体和内衬的腐蚀、变形和各部焊缝	8	
3	修理更换受损的塔盘、填料和鼓泡元件	8	
4	修理或更换其他塔内构件	8	
5	修理或更换塔内分配器、集液箱、喷淋装置和除沫器等部件	8	
6	检查校验或更换安全阀等安全附件	8	
7	检查修复塔基础裂纹、破损、倾斜和下沉	8	
8	修复塔体防腐漆和保温层或保冷层	8	
9	校验或更换温度、压力等仪表	8	
10	校验或修复调节阀	8	
11	修复、校验或更换塔的防静电接地线	8	
12	按6s标准进行工作现场清理整顿，工具摆放整齐，文明施工	10	
总分	100		

（二）自我对标分析

_____

_____

（三）改进要点拆解

R：_____

I：_____

A：_____

六 认知拓展

塔设备除垢方法

（一）机械除垢法

1. 手工机械除垢法

用刷、铲等简单工具来清除设备壳体内部的积垢。这种方法的优点是对于清除化学非溶性积垢（如砂、焦化物及某些硅酸盐等）的效果较好，缺点就是劳动强度大，生产率低。

2. 水力机械除垢法

如图 4-21 所示，操作时先用导水软管 7 把高压水送入活动的水枪 1 中，水被菌形导流帽 10 分配到两个喷嘴，喷嘴里有稳定器 9 可防止水流旋转，然后水从喷嘴中高速喷出，利用水流的冲击力将积垢除去。水枪可以用手动卷扬机 4 带动上下移动，用旋转扳手 3 又可以使它旋转，以达到整个设备各种表面上进行除垢的目的。此法劳动强度低、效率高，清除下来的积垢可以和水一起从底部流出。

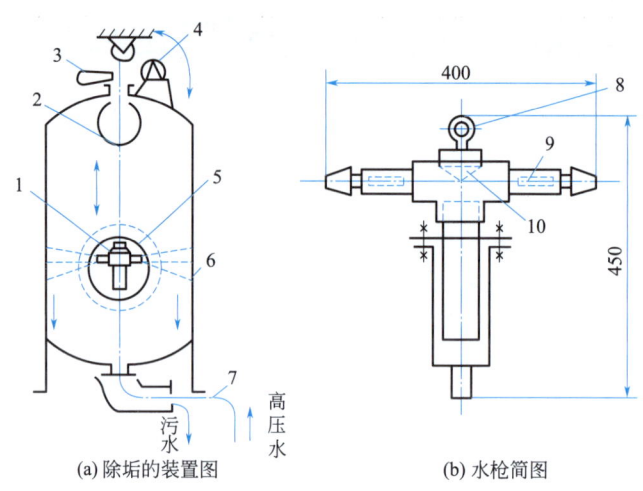

图 4-21　水力机械除垢示意

1—水枪；2—链条；3—旋转扳手；4—手动卷扬机；5—人孔；6—储槽；
7—导水软管；8—吊环；9—稳定器；10—菌形导流帽

3. 风动和电动机械除垢法

清除列管式换热设备的管内积垢时，广泛采用风动和电动工具来进行。管径大于 60mm 时，可将风动涡轮机和清除工具一起放入管内，接上软管并不断地送入压缩空气，使风动涡轮机能带动清除工具旋转，将管壁上的积垢刮下来，而刮下来的积垢正好被风动涡轮机所排出的废空气从管内吹出来。管径小于 60mm 时，由于受风动涡轮尺寸的限制，不能与清除工具一起放入管内去，可将清除工具连上软轴，并由风动涡轮机或电动机通过软轴带动旋转。工作时必须送入大量水，以便冷却工具和把刮下来的积垢从管内带出来。

4. 喷砂除垢法

喷砂除垢法可以清除设备或瓷环内部的积垢。在清除瓷环内部的积垢时，需要把 10~20 个瓷环重叠成圆筒状，两端夹上法兰，用螺栓拉紧，然后进行喷砂、除垢。用喷砂法清净瓷环，效率低，成本也比较高，所以应用较少。

（二）化学除垢法

利用化学溶液与积垢起化学作用，使器壁上的积垢除去，化学溶液的性质可以是酸性或碱性，视积垢的性质而定。如清除铁锈时，用浓度为 8%~15% 的硫酸比较适合。在清除锅炉水垢时，用浓度为 5%~10% 的盐酸，也可用浓度为 2% 的氢氧化钠溶液。

化学除垢时，溶液的温度升高虽然可以使除垢速度加快，但腐蚀速度也会加快，故必须控制在最适宜的温度下进行，一般为 40~60℃。为了减缓腐蚀，可在溶液中加入少量的缓蚀剂。对于酸性溶液，经常采用有机缓蚀剂，如磺化胶、淀粉及动物胶等。

项目四 吸收操作

【学习成果管理】

一、预期学习成果

吸收操作预期学习成果见表4-12。

表4-12 吸收操作预期学习成果

项目	成果
知识	吸收操作系统的对象、本质、原理、分类、应用 吸收操作系统的构成 吸收设备的原理、结构、性能、用途 吸收解吸操作的影响因素 吸收解吸装置的开、停车操作流程和过程控制要点 吸收解吸操作过程中常见事故的现象、成因及处理方法
技能	能独立完成典型吸收设备的开、停车操作 能正确调控吸收操作过程中的工艺参数 能正确诊断吸收操作过程中的异常现象并给出合理的处理方案 能完成常用吸收解吸装置的日常检查和强制保养
能力	能通过多种新媒体资源获取信息、处理信息和运用信息 能对工作结果进行总结、评价与优化改进 能组织班长岗位的初步日常工作

二、具体学习成果——吸收操作综合操作

吸收操作具体学习成果见表4-13。

表4-13 吸收操作具体学习成果

项目	成果
任务说明	根据仿真操作经验和实训装置设计实训操作方案,并在装置上完成吸收装置的开停车操作。 建议学时:4学时
参考装置	

续表

项目	成果
工艺流程	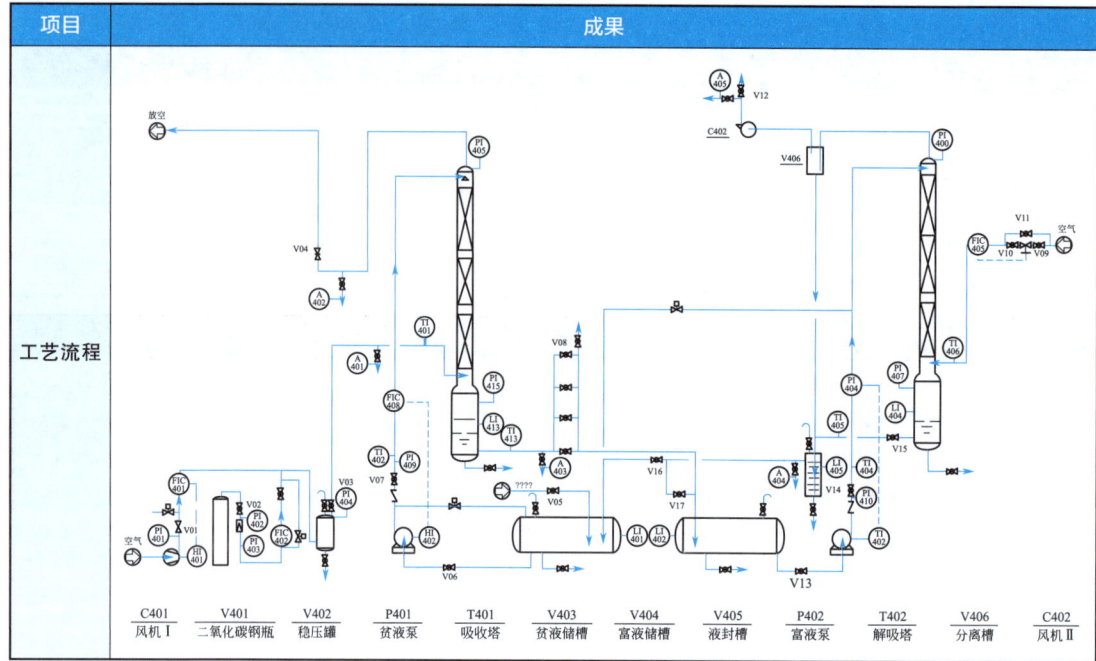

吸收操作实训装置静设备参数见表4-14。

表4-14　实训装置静设备参数

编号	名称	规格型号	材质	数量
1	解吸液储罐	$\phi 426mm \times 600mm$	不锈钢	1
2	吸收液储罐	$\phi 426mm \times 600mm$	不锈钢	1
3	缓冲罐	$\phi 300mm \times 500mm$	不锈钢	1
4	吸收塔	主体塔节有机玻璃 $\phi 100mm \times 1500mm$；上出口段，不锈钢，$\phi 108mm \times 150mm$；下部入口段，不锈钢，$\phi 200mm \times 500mm$	不锈钢	1
5	解吸塔	主体塔节有机玻璃 $\phi 100mm \times 1500mm$；上出口段，不锈钢，$\phi 108mm \times 150mm$；下部入口段，不锈钢，$\phi 200mm \times 500mm$	不锈钢	1

吸收操作实训装置动设备参数见表4-15。

表4-15　实训装置动设备参数

编号	名称	规格型号	数量
1	吸收风机	漩涡气泵，功率0.12kW；最大流量$21m^3/h$；工作电压380VAC	1
2	解吸风机	漩涡气泵，功率0.75kW；最大流量$110m^3/h$；工作电压380VAC	1
3	吸收水泵	不锈钢离心泵，扬程14.6m；流量$3.6m^3/h$；供电为三相380VAC，0.37kW；泵壳材质为不锈钢；进口G1 又 1/4，出口G1	1

项目四 吸收操作

（一）操作方案

1. 准备工作

（1）开车前检查。

（2）劳动保护。

2. 冷态开车

（1）明流程。

（2）知操作。

（3）记参数。

（4）保安全。

3. 运行控制

（1）标况参数。

（2）报警限。

（3）异常现象处理。

4. 正常停车

（1）明流程。

（2）知操作。

_____

_____

（3）记参数。

_____

_____

（4）保安全。

_____

_____

（二）风险辨识

吸收解吸实训装置风险因素、风险来源、规避措施参考表 4-16。

表 4-16 实训装置风险辨识与防控

风险因素		风险来源	规避措施
1 滑跌		楼梯	楼梯安装防护栏，操作人员佩戴安全帽，着工装，负责人提示上下楼梯时注意安全，操作过程必须遵守实训基地安全守则
2 坠落		上层操作台	装置上层安装防护栏，操作人员佩戴安全帽，着工装，负责人提示在上层操作时注意安全，操作过程必须遵守实训基地安全守则
3 触电		通电设备线路	操作人员通电前检查电源、线路和设备，提醒学生用电安全，操作过程必须遵守实训基地安全守则。实训期间教师要密切注意学生操作，遇有违规操作要及时制止，遇有紧急情况及时关闭总闸
4 绊倒		近地设备和管线	操作人员佩戴安全帽，着工装，提示注意安全，尤其是管线，避免绊倒、磕碰和砸伤，操作过程必须遵守实训基地安全守则
5 火灾		电线	负责人强调火源必须远离电线，提醒学生注意观察并牢记逃生通道和灭火器位置，教会学生使用灭火器，操作过程必须遵守实训基地安全守则
6 水灾		设备进水阀门和水闸未关闭	实训结束教师检查设备的进水阀门和总水闸是否关闭，操作过程必须遵守实训基地安全守则
7 烫伤		高温反应器或高温加热设备	操作人员佩戴安全帽，着工装，负责人强调正确操作设备，不能用手触碰高温管路和设备，禁止触摸反应器外壁，操作过程必须遵守实训基地安全守则
我已知晓吸收解吸实训装置的风险因素、风险来源及规避措施，操作中会做好防护，严守操作规程。 确认人签字：_____			

项目四　吸收操作

素养充电站——溯源工程伦理

化工生产过程中，安全是一个极其重要的问题。化工安全伦理主要是指在化工生产过程中，企业应该遵循的道德准则和责任，以确保员工和公众的安全。这些准则包括对安全管理制度的遵守、对员工安全培训的责任、对事故预防和应急处理的措施等。在化工企业中，安全伦理不仅是一种道德要求，更是一种法律责任和社会责任。

三、学习成果达成度测评

表4-17　吸收解吸操作实训评分表

吸收解吸操作考核评分表					
项目	分值	考核内容	评分标准	得分	
开车前的检查与准备	20分	（1）对本装置所有设备、管道、阀门、仪表、电气、等按工艺流程图要求和专业技术要求进行检查，是否处于正常状态。 （2）将各阀门顺时针旋转操作到关的状态。 （3）检查外部供电系统，确保控制柜上所有开关均处于关闭状态。 （4）试电：开启总电源，打开控制柜上空气开关，打开装置仪表总电源，打开仪表电源开关，查看所有仪表是否上电，指示是否正常。	少检、漏检一处扣2分，扣完为止；挂牌标识每错一处扣1分	
开车	20分	（1）开启贫液储槽、富液储槽、吸收塔和解吸塔的放空阀，开启吸收塔调压排管放空阀，开启各现场检测仪表连通阀，关闭各设备排污阀、取样阀。 （2）打开送风机出口阀、吸收塔气相进口阀，开启送风机，打开二氧化碳钢瓶出口阀，调节二氧化碳钢瓶减压阀，减压阀后压力控制在7.0kPa，流量为空气流量的1/20（约200L/h），从钢瓶来的CO_2与空气混合后进入稳压罐，然后进入吸收塔，置换塔内空气。 （3）打开贫液槽清水进口阀，往储槽内加入清水，至储槽液位1/2处，调小进水阀；同时检测吸收塔进出口的气体中CO_2浓度，当吸收塔进出口的气体中CO_2浓度基本一致时，开启贫液泵进口阀，启动贫液泵，打开贫液泵出口阀。再调节清水进口阀开度，使贫液槽的液位控制在1/2~2/3处。 （4）当吸收塔中开始有液位时，打开调压排管的最上面的一只吸收塔塔釜液相出口阀。 （5）调节尾气出口阀的开度，控制吸收塔气相进口压力为5~6kPa。 （6）打开解吸塔空气进口电动调节阀前手动阀和解吸塔空气进口电动调节阀后手动阀，关闭解吸塔空气进口电动调节阀旁路阀。打开抽风机出口阀，启动抽风机。调节抽风机出口阀的开度，使抽风机风量控制为$7m^3/h$左右。调节吸塔空气进口电动调节阀前手动阀的开度，使解吸塔空气进口压力控制在-2.5kPa。 （7）当贫液槽中的液位达到1/2~2/3时，打开富液泵进口阀，启动富液泵，打开富液泵出口阀，通过控制界面调节富液进解吸塔的流量为$1m^3/h$左右。 （8）当解吸塔釜内有一定液位（可以控制为25cm）时，打开解吸塔液相出口阀，打开液封槽入贫液槽的贫液进口阀，注意要确保液封槽入富液槽贫液进口阀关闭。 （9）当富液槽和贫液槽的液位都达到1/2~2/3的范围内时，关闭贫液槽清水进口阀。 （10）微调解吸塔的液相流量，使贫液槽和富液槽的液位稳定在1/2~2/3范围内	操作步骤每错、漏一处扣2分，扣完为止；温度、流量等工艺参数达到要求	

283

续表

项目	分值	考核内容	评分标准	得分
正常操作	30 分	系统稳定半小时后，进行进样分析、吸收塔出口气相采样分析、解吸塔出口气相组分分析，视分析结果，进行两塔操作压力的调整。改变吸收塔的操作压力，然后测定几组 CO_2 气体吸收数据，做 3~4 组数据，做好操作记录。	未达到规定的操作次数扣 5 分；数据记录每错、漏一处扣 2 分	
正常操作	30 分	(1) 控制好吸收塔和解吸塔液位，熟练进行液封操作，严防气体窜入富液储槽和贫液储槽。 (2) 注意两个储槽的液位，及时调节进两个塔的液相流量，使两个储槽的液位稳定。 (3) 注意吸收塔进气流量及压力稳定，随时调节二氧化碳流量和压力至稳定值。 (4) 注意泵密封与泄漏。注意塔、槽液位和泵出口压力变化，避免产生汽蚀。	未达到规定的操作次数扣 5 分；数据记录每错、漏一处扣 2 分	
停车	20 分	(1) 关二氧化碳钢瓶出口阀门。 (2) 关吸收液泵出口阀，停吸收泵；关解液泵出口阀，停解液泵。 (3) 停吸收塔风机；停解吸塔风机。 (4) 切断装置电源，做好操作记录。 (5) 将两塔内残夜排入污水处理系统。 (6) 检查停车后各设备、阀门、仪表状况	操作步骤错、漏一处扣 2 分，扣完为止；顺序错误扣 5 分	
文明操作	10 分	(1) 组员间应相互配合，不能一人单独完成。 (2) 正确使用操作工具。 (3) 保持操作现场干净整齐，清理现场，搞好设备、管道、阀门维护工作	发生事故扣 5 分；未正确使用设备、工具扣 2 分	

吸收解吸装置操作报表

序号	时间	吸收塔进塔气相温度/℃	吸收塔进塔液相温度/℃	吸收塔出塔气相温度/℃	富液泵出口温度/℃	解吸塔出塔液相温度/℃	解吸塔进塔液相温度/℃	吸收塔底气相压力/kPa	吸收塔顶气相压力/kPa	解吸塔底气相压力/kPa	解吸塔顶气相压力/kPa	1#风机出口流量/(m³/h)	解吸塔进塔气相流量/(m³/h)	贫液泵出口流量/(m³/h)	富液泵出口流量/(m³/h)
1															
2															
3															
4															
5															

操作记事

异常情况

操作人：　　　　　　　　　　　　　　　　指导教师：

项目四　吸收操作

【复盘总结】

一、项目复盘

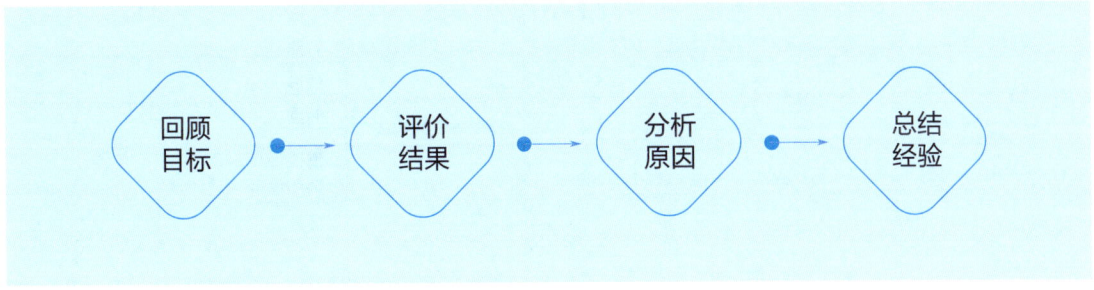

（1）本项目要达到怎样的学习目标？

____

____

____

____

（2）目前效果如何？

____

____

____

____

（3）什么原因导致这样的效果？

____

____

____

____

（4）成功与失败之处有怎样的经验？

____

____

____

____

二、要点总结

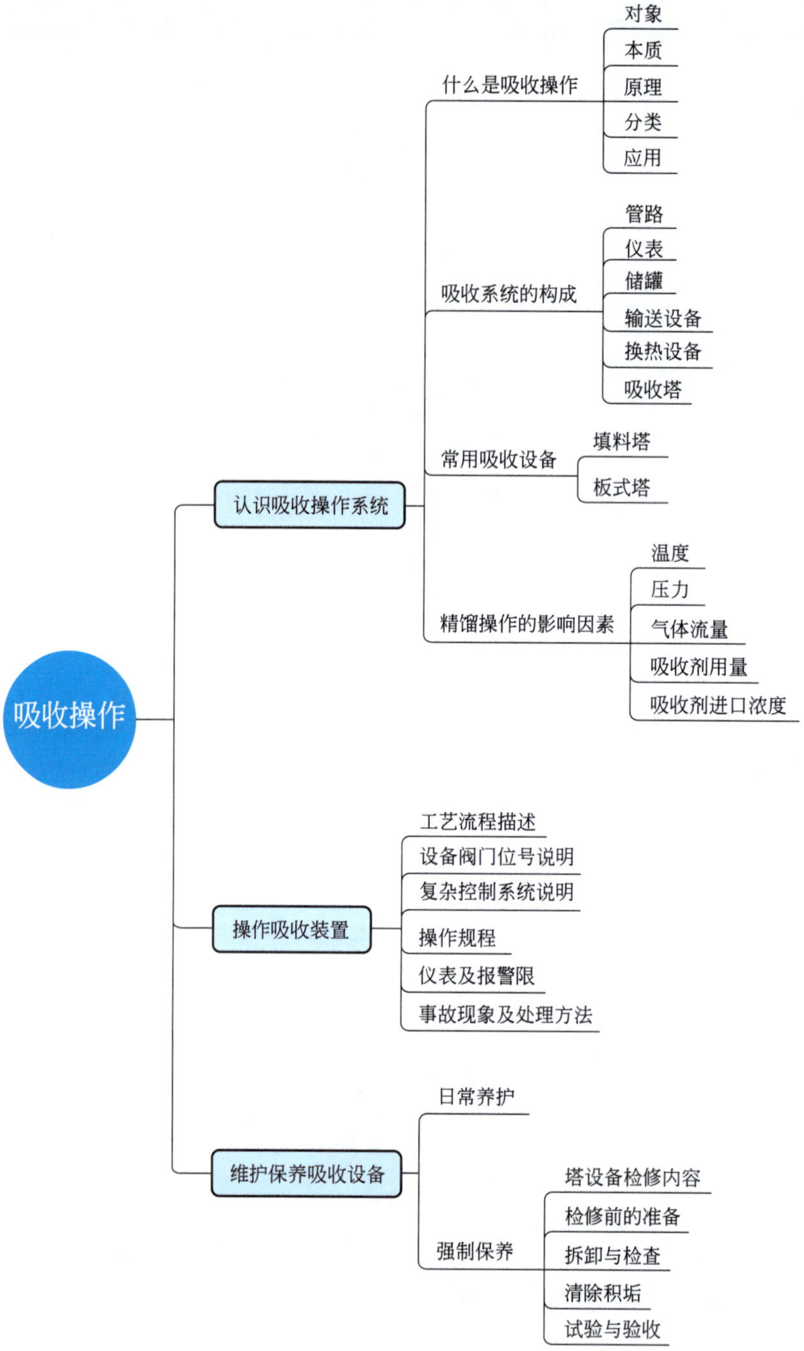

- 吸收操作
  - 认识吸收操作系统
    - 什么是吸收操作
      - 对象
      - 本质
      - 原理
      - 分类
      - 应用
    - 吸收系统的构成
      - 管路
      - 仪表
      - 储罐
      - 输送设备
      - 换热设备
      - 吸收塔
    - 常用吸收设备
      - 填料塔
      - 板式塔
    - 精馏操作的影响因素
      - 温度
      - 压力
      - 气体流量
      - 吸收剂用量
      - 吸收剂进口浓度
  - 操作吸收装置
    - 工艺流程描述
    - 设备阀门位号说明
    - 复杂控制系统说明
    - 操作规程
    - 仪表及报警限
    - 事故现象及处理方法
  - 维护保养吸收设备
    - 日常养护
    - 强制保养
      - 塔设备检修内容
      - 检修前的准备
      - 拆卸与检查
      - 清除积垢
      - 试验与验收

项目四　吸收操作

【职业能力与创新创业进阶训练】

一、化工总控工职业技能鉴定应知试题（中级工）

<单选题>

1. 对吸收操作来说，当其他条件一定时，溶液出口浓度越低，则下列说法正确的是（　　）。
A. 吸收剂用量越大，吸收推动力越大　　B. 吸收剂用量越小，吸收推动力越大
C. 吸收剂用量越大，吸收推动力越小　　D. 吸收剂用量与吸收推动力无关

2. 计算吸收塔的塔径时，适宜的空塔气速为液泛气速的（　　）倍。
A. 0.6~0.8　　　　B. 1.1~2.0　　　　C. 0.3~0.5　　　　D. 1.6~2.4

3. 填料支承装置是填料塔的主要附件之一，要求支承装置的自由截面积（　　）填料层的自由截面积。
A. 小于　　　　B. 大于　　　　C. 等于　　　　D. 都可以

4. 通常所讨论的吸收操作中，当吸收剂用量趋于最小用量时，完成一定的任务（　　）。
A. 回收率趋向最高　　　　B. 吸收推动力趋向最大
C. 固定资产投资费用最高　　D. 操作费用最低

5. 吸收操作的目的是分离（　　）。
A. 气体混合物　　　　B. 液体均相混合物
C. 气液混合物　　　　D. 部分互溶的均相混合物

6. 吸收过程中一般多采用逆流流程，主要是因为（　　）。
A. 流体阻力最小　　B. 传质推动力最大　　C. 流程最简单　　D. 操作最方便

7. 吸收塔内不同截面处吸收速率（　　）。
A. 基本相同　　　　B. 各不相同　　　　C. 完全相同　　　　D. 均为0

8. 最小液气比（　　）。
A. 在生产中可以达到　　　　B. 是操作线斜率
C. 均可用公式进行计算　　　　D. 可作为选择适宜液气比的依据

9. 吸收效果的好坏可用（　　）来表示。
A. 转化率　　　　B. 变换率　　　　C. 吸收率　　　　D. 合成率

10. 一般情况下吸收剂用量为最小用量的（　　）倍。
A. 2　　　　B. 1.1~2.0　　　　C. 1.1　　　　D. 1.5~2.0

11. 选择适宜的（　　）是吸收分离高效而又经济的主要因素。
A. 溶剂　　　　B. 溶质　　　　C. 催化剂　　　　D. 吸收塔

12. 低温甲醇洗工艺利用了低温甲醇对合成氨工艺原料气中各气体成分选择性吸收的特点，选择性吸收是指（　　）。
A. 各气体成分的沸点不同　　　　B. 各气体成分在甲醇中的溶解度不同
C. 各气体成分在工艺气中的含量不同　　D. 各气体成分的分子量不同

13. 吸收的极限是由（ ）决定的。
   A. 温度　　　　B. 压力　　　　C. 相平衡　　　　D. 溶剂量
14. 在气体吸收过程中，吸收剂的纯度提高，气液两相的浓度差增大，吸收的（　　）。
   A. 推动力增大，对吸收有利　　　　B. 推动力减小，对吸收有利
   C. 推动力增大，对吸收不好　　　　D. 推动力无变化
15. 吸收烟气时，烟气和吸收剂在吸收塔中应有足够的接触面积和（　　）。
   A. 滞留时间　　B. 流速　　　　C. 流量　　　　D. 压力

<判断题>

16. 当吸收剂需循环使用时，吸收塔的吸收剂入口条件将受到解吸操作条件的制约。（　　）
17. 根据相平衡理论，低温高压有利于吸收，因此吸收压力越高越好。（　　）
18. 气阻淹塔是由上升气体流量太小引起的。（　　）
19. 填料塔的液泛仅受液气比影响，而与填料特性等无关。（　　）
20. 填料吸收塔正常操作时的气体流速必须大于载点气速，小于泛点气速。（　　）
21. 物理吸收操作是一种将分离的气体混合物，通过吸收剂转化成较容易分离的液体。（　　）
22. 吸收塔中气液两相为并流流动。（　　）
23. 用水吸收 HCl 气体是物理吸收，用水吸收 CO_2 是化学吸收。（　　）
24. 在吸收过程中不能被溶解的气体组分叫惰性气体。（　　）
25. 对于吸收操作，增加气体流速，增大吸收剂用量都有利于气体吸收。（　　）

二、化工总控工职业技能鉴定应知试题（高级工）

<单选题>

26. 对难溶气体，如欲提高其吸收速率，较有效的手段是（　　）。
   A. 增大液相流速　B. 增大气相流速　C. 减小液相流速　D. 减小气相流速
27. 对气体吸收有利的操作条件应是（　　）。
   A. 低温+高压　　B. 高温+高压　　C. 低温+低压　　D. 高温+低压
28. 目前工业生产中应用十分广泛的吸收设备是（　　）。
   A. 板式塔　　　　B. 填料塔　　　　C. 湍流塔　　　　D. 喷射式吸收器
29. 改善液体壁流现象的装置是（　　）。
   A. 填料支承板　　B. 液体分布器　　C. 液体再分布器　　D. 除沫器
30. 吸收操作大多采用填料塔，下列（　　）不属于填料塔构件。
   A. 液相分布器　　B. 疏水器　　　　C. 填料　　　　D. 液相再分布器
31. 吸收操作过程中，在塔的负荷范围内，当混合气处理量增大时，为保持回收率不变，可采取的措施有（　　）。
   A. 减小吸收剂用量　B. 增大吸收剂用量　C. 增加操作温度　D. 减小操作压力
32. 吸收过程中一般多采用逆流流程，主要是因为（　　）。
   A. 流体阻力最小　　　　　　　　　　B. 传质推动力最大
   C. 流程最简单　　　　　　　　　　　D. 操作最方便

33. 吸收塔开车操作时，应（　　）。
A. 先通入气体后进入喷淋液体
B. 增大喷淋量总是有利于吸收操作
C. 先进入喷淋液体后通入气体
D. 先进气体或液体都可以

34. 吸收塔尾气超标，可能的原因是（　　）。
A. 塔压增大
B. 吸收剂降温
C. 吸收剂用量增大
D. 吸收剂纯度下降

35. 下列哪一项不是工业上常用的解吸方法？（　　）
A. 加压解吸
B. 加热解吸
C. 在惰性气体中解吸
D. 精馏

36. 选择吸收剂时应重点考虑的是（　　）。
A. 挥发度+再生性
B. 选择性+再生性
C. 挥发度+选择性
D. 溶解度+选择性

37. 在填料吸收塔中，为了保证吸收剂液体的均匀分布，塔顶需设置（　　）。
A. 液体喷淋装置　　B. 再分布器　　C. 冷凝器　　D. 塔釜

38. 在吸收操作中，塔内液面波动，产生的原因可能是（　　）。
A. 原料气压力波动
B. 吸收剂用量波动
C. 液面调节器出现故障
D. 以上三种原因都有可能

39. 在吸收操作中，吸收剂（如水）用量突然下降，产生的原因可能是（　　）。
A. 溶液槽液位低、泵抽空
B. 水压低或停水
C. 水泵坏
D. 以上三种原因都有可能

40. 在吸收塔操作过程中，当吸收剂用量增加时，出塔溶液浓度（　　），尾气中溶质浓度（　　）。
A. 下降　下降
B. 增高　增高
C. 下降　增高
D. 增高　下降

41. 正常操作的吸收塔，若因某种原因使吸收剂量减少至小于正常操作值时，可能发生下列（　　）情况。
A. 出塔液体浓度增加，回收率增加
B. 出塔液体浓度减小，出塔气体浓度增加
C. 出塔液体浓度增加，出塔气体浓度增加
D. 塔将发生液泛现象

42. 氯气干燥采用填料塔时，如果空塔气速过高，将引起（　　）现象，导致传质效果变差。
A. 沟流
B. 液泛
C. 雾沫夹带
D. 壁流

43. 硫酸生产过程中，尾气含有少量的SO_2，一般采用（　　）的方法进行脱除。
A. NaOH 水溶液吸收
B. NaCl 水溶液吸收
C. 氨水吸收
D. 清水吸收

44. 发现贫液中硫化氢浓度过高，最主要是调整（　　）避免出现净化尾气硫化氢含量高的现象。
A. 吸收塔压力
B. 溶剂循环量
C. 吸收塔温度
D. 再生塔温度

45. 吸收塔温度高，可以通过（　　）操作来调整。
   A. 降低尾气出塔温度　　　　　　　　B. 降低溶剂进塔温度
   C. 降低吸收塔压力　　　　　　　　　D. 降低水冷塔急冷水量

<判断题>

46. 当吸收剂的喷淋密度过小时，可以适当增加填料层高度来补偿。（　　）
47. 乱堆填料安装前，应先在填料塔内注满水。（　　）
48. 同一种填料，不管用什么方式堆放到塔中，其比表面积总是相同的。（　　）
49. 吸收操作中，所选用的吸收剂的黏度要低。（　　）
50. 吸收塔在开车时，先启动吸收剂，后充压至操作压力。（　　）
51. 吸收塔在停车时，先卸压至常压后方可停止吸收剂。（　　）
52. 增大难溶气体的流速，可有效地提高吸收速率。（　　）
53. 在泡罩吸收塔中，空塔速度过大会形成液泛，过小会造成漏液现象。（　　）
54. 因为氨是极易被水吸收的，所以当发生跑氨时，应用大量水对其进行稀释。（　　）
55. 硫酸生产中净化尾气硫化氢含量高一定是尾气处理部分不正常。（　　）

三、化工总控工职业技能鉴定应知试题（技师）

<简答题>

56. 什么是雾沫夹带现象？其影响因素有哪些？
57. 影响塔板效率的主要因素有哪些？
58. 吸收和精馏过程本质的区别在哪里？
59. 什么是双膜理论？
60. 除雾器的基本工作原理是什么？

四、创新创业训练

通过对周边中小微化工企业调研，针对实际需求，结合本项目所学内容，设计一个创新创业项目或尝试申报一项专利，不限于技术创新，也可以是方法创新、理论创新或管理创新。参考主题如下：

61. 吸收解吸过程的节能技术

针对需要吸收或解吸的化工原料，改变工艺路线或革新吸收解吸设备，探索利用外部热源或余热来提供吸收解吸过程所需的热量，实现节能降耗和环保生产。

62. 吸收解吸过程强化技术

针对某化工生产过程中产生的有害气体，通过改变吸收剂种类、操作条件或设备结构等方式来强化吸收解吸过程，提高原料的利用率和产品质量。

63. 吸收解吸过程的智能化控制

针对多组分气体分离，设计一套智能化控制系统，能够实时监测和调整吸收解吸过程的操作参数，实现混合气体的高效分离和纯化。

64. 中药释放可控香囊

利用吸收解吸原理，设计一款能够按需释放不同中药气体成分的香囊，方便人们日常通过吸入方式达到治疗头痛、抑制呕吐、缓解疲劳等目的。

项目五
萃取操作

[中国国家资历框架标准 6 级　1 学分]

工业背景

萃取操作是工业生产中重要的提取和分离技术，广泛应用于化工、医药、食品、能源、环境工程和高新材料开发等多个行业，新型萃取设备的研发与技术革新使萃取技术变得更加高效、环保。本模块在了解技术员岗位职责的基础上认识萃取系统、操作萃取设备，完成化工生产中的萃取操作任务，保障装置安、稳、长、满、优的运行。

学习路径

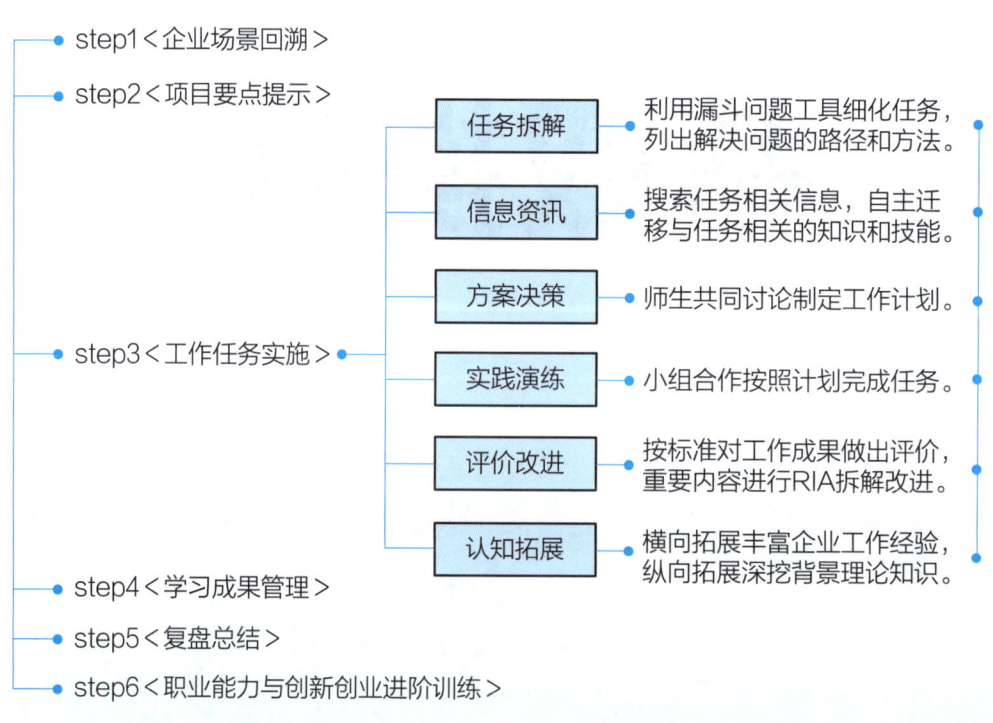

- step1 ＜企业场景回溯＞
- step2 ＜项目要点提示＞
- step3 ＜工作任务实施＞
  - 任务拆解 — 利用漏斗问题工具细化任务，列出解决问题的路径和方法。
  - 信息资讯 — 搜索任务相关信息，自主迁移与任务相关的知识和技能。
  - 方案决策 — 师生共同讨论制定工作计划。
  - 实践演练 — 小组合作按照计划完成任务。
  - 评价改进 — 按标准对工作成果做出评价，重要内容进行RIA拆解改进。
  - 认知拓展 — 横向拓展丰富企业工作经验，纵向拓展深挖背景理论知识。
- step4 ＜学习成果管理＞
- step5 ＜复盘总结＞
- step6 ＜职业能力与创新创业进阶训练＞

项目五 萃取操作

【企业场景回溯】

一、生产项目描述

催化重整和加氢裂解汽油都是芳烃和非芳烃的混合物，在工业生产中主要采用溶剂抽提法（液—液萃取）进行分离。其流程如图 5-1 所示，萃取剂（环丁砜）自注入向下流动，烃类混合物由塔中部进入，由于密度较小而向上流动，与萃取剂逆流接触，混合物中芳烃溶于萃取剂中，非芳烃和少量萃取剂自塔顶溢出，芳烃和萃取剂以及少量非芳烃自塔底流出，进入蒸馏塔把芳烃分离出来，回收的萃取剂循环使用。

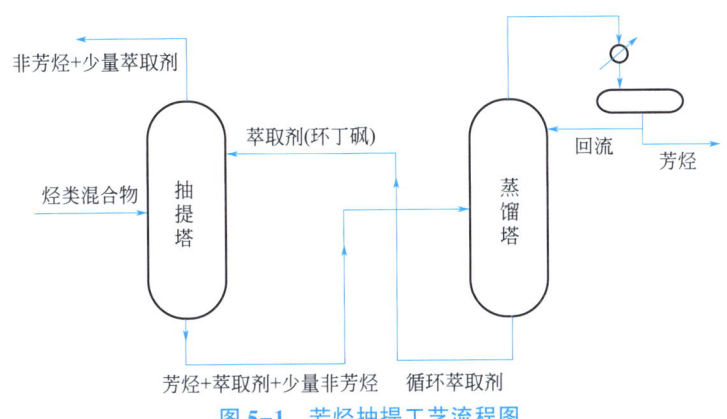

图 5-1 芳烃抽提工艺流程图

二、岗位职责分析

生产车间构架如图 5-2 所示，本项目在熟悉副操、主操、运行工程师、班长的工作任务后要进一步熟悉工艺技术员和设备技术员的岗位职责。内容如下：

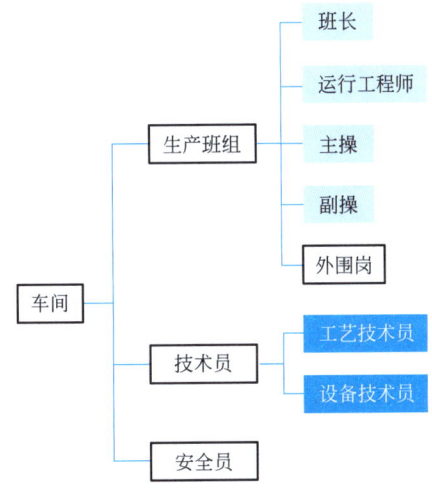

图 5-2 芳烃抽提车间岗位架构

（1）根据工艺要求，负责吸收装置的开、停操作；
（2）在日常维护工作中负责吸收设备的维护保养，以及操作间的卫生；
（3）负责本岗位在各种事故状态下的处理工作和对有关单位的联系工作；
（4）负责岗位交接班工作，按要求写交接班日记和操作记录。

三、安全生产须知——技术员

<工艺技术员>

（1）对车间工艺生产的安全负责；确保各项技术工作的安全可靠性。
（2）在保证安全的前提下参加生产，及时制止违反安全生产制度和安全技术规程行为。
（3）负责编辑车间工艺操作技术规程及管理制度。对车间职工进行工艺操作技术知识培训，组织安全生产技术练兵和考核。
（4）每天深入现场检查生产操作情况，发现事故隐患及时整改。制止违章作业，在紧急情况下对不听劝阻者，有权停止其作业，并立即报请领导处理。
（5）参加车间新建、扩建、改建工程设计审查、竣工验收；参加工艺改造、工艺条件变动方案的审查，使之符合安全技术要求。
（6）发生与生产相关事故，及时向主管领导报告，并参加事故调查与分析。
（7）负责装置检修、停开工安全技术方案的制定，对方案执行情况进行检查监督。
（8）了解、清楚操作岗位的危害因素。
（9）熟练掌握车间岗位操作规程、事故预案。

<设备技术员>

（1）贯彻执行国家、上级部门关于设备检修、维护保养及施工方案的安全规定、标准，负责制定和修订各类设备的维护操作规程及安全管理制度。
（2）负责本车间设备的安全管理，使其符合安全技术规范及标准。
（3）负责编制车间设备操作安全技术规程及管理制度。在编制设备维护、检修、保养制度、方案时，有可靠的安全卫生技术措施，并对执行情况进行检查监督。
（4）在制订有关设备改造方案和编制设备检修计划时，制定相应的职业安全卫生措施内容，并落实安全措施。
（5）组织设备安全检查，对查出的问题有计划地整改，按期完成安全措施计划和事故隐患整改项目。
（6）负责对本车间职工进行设备维护、保养、使用等安全知识的培训和考核。
（7）每天深入现场检查设备运行情况，检查岗位工人巡检、点检情况，发现事故隐患及时整改。制止违章作业，在紧急情况下对不听劝阻者，有权停止其作业，并报请领导处理。
（8）发生设备或与设备有关的事故，及时向安全主管部门报告，并参加事故调查分析。
（9）负责设备检修安全技术方案的制定，对方案执行情况进行检查监督。

项目五 萃取操作

【项目要点提示】

一、I/O 接口

萃取操作这一项目的前导知识技能、输出知识技能和后续对接生产项目见图 5-3。

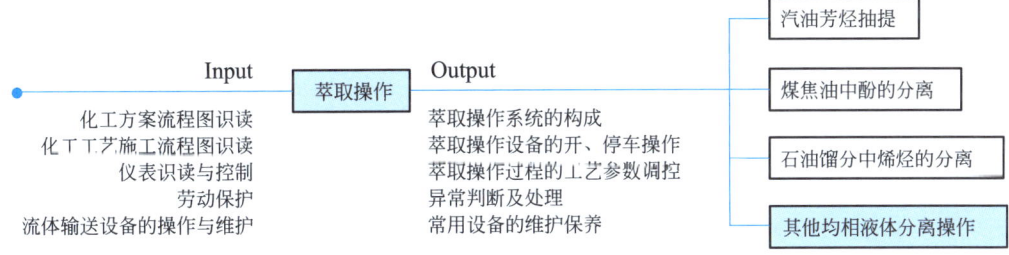

图 5-3 萃取操作 I/O 接口

二、学习目标

知识目标
(1) 能准确说出萃取操作系统的对象、本质、原理、分类、应用
(2) 能准确说出萃取操作系统的构成
(3) 能准确说出常用萃取设备的原理、结构、性能、用途
(4) 能准确说出萃取操作的影响因素
(5) 能准确说出萃取装置的开、停车操作流程和过程控制要点
(6) 能准确说出萃取过程中常见事故的现象、成因及处理方法

能力目标
(1) 能独立完成典型萃取设备的开、停车操作
(2) 能正确调控萃取过程中的工艺参数
(3) 能正确诊断萃取过程中的异常现象并给出合理的处理方案
(4) 能完成常用设备的日常检查和强制保养
(5) 能通过多种新媒体资源获取信息、处理信息和运用信息
(6) 能对工作结果进行总结、评价与优化改进
(7) 能组织技术员岗的初步日常工作

素质目标
(1) 认同化工企业管理方式,适应化工生产倒班作业
(2) 树立标准化操作、精益求精的工程质量意识,树立正确的劳动观
(3) 认识化工生产中的风险、责任和利益,将道德标准与法制意识深植于心
(4) 发扬诚信、友爱、互助的团队精神,积极践行社会主义核心价值观
(5) 关注产业历史和发展方向,挖掘其蕴含的优秀传统文化,增强"四个自信"
(6) 针对工作问题主动思考、积极创新,形成不断演进的成长型思维

295

三、重点、难点及解决方案

重　　点：萃取设备的开、停车操作，萃取系统的参数控制。

解决方案：开、停车操作按照"明流程—知操作—记参数—保安全"的逻辑链逐一展开，过程参数控制要明确其影响因素，熟练操作。

难　　点：萃取系统的事故处理。

解决方案：按照"明现象—析原因—做判断—给措施"的逻辑链逐一展开，事故处理完成后撰写"事故总结报告"进行复盘，参考格式如下：

****事故分析报告

发现时间：****年**月**日**时**分

发现人员：***、***、***

事故位置：****厂**车间**装置**工段**（设备、仪表、阀门等编号）

事故现象：1. ******************；

　　　　　2. ******************；

　　　　　3. ******************。

分析判定：****、****和****故障都会引发****现象，对****进一步检查发现****现象，据此判定此事故是由****（事故成因）引起的****（事故名称）。

处理方法：1. ******************；

　　　　　2. ******************；

　　　　　3. ******************。

　　　　　或：按****事故处置卡进行处置。

执行单位：********

处理结果：经处理，****（事故位置）已恢复正常运行。

　　　　　或：****部分已恢复运行，****部分仍存在****问题，需进一步维修，已上报****，目前进度是****。

　　　　　或：****问题因为****目前无法处理，已上报****，目前进度是****。

报告人：***
****年**月**日

四、资源保障

移动学习端、萃取塔仿真软件、萃取操作实训装置。

五、参考标准

GB/T 31462—2015《化工设备用钢制萃取塔》。

SH/T 3130—2012《石油化工萃取设备施工及验收规范》。

项目五　萃取操作

【工作任务实施】

认识萃取操作系统

任务一　认识萃取操作系统

了解萃取操作系统的基本情况是完成操作任务、进行生产管理和技术创新的基础，请为入职培训的新员工介绍传热操作系统概况。

一　任务拆解

（1）我要完成什么任务？

介绍萃取操作系统的基本情况。

（2）我要在什么样的场景下，以什么样的身份，利用什么样的资源，开展什么活动来完成这个任务？要达到什么样的标准？

在新员工入职培训时，以技术员的身份，用 ppt 或对照装置进行讲解，让新员工了解什么是萃取操作、萃取操作系统的构成、常用萃取操作设备、萃取操作的影响因素。

（3）我要按照怎样的步骤来执行？关键点是什么？第一步要做的是什么？

按照"查找资料—确定大纲—制作文稿—讲解演示"的顺序完成任务，关键点是根据任务场景列出内容大纲，第一步要进行信息资讯，储备必要的知识技能。

二　信息资讯

（一）什么是萃取操作（extraction transfer）

萃取是利用系统中组分在溶剂中溶解度不同来分离混合物的单元操作，萃取有两种方式：

固—液萃取，也叫浸取，用溶剂分离固体混合物中的组分，如用水浸取甜菜中的糖类；用酒精浸取黄豆中的豆油以提高油产量；用水从中药中浸取有效成分以制取流浸膏，叫"渗沥"或"浸沥"。

液—液萃取，又称溶剂萃取，也称抽提（通常用于石油炼制工业），用选定的溶剂分离液体混合物中某种组分，溶剂必须与被萃取的混合物液体不相溶，具有选择性的溶解能力，而且必须有好的热稳定性和化学稳定性，并有小的毒性和腐蚀性。如用苯分离煤焦油中的酚；用有机溶剂分离石油馏分中的烯烃；用 CCl_4 萃取水中的 Br_2。

本项目主要讨论液—液萃取。

素养充电站——回眸产业千载

1842 年，E. M. 佩利若研究了用乙醚从硝酸溶液中萃取硝酸铀酰。1903 年 L. 埃迪兰努用液态二氧化硫从煤油中萃取芳烃，这是萃取的第一次工业应用。由于萃取能有效地从含量很低的铀矿浸出液中分离、富集和提纯原子能工业中应用的铀，20 世纪 40 年代后期，生产核燃料的需要促进了萃取的研究开发。20 世纪 60 年代中期，萃取成为湿法冶金中溶液分离、浓缩和净化的有效方法。

297

素养充电站——走进领域名家

屠呦呦，出生于 1930 年 12 月 30 日，第一位获诺贝尔科学奖项的中国本土科学家。1972 年，她成功提取分子式为 $C_{15}H_{22}O_5$ 的无色结晶体，命名为青蒿素。2011 年 9 月，因发现青蒿素——一种用于治疗疟疾的药物，挽救了全球特别是发展中国家数百万人的生命，获得拉斯克奖和葛兰素史克中国研发中心"生命科学杰出成就奖"。2015 年 10 月，因发现了青蒿素有效降低疟疾患者的死亡率，获得诺贝尔生理学或医学奖。

1. 萃取操作的对象

化工生产中，萃取操作（液—液萃取）的对象多是均相液体混合物。

2. 萃取操作的本质

萃取操作的本质是质量传递，它遵循质量传递的基本规律。工业萃取过程中萃取剂与原溶剂一般为部分互溶，涉及三元混合物系的平衡关系。

3. 萃取操作的原理

在液体混合物（原料液）中加入一个与其基本不相混溶的液体作为溶剂，造成第二相，利用原料液中各组分在两个液相中的溶解度不同而使原料液混合物得以分离。萃取操作的基本过程如图 5-4 所示。

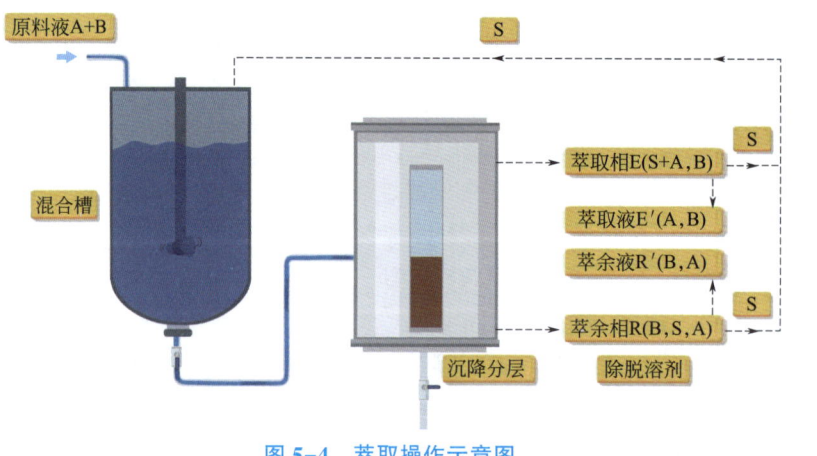

图 5-4 萃取操作示意图

选用的溶剂称为萃取剂，以 S 表示；原料液中易溶于 S 的组分，称为溶质，以 A 表示；难溶于 S 的组分称为原溶剂（或稀释剂），以 B 表示。搅拌停止后，两液相因密度不同而分层：一层以溶剂 S 为主，并溶有较多的溶质 A，称为萃取相，以 E 表示；另一层以原溶剂（稀释剂）B 为主，且含有未被萃取完的溶质 A，称为萃余相，以 R 表示。若溶剂 S 和 B 为部分互溶，则萃取相中还含有少量的 B，萃余相中亦含有少量的 S。

萃取操作并未得到纯净的组分，而是新的混合液：萃取相 E 和萃余相 R。为了得到产品 A，并回收溶剂以供循环使用，尚需对这两相分别进行分离。通常采用蒸馏或蒸发的方法，有时也可采用结晶等其他方法。脱除溶剂后的萃取相和萃余相分别称为萃取液和萃余液，以 E′和 R′表示。

想一想 同样分离液体混合物，什么时候用精馏？什么时候用萃取？

对于一种液体混合物，采用蒸馏还是萃取加以分离，主要取决于技术上的可行性和经济上的合理性。一般在下列情况下采用萃取方法更为有利：

（1）原料液中各组分间的沸点非常接近，也即组分间的相对挥发度接近于1，若采用蒸馏方法很不经济，如芳烃与脂族烃的分离；

（2）料液在蒸馏时形成恒沸物，用普通蒸馏方法不能达到所需的纯度；

（3）原料液中需分离的组分含量很低且为难挥发组分，若采用蒸馏方法须将大量稀释剂汽化，能耗较大，如以稀醋酸水溶液制备无水醋酸；

（4）原料液中需分离的组分是热敏性物质，蒸馏时易于分解、聚合或发生其他变化，如从发酵液中提取青霉素、咖啡因的提取。

4. 萃取操作的分类

（1）按操作方式分为连续萃取（continuous extraction）和间歇萃取（batch extraction）。连续萃取通常用于大规模生产，而间歇萃取则更适用于小规模实验或生产。

（2）按欲萃取组分的数目分为单组分萃取（singlc-component extraction）和双组分萃取（multi-component extraction）。混合液中只有一种欲分离的组分A被S萃取，或其他组分虽然同时被S萃取，但不影响对组分A的质量要求，这类萃取称为单组分萃取，其基本原理、操作流程与吸收操作类似。双组分萃取又称为回流萃取，当混合液中两组分A、B在溶剂S中的溶解度差别不大时，需采用回流萃取才能使A、B两组分实现完全的分离，此时的原理和流程与精馏类似。

（3）按原料液和萃取剂的接触方式分为分级接触式萃取（staged contact extraction）和连续接触式萃取（continuous contact extraction），连续接触式萃取又称微分接触式萃取（differential contact extraction）。分级接触式萃取涉及将原料液和萃取剂分成多个阶段进行接触，每个阶段都有不同的萃取条件（如浓度、温度等），以实现逐步提取目标组分。这种方法适用于对萃取过程有较高要求的场景，可以更好地控制萃取过程并提高萃取效率。连续接触式萃取则是指原料液和萃取剂在连续流动的过程中进行接触和萃取。这种方法通常使用专门的设备，如萃取塔或萃取柱，使原料液和萃取剂在塔内或柱内连续流动并相互接触，从而实现对目标组分的连续提取。这种方法适用于大规模生产，能够实现高效的萃取过程。分级接触式萃取又分为单级萃取和多级萃取，其中多级萃取又分为多级错流萃取和多级逆流萃取。

① 单级萃取。

单级萃取如图5-5所示，是液—液萃取中最简单、最基本的操作方式，可间歇操作也可连续操作。

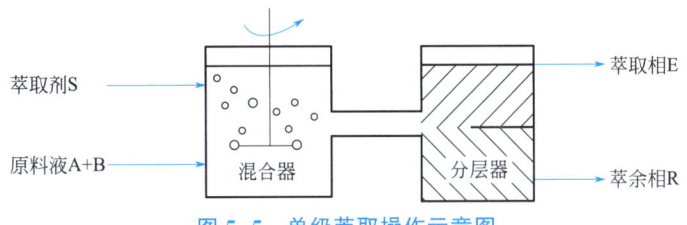

图5-5 单级萃取操作示意图

单级萃取是使料液与萃取剂在混合过程中密切接触，让被萃组分通过相际界面进入萃取剂中，直到组分在两相间的分配基本达到平衡。经过充分传质后的两液相进入分层器中利用密度差静置沉降，分离成为两层液体，即由萃取剂转变成的萃取相E和由料液转变成的萃余相R。单级萃取对给定组分所能达到的萃取率（被萃组分在萃取液中的量与原料液中的初始量的比值）较低，往往不能满足工艺要求，为了提高萃取率，可以采用多级的萃取方法。

② 多级错流萃取。

多级错流萃取如图 5-6 所示，每一级均加入新鲜萃取剂，原料液首先进入第一级，被萃取后，所得萃余相进入第二级作为第二级的原料液，并用新鲜萃取剂再次进行萃取，第二级萃取所得的萃余相又进入第三级作为第三级的原料液……如此萃余相经多次萃取，只要级数足够多，最终可得到溶质组成低于指定值的萃余相，但溶剂的用量较多。

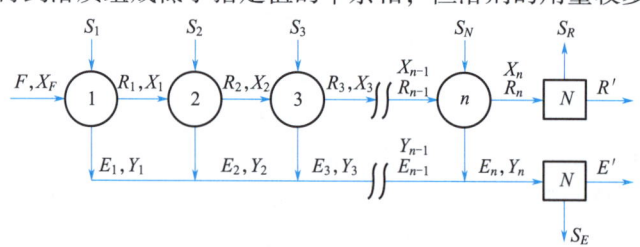

图 5-6　多级错流萃取操作示意图

③ 多级逆流萃取。

多级错流萃取虽然使萃余相中的溶质含量达到规定要求，但级数较多时萃取剂的消耗量大，而萃取相中溶质含量又较低。为克服此缺点，可以采用多级逆流萃取的方法，其流程如图 5-7 所示。

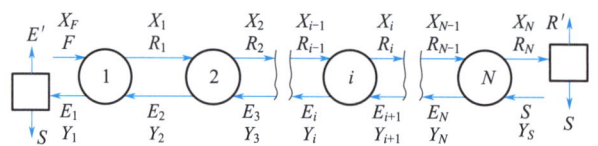

图 5-7　多级逆流萃取操作示意图

原料液从第 1 级进入系统，依次经过各级萃取，成为各级的萃余相，其溶质组成逐级下降，最后从第 n 级流出；萃取剂则从第 n 级进入系统，依次通过各级与萃余相逆向接触，进行多次萃取，其溶质组成逐级提高，最后从第 1 级流出。最终的萃取相与萃余相可在溶剂回收装置中脱除萃取剂得到萃取液与萃余液，脱除的溶剂返回系统循环使用。

多级逆流萃取操作一般是连续的，其分离效率高，溶剂用量较少，故在工业中得到广泛的应用。

④ 微分接触逆流萃取。

微分接触逆流萃取过程通常在塔式设备（如喷洒塔、脉冲筛板塔、填料萃取塔等）中进行，重液（如原料液）和轻液（如溶剂）分别自塔顶和塔底进入，如图 5-8 所示，二者微分逆流接触进行传质。料液与萃取剂之中，密度大的称为重相，密度小的称为轻相。轻相自塔底进入，从塔顶溢出；重相自塔顶加入，从塔底导出。萃取塔操作时，一种充满全塔的液相，称连续相；另一液相通常以液滴形式分散于其中，称分散相。分散相液体进塔时即行分散，在离塔前凝聚分层后导出。料液和萃取剂两者之中以何者为分散相，须兼顾塔的操作和工艺要求来选定。

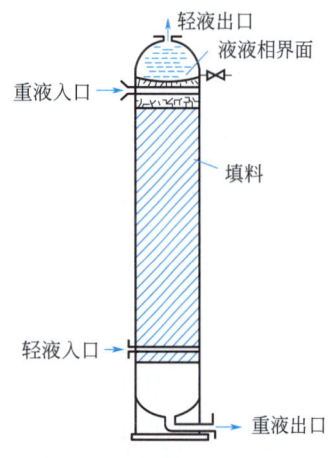

图 5-8　微分接触逆流萃取

项目五　萃取操作

> **素养充电站——放眼行业前沿**
>
> 随着回流萃取、反应萃取、超临界萃取及液膜分离技术的相继问世，使得萃取成为分离液体混合物很有发展前景的单元操作之一。化学溶剂萃取法是最新的萃取方式，可用来取代油脂萃取法，常用于树胶、树脂和花类精油的萃取。通常处理花朵的溶液是石油或石油精，用于树胶和树脂的溶剂则为丙酮。利用酒精、醚、液态丁烷等溶剂，反复淋在欲萃取精油的植物上，再将含有香精油的溶剂分离解吸，以低温蒸馏即可得到精油。

5. 萃取操作的应用

（1）在石油化工中的应用。随着石油化工的发展，萃取已广泛应用于分离和提纯各种有机物质，例如，轻柴油裂解和铂重整产生的芳烃和非芳烃混合物的分离。该混合物中各组分的沸点非常接近，用一般的精馏方法分离很不经济。工业上以环丁砜、四甘醇、N-甲基吡咯烷酮为溶剂，采用萃取方法从重整油中分离芳烃。对于难分离的乙苯、二甲苯体系，组分之间的相对挥发度接近于1，用精馏方法不仅回流比大，塔板还高达300多块，操作和设备费用极大。此外，用酯类溶剂萃取乙酸，用丙烷萃取润滑油中的石蜡等也得到了广泛的应用。

（2）在生物化工和精细化工中的应用。在生化药物制备过程中，生成很复杂的有机液体混合物，这些物质大多数为热敏性物质。若选择适当的溶剂进行萃取，可以避免受热损坏，提高有效物质的收率。例如青霉素的生产，用玉米发酵得到含青霉素的发酵液。此外，像链霉素、复方新诺明等药物的生产采用萃取操作也得到较好的效果。香料工业中用正丙醇从亚硫铁纸浆中得到香兰素。可以说，萃取操作已在制药工业、精细化工中占有重要的地位。

（3）在湿法冶金中的应用。20世纪40年代以来，由于原子能工业的发展，大量的研究工作集中于铀、钍等金属提炼，结果是萃取法几乎完全代替了传统的化学沉淀法。近20年来，由于有色金属使用量剧增，而开采的矿石中的品位又逐年降低，这就促使萃取法在这一领域的应用迅速发展起来。例如，用LIx63-65等螯合萃取剂从铜的浸取液中提取与铜相当或超过铜的有色金属。

（二）萃取操作系统的构成

萃取操作系统是由管路、仪表、储罐、输送设备和传热设备、萃取设备、蒸馏设备等构成，管路、仪表、储罐、输送设备、传热设备、蒸馏设备在项目一、项目二、项目三中已经详细描述，本部分主要介绍萃取设备。

1. 萃取设备的分类

（1）按接触方式分为逐级接触式和微分接触式设备。
（2）按有无外加机械能分为重力流动设备和动力辅助设备。
（3）按构造特点不同分为混合澄清器、萃取塔和离心萃取器，具体分类情况如图5-9所示。

2. 萃取设备的选用

萃取设备的类型较多，特点各异，物系性质对操作的影响错综复杂。对于具体的萃取过程，选择萃取设备的原则是：在满足工艺条件和要求的前提下，使设备费和操作费之和趋于最低。为此，需要弄清楚过程的特点、物系的性质，再结合设备的优缺点和使用范围进行初

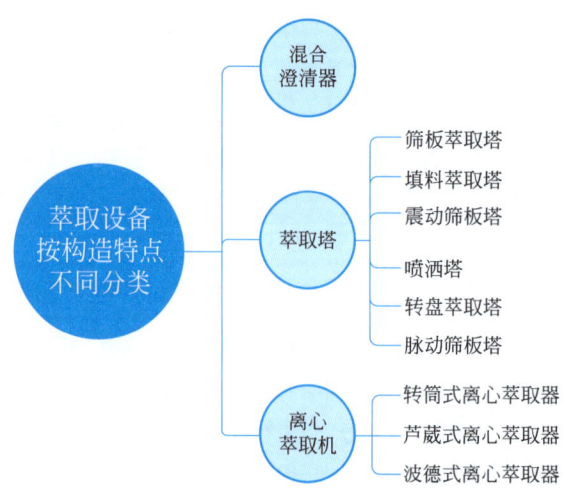

图 5-9 萃取设备按构造特点不同的分类

选，最后以经济衡算决定。通常选择萃取设备时应考虑以下因素：

（1）理论级数。

当需要的理论级数不超过 2~3 级时，各种萃取设备均可满足要求；当需要的理论级数较多（如超过 4~5 级）时，可选用筛板塔；当需要的理论级数再多（如 10~20 级）时，可选用有外加能量的设备，如混合澄清器、脉冲塔、往复筛板塔、转盘塔等。

（2）生产能力。

处理量较小时，可选用填料塔、脉冲塔；处理量较大时，可选用混合澄清器、筛板塔及转盘塔。离心萃取器的处理能力也相当大。

（3）物系的物性。

对密度差较大、界面张力较小的物系，可选用无外加能量的设备；对密度差较小、界面张力较大的物系，宜选用有外加能量的设备；对密度差甚小、界面张力小、易乳化的物系，应选用离心萃取器。

对有较强腐蚀性的物系，宜选用结构简单的填料塔或脉冲填料塔。对于放射性元素的提取，脉冲塔和混合澄清器用得较多。

物系中有固体悬浮物或在操作过程中产生沉淀物时，需定期清洗，此时一般选用混合澄清器或转盘塔。另外，往复筛板塔和脉冲筛板塔本身具有一定的自清洗能力，在某些场合也可考虑使用。

（4）物系的稳定性和液体在设备内的停留时间。

对生产中要考虑物料的稳定性、要求在设备内停留时间短的物系，如抗菌素的生产，宜选用离心萃取器；反之，若萃取物系中伴有缓慢的化学反应，要求有足够长的反应时间，则宜选用混合澄清器。

（5）其他。

在选用萃取设备时，还应考虑其他一些因素，如能源供应情况，在电力紧张地区应尽可能选用依靠重力流动的设备；当厂房面积受到限制时，宜选用塔式设备，而当厂房高度受到限制时，则宜选用混合澄清器。

选择萃取设备时应考虑的各种因素列于表 5-1。

表 5-1 萃取设备类型及评价因素

设备类型/评价因素		喷洒塔	填料塔	筛板塔	转盘塔	往复筛板脉动筛板	离心萃取器	混合澄清器
工艺条件	理论级数多	×	0	0	√	√	0	0
	处理量大	×	×	0	√	×	0	√
	两相流比大	×	×	×	0	0	√	√
物系性质	密度差小	×	×	×	0	0	√	√
	黏度高	×	×	×	0	0	√	√
	界面张力大	×	×	×	0	0	√	√
	腐蚀性强	√	√	0	0	0	×	×
	有固体悬浮物	√	×	0	√	0	×	×
设备费用	制造成本	√	0	0	0	0	×	0
	操作费用	√	√	0	0	0	×	×
	维修费用	√	√	0	0	0	×	0
安装场地	面积有限	√	√	√	√	√	√	×
	高度有限	×	×	×	0	0	√	√

注：√—适用；0—可以；×—不适用。

（三）常用萃取操作设备

1. 混合澄清器（mixed clarifier）

混合澄清器是一种单件组合式萃取设备，每一级均由一混合器与一澄清器组成，如图 5-10 所示。在混合器中，原料液与萃取剂借助搅拌装置的作用使其中一相破碎成液滴而分散于另一相中，以加大相际接触面积并提高传质速率。两相分散体系在混合器内停留一定时间后，流入澄清器。在澄清器中，轻、重两相依靠密度差进行重力沉降（或升浮），并在界面张力的作用下凝聚分层，形成萃取相和萃余相。

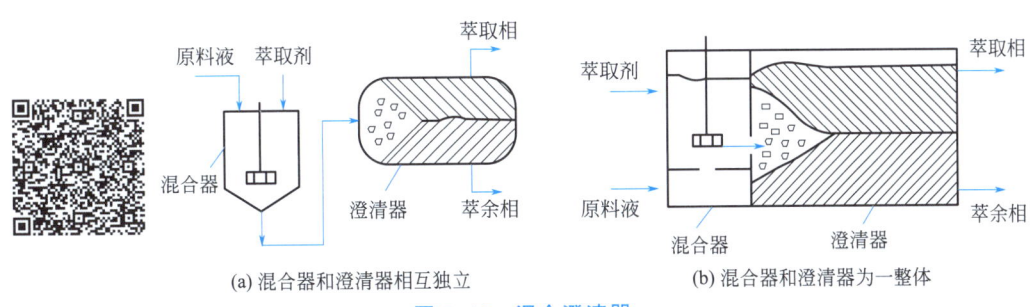

(a) 混合器和澄清器相互独立　　(b) 混合器和澄清器为一整体

图 5-10 混合澄清器

通常在混合器中两相混合进行传质的速度较快，两相澄清分离的速度较慢。由于在澄清过程中仍在继续进行传质，所以通常澄清器比混合器大得多。混合澄清器可以单级使用，也可以多级串联使用。

混合澄清器的优点是能为两液相提供良好的接触机会和机械分离，级效率高于 75%；放大设计和经常操作都相当可靠，易于分工、停工，不致损害成品的质量；易实现多级连续操作，便于调整级数；两液相的流量比可在较大范围内变化；不需要高的厂房和复杂的辅助设备。混合澄清器的缺点是水平排列的设备占地面积大，溶剂储量大，每级内都设有搅拌装置，液体在级间流动需输送泵，设备费和操作费都较高。

2. 萃取塔（extraction tower）

通常将高径比较大的萃取装置统称为塔式萃取设备，简称萃取塔。为了获得满意的萃取效果，萃取塔应具有分散装置，以提供两相间良好的接触条件；同时，塔顶、塔底均应有足够的分离空间，以便两相的分层。两相混合和分散所采用的措施不同，萃取塔的结构形式也多种多样，有喷洒萃取塔、填料萃取塔、筛板萃取塔、脉冲筛板塔、往复筛板萃取塔、转盘萃取塔等。

（1）筛板萃取塔（sieve tray extraction tower）。

筛板萃取塔对液体处理能力和萃取效率均较好，其结构如图5-11所示，塔内有若干层开有小孔的筛板。

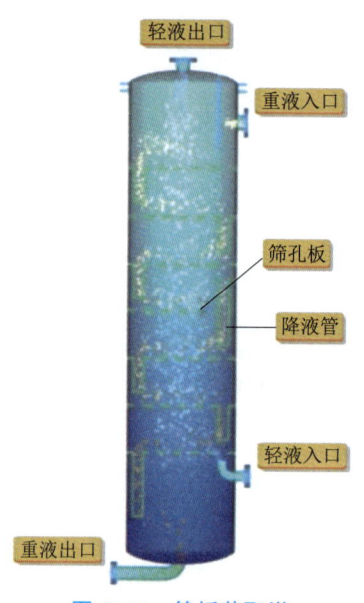

图5-11 筛板萃取塔

若轻液相为分散相，操作时轻液相通过板上筛孔分成细滴向上流，然后又聚结于上一层筛板的下面。连续相由溢流管流至下层，横向流过筛板并与分散相接触。若以重液相为分散相，则重液相的液滴聚结于筛板上面，然后穿过板上小孔分散成液滴。当以重液相为分散相时，则应将溢流管的位置改装在筛板的上方。由于塔内安装了多层筛板，分散相多次分散，并多次聚结，从而有利于液—液相间的传质。由于有塔板的限制，减轻了塔内轴向混合的效应。

在筛板塔内一般也应选取不易润湿塔板的一相作为分散相。筛板的孔径一般为3~9mm。孔间距可取孔径的3~4倍，筛孔的总截面积可在相当宽的幅度内变化，无降液管的脉动筛板塔开孔总截面积可更大些。工业中常用的筛板塔间距为150~600mm。

（2）填料萃取塔（packed extraction tower）。

填料萃取塔与用于蒸馏及吸收的填料塔类似，为了使萃取过程中一个液相可更好地分散于另一个液相之中，在液相入口装置上有所不同。如图5-12所示，轻液相的入口管装在填料的支承栅板之上，如是可使轻相液滴更顺利地直接进入填料层中。

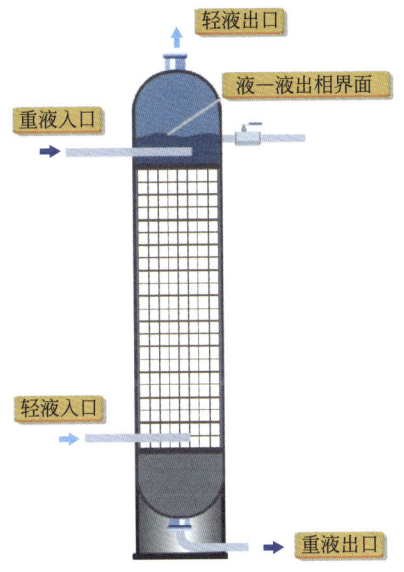

图 5-12　填料萃取塔

在萃取塔的操作中，使一相作为连续相首先充满进行传质的空间，另一相经过分散装置呈液滴状分散进入连续相中。填料的作用除可以使液滴不断产生破裂与再聚结，以促进液滴的表面更新外，还可减少轴向混合效应。填料萃取塔中常用填料有：拉西环、莱兴环、鲍尔环以及鞍型填料等。填料材质的选择，除考虑溶液的腐蚀性外，还应考虑填料的材质是否易为连续相所润湿，以利于其散布；而不易为分散相所润湿，以避免在填料表面发生聚并。

填料塔构造简单，适用于腐蚀性液体，在工业中应用较多。

（3）振动筛板塔（vibrating sieve tray tower）。

振动筛板塔的基本结构特点是塔内溢流筛板不与塔体相连，而固定于一根中心轴上。中心轴由塔外的曲柄连杆机构驱动，以一定的频率和振幅往复运动，如图 5-13 所示。当筛板

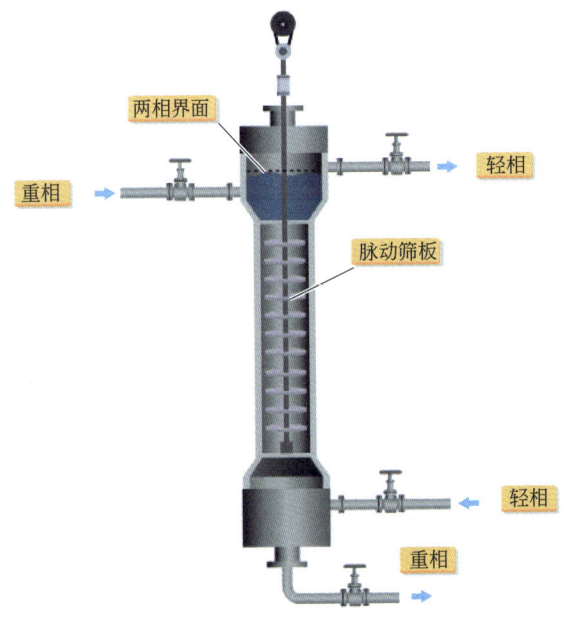

图 5-13　振动筛板塔

向上运动时,筛板上侧的液体经筛孔向下喷射;当筛板向下运动时,筛板下侧的液体经筛孔向上喷射。振动筛板塔可大幅度增加相际接触表面和湍动程度,但其作用原理与脉动筛板塔不同。脉动筛板塔是利用轻、重液体的惯性差异,而振动筛板基本上起机械搅拌作用。为防止液体沿筛板与塔壁间的缝隙短路流过,可每隔几块筛板放置一块环形挡板。

振动筛板塔操作方便,结构可靠,传质效率高,是一种性能较好的萃取设备,在化工生产上的应用日益广泛。由于机械方面的原因,这种塔的直径受到一定的限制,目前还不能适应大型化生产的需要。

(4) 喷洒塔(spray tower)。

喷洒塔又称喷淋塔,是最简单的萃取塔,轻、重两相分别从塔底和塔顶进入。若以重相为分散相,则重相经塔顶的分布装置分散为液滴后进入轻相,与其逆流接触传质,重相液滴降至塔底分离段处聚合形成重相液层排出;而轻相上升至塔顶并与重相分离后排出,如图 5-14(a) 所示。若以轻相为分散相,则轻相经塔底的分布装置分散为液滴后进入连续的重相,与重相进行逆流接触传质,轻相升至塔顶分离段处聚合形成轻液层排出;而重相流至塔底与轻相分离后排出,如图 5-14(b) 所示。

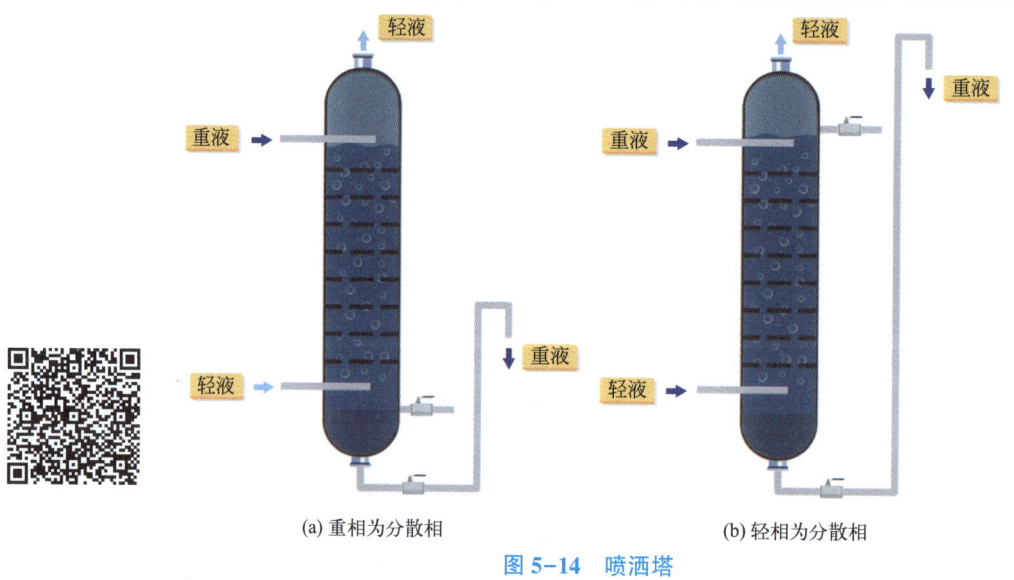

(a) 重相为分散相　　　　　　　(b) 轻相为分散相

图 5-14　喷洒塔

喷洒塔结构简单,塔体内除进出各流股物料的接管和分散装置外,无其他内部构件。其缺点是轴向返混严重,传质效率较低,因而适用于仅需一两个理论级的场合,如水洗、中和或处理含有固体的物系。

(5) 转盘萃取塔(rotating disk extraction tower)。

转盘萃取塔内装有多层固定在塔体上的环形挡板,挡板称为固定环,它使塔内形成许多分隔开的空间。在每一个分隔空间的中部位置处均装有一个固定在中央转轴上的圆盘,圆盘称为转盘,如图 5-15 所示。转盘的直径一般比固定环的内孔直径稍小些,以便于安装。操作时转盘随中心轴而旋转,所产生的剪应力作用于液体上,使分散相破裂而形成许多小的液滴,因而增加了分散相的持留量,并加大了相际接触面积。若盘面不光滑,则会在局部产生高的剪应力,而使液滴大小分布不均匀。此类塔在两相进入塔内时不需要任何液体分布装置,但也有将进料口装在塔体的切线方向上的。

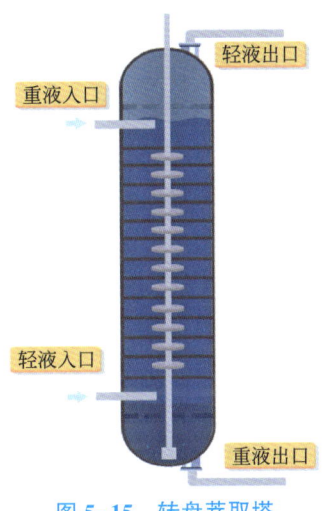

图 5-15　转盘萃取塔

转盘和固定环的尺寸、固定环的间距、转盘的转速以及两液相的流速比等均对萃取塔的生产能力和萃取效率有一定的影响。

转盘塔结构简单，操作方便，运转可靠，传质效率高，操作弹性大及处理量大，特别是能够放大到很大的规模，因而在工业生产中得到广泛应用。

（6）脉动筛板塔（pulsating sieve tray tower）。

脉动筛板塔如图 5-16 所示，是外力作用使液体在塔内产生脉冲运动的塔，这种塔也称为液体脉动筛板塔。其结构与无溢流筛板塔相似，轻、重液相皆可穿过塔内筛板呈逆流接触，分散相在筛板之间不凝聚分层。周期性的脉动在塔底由往复泵造成。筛板塔内加入脉动，可以增加相际接触面积及其湍动程度，故传质效率大为提高。脉动筛板的效率与脉动的振幅和频率有密切关系，若脉动过分激烈，会导致严重的轴向混合，传质效率反而降低。在液体脉动筛板塔中，脉动振幅的范围为 6~50mm，脉动频率的范围为 30~200L/min。脉动筛板塔的传质效率很高，能提供较多的理论板数，但其允许通过能力较小，在化工生产上的应用受到一定限制。

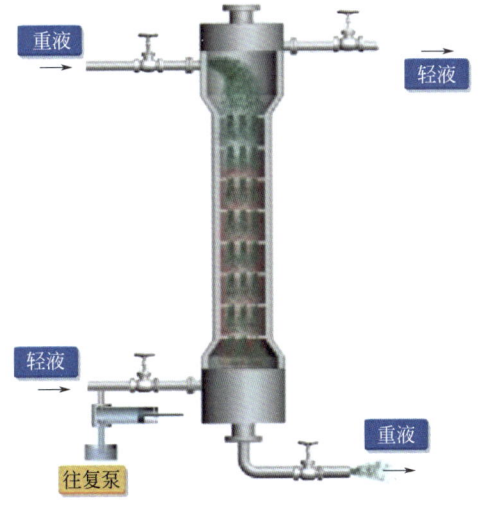

图 5-16　脉动筛板塔

3. 离心萃取器（centrifugal extractor）

离心萃取器是利用离心力的作用使两相快速混合、分离的萃取装置。离心萃取器按两相接触方式可分为逐级接触式和微分接触式两类。在逐级接触式萃取器中，两相的作用过程与混合澄清器类似；在微分接触式萃取器中，两相接触方式则与连续逆流萃取塔类似。离心萃取器广泛应用于制药（如抗菌素的提取）、香料、染料、废水处理、核燃料处理等领域，可分为转筒式、芦威式、波德式三种。

（1）转筒式离心萃取器（rotating cylinder centrifugal extractor）。

转筒式离心萃取器是单级接触式离心萃取器，其结构如图 5-17 所示。重液和轻液由底部的三通管并流进入混合室，在搅拌桨的剧烈搅拌下，两相充分混合进行传质，然后共同进入高速旋转的转筒。在转筒中，混合液在离心力的作用下，重相被甩向转鼓外缘，而轻相则被挤向转鼓的中心。两相分别经轻、重相堰流至相应的收集室，并经各自的排出口排出。

转筒式离心萃取器结构简单，效率高，易于控制，运行可靠。

（2）芦威式离心萃取器（luebke-weiss centrifugal extractor）。

芦威式离心萃取器简称 LUWE 离心萃取器，它是立式逐级接触式离心萃取器的一种。图 5-18 所示为三级离心萃取器，其主体是固定在壳体上并随之做高速旋转的环形盘。壳体中央有固定不动的垂直空心轴，轴上也装有圆形盘，盘上开有若干个喷出孔。

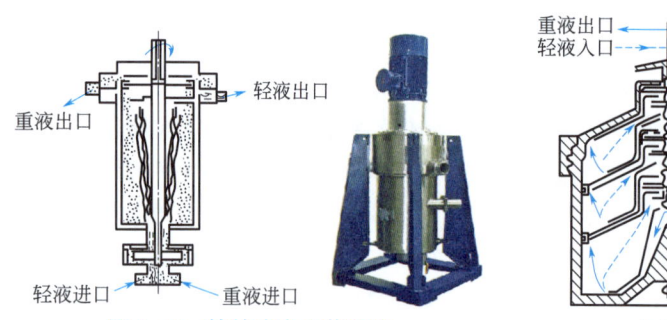

图 5-17 转筒式离心萃取器

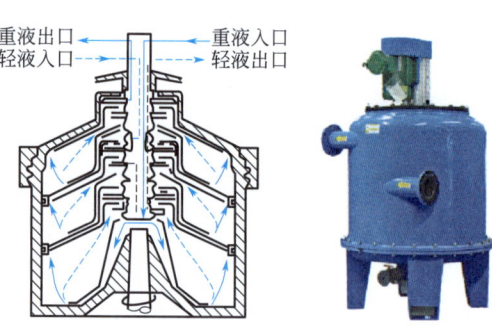

图 5-18 芦威式离心萃取器

萃取操作时，原料液与萃取剂均由空心轴的顶部加入。重液沿空心轴的通道向下流至萃取器的底部而进入第三级的外壳内，轻液由空心轴的通道流入第一级。在空心轴内，轻液与来自下一级的重液相混合，再经空心轴上的喷嘴沿转盘与上方固定盘之间的通道被甩至外壳的四周。重液由外部沿转盘与下方固定盘之间的通道而进入轴的中心，并由顶部排出，其流向为由第三级经第二级再到第一级，然后进入空心轴的排出通道，如图中实线所示；轻液则由第一级经第二级再到第三级，然后进入空心轴的排出通道，如图中虚线所示。两相均由萃取器顶部排出。

该类萃取器主要用于制药工业，其处理能力为 $7 \sim 49 m^3/h$，在一定条件下，级效率可接近 100%。

（3）波德式离心萃取器（porda centrifugal extractor）。

波德式离心萃取器亦称离心薄膜萃取器，简称 POD 离心萃取器，是一种微分接触式的萃取设备，其结构如图 5-19 所示。波德式离心萃取器由一水平转轴和随其高速旋转的圆形转鼓以及固定的外壳组成。转鼓由一多孔的长带卷绕而成，其转速很高，一般为 2000~5000r/min，操作时轻、重液体分别由转鼓外缘和转鼓中心引入。由于转鼓旋转时产生的离心力作用，重液从中心向外流动，轻液则从外缘向中心流动，同时液体通过螺旋带上的小孔被分散，两相在逆向流动过程中，于螺旋形通道内密切接触进行传质。最后重液和轻液分别由位于转鼓外缘和转鼓中心的出口通道流出。

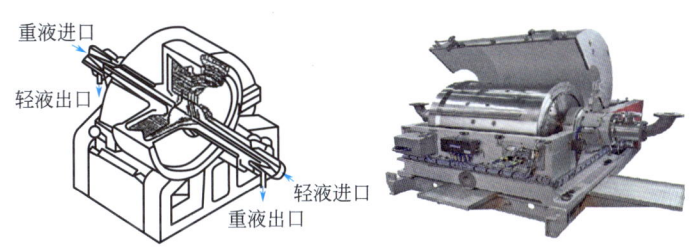

图 5-19　波德式离心萃取器

波德式离心萃取器的传质效率很高，其理论级数可达 3~12。它适合于处理两相密度差很小或易乳化的物系。

离心萃取器的优点是结构紧凑，生产强度高，物料停留时间短，分离效果好，特别适用于两相密度差小、易乳化、难分相及要求接触时间短、处理量小的场合。其缺点是结构复杂、制造困难、操作费高。

（四）萃取操作的影响因素

1. 萃取剂

工业上所用的萃取剂一般都需要分离回收，因此，在选择萃取剂时既要考虑萃取分离效果，又要使萃取剂的回收较为容易和经济。萃取剂的选择是萃取操作分离效果和经济性的关键，具体而言，要注意以下几方面。

（1）萃取剂的选择性。

萃取剂的选择性是指萃取剂 S 对原料液中两个组分溶解能力的差异。若 S 对溶质 A 的溶解能力比对原溶剂 B 的溶解能力大得多，那么这种萃取剂的选择性就高。萃取剂的选择性越高，则完成一定的分离任务，所需的萃取剂用量也就越少，相应的用于回收溶剂操作的能耗也就越低。

（2）原溶剂 B 与萃取剂 S 的互溶度。

稀释剂 B 和萃取剂 S 的互溶度影响溶解度曲线的形状和两相区的面积。采用 S_1 和 S_2 两种不同性能的萃取剂对 A、B 混合液在相同的温度下进行萃取，得到如图 5-20(a) 所示的相平衡关系。图 5-20(b) 表明 B、S_1 互溶度小，分层区面积大，可能得到的萃取液的最高浓度 E'_{max} 较高。

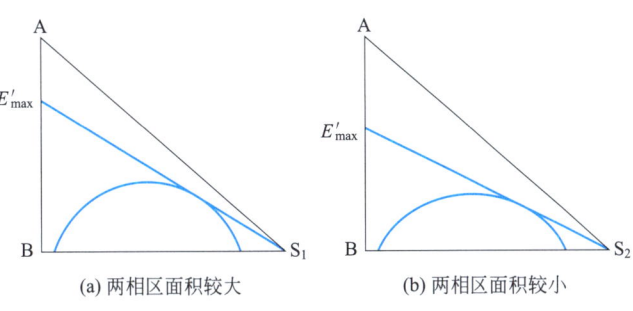

图 5-20　互溶度对萃取操作的影响

组分 B、S 的互溶度越小，萃取相脱除溶剂后可能得到具有最高溶质组成的萃取液，也就越有利于萃取分离，选择与组分 B 具有较小互溶度的萃取剂更利于溶质 A 的分离。

(3) 萃取剂回收的难易与经济性。

萃取后的 E 相和 R 相，通常以蒸馏的方法进行分离。萃取剂回收的难易直接影响萃取操作的费用，从而在很大程度上决定萃取过程的经济性。因此，要求萃取剂 S 与原料液中的组分的相对挥发度要大，不应形成恒沸物，并且最好是组成低的组分为易挥发组分。若被萃取的溶质不挥发或挥发度很低时，则要求 S 的汽化热要小，以节省能耗。

溶剂的萃取能力大，可减少溶剂的循环量，降低 E 相溶剂回收费用；溶剂在被分离混合物中的溶解度小，也可减少 R 相中溶剂回收的费用。

(4) 萃取剂的物理性质。

① 密度。为使两相在萃取器中能较快分层，要求萃取剂与被分离混合物有较大的密度差，特别是对没有外加能量的设备，较大的密度差可加速分层，提高设备的生产能力。

② 界面张力。两液相间的界面张力对萃取操作具有重要影响。萃取物系的界面张力较大时，分散相液滴易聚结，有利于分层，但界面张力过大，则液体不易分散，难以使两相充分混合，反而使萃取效果降低。界面张力过小，虽然液体容易分散，但易产生乳化现象，使两相较难分离，因此，界面张力要适中。常用物系的界面张力数值可从有关文献查取。

③ 黏度。溶剂的黏度对分离效果也有重要影响。溶剂的黏度低，有利于两相的混合与分层，也有利于流动与传质，故当萃取剂的黏度较大时，往往加入其他溶剂以降低其黏度。

(5) 萃取剂的化学性质

萃取剂应具有化学稳定性、热稳定性和抗氧化稳定性，不易分解、聚合，同时对设备的腐蚀性要小。

此外，选择萃取剂时还应考虑一些其他因素，如来源充分，价格较低廉，不易燃易爆等。

一般说来，很难找到满足上述所有要求的萃取剂，在选用萃取剂时要根据实际情况加以权衡，以保证满足主要要求。

想一想 常用的工业萃取剂有哪些？

①含氧萃取剂，醚、酮、酯、醇等；②中性磷萃取剂，磷酸酯及膦酸酯类等；③酸性萃取剂，羧酸、磺酸和烷基磷酸等；④胺类萃取剂，伯、仲、叔胺及季铵盐等；⑤螯合萃取剂，羟基肟类、双酮类和 8-羟基喹啉的衍生物等。

2. 萃取温度

当温度升高，混合液黏度降低，溶解度增高，有利于混合液与萃取剂的混合，提高产品收率。但同时各组分之间的互溶性也增加，使萃取剂的选择性变差，降低了萃取产品的纯度和收率。当温度达到临界溶解温度时（萃取剂与混合液的组分都完全互溶的温度），此时萃取就无法进行，因此应选择一个最适宜的萃取温度。

3. 萃取压力

压力对萃取操作影响不大，一般希望在常压下进行，但为了保证生产在液态下进行，操作压力应大于物系的饱和蒸气压。

4. 溶剂比

溶剂比是指萃取剂用量与被处理的原料液量的比值。萃取剂用量只能在一定的范围内变化，过多时萃取剂回收费用增加，太少时对萃取操作不利，要全面衡量。

项目五 萃取操作

5. 萃取方式

一次萃取、简单多次萃取为间歇操作，萃取剂与被萃取液一次或多次接触，分离不完全，萃取剂用量较大，适于小批量生产。逆流萃取是在萃取塔内进行，使萃取剂与被萃取液逆向流动，分别从塔底和塔顶获得萃取相和萃余相，过程连续，萃取剂用量小，通常在大规模生产中应用。

6. 回流

为了提高萃取产品中萃取组分的纯度，可以将部分萃取产品进行回流，这与精馏操作一样，回流量大时，产品的纯度较高，但产量较低，所以在生产中应选择合适的回流比。

三 方案决策

师生共同讨论工作计划，学生修改完善计划，对工作的环节进行梳理，形成文案。

认识萃取操作系统从四个方面进行：（1）什么是萃取操作；（2）萃取系统的构成；（3）常用萃取操作设备；（4）萃取操作的影响因素。

四 实践演练

利用 ppt 讲解或对照现场装置进行讲解。

五 评价改进

（一）评价标准

萃取操作系统讲解评分指标参考表 5-2。

表 5-2 萃取操作系统讲解评分参考

	评分指标	分值	得分
1	环境整洁，设备流畅，讲述者着装得体	10	
2	讲述内容要素齐全，内容准确，与职业岗位技能紧密对接	30	
3	语言精练、用词专业、表达流畅，能有效互动，掌控现场节奏	20	
4	重点内容有强调，整体内容有总结，能有效使用案例强化效果	20	
5	学习者的收获度	20	
	总分	100	

（二）自我对标分析

_____

_____

（三）改进要点拆解

R：_____

I：_____

A：_____

六 认知拓展

新萃取技术

（一）回流萃取

在逆流萃取操作中，最终萃取相中溶质的最高组成是与进料组成相平衡的组成。为了得到具有更高溶质组成的萃取相，仿照精馏中采用回流的方法，使部分萃取液返回塔内。原料液和新鲜溶剂分别自塔的中部和底部进入塔内，最终萃余相自塔底排出，塔顶最终萃取相脱除溶剂后，一部分作为塔顶产品采出，另一部分作为回流，返回塔顶。回流萃取塔的萃余相不必回流到塔中。加到塔底的萃取剂和精馏塔釜加热产生的作用相同。回流萃取操作可在逐级接触式或连续接触式设备中进行。

（二）超临界流体萃取

超临界流体萃取是20世纪70年代末发展起来的一种新型物质分离、精制技术，所谓超临界流体，是指物体处于其临界温度和临界压力以上时的状态。超临界流体的密度接近于液体，因此超临界流体具有与液体溶剂基本相同的溶解能力。超临界流体保持了气体所具有的传递特性，具有更高的传质速率，能更快达到萃取平衡。

在接近临界点处，压力和温度的微小变化都将引起超临界流体密度的较大改变，从而引起溶解能力的较大变化，因此萃取后溶质和溶剂易于分离。超临界萃取过程具有萃取和精馏的双重特性，有可能分离一些难分离的物系。超临界萃取一般选用化学性质稳定、无毒无腐蚀性、临界温度不太高或太低的物质（如二氧化碳）作萃取剂，因此，不会引起被萃取物的污染。超临界萃取可以用于医药、食品等工业，特别适合于热敏性、易氧化物质的分离或提纯。但超临界萃取操作压力高，设备投资较大。

（三）微波萃取

微波萃取是高频电磁波（又称微波，波长在1mm~1m之间、频率在300~300000MHz之内）穿透萃取媒质，到达萃取物料的内部，微波能迅速转化为热能使细胞内部温度快速上升，当细胞内部压力超过细胞壁承受能力，细胞破裂，细胞内有效成分自由流出，在较低的温度下溶解于萃取媒质，再通过进一步过滤和分离，便获得萃取物料。在微波辐射作用下被萃取物料成分加速向萃取溶剂界面扩散，从而使萃取速率提高数倍，同时降低了萃取温度，最大限度保证萃取的质量。

微波萃取效率高、纯度高、能耗小、操作费用低，符合环境保护要求，可广泛用于中草药、香料、保健食品、生物制品、天然色素、食品、化妆品、茶饮料、调味料、果胶、高黏度壳聚糖等行业，还可用于土壤分析、食品化学、农药提取、中药提取、环境化学以及矿物冶炼等方面。

> **素养充电站——品读工业智慧**
>
> 创造性思维本质是发散思维，著名数学家华罗庚说"人之所以可贵，在于能创造性的思维"。遇到问题时既不受现有知识的限制，也不受传统方法的束缚，在多种方案、途径中去探索，是一种具有开创性意义的思维活动。创造性思维需要长期的知识积累和素质磨砺才能具备。

项目五 萃取操作

任务二 操作萃取装置

如图 5-21 所示，本工艺以水为萃取剂萃取丙烯酸丁酯生产过程中的催化剂对甲苯磺酸。

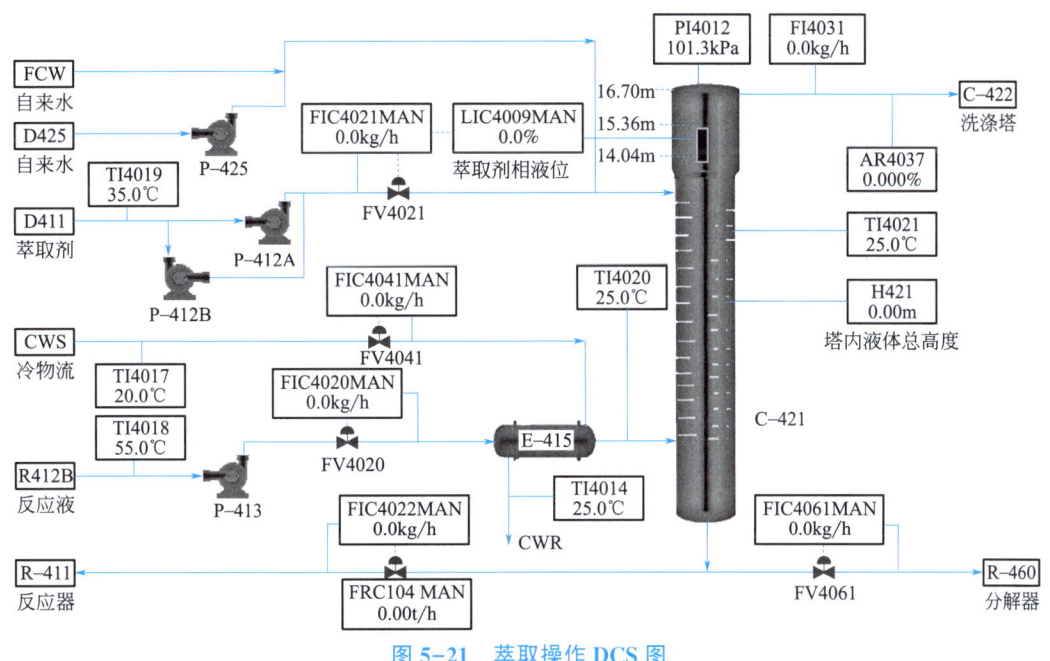

图 5-21 萃取操作 DCS 图

一 任务拆解

（1）我要完成什么任务？
萃取塔的开、停车操作，运行控制和事故处理。

（2）我要在什么样的场景下，以什么样的身份，利用什么样的资源，开展什么活动来完成这个任务？达到什么样的标准？
化工生产要对原料或产品换热，从技术员的视角，在虚拟仿真软件上完成催化剂萃取的开、停车操作，运行控制和事故处理，百分制系统评分 90 以上。

（3）我要按照怎样的步骤来执行？关键点是什么？第一步要做的是什么？
我要按照"查找资料—制定方案—操作演练—评价改进"的顺序完成任务，关键点是根据任务场景列出工作大纲，第一步要进行信息资讯，储备必要的知识技能。

二 信息资讯

（一）工艺流程描述

如图 5-22 所示，将自来水（FCW）通过阀 V4001 或者通过泵 P-425 及阀 V4002 送进催化剂萃取塔 C-421，当液位调节器 LIC4009 为 50%时，关闭阀 V4001 或者泵 P425 及阀 V4002；开启泵 P-413 将含有产品和催化剂的 R-412B 的流出物在被 E-415 冷却后进入催化剂萃取塔 C-421 的塔底；开启泵 P-412A，将来自 D-411 作为溶剂的水从顶部加入。泵 P-413 的流量由 FIC4020 控制在 21126.6kg/h；P-412 的流量由 FIC4021 控制在 2112.7kg/h；萃取后的丙烯酸丁酯主物流从塔顶排出，进入塔 C-422；塔底排出的水相中含有大部分的催化剂及未反应的丙烯酸，一路返回反应器 R-411A 循环使用，一路去重组分分解器 R-460 作为分解用的催化剂。

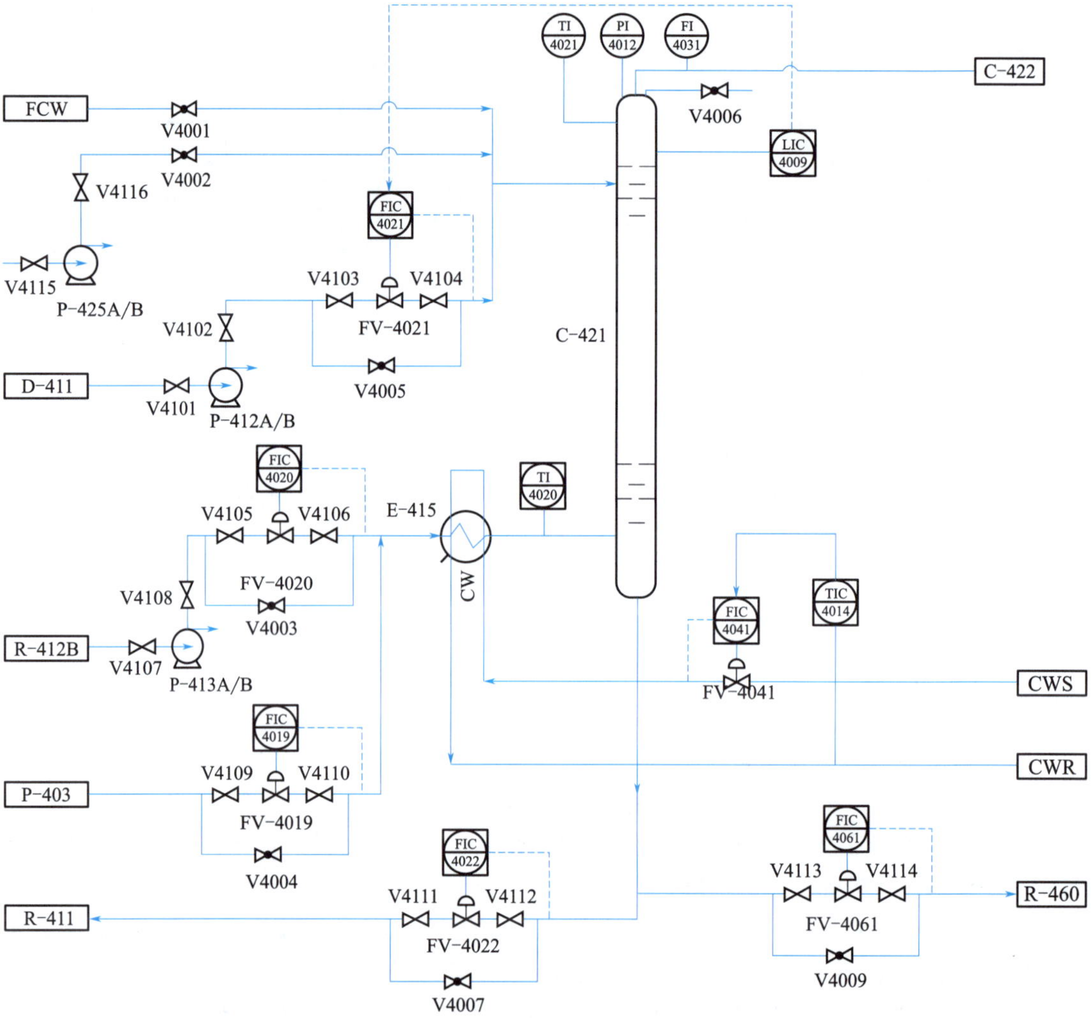

图 5-22　萃取塔仿真工艺流程图

素养充电站——对标企业生产

化工企业倒班"十不交接"为接班人员不到齐不交接；出现问题不解决不交接；填写记录不真实不交接；工具用具不完好不交接；安全经验不分享不交接；操作经验不总结不交接；汇报情况不清楚不交接；操作参数不正常不交接；资料报表不齐全不交接；环境卫生不清洁不交接。

(二) 设备、阀门位号说明

萃取仿真操作系统设备、阀门位号说明见表5-3。

表5-3 萃取塔操作仿真系统设备、阀门位号说明

| | 1. 主要设备位号和名称 |

设备位号	设备名称	设备位号	设备名称
P-425	进水泵	P-412A/B	溶剂进料泵
P-413	主物流进料泵	E-415	冷却器
C-421	萃取塔		

| | 2. 显示仪表位号和控制变量 |

仪表位号	控制变量	仪表位号	控制变量
TI4021	C-421 塔顶温度	PI4012	C-421 塔顶压力
TI4020	主物料出口温度	FI4031	主物料出口流量

| | 3. 现场阀位号和名称 |

现场阀位号	名称	现场阀位号	名称
V4001	FCW 的入口阀	V4002	水的入口阀
V4003	调节阀 FV4020 的旁通阀	V4004	C-421 的泻液阀
V4005	调节阀 FV4021 的旁通阀	V4007	调节阀 FV4022 的旁通阀
V4009	调节阀 FV4061 的旁通阀	V4101	泵 P-412A 的前阀
V4102	泵 P-412A 的后阀	V4103	调节阀 FV4021 的前阀
V4104	调节阀 FV4021 的后阀	V4105	调节阀 FV4020 的前阀
V4106	调节阀 FV4020 的后阀	V4107	泵 P-413 的前阀
V4108	泵 P-413 的后阀	V4111	调节阀 FV4022 的前阀
V4112	调节阀 FV4022 的后阀	V4113	调节阀 FV4061 的前阀
V4114	调节阀 FV4061 的后阀	V4115	泵 P-425 的前阀
V4116	泵 P-425 的后阀	V4117	泵 P-412B 的前阀
V4118	泵 P-412B 的后阀	V4119	泵 P-412B 的开关阀
V4123	泵 P-425 的开关阀	V4124	泵 P-412A 的开关阀
V4125	泵 P-413 的开关阀		

（三）操作规程

本操作规程仅为后续方案决策环节提供数据，具体参数及详细操作步骤以所用软件的评分系统为准。

1. 萃取塔冷态开车操作规程

进料前确认所有调节器为手动状态，调节阀和现场阀均处于关闭状态，机泵处于关停状态。

（1）萃取塔冷态开车操作纲要（A级）。

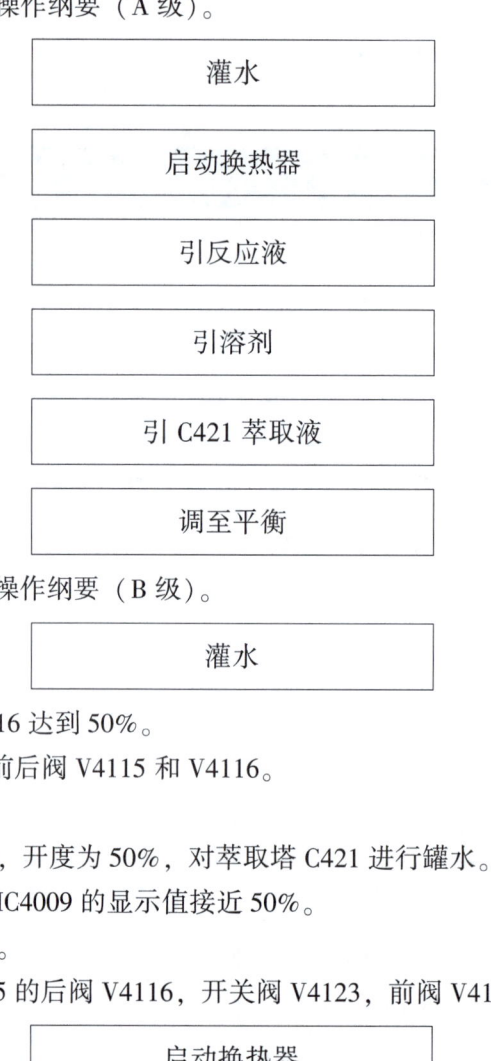

（2）萃取塔冷态开车操作纲要（B级）。

```
         灌水
```

[I]-D425 液位 LIC4016 达到 50%。

[P]-全开泵 P425 的前后阀 V4115 和 V4116。

[I]-启动泵 P425。

[P]-打开手阀 V4002，开度为 50%，对萃取塔 C421 进行罐水。

[I]-C421 界面液位 LIC4009 的显示值接近 50%。

[P]-关闭阀门 V4002。

[P]-依次关闭泵 P425 的后阀 V4116，开关阀 V4123，前阀 V4115。

```
       启动换热器
```

[I]-开启调节阀 FV4041，使其开度为 50%，对换热器 E415 通冷物料。

```
        引反应液
```

[P]-依次开启泵 P413 的前阀 V4107，开关阀 V4125，后阀 V4108。

[I]-启动泵 P413。

[P]-全开调节器 FIC4020 的前后阀 V4105 和 V4106。

[Ⅰ]-开启调节阀 FV4020，使其开度为 50%，将 R412B 出口液体经热换器 E415，送至 C421。

[Ⅰ]-将 TIC4014 投自动，设为 30℃，并将 FIC4041 投串级。

```
引溶剂
```

[P]-打开泵 P412 的前阀 V4101，开关阀 V4124，后阀 V4102。

[Ⅰ]-启动泵 P412。

[P]-全开调节器 FIC4021 的前后阀 V4103 和 V4104。

[Ⅰ]-开启调节阀 FV4021，使其开度为 50%，将 D411 出口液体送至 C421。

```
引 C421 萃取液
```

[P]-全开调节器 FIC4022 的前后阀 V4111 和 V4112。

[Ⅰ]-开启调节阀 FV4022，使其开度为 50%，将 C421 塔底的部分液体返回 R-411A 中。

[P]-全开调节器 FIC4061 的前后阀 V4113 和 V4114。

[Ⅰ]-开启调节阀 FV4061，使其开度为 50%，将 C421 塔底的另外部分液体送至重组分分解器 R460 中。

```
调至平衡
```

[Ⅰ]-界面液位 LIC4009 达到 50% 时，投自动。

[Ⅰ]-FIC4021 达到 2112.7KG/H 时，投串级。

[Ⅰ]-FIC4020 的流量达到 21126.6kg/h 时，投自动。

[Ⅰ]-FIC4022 的流量达到 1868.4kg/h 时，投自动。

[Ⅰ]-FIC4061 的流量达到 77.1kg/h 时，投自动。

2. 正常运行操作规程

熟悉工艺流程，维持各工艺参数稳定；密切注意各工艺参数的变化情况，发现突发事故时，应先分析事故原因，并做正确处理。

3. 停车操作规程

（1）萃取塔正常停车操作纲要（A 级）。

```
停主物料进料
```

```
灌自来水
```

```
停萃取剂
```

```
萃取塔 C421 泻液
```

（2）萃取塔正常停车操作纲要（B级）。

$$\boxed{\text{停主物料进料}}$$

［P］-关闭调节阀 FV4020 的前后阀 V4105 和 V4106。
［I］-将 FV4020 的开度调为 0。
［P］-关闭泵 P413 的后阀 V4108，开关阀 V4125，前阀 V4107。
［I］-关闭泵 P413。

$$\boxed{\text{灌自来水}}$$

［P］-打开进自来水阀 V4001，使其开度为 50%。
（I）-当罐内物料相中的 BA 的含量小于 0.9% 时。
［P］-关闭 V4001。

$$\boxed{\text{停萃取剂}}$$

［P］-将控制阀 FV4021 的开度调为 0，关闭前手阀 V4103 和 V4104 关闭。
［P］-关闭泵 P412A 的后阀 V4102，开关阀 V4124，后阀 V4101。
［I］-关闭泵 P412A。

$$\boxed{\text{萃取塔 C421 泻液}}$$

［P］-打开阀 V41007，使其开度为 50%。
［I］-将 FV4022 的开度调为 100%。
［P］-打开阀 V41009，使其开度为 50%。
［I］-将 FV4061 的开度调为 100%。
［I］-FIC4022 的值小于 0.5kg/h 时。
［P］-关闭 V41007。
［I］-将 FV4022 的开度置 0。
［P］-关闭其前后阀 V4111 和 V4112；同时关闭 V41009。
［I］-将 FV4061 的开度置 0。
［P］-关闭其前后阀 V4113 和 V4114。

（四）事故现象及处理方法

萃取仿真操作事故主要现象及处理方法见表 5-4。

表 5-4　萃取操作事故及处理方法

事故名称	主要现象	处理方法
P-412A 泵坏	(1) P-412A 泵的出口压力急剧下降 (2) FIC4021 的流量急剧减小	(1) 停泵 P-412A (2) 换用泵 P-412B
调节阀 FV4020 阀卡	FIC4020 的流量不可调节	(1) 打开旁通阀 V4003 (2) 关闭 FV4020 的前后阀 V4105、V4106

项目五 萃取操作

三 方案决策

师生共同讨论工作计划,学生进行修改完善,对工作的环节进行梳理,形成文案。

(1) 萃取塔开车操作时按照"明流程—知操作—记参数—保安全"的步骤梳理操作规程,在仿真软件上进行操作训练。

① 明流程。

② 知操作。

③ 记参数。

④ 保安全。

(2) 事故处理时按照"明现象—析原因—做判断—给措施"的步骤梳理操作方案,在仿真软件上进行操作训练。请设计一个事故处理的处理方案。

① 明现象。

② 析原因。

③ 做判断。

④ 给措施。

四 实践演练

在仿真软件上完成萃取塔的开、停车操作,运行控制和事故处理。

五 评价改进

(一) 实施过程评价

萃取塔仿真操作考核项目和评分标准见表 5-5。

表 5-5 萃取塔仿真操作评分表

考核项目		评分标准	分值	得分
实训五必须 (20分)	基础知识	根据任务单叙述操作界面上各符号的意义,每错一处扣1分,扣完为止	4	
	工艺流程	叙述任务工艺流程和工况参数,每错一处扣1分,扣完为止	4	
	操作方案	叙述萃取塔开车和停车仿真操作方案,每错一处扣1分,扣完为止	4	
	设备检查	检查计算机、操作台和仿真软件,每错、漏一处扣1分,扣完为止	4	
	风险辨识	分析仿真实训室的风险源,给出预防措施,每错、漏一处扣1分,扣完为止	4	
精细操作 (50分)	冷态开车	由仿真软件评分系统打分,百分制低于90分本项无成绩	25	
	事故处理	由仿真软件评分系统打分,百分制低于90分本项无成绩	25	
QHSE (15分)	质量控制	操作人员职责明确,任务单、教材、纸、笔携带齐全,每错、漏一处扣1分,扣完为止	3	
	职业健康	操作前身体异常要及时报告,操作过程中杜绝危害自身安全和他人安全的行为,出现问题扣4分	4	

项目五　萃取操作

续表

考核项目		评分标准	分值	得分
QHSE （15分）	安全监测	明确安全出口和消防器材位置，知道危险源所在位置，每错、漏一处扣1分，扣完为止	4	
	环境管理	保持工作场地清洁，用品摆放合理，每错、漏一处扣1分，扣完为止	4	
四有工作法 （15分）	工作计划	工作过程严格按照计划执行，无工作计划扣3分，每错、漏一处扣1分，扣完为止	3	
	行动方案	操作严格按照方案执行，无操作方案扣4分，每错、漏一处扣1分，扣完为止	4	
	步步确认	中控和现场之间要有操作指令确认，每少一次扣1分，出现事故扣4分	4	
	事后总结	总结操作中的成功和不足之处，针对问题找出原因，提出改进建议	4	
总分			100	

（二）自我对标分析

___

___

___

（三）改进要点拆解

R：___

I：___

A：___

六　认知拓展

萃取塔的操作要点

（一）注意维持两相的流速

萃取塔正常操作时，两相的流速必须低于液泛速度。所谓液泛，是指当萃取塔内两液相的速度增大到某一极限时，会因阻力的增大而产生两个液相互相挟带的现象。它是萃取操作中流量达到了负荷的最大极限值的标志。在填料萃取塔中，连续相的适宜操作速度一般为液泛速度的50%~60%。

(二) 控制好塔内两相的滞留量

在萃取塔的操作中，应保持连续相在塔内有较大的滞留量，分散相在塔内有较小的滞留量。如果分散相在塔内的滞留量过大，会导致液滴相互碰撞聚集的机会增多，两相的传质面积减少，甚至出现分散相转化为连续相。

在萃取塔开车时，尤其要注意控制好两相的滞留量。其步骤是先将连续相注满塔中，然后打开分散相进口阀，逐渐加大流量至分散相在分层段聚集，两相界面达到规定的高度后，才打开分散相的出口阀，并调节流量以使界面高度稳定。如果以轻相为分散相，则控制塔顶分层段内两相界面高度；如果以重相为分散相，则控制塔底两相界面高度。

(三) 均衡进料，使塔内萃取剂与原料液的流量比保持恒定

对于一定流量的原料液，加大萃取剂的用量，容易使萃取完全，但却使操作费用增加了。因此，应适当保持萃取剂用量与原料液的比例，此比例的选择可以通过实验确定或取经验数据。流量比一旦选定，就不能有太大波动，否则操作不易稳定。萃取剂和原料液的流量可以通过阀门调节。但原料液的流量关系到生产能力的大小，故生产中不能随意调节。

(四) 应使塔顶两相分界面的位置保持稳定

塔顶两相分界面是否维持在稳定的位置是塔能否维持稳定操作的关键。在稳定操作条件下，若萃取剂和原料液的流量比恒定，则两相界面处于一稳定位置，此位置可以通过塔上部的玻璃视孔来观察。如果操作条件由于某些原因而有波动，例如流量改变，则在改变阀门开度时，要注意观察界面的位置，必要时可在重相出口前安装一倒 U 形管来调节塔内两相界面的位置。

项目五 萃取操作

任务三　维护保养萃取设备

为了保证萃取设备能长时间安全良好运行，稳定产品质量和产量，必须做好日常检查与维护保养。

一　任务拆解

（1）我要完成什么任务？
转盘萃取塔的维护保养。

（2）我要在什么样的场景下，以什么样的身份，利用什么样的资源，开展什么活动来完成这个任务？达到什么样的标准？
化工装置要例行日常检查和定期强制保养，以检修人员的身份，利用实训基地的萃取装置，对萃取塔进行维护保养，百分制评分达到90分以上。

（3）我要按照怎样的步骤来执行？关键点是什么？第一步要做的是什么？
我要按照"查找资料—制定方案—操作演练—评价改进"的顺序完成任务，关键点是根据任务场景列出工作大纲，第一步要进行信息资讯，储备必要的知识技能。

二　信息资讯

通过企业调研和查找操作规程等资料，归纳出"维护保养萃取设备"通常分为日常检查和检修。具体设备的保养方法略有不同，以转盘萃取塔为例进行说明。

（一）日常检查

日常检查是及早发现和处理突发性故障的重要手段。工艺操作应特别注意防止温度、压力的波动，需保证压力稳定，绝不允许超压运行。日常检查内容包括运行异声、压力、温度、流量、泄漏、介质、基础支架、保温层、振动、仪表灵敏度等。

外操日常检查内容：
(1) 确认现场压力表指示正确；
(2) 确认现场温度表指示正确；
(3) 检查确认萃取塔人孔、焊接及附属管道法兰、阀门填料有无泄漏；
(4) 检查确认安全阀等安全附件正常投用，无泄漏、卡涩、零部件松动等现象；
(5) 检查萃取塔体基础是否下沉、是否有裂纹、螺栓有无松动；
(6) 检查萃取塔及附属管道、阀门保温层是否破损、脱落；
(7) 检查萃取塔玻璃板液位计指示是否准确；
(8) 检查萃取系统调节阀是否灵活好用；
(9) 检查萃取塔防静电接地线是否好用；
(10) 目测、耳听、手摸管道支架是否松动，是否振动；

（11）检查萃取系统进料泵、溶剂泵、注水泵轴封有无泄漏，轴承温度、振动值是否正常，轴承箱油杯液位在 1/2~2/3 之间，备用泵处于备用状态；

（12）检查进料泵、溶剂泵、注水泵电动机运转情况是否正常；

（13）检查进料泵、溶剂泵、注水泵出口压力是否正常。

（二）强制保养

1. 二级强制保养

（1）检查、修补塔内保温层或保冷层；

（2）检查、修补塔防腐层；

（3）检查塔体有无超温或局部过热；

（4）对于腐蚀严重的塔体定期测厚；

（5）检查修理塔体梯子、平台及护栏；

（6）校验塔压力表、变送器和自动调节阀；

（7）检查塔基础、螺栓、螺母有无松动、裂纹和腐蚀，如有松动要及时紧固，有裂纹、腐蚀要及时更换；

（8）疏通或更换塔体排放线；

（9）清理、校验、更换塔安全附件。

2. 三级强制保养

（1）包括二级保养全部内容；

（2）清理塔内壁和塔盘；

（3）修理、更换受损塔盘、填料或鼓泡元件；

（4）修理、更换塔内分配器、集液箱、喷淋装置或除沫网；

（5）校验塔系统所有的仪表和调节线；

（6）更换塔系统所有的泄漏点垫片；

（7）修复、校验或更换塔体防静电接地线；

（8）对塔进行气密性试验；

（9）保持现场整洁、干净，文明施工。

三 方案决策

做好劳动保护和风险辨识防控，按照萃取塔的日常检查和强制保养标准执行。

四 实践演练

在萃取操作装置上完成萃取塔外部检查，填写班组信息、工具材料领用、作业许可等表单。

项目五　萃取操作

表 5-6　班组信息登记表

姓名	岗位	职责

表 5-7　工具材料领用登记表

单号：

名称	规格	数量	单位	工具状况	归还时间

使用部门：　　　　　　　　领取人：　　　　　　　　领取时间：

表 5-8　高处作业证

单号：

申请单位		负责人	
作业时间		作业地点	
作业高度		作业类别	
作业人		监护人	
作业内容			
安全措施	确认人：		
安全部门审批意见：		时间：	

表 5-9　设备维护保养记录

单号：

设备名称		设备位号	
维保项目			
耗材用量			
情况记录	说明是否有异常现象，如有请分析原因并写明处理方法。		
维保人员签字：		维保时间：	

素养充电站——传承中华文脉

《易经》中说"观乎天文，以察时变，观乎人文，以化成天下"，《道德经》所言"人法地，地法天，天法道，道法自然"，强调人类与自然的相互依存和相互促进。在化工生产中，这体现为对资源的合理利用、对环境的保护和对生态平衡的维护。只有实现人与自然的和谐共生，化工生产才能持续发展，造福人类。

五 评价改进

（一）实施过程评价

萃取塔二级保养评分指标参考表 5-6。

项目五　萃取操作

表 5-6　萃取塔二级保养评分表

	评分指标	分值	得分
1	检查、修补塔内保温层或保冷层	10	
2	检查、修补塔防腐层	10	
3	检查塔体有无超温或局部过热	10	
4	对于腐蚀严重的塔体定期测厚	10	
5	检查修理塔体梯子、平台及护栏	10	
6	校验塔压力表、变送器和自动调节阀	10	
7	检查塔基础、螺栓、螺母有无松动、裂纹和腐蚀，如有松动要及时紧固，有裂纹、腐蚀要及时更换	10	
8	疏通或更换塔体排放线	10	
9	清理、校验、更换塔安全附件	10	
10	按 6s 标准进行工作现场清理整顿，工具摆放整齐，文明施工	10	
	总分	100	

（二）自我对标分析

（三）改进要点拆解

R：

I：

A：

六　认知拓展

塔设备检修安全注意事项

（1）塔设备在进行检查、修理时，必须严格遵循化学工业部颁发的《化工企业安全管理制度》和《化学工业部安全生产禁令》中有关规定，结合实际制定检修方案和相应的安全措施。

（2）设备交出检修（检验）前必须排除全部物料，切断物料的来源，降温、清洗、蒸

煮、吹扫、置换，经分析合格后方可办理设备交出检修（检验）手续，即"检修许可证""设备交出证""动火证"。

（3）所有关闭的阀门、盲板必须挂上警告牌，如需动火必须办理动火证。

（4）进入塔内检修（检验），必须遵守入塔进罐的安全规定办理入塔手续，塔外必须有监护人员；塔内照明应为电压不高于 24V 的防爆灯具；检验仪器和修理工具的电源电压超过 24V 时，必须采取防直接接触带电体的保护措施。

（5）塔内件检修时，在塔板上工作的检修人员必须穿干净的胶底鞋，并应站在支承塔板的横梁处或木板上。

（6）每层塔盘检修、安装完毕后必须认真检查，不得将工具等物件遗忘在塔内。

（7）属于压力容器的塔设备进行修理时还必须遵照 HGJ 10001《化工压力容器维护检修规程》的有关规定。

（8）检修用搭置的脚手架、安全网、升降装置等应符合工厂安全技术规程要求。高处进行检修，要符合高空作业安全要求。

（9）试车安全注意事项：

① 试车前必须全面检查各零部件是否齐全、完整。

② 试车中应有专人指挥、专人操作，禁止无关人员进入试车现场。

③ 试车中要缓慢升压和降温、降压。

④ 试车中遇有异常情况应立即停止试车，找出原因排除故障后方可重新进行试车。

项目五 萃取操作

【学习成果管理】

一、预期学习成果

萃取操作预期学习成果见表5-7。

表5-7 萃取操作预期学习成果

项目	成果
知识	萃取操作系统的对象、本质、原理、分类、应用 萃取操作系统的构成 萃取设备的原理、结构、性能、用途 萃取操作的影响因素 萃取装置的开、停车操作流程和过程控制要点 萃取操作过程中常见事故的现象、成因及处理方法
技能	能独立完成典型萃取设备的开、停车操作 能正确调控萃取操作过程中的工艺参数 能正确诊断萃取操作过程中的异常现象并给出合理的处理方案 能完成常用萃取设备的日常检查和强制保养
能力	能通过多种新媒体资源获取信息、处理信息和运用信息 能对工作结果进行总结、评价与优化改进 能组织技术员岗位的初步日常工作

二、具体学习成果——萃取操作综合操作

萃取操作具体学习成果见表5-8。

表5-8 萃取操作具体学习成果

任务说明	根据仿真操作经验和实训装置设计实训操作方案,并在装置上完成萃取装置的开、停车操作。 建议学时:4学时
参考装置	

续表

工艺流程	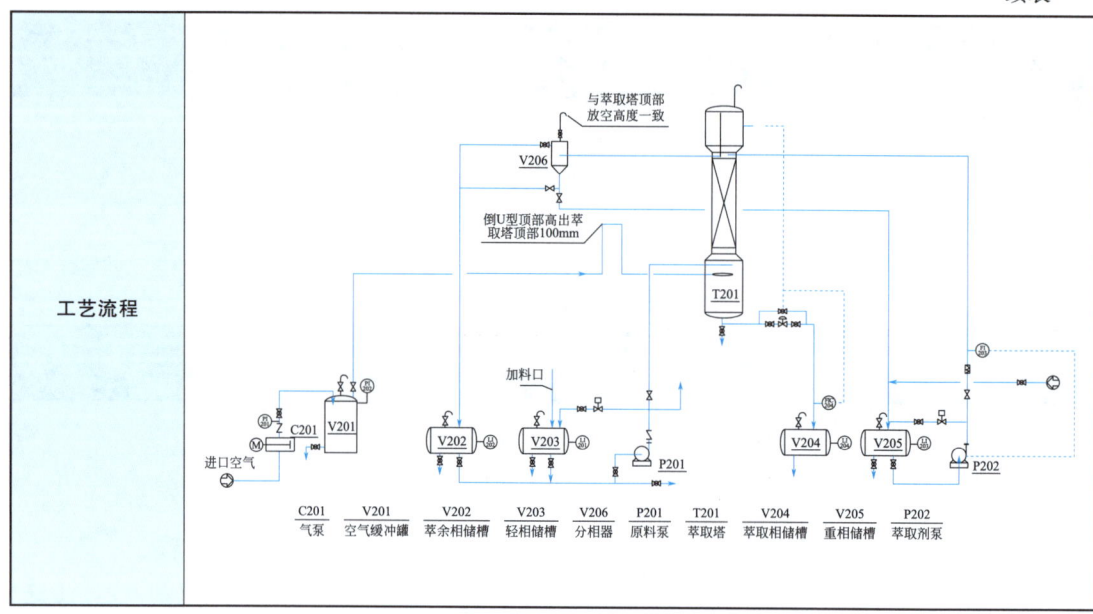

萃取操作实训装置静设备参数见表 5-9。

表 5-9 实训装置静设备参数

编号	名称	规格型号	材质	形式
1	空气缓冲罐	$\phi 300mm \times 200mm$	不锈钢	卧式
2	萃取相储槽	$\phi 400mm \times 600mm$	不锈钢	卧式
3	轻相储槽	$\phi 400mm \times 600mm$	不锈钢	卧式
4	萃余相储槽	$\phi 400mm \times 600mm$	不锈钢	卧式
5	重相储槽	$\phi 400mm \times 600mm$	不锈钢	立式
6	萃取塔	硬质玻璃 $\phi 125mm \times 1200mm$；上、下扩大段不锈钢，$\phi 200mm \times 200mm$；填料为不锈钢规整填料	玻璃主体	卧式

萃取操作实训装置动设备参数见表 5-10。

表 5-10 实训装置动设备参数

编号	名称	规格型号	数量
1	重相泵	计量泵，60L/h	1
2	轻相泵	计量泵，60L/h	1
3	气泵	小型压缩机	1

(一) 操作方案

1. 准备工作

(1) 开车前检查。

(2) 劳动保护。

素养充电站-溯源工程伦理

责任关怀（Responsible Care）是全球化工企业自愿发起的一项倡议，旨在通过持续改进环保、健康和安全绩效，实现化工产业的可持续发展。责任关怀的内涵包括以下几个方面：遵守法律法规：化工企业应严格遵守国家和地方的环保、安全和健康法律法规，确保生产活动的合法性。持续改进：企业需要不断改进生产工艺和设备，提高资源利用效率，减少污染物排放，降低对环境的影响。信息公开与沟通：企业应主动公开生产过程中的环保、安全和健康信息，加强与政府、员工、社区等利益相关方的沟通与合作，共同推动化工产业的可持续发展。人本伦理与责任关怀是化工企业实现可持续发展的关键。在未来的发展中，化工企业需要继续加强人本伦理建设，落实责任关怀理念，不断提高环保、安全和健康绩效。

---

2. 冷态开车

(1) 明流程。

(2) 知操作。

(3) 记参数。

(4) 保安全。

3. 运行控制

(1) 标况参数。

(2) 报警限。

(3) 异常现象处理。

4. 正常停车

(1) 明流程。

(2) 知操作。

(3) 记参数。

(4) 保安全。

(二) 风险辨识

萃取操作实训装置风险因素、风险来源、规避措施见表 5-11。

表 5-11　实训装置风险辨识与防控

风险因素		风险来源	规避措施
1 滑跌		楼梯	楼梯安装防护栏，操作人员佩戴安全帽，着工装，负责人提示上下楼梯时注意安全，操作过程必须遵守实训基地安全守则
2 坠落		上层操作台	装置上层安装防护栏，操作人员佩戴安全帽，着工装，负责人提示在上层操作时注意安全，操作过程必须遵守实训基地安全守则
3 触电		通电设备线路	操作人员通电前检查电源、线路和设备，提醒学生用电安全，操作过程必须遵守实训基地安全守则。实训期间教师要密切注意学生操作，遇有违规操作要及时制止，遇有紧急情况及时关闭总闸
4 绊倒		近地设备和管线	操作人员佩戴安全帽，着工装，提示注意安全，尤其是管线，避免绊倒、磕碰和砸伤，操作过程必须遵守实训基地安全守则
5 火灾		电线	负责人强调火源必须远离电线，提醒学生注意观察并牢记逃生通道和灭火器位置，教会学生使用灭火器，操作过程必须遵守实训基地安全守则

续表

风险因素	风险来源	规避措施
6 水灾	设备进水阀门和水闸未关闭	实训结束教师检查设备的进水阀门和总水闸是否关闭，操作过程必须遵守实训基地安全守则
7 烫伤	高温反应器或高温加热设备	操作人员佩戴安全帽，着工装，负责人强调正确操作设备，不能用手触碰高温管路和设备，禁止触摸反应器外壁，操作过程必须遵守实训基地安全守则

我已知晓萃取操作实训装置的风险因素、风险来源及规避措施，操作中会做好防护，严守操作规程。

确认人签字：_____

三、学习成果达成度测评

萃取操作实训考核项目及评分标准参考表5-12。

表5-12　萃取操作实训评分表

项目	分值	考核内容	评分标准	得分
开车前的检查与准备	20分	（1）对本装置所有设备、管道、阀门、仪表、电气、照明、分析、保温等按工艺流程图要求和专业技术要求进行检查，是否处于正常状态 （2）将各阀门顺时针旋转操作到关的状态 （3）检查外部供电系统，确保控制柜上所有开关均处于关闭状态 （4）试电：开启总电源开关，打开控制柜上空气开关，打开装置仪表电源总开关，打开仪表电源开关，查看所有仪表是否上电，指示是否正常 （5）原料准备：取苯甲酸钠一瓶（0.5kg），煤油50kg，在敞口容器内配制成苯甲酸钠—煤油饱和溶液，并滤去溶液中未溶解的苯甲酸钠；将苯甲酸钠—煤油饱和溶液加入轻相储槽，到其容积的1/2~2/3；在重相储槽内加入自来水，控制水位在1/2~2/3	少检、漏检一处扣2分，扣完为止	
开车	20分	（1）关闭萃取塔排污阀、萃取相储槽排污阀、液相出口阀及其旁路阀。 （2）开启萃取剂泵进口阀，启动萃取剂泵，开启萃取剂泵出口阀，以萃取剂泵的较大流量（40L/h）从萃取塔顶向系统加入清水，当水位达到萃取塔塔顶（玻璃视镜段）1/3位置时，开启萃取液相出口阀，调节控制面板上C3000中的萃取塔出水流量，控制萃取塔顶液位稳定。 （3）在萃取塔液位稳定基础上，将萃取剂泵进口流量降至24L/h，塔底液相出口流量控制在24L/h。 （4）开启气泵出口阀，启动气泵，关闭空气缓冲气体出口阀、放空阀，当空气缓冲罐充压至0.01~0.02MPa时，开启空气流量计进口阀，调节适当的空气流量，保证一定的鼓泡数量。 （5）观察萃取塔内气液运行情况，调节萃取塔出口流量，维持萃取塔顶液位在玻璃视镜段1/3位置。 （6）开启原料泵进口阀及出口阀，启动原料泵，将原料泵出口流量调节至12L/h，向系统内加入苯甲酸钠—煤油饱和溶液，观察塔内油—水接触情况，控制进、出塔轻相流量相等，控制油—水界面稳定在玻璃视镜段1/3位置。 （7）油层逐渐上升，由塔顶出液管溢出至分相器，在分相器内油—水再次分层，油层经分相器油相出口管道流出至萃余相储槽，水相经分水阀后进入萃取相储槽，分相器内油—水界面控制以水相高度不得超过分相器底封头5cm。	操作步骤每错、漏一处扣2分，扣完为止；温度、流量等工艺参数达到要求	

续表

萃取操作考核评分表

正常操作	30分	当萃取系统稳定运行20min后,在萃取塔出口(A201、A203)处油相取样口采样分析。视分析结果,进行操作的调整。改变鼓泡空气、轻相、重相流量,做3~4组数据,做好操作记录。 (1)按照要求巡查各界面、温度、压力、流量、液位值并做好记录。 (2)分析萃取、萃余相的浓度并做好记录,能及时判断各指标是否正常;能及时排污。 (3)控制进、出塔水相流量相等,控制油—水界面稳定在玻璃视镜段1/3位置。 (4)控制好进塔空气流量,防止引起液泛,又保证良好的传质效果	操作次数不足扣5分;数据记录每错、漏一处扣2分
停车	20分	(1)停止原料泵,关闭原料泵进出口阀门。 (2)关闭分相器排水阀,将萃取剂泵流量调整至最大,将萃取塔及分相器内油相全部排入萃余相储槽。 (3)当萃取塔内、分相器内油相均排入萃余相储槽后,停止萃取剂泵,关闭萃取剂泵出口阀,将分相器内水相、萃取塔内水相排空。 (4)切断装置电源,做好操作记录。 (5)检查停车后各设备、阀门、仪表状况	操作步骤错、漏一处扣2分,扣完为止;顺序错误扣5分
文明操作	10分	(1)组员间应相互配合,不能一人单独完成。 (2)正确使用操作工具。 (3)保持操作现场干净整齐、清理现场,搞好设备、管道、阀门维护工作	发生事故扣5分;未正确使用设备、工具扣2分

萃取装置操作报表

序号	时间	缓冲罐压力/MPa	分相器液位/mm	空气流量/(m³/h)	萃取相流量/(L/h)	萃余相流量/(L/h)	萃取相进口浓度/(mg/L)	萃余相进口浓度/(mg/L)	萃取相出口浓度/(mg/L)	萃余相出口浓度/(mg/L)	萃取效率/%
1											
2											
3											
4											
5											
6											
7											
8											
9											
10											
操作记事											
异常情况											
操作人:					指导教师:						

项目五　萃取操作

【复盘总结】

一、项目复盘

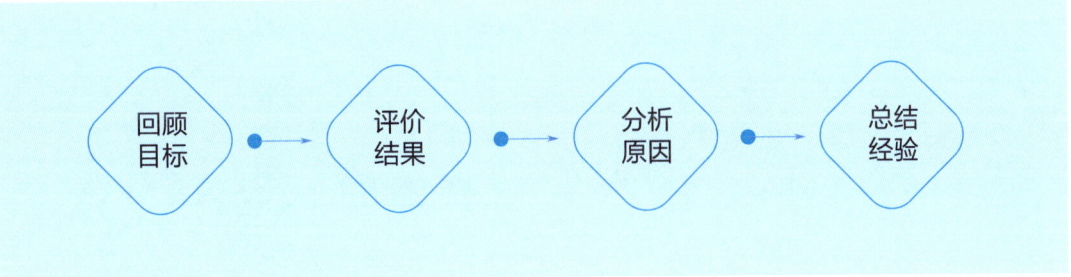

(1) 本项目模块要达到怎样的学习目标?

_____
_____
_____

(2) 目前效果如何?

_____
_____
_____

(3) 什么原因导致这样的效果?

_____
_____
_____

(4) 成功与失败之处有怎样的经验?

_____
_____
_____

化工单元操作

二、要点总结

```
萃取操作
├── 认识萃取操作系统
│   ├── 什么是萃取操作
│   │   ├── 对象
│   │   ├── 本质
│   │   ├── 原理
│   │   ├── 分类
│   │   └── 应用
│   ├── 萃取系统的构成
│   │   ├── 管路
│   │   ├── 仪表
│   │   ├── 储罐
│   │   ├── 输送设备
│   │   ├── 换热设备
│   │   └── 萃取设备
│   ├── 常用萃取设备
│   │   ├── 混合澄清器
│   │   ├── 萃取塔
│   │   └── 离心萃取器
│   └── 萃取操作的影响因素
│       ├── 萃取剂的性质
│       ├── 萃取温度
│       ├── 萃取压力
│       ├── 溶剂比
│       ├── 萃取方式
│       └── 回流比
├── 操作萃取装置
│   ├── 工艺流程描述
│   ├── 设备阀门位号说明
│   ├── 复杂控制系统说明
│   ├── 操作规程
│   ├── 仪表及报警限
│   └── 事故现象及处理方法
└── 维护保养萃取设备
    ├── 日常养护
    └── 强制保养
        ├── 一级保养
        ├── 二级保养
        └── 三级保养
```

336

项目五 萃取操作

【职业能力与创新创业进阶训练】

一、化工总控工职业技能鉴定应知试题（中级工）

<单选题>

1. 处理量较小的萃取设备是（　　）。
   A. 筛板塔　　　　　　B. 转盘塔　　　　　　C. 混合澄清器　　　　D. 填料塔
2. 萃取操作包括若干步骤，除了（　　）。
   A. 原料预热　　　　　　　　　　　　　　　B. 原料与萃取剂混合
   C. 澄清分离　　　　　　　　　　　　　　　D. 萃取剂回收
3. 萃取操作的依据是（　　）。
   A. 溶解度不同　　　B. 沸点不同　　　　C. 蒸气压不同　　　　D. 挥发度不同
4. 萃取操作温度一般选（　　）。
   A. 常温　　　　　　　B. 高温　　　　　　　C. 低温　　　　　　　D. 不限制
5. 萃取操作应包括（　　）。
   A. 混合—澄清　　　B. 混合—蒸发　　　C. 混合—蒸馏　　　　D. 混合—水洗
6. 萃取操作中，选择混合澄清槽的优点有多个，不包括（　　）。
   A. 分离效率高　　　B. 操作可靠　　　　C. 动力消耗低　　　　D. 流量范围大
7. 萃取剂 S 与稀释剂 B 的互溶度越（　　），分层区面积越（　　），可能得到的萃取液的最高浓度 y_{max} 越高。
   A. 大、大　　　　　　B. 小、大　　　　　　C. 小、小　　　　　　D. 大、小
8. 萃取剂的温度对萃取蒸馏影响很大，当萃取剂温度升高时，塔顶产品（　　）。
   A. 轻组分浓度增加　　　　　　　　　　　　B. 重组分浓度增加
   C. 轻组分浓度减小　　　　　　　　　　　　D. 重组分浓度减小
9. 萃取剂的选用，首要考虑的因素是（　　）。
   A. 萃取剂回收的难易　　　　　　　　　　　B. 萃取剂的价格
   C. 萃取剂溶解能力的选择性　　　　　　　　D. 萃取剂稳定性
10. 萃取是分离（　　）。
    A. 固液混合物的一种单元操作　　　　　　　B. 气液混合物的一种单元操作
    C. 固固混合物的一种单元操作　　　　　　　D. 均相液体混合物的一种单元操作
11. 萃取是根据（　　）来进行的分离。
    A. 萃取剂和稀释剂的密度不同
    B. 萃取剂在稀释剂中的溶解度大小
    C. 溶质在稀释剂中不溶
    D. 溶质在萃取剂中的溶解度大于在稀释剂中的溶解度
12. 萃取中当出现（　　）时，说明萃取剂选择得不适宜。
    A. $K_A<1$　　　　　　B. $K_A=1$　　　　　C. $\beta>1$　　　　　　D. $\beta\leqslant 1$

13. 多级逆流萃取与单级萃取比较，如果溶剂比、萃取相浓度一样，则多级逆流萃取可使萃余相浓度（　　）。

  A. 变大　　　　　　B. 变小　　　　　　C. 基本不变　　　　D. 不确定

14. 分配曲线能表示（　　）。

  A. 萃取剂和原溶剂两相的相对数量关系　　B. 两相互溶情况

  C. 被萃取组分在两相间的平衡分配关系　　D. 都不是

15. 混合溶液中待分离组分浓度很低时，一般采用（　　）的分离方法。

  A. 过滤　　　　　　B. 吸收　　　　　　C. 萃取　　　　　　D. 离心分离

16. 填料萃取塔的结构与吸收和精馏使用的填料塔基本相同，在塔内装填充物，（　　）。

  A. 连续相充满整个塔中，分散相以滴状通过连续相

  B. 分散相充满整个塔中，连续相以滴状通过分散相

  C. 连续相和分散相充满整个塔中，使分散相以滴状通过连续相

  D. 连续相和分散相充满整个塔中，使连续相以滴状通过分散相

17. 维持萃取塔正常操作要注意的事项不包括（　　）。

  A. 减少返混　　　　　　　　　　　　　B. 防止液泛

  C. 防止漏液　　　　　　　　　　　　　D. 两相界面高度要维持稳定

18. 下列关于萃取操作的描述，正确的是（　　）。

  A. 密度相差大，分离容易但萃取速度慢　　B. 密度相近，分离容易且萃取速度快

  C. 密度相差大，分离容易且分散快　　　　D. 密度相近，分离容易但分散慢

19. 与精馏操作相比，萃取操作不利的是（　　）。

  A. 不能分离组分相对挥发度接近于1的混合液

  B. 分离低浓度组分消耗能量多

  C. 不易分离热敏性物质

  D. 流程比较复杂

20. 在萃取操作中用于评价溶剂选择性好坏的参数是（　　）。

  A. 溶解度　　　　　　　　　　　　　　B. 分配系数

  C. 选择性系数　　　　　　　　　　　　D. 挥发度

<判断题>

21. 萃取剂对原料液中的溶质组分要有显著的溶解能力，对稀释剂必须不溶。（　　）

22. 萃取中，萃取剂的加入量应使和点的位置位于两相区。（　　）

23. 分离过程可以分为机械分离和传质分离过程两大类，萃取是机械分离过程。（　　）

24. 液—液萃取中，萃取剂的用量无论如何，均能使混合物出现两相而达到分离的目的。（　　）

25. 均相混合液中有热敏性组分，采用萃取方法可避免物料受热破坏。（　　）

26. 萃取操作设备不仅需要混合能力，而且还应具有分离能力。（　　）

27. 利用萃取操作可分离煤油和水的混合物。（　　）

28. 萃取塔正常操作时，两相的速度必须高于液泛的速度。（　　）

29. 萃取操作的结果，萃取剂和被萃取物质必须能够通过精馏操作分离。（　　）

30. 萃取温度越低，萃取效果越好。（　　）

31. 在填料萃取塔正常操作时，连续相的适宜操作速度一般为液泛速度的 50%~60%。（ ）
32. 超临界二氧化碳萃取主要用来萃取热敏水溶性物质。（ ）
33. 萃取塔操作时，流速过大或振动频率过快易造成液泛。（ ）
34. 萃取塔开车时，应先注满连续相，后进分散相。（ ）
35. 连续逆流萃取操作时，为增加相际接触面积，一般应选流量小的一相作为分散相。（ ）

二、化工总控工职业技能鉴定应知试题（高级工）

<单选题>

36. 萃取操作的停车步骤是（ ）。
A. 关闭总电源开关，关闭轻相泵开关，关闭重相泵开关，关闭空气比例控制开关
B. 关闭总电源开关，关闭重相泵开关，关闭空气比例控制开关，关闭轻相泵开关
C. 关闭重相泵开关，关闭轻相泵开关，关闭空气比例控制开关，关闭总电源开关
D. 关闭重相泵开关，关闭轻相泵开关，关闭总电源开关，关闭空气比例控制开关

37. 将原料加入萃取塔的操作步骤是（ ）。
A. 检查离心泵流程，设置好泵的流量，启动离心泵，观察泵的出口压力和流量
B. 启动离心泵，观察泵的出口压力和流量显示，检查离心泵流程，设置好泵的流量
C. 检查离心泵流程，启动离心泵，观察泵的出口压力和流量显示，设置好泵的流量
D. 检查离心泵流程，设置好泵的流量，观察泵的出口压力和流量显示，启动离心泵

38. 下列不适宜作为萃取分散相的是（ ）。
A. 体积流量大的相　　　　　　B. 体积流量小的相
C. 不易润湿填料等内部构件的相　　D. 黏度较大的相

39. 下列不属于超临界萃取特点的是（ ）。
A. 萃取和分离分步进行　　　　　B. 分离效果好
C. 传质速率快　　　　　　　　　D. 无环境污染

40. 下列不属于多级逆流接触萃取特点的是（ ）。
A. 连续操作　　B. 平均推动力大　　C. 分离效率高　　D. 溶剂用量大

41. 在萃取操作中，当温度降低时，萃取剂与原溶剂的互溶度将（ ）。
A. 增大　　　　　　　　　　　B. 不变
C. 减小　　　　　　　　　　　D. 先减小，后增大

42. 萃取是利用各组分间的（ ）差异来分离液体混合物的。
A. 挥发度　　B. 离散度　　C. 溶解度　　D. 密度

43. 对于同样的萃取相含量，单级萃取所需的溶剂量（ ）。
A. 比较小　　B. 比较大　　C. 不确定　　D. 相等

44. 萃取操作只能发生在混合物系的（ ）。
A. 单相区　　B. 二相区　　C. 三相区　　D. 平衡区

45. 将具有热敏性的液体混合物加以分离，常采用（ ）方法。
A. 蒸馏　　B. 蒸发　　C. 萃取　　D. 吸收

<判断题>

46. 萃取操作，返混随塔径增加而增强。（   ）

47. 填料塔不可以用来作萃取设备。（   ）

48. 在多级逆流萃取中，欲达到同样的分离程度，溶剂比愈大则所需理论级数愈少。（   ）

49. 液—液萃取中，萃取剂的用量无论多少，均能使混合物出现两相而达到分离的目的。（   ）

50. 均相混合液中有热敏性组分，采用萃取方法可避免物料受热破坏。（   ）

三、创新创业训练

通过对周边中小微化工企业调研，针对实际需求，结合本项目所学内容，设计一个创新创业项目或尝试申报一项专利，不限于技术创新，也可以是方法创新、理论创新或管理创新。参考主题如下：

51. 萃取剂的回收与再生

研究萃取剂的回收与再生技术，将使用过的萃取剂经过处理后循环利用，减少废弃物产生和环境污染。

52. 萃取过程的强化与节能

针对含有重金属离子的废水，通过改进萃取设备的结构和操作方式，强化萃取过程，提高萃取效率和节能效果，实现废水中重金属离子有效去除的同时降低生产成本。

53. 萃取智能控制系统

设计一套能够自动完成萃取操作、实时监测产品质量并自动调整操作参数的控制系统，提高萃取过程的自动化水平和产品质量稳定性。

54. 茶萃取工坊

设计茶萃取工坊，利用萃取技术提取茶叶中的有效成分，让参与者亲手体验茶的萃取过程。通过对比不同萃取方法的口感，让参与者感受到萃取技术对茶品质的影响。

项目六
过滤操作

[中国国家资历框架标准 6 级　1 学分]

工业背景

化工生产中的原料、半成品、排放的废弃物等大多为混合物，为了进行加工、得到纯度较高的产品出于环保的需要，常要对混合物进行分离，过滤操作分离悬浮液是最普遍和最有效的单元操作之一，属于机械操作，与蒸发、干燥等非机械操作相比，其能量消耗较低，在工业中得到广泛的应用。 本项目在了解车间主任岗位职责的基础上认识过滤系统，操作过滤设备，完成化工生产中的过滤操作任务，保障装置安、稳、长、满、优运行。

学习路径

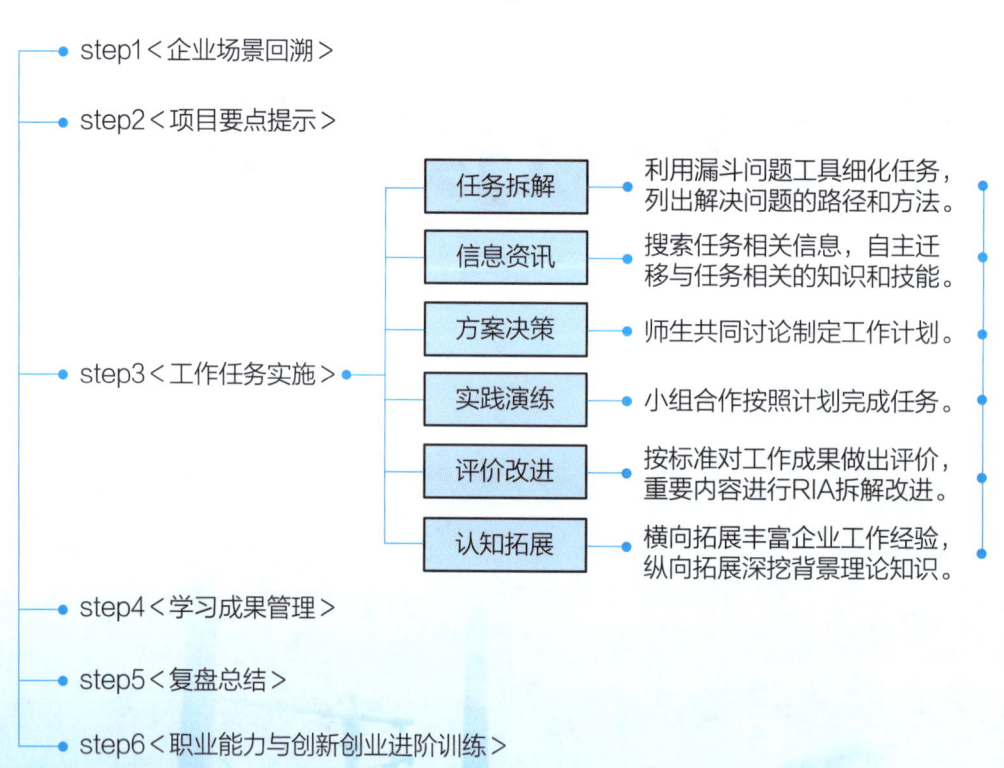

- step1 ＜企业场景回溯＞
- step2 ＜项目要点提示＞
- step3 ＜工作任务实施＞
  - 任务拆解 → 利用漏斗问题工具细化任务，列出解决问题的路径和方法。
  - 信息资讯 → 搜索任务相关信息，自主迁移与任务相关的知识和技能。
  - 方案决策 → 师生共同讨论制定工作计划。
  - 实践演练 → 小组合作按照计划完成任务。
  - 评价改进 → 按标准对工作成果做出评价，重要内容进行RIA拆解改进。
  - 认知拓展 → 横向拓展丰富企业工作经验，纵向拓展深挖背景理论知识。
- step4 ＜学习成果管理＞
- step5 ＜复盘总结＞
- step6 ＜职业能力与创新创业进阶训练＞

项目六 过滤操作

【企业场景回溯】

一、生产项目描述

碳酸氢铵生产过程（图6-1）中，氨水与二氧化碳在碳化塔内进行碳化反应，生成含有碳酸氢铵晶体的悬浮液，通过过滤设备将固体和液体分离。但分离后的晶体中仍然含有少量的水分，可以通过气流干燥器除去晶体中所含水分。由于此时的固体粒子分散在气相中，所以还要通过旋风分离器等装置将其与气相分离开，以得到最后的产品。

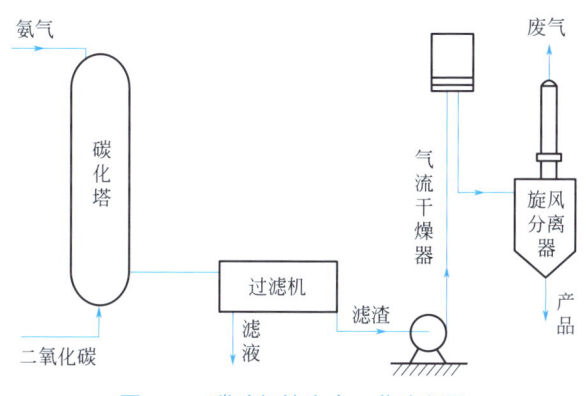

图6-1 碳酸氢铵生产工艺流程图

二、岗位职责分析

生产车间构架如图6-2所示，本项目在熟悉副操、主操、运行工程师、班长、技术员的工作任务后要进一步熟悉车间主任的岗位职责，内容如下：

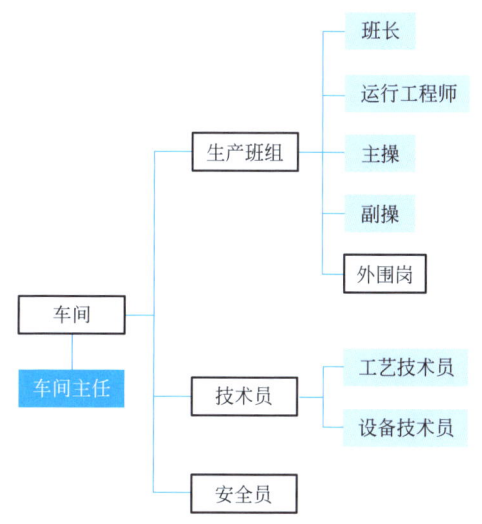

图6-2 碳酸氢铵生产车间岗位架构

343

(1) 根据工艺要求，负责过滤装置的开、停操作；
(2) 在日常维护工作中负责过滤设备的维护保养，以及操作间的卫生；
(3) 负责本岗位在各种事故状态下的处理工作和对有关单位的联系工作；
(4) 负责岗位交接班工作，按要求写交接班日记和操作记录。

三、安全生产须知——车间主任

(1) 对本车间的安全生产管理全面负责，在保证安全的前提下组织指挥生产；

(2) 贯彻执行国家和企业安全生产法令、规定、指示和有关规章制度，组织审查并实施车间安全管理规定、安全操作规程和安全措施计划；把职业安全工作列入议事日程；

(3) 负责监督车间安全教育和班组安全教育，组织并参加班组安全活动，总结经验，表彰并奖励安全生产先进班组和个人；

(4) 对本车间发生的事故坚持"四不放过"的原则，及时报告和处理，对事故的责任者提出处理意见，报主管部门批准后执行；

(5) 定期召开车间安全生产例会，讨论生产中存在的安全隐患并且进行处理，无法处理的安全隐患要上报上级部门以待解决；

(6) 发挥车间党组织在安全生产中的监督保证作用，教育党员起模范带头作用，并带动周围群众做到安全生产无事故；

(7) 密切联系群众，掌握了解职工的思想动态，做好职工稳定和思想政治工作，解决影响安全生产的各种思想隐患；

(8) 组织起草运行装置中安全隐患的解决方案或带病运行防范特护措施，经厂审定后组织落实、检查。

项目六 过滤操作

【项目要点提示】

一、I/O 接口

过滤操作这一项目的前导知识技能、输出知识技能和后续对接生产项目见图 6-3。

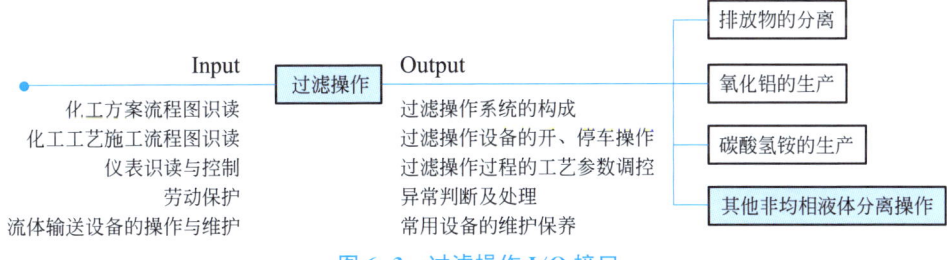

图 6-3 过滤操作 I/O 接口

二、学习目标

 知识目标
(1) 能准确说出过滤操作系统的对象、本质、原理、分类、应用
(2) 能准确说出过滤操作系统的构成
(3) 能准确说出常用过滤设备的原理、结构、性能、用途
(4) 能准确说出过滤操作的影响因素
(5) 能准确说出过滤装置的开、停车操作流程和过程控制要点
(6) 能准确说出过滤过程中常见事故的现象、成因及处理方法

 能力目标
(1) 能独立完成典型过滤设备的开、停车操作
(2) 能正确调控过滤过程中的工艺参数
(3) 能正确诊断过滤过程中的异常现象并给出合理的处理方案
(4) 能完成常用过滤设备的日常检查和强制保养
(5) 能通过多种新媒体资源获取信息、处理信息和运用信息
(6) 能对工作结果进行总结、评价与优化改进
(7) 能组织车间主任岗的初步日常工作

 素质目标
(1) 认同化工企业管理方式,适应化工生产倒班作业
(2) 树立标准化操作、精益求精的工程质量意识,树立正确的劳动观
(3) 认识化工生产中的风险、责任和利益,将道德标准与法制意识深植于心
(4) 发扬诚信、友爱、互助的团队精神,积极践行社会主义核心价值观
(5) 关注产业历史和发展方向,挖掘其蕴含的优秀传统文化,增强"四个自信"
(6) 针对工作问题主动思考、积极创新,形成不断演进的成长型思维

三、重点、难点及解决方案

重　　点：过滤装置的开、停车操作和事故处理。

解决方案：开、停车操作按照"明流程—知操作—记参数—保安全"逐一展开，过程参数控制要明确其影响因素，事故处理按照"明现象—析原因—做判断—给措施"逐一展开，事故处理完成后撰写"事故总结报告"进行复盘。

难　　点：设计过滤装置操作规程。

解决方案：参照企业标准，结合实训装置的具体情况，按照工业背景，工艺流程，设备简介，装置联调，开、停车操作规程，设备维护保养，异常现象处理这七部分依次展开。

四、资源保障

移动学习端、过滤操作实训装置。

五、参考标准

JB/T 4333.1—2005《厢式过滤机和板框压滤机　第1部分：型式与基本参数》。

JB/T 4333.2—2005《厢式过滤机和板框压滤机　第2部分：技术条件》。

JB/T 4333.3—2005《厢式过滤机和板框压滤机　第3部分：滤板》。

素养充电站——链接政策法规

化工生产在我国经济中占据重要地位，其产品直接关系到人们的日常生活和国家安全。为了确保化工产品的质量和安全，我国制定了《标准化法》来规范化工生产。标准包括国家标准、行业标准、地方标准和团体标准、企业标准。国家标准分为强制性标准和推荐性标准，其中强制性标准必须执行，而国家鼓励采用推荐性标准。根据《标准化法》，化工生产中的原料采购、生产工艺、产品检验等环节都需要遵循严格的标准。通过实施标准化，化工企业可以确保生产出的产品符合市场需求和安全标准，从而提高产品的竞争力。通过制定和执行先进的标准，可以推动化工企业采用新技术、新工艺，提高生产效率，降低能耗和减少排放，从而实现可持续发展。

项目六　过滤操作

【工作任务实施】

任务一　认识过滤操作系统

了解过滤操作系统的基本情况是完成操作任务、进行生产管理和技术创新的基础，请为入职培训的新员工介绍过滤操作系统概况。

一　任务拆解

（1）我要完成什么任务？
介绍过滤操作系统的基本情况。

（2）我要在什么样的场景下，以什么样的身份，利用什么样的资源，开展什么活动来完成这个任务？要达到什么样的标准？
在新员工入职培训时，以装置车间主任的身份，用 ppt 或对照装置进行讲解，让新员工了解什么是过滤操作、过滤操作系统的构成、常用过滤操作设备、过滤操作的影响因素。

（3）我要按照怎样的步骤来执行？关键点是什么？第一步要做的是什么？
按照"查找资料—确定大纲—制作文稿—讲解演示"的顺序完成任务，关键点是根据任务场景列出内容大纲，第一步要进行信息资讯，储备必要的知识技能。

二　信息资讯

（一）什么是过滤操作（filter operation）

> **素养充电站——回眸产业千载**
> 在中国古代，过滤技术被广泛应用于医药、酿酒、制茶等领域。在《本草纲目》中就有关于使用过滤技术制作药酒的记载，在《天工开物》中也有关于使用过滤技术制作白糖的详细描述。这些文献不仅记录了过滤技术的具体操作方法，还阐述了过滤原理和应用范围。

1. 过滤操作的对象

化工生产中，过滤操作的对象主要是非均相液固混合物。在净化气体中，若颗粒微粒小且浓度极低，也可采用过滤操作。

就含有两相的非均相物系来说，其中以分散状态存在的是分散相，如悬浮液中的固体颗粒；而包围在分散物质各个粒子周围的是连续相，如悬浮液中的液相。

2. 过滤操作的本质

过滤操作的本质是动量传递，它遵循动量传递的基本规律。

3. 过滤操作的原理

以多孔物质为介质，在外力的作用下使悬浮液中的液体穿过介质的孔道，固体颗粒被截留在介质上，从而实现液、固分离。

过滤操作采用的多孔物质称为过滤介质，是滤饼的支承物。过滤介质是过滤设备上一个极为重要的组成部分，是整个过滤过程的关键。它应具有足够的机械强度和尽可能小的流动阻力，同时还应具有相应的耐腐蚀性和耐热性。工业上常用的过滤介质主要有以下几种：

（1）织物介质。织物介质又称滤布，在工业上应用最广，包括棉、毛、丝、麻等天然纤维和各种合成纤维，以及由玻璃丝或金属丝如不锈钢、黄铜、镍丝等织成的滤网。

（2）堆积介质。它包括颗粒状的细沙、石、炭屑等堆积而成的颗粒床层及非编织纤维玻璃棉等的堆积层，多用于深床过滤。一般用于处理含固体量很小的悬浮液，如水的净化处理等。

（3）多孔固体介质。具有很多微细孔道的固体材料，耐腐蚀，适用于处理含少量细小颗粒的悬浮液及有腐蚀性的悬浮液。如多孔性陶瓷板或管、多孔塑料板或由金属粉末烧结而成的多孔性金属陶瓷板及管等。此类介质能截留小至 $1\sim 3\mu m$ 的固体微粒。

过滤介质的选择要根据悬浮液中固体微粒的粒度范围及含量，介质所能承受的温度和它的化学稳定性、机械强度等因素来考虑。合适的介质可以使滤液清洁，固相损失量小，滤饼卸除容易，过滤时间短，过滤介质不致因堵塞而被破坏，过滤介质易再生。

4. 过滤操作的分类

（1）按生产方式可以分为连续过滤和间歇过滤。

（2）按过滤方式可以分为滤饼过滤、深层过滤和动态过滤。

① 滤饼过滤。滤饼过滤是利用滤饼本身作为过滤隔层的一种过滤方式。在过滤开始阶段，会有一部分细小颗粒从介质孔道中通过而使得滤液浑浊。但随着过滤的进行，颗粒便会在介质的孔道中和孔道上发生"架桥"现象，从而使得尺寸小于孔道直径的颗粒也能被拦截。随着被拦截的颗粒越来越多，在过滤介质的上游便形成了滤饼，同时滤液也慢慢变清。在滤饼形成后，过滤操作才真正有效，滤饼本身起到了主要过滤介质的作用。滤饼过滤要求能够迅速形成滤饼，常用于分离固体含量较高（固体体积分数大于1%）的悬浮液。

② 深层过滤。深层过滤是利用介质床层内部通道作为过滤介质的过滤操作。在深层过滤中，介质内部通道会因截留颗粒的增多而逐渐减少和变小。因此，对过滤介质必须定期更换或清洗再生。深层过滤常用于处理固体含量很少（固体体积分数小于0.1%）且颗粒直径较小（粒径小于$5\mu m$）的悬浮液。

③ 动态过滤。在滤饼过滤中，让料浆沿着过滤介质平面高速流动，使大部分滤饼得以在剪切力的作用下移去，从而维持较高的过滤速率。这种过滤称为动态过滤或无滤饼过滤。

在化工生产中得到广泛应用的是滤饼过滤，本项目主要讨论滤饼过滤。

（3）按过滤推动力可以分为重力过滤、加压过滤、真空过滤、离心过滤。①增加悬浮液本身的液柱压力，一般不超过 $50kN/m^2$，称为重力过滤。②增加悬浮液液面上的压力，一般可达 $500kN/m^2$，称为加压过滤。③在过滤介质下面抽真空，通常不超过 $86.6kN/m^2$ 真空度，称为真空过滤。④以离心力作为过滤推动力，称为离心过滤。按照采用的压力差不同可分为压滤过滤机、吸滤过滤机和离心过滤机。

（4）按恒定量指标可以分为恒压过滤和恒速过滤。在恒定的压差下进行的过滤称为恒压过滤，恒压过滤过程中，随着过滤时间的增长，滤饼层厚度增大，过滤阻力增加，过滤速率则不断降低。维持过滤速率不变的过滤称为恒速过滤，在恒速过滤中，为了维持过滤速率恒定，必须相应地不断增大压差，以克服由于滤饼增厚而增大的阻力，因为压差不断变化，故恒速过滤较难控制，所以在生产中一般采用恒压过滤，有时为了避免过滤初期因压差过高而引起滤布堵塞和破损，也可采用先恒速后恒压的操作方式。

> **素养充电站——放眼行业前沿**
>
> 超滤技术是一种较新的过滤操作技术，采用高效率低阻力纤维过滤材料，通过增大孔隙率和过滤面积来提高过滤材料的连续使用寿命。超滤技术在化工生产中有广泛的应用，如合成氨高压机后新鲜气油分离。通过超滤技术，可以有效地除去新鲜气中的油水尘等杂质，保护合成催化剂、降低能耗。实际应用中，超滤技术可以显著提高分离效率，减少废物排放，实现环保和经济效益的双赢。

5. 过滤操作的应用

（1）**保护环境**。近年来，各种工业污染成为国计民生中急待解决的严重问题，因此要求工厂对排出的废气、废液中的有害物质加以处理，使其浓度符合规定的标准，以保护环境。过滤对非均相物系的分离操作在环境保护方面起到一定的作用。

（2）**收取分散物质以获得成品**。例如，在制糖工业中，从结晶器出来的晶浆中以及从气流干燥器出来的气体中，都含有大量的固体微粒（糖粒），此时则必须收取这些悬浮的微粒，以得到成品。

（3）**净化分散介质以获得纯净的气体或液体**。例如，在接触法制硫酸过程中，从沸腾焙烧炉中出来的炉气内，除含有二氧化硫等气体外，还含有大量的灰尘和杂质，故必须对炉气进行一系列的净化处理，否则将会造成使转化器中催化剂中毒、干燥塔堵塞以及成品酸不合格等严重情况。

（二）过滤操作系统的构成

过滤操作系统是由管路、仪表、储罐、输送设备和过滤设备构成的，管路、仪表、储罐、输送设备在项目一中已经详细描述，本部分主要介绍过滤设备。

1. 过滤设备的分类

过滤设备种类繁多，结构各异，按产生压差的方式不同，可以分为压/吸滤设备（press/vacuum filtration）和离心过滤设备（centrifugal filtration），具体分类情况如图6-4所示。

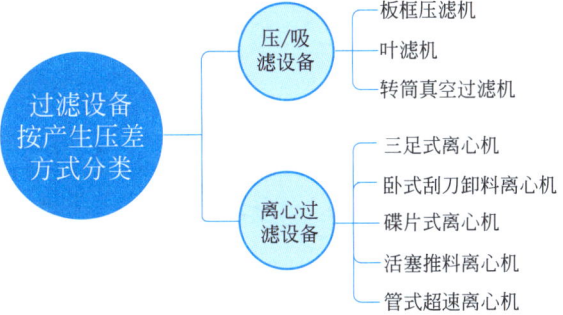

图6-4 过滤设备分类

2. 过滤设备的选用

过滤设备的选择主要考虑悬浮液的影响。固体成分质量分数在 20% 以上的悬浮液，由于固体粒子沉降速度很快，宜采用真空式过滤机；固体成分质量分数在 10%~20% 之间的悬浮液，滤饼可较为均匀地吸附于过滤介质表面，适用的过滤机型号较多；固体成分质量分数在 1%~10% 范围的悬浮液，形成的滤饼难以卸除，可用单室型转鼓过滤机或叶滤机；固体成分质量分数为 0.1%~1% 的悬浮液，需采用有助滤层的过滤设备来处理；当固体成分质量分数小于 0.1% 时，几乎不能形成滤饼，固体粒子大小和溶液的黏度对过滤操作影响很大，采用压滤机或带助滤层的过滤机较为合适。

（三）常用过滤操作设备

1. 板框压滤机（plate-frame pressed filter）

板框压滤机是最早为工业所用的过滤设备之一，是一种间歇操作设备，至今仍得到广泛的应用。

（1）结构。

它是由多块正方形的滤板和滤框交替排列组装于机架上而构成，板框之间装有滤布，滤板与滤框靠支耳架在一对横梁上，通过压紧装置压紧，如图 6-5 所示。滤板和滤框可以用铸铁、碳钢、不锈钢、铝、塑料、木材等制成，压紧装置的驱动可以手动、电动或液压传动等方式。

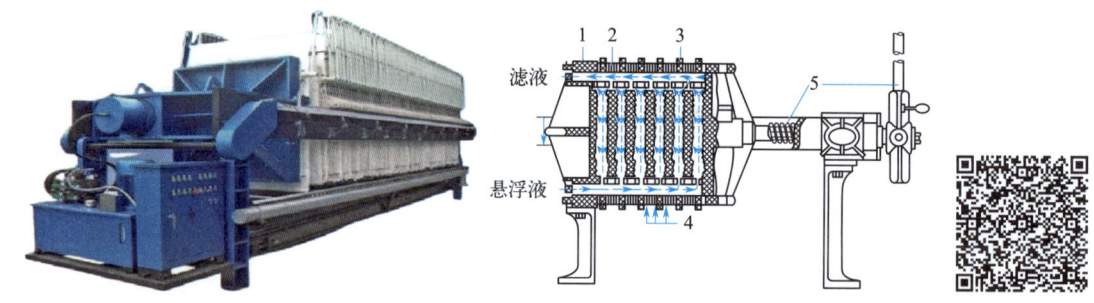

图 6-5 板框压滤机示意图

1—固定头；2—滤板；3—滤框；4—滤布；5—压紧装置

板与框多做成正方形，其构造如图 6-6 所示。滤板和滤框的角端均开有圆孔，装合、压紧后即构成供滤浆、滤液或洗涤液流动的通道。滤框的两侧覆以四角开孔的滤布，空框与滤布围成了容纳滤浆及滤饼的空间。滤板又分为洗涤板与过滤板（非洗板），其区别在于洗

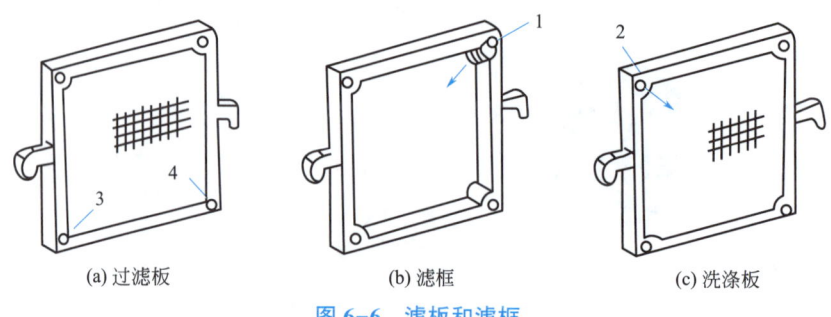

(a) 过滤板　　(b) 滤框　　(c) 洗涤板

图 6-6 滤板和滤框

1—悬浮液入口通道；2—洗涤液入口通道；3—滤液出口通道；4—洗涤液出口通道

涤板左上角孔与板面相同，洗水可由此进入。为便于组装时区别，在板与框的边上有小钮或其他标志，过滤板以一钮为记，洗板以三钮为记，而滤框则用两钮。

> **素养充电站——对标企业生产**
> 我国制定的板框压滤机系列规格框的厚度为 25~50mm，框每边长为 320~1000mm，板框数目由几个到 60 个，随生产能力而定，板框压滤机的操作压力一般为 0.3~0.5MPa，最高可达 1.5MPa。

（2）原理。

板框压滤机每个操作循环由组装、过滤、洗涤、卸渣、整理五个阶段组成。装合时将板与框按钮数 1-2-3-2-1-2……的顺序排列板与框。组装完毕后开始过滤，悬浮液在指定压力下经滤浆通道由滤框角端的暗孔进入框内，滤液分别穿过两侧滤布，沿邻板板面流至滤液出口排出，固体颗粒则被截留于框内，待滤饼充满全框后，即停止过滤。若滤饼需要洗涤，可将洗水压入洗水通道，经洗涤板角端暗孔进入板面与滤布之间。此时关闭洗涤板下部的滤液出口，洗液便在压力差推动下横穿一层滤布及整个滤框厚度的滤渣，然后再横穿过一层滤布，最后由非洗板下部的滤液出口排出，此种洗涤方式称为横穿洗法，其作用在于提高洗涤效果。洗涤结束后，将压紧装置松开，卸出滤渣，清洗滤布，整理板框，重新装合，进行另一个操作循环。

想一想 过滤操作的周期是怎样的？主要步骤是哪一步？

过滤操作的周期主要包括过滤、洗涤、卸渣、清理 4 个阶段。对于板框过滤机等需装拆的过滤设备，还包括组装。有效操作步骤只是"过滤"这一步，其余均属辅助步骤，但确是必不可少的。例如，在过滤后，滤饼空隙中还有滤液，为了回收这部分滤液，或者为得到不被滤液所沾污的滤饼，都必须将这部分滤液从滤饼中分离出来，为此，就需要用水或其他溶剂对滤饼进行洗涤。对间歇操作，必须合理安排一个周期中各步骤的时间，尽量缩短辅助时间，以提高生产效率。

（3）性能。

① 过滤速率，指单位时间内所能获得的滤液体积，表明了过滤设备的生产能力。

② 过滤速度，指单位时间、单位过滤面积所能获得的滤液体积，表明了过滤设备的生产强度，即设备性能的优劣。过滤速度与过滤推动力成正比，与过滤阻力成反比。压差过滤中，推动力就是压差，阻力则与滤饼的结构、厚度以及滤液的性质等诸多因素有关，比较复杂。

（4）用途。

板框压滤机具有构造简单、制造方便、操作容易、附属设备少、保养方便、单位过滤面积占地少、过滤面积选择范围宽、对物料的适应性强等优点。但因其操作不能连续自动，劳动强度大，滤布损耗也较多。其适用于过滤黏度大、微粒细、固体含量较低的难过滤悬浮液，常用于多品种、小规模生产的情况。

2. 叶滤机（blade filter）

叶滤机主要由一个垂直放置或水平放置的密闭圆柱形滤槽和许多不同宽度长方形的滤叶组成，如图 6-7 所示为垂直放置叶滤机的示意图。

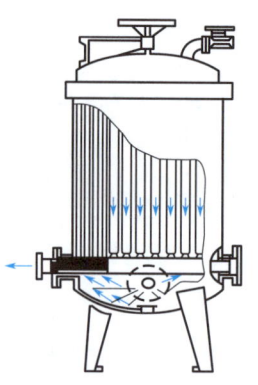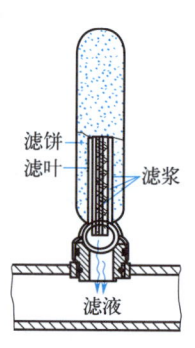

图 6-7　圆形滤叶加压叶滤机示意图

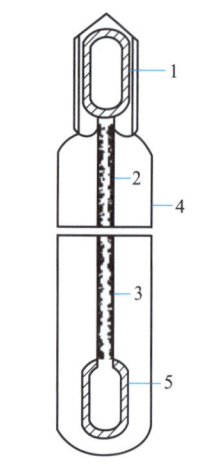

图 6-8　滤叶的构造示意图
1—空框；2—金属网；
3—滤布；4—顶盖；5—滤饼

滤叶是叶滤机的过滤元件，其形状各异，大多由金属多孔板或金属网制造，如图 6-8 所示为一个滤叶的大致构造。为了使滤叶在使用中有足够的刚性和强度，常在滤叶周边上用框加固。对大型滤叶，可用金属板在两侧衬以金属网，外面再包滤布，构成一个加固滤叶。

过滤时，许多叶片连接成组同时工作，各出口管汇集至一个总管，置于密闭的承压壳体内。滤浆被压入壳体内时，滤液即穿过滤布进入叶内，汇集总管后排出机外，滤渣则集积于滤布上形成滤饼，通常其厚度为 5~35mm，视滤渣的性质及操作情况而定。若滤饼需要洗涤，则于过滤完毕后通入洗液，洗液的路径与滤液的路径相同。洗涤过后，打开机壳上盖，开启滤槽的下半部，用压缩空气、蒸汽或清水卸除滤饼。

叶滤机是间歇操作设备，优点是密闭操作，改善了操作条件，过滤推动力大，单位地面所容的过滤面积大，滤饼洗涤充分，操作中劳动强度较板框压滤机为轻。其缺点为构造较为复杂，因而造价较高，特别是对于滤浆中大小不一的滤渣微粒，在过滤时能分别集积在不同的高度，在洗涤时大部分洗涤液由粗大颗粒外通过，致使洗涤不易均匀，更换滤布（尤其对于圆形滤叶）比较麻烦。

3. 转筒真空过滤机（rotary vacuum filter）

转筒真空过滤机是工业上应用较广的一种连续式过滤机，如图 6-9 和图 6-10 所示为一台转筒真空过滤机的外形图和操作简图。主要部件包括转筒、滤浆槽、搅拌器和分配头等。转筒里一般有 10~30 个彼此独立的扇形小滤室，在小滤室的圆弧形外壁上，装着覆以滤布的排水筛板，这样便形成了圆柱形过滤面。每个小滤室都有管路通向分配头，使小滤室有时与真空源相通，有时与压缩空气源相通。

转筒真空过滤机运转时，浸没于滤浆中的过滤面积约占全部面积的 30%~40%，转速为 0.1r/min 至 2~3r/min。每旋转一周，过滤面积的任一部分都顺次经历过滤、洗涤、吸干、吹松、卸渣等阶段。因此，对圆筒的每一块表面，转筒转动一周都经历一个操作循环。

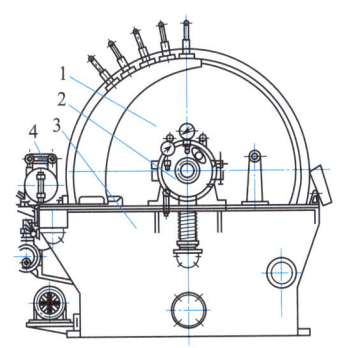

图 6-9 转筒真空过滤机外形图

1—转筒；2—分配头；3—滤浆槽；4—搅拌器

分配头是转筒真空过滤机的关键部件，结构如图 6-11 所示。由紧密贴合的转动盘与固定盘构成，转动盘随着筒体一起旋转，固定盘不动，其内侧面各凹槽分别与各种不同作用的管道相通。

转鼓真空过滤机的突出优点是连续自动操作，节省人力，生产能力较大，特别适宜于处理量大而容易过滤的料浆。其缺点是转鼓体积庞大，附属设备多，投资费用高，形成的过滤面积不大，过滤的推动力也不大，悬浮液温度不能过高，滤液洗涤不够充分。对于过滤操作以固相为产品、不要求充分洗涤、比较易于分离的液态非

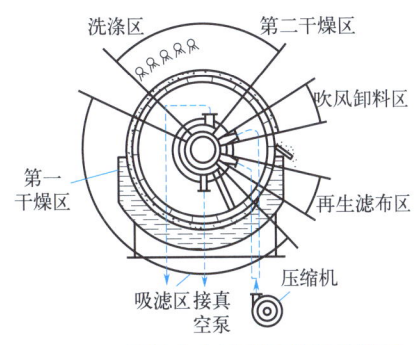

图 6-10 转鼓真空过滤机的操作简图

均相物系之场合，特别是对于单品种生产，大规模处理固体物含量很大的悬浮液，此种设备是十分适用的。

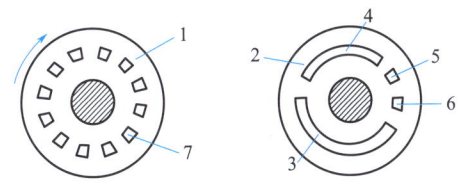

图 6-11 分配头结构示意图

1—转动盘；2—固定盘；3,4—与真空管路相通的孔道；
5,6—与压缩空气管路相通的通道；7—转动盘上的小孔

4. 过滤离心机（filtration centrifuge）

过滤离心机的主要部件是转鼓，转鼓壁上开有许多小孔，在鼓内壁上覆以滤布，悬浮液加入鼓内并随之旋转，液体受离心力作用被甩出而颗粒被截留在鼓内。工业上应用最多的有以下几种。

（1）三足式离心机（tripod centrifuge）。

三足式离心机是工业上采用较早的间歇操作、人工卸料的立式离心机，是目前国内应用

最广、制造数目最多的一种离心机,如图 6-12 所示。三足式离心机为了减小转鼓的振动和便于拆卸,将转鼓、外壳和联动装置都固定在机座上,机座则借拉杆挂在三个支柱上,所以称为三足式离心机。有过滤式和沉降式两种,其卸料方式又有上部卸料与下部卸料两种。

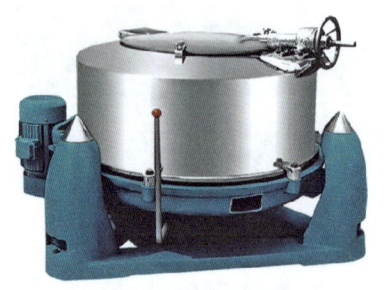
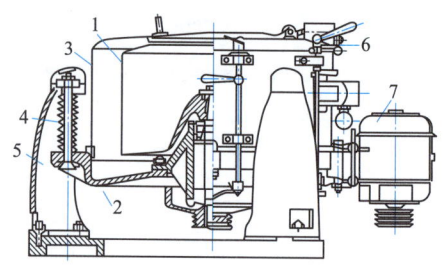

图 6-12　三足式离心机结构示意图

1—转鼓;2—机座;3—外壳;4—拉杆;5—支柱;6—制动器;7—电动机

三足式离心机结构简单,制造方便,运转平稳,适应性强,适用于过滤周期较长,处理量不大,要求滤渣含液量较低的场合。缺点是上部卸料时劳动强度大,操作周期长,生产能力低。近年来已出现了自动卸料及连续生产的三足式离心机。

（2）卧式刮刀卸料离心机（horizontal scraper discharge centrifuge）。

卧式刮刀卸料离心机是连续操作的过滤离心机,如图 6-13 所示。其特点是在转鼓全速运转的情况下能够自动地依次进行加料、分离、洗涤、甩干、卸料、洗网等工序的循环操作,每一工序的操作时间可按预定的要求由电气—液压系统按程序进行自动控制,也可用人工直接操纵。

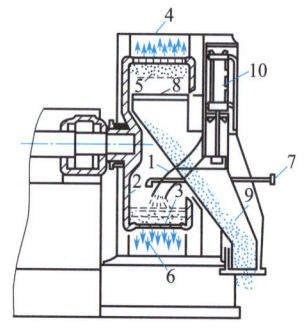

图 6-13　卧式刮刀卸料离心机结构示意图

1—进料管;2—转鼓;3—滤网;4—外壳;5—滤渣;6—滤液;
7—冲洗管;8—刮刀;9—溜槽;10—液压机

操作时进料阀门自动定时开启,悬浮液进入全速运转的鼓内,液相经滤网及鼓壁上小孔被甩到鼓外,再经机壳排液口流出。留在鼓内的滤渣借耙齿均匀分布在滤网面上,当滤渣达到指定厚度时,进料阀自动关闭。随后冲洗阀自动开启,洗液喷洒在滤渣上洗涤一定时间,阀门自动关闭。再经甩干一定时间后,刮刀自动上升,滤渣被刮下并经倾斜的溜槽排出。刮刀升到极限位置后自动退下,同时冲洗阀又开启,对滤网进行冲洗。持续一定的时间后,就完成一个操作周期,又重新开始进料进入下一个操作周期。

刮刀卸料离心机优点是对物料的适应性强,固体微粒的粒度可以从很细到很粗。它对于悬浮液浓度的变化及进料量的变化也不敏感。过滤时间、洗涤时间均可自由调节，滤渣较干，并可得到很好的洗涤。一般在全速下完成各个工序，生产能力大，能过滤和沉降某些不易分离的悬浮液。缺点是刮刀卸料对部分物料造成破损，刮刀需经常修理更换。目前这种离心机是化工生产中使用最广泛的一种离心机。

（3）碟片式离心机（disc centrifuge）。

碟片式离心机机壳内装有许多倒锥形碟片叠置成层，由一垂直轴带动而高速旋转，如图 6-14 所示。碟片数从几十片到上百片不等，各碟片在几个相同位置上都开有小孔，各片叠起时，可形成几个通道。碟片式离心机可用于澄清悬浮液中少量细小的微粒的脱除，也可用于乳浊液中轻、重两相的分离，故又称碟式分离机。

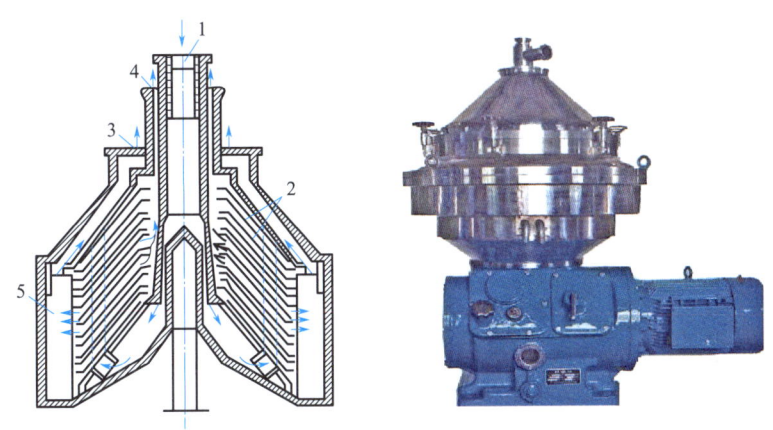

图 6-14　碟片式离心机结构示意图

1—加料口；2—倒锥体盘；3—重液出口；4—轻液出口；5—隔板

若碟片式离心机用于乳浊液分离，则要将分离的液体混合物从顶部垂直管送入后，使其流到碟片组的底部。在其经碟片上的孔上升之时，受离心力作用而分布于两碟片之间的窄缝中，重液逐渐趋向外周，到达机壳内壁上升到上方的重液出口排出，轻液则趋向中心而自上方轻液出口排出。各碟片的作用在于将液体分成许多薄层，缩短液滴沉降距离。这种离心机广泛用于润滑油脱水、牛乳脱脂、饮料澄清、催化剂分离等。

（4）活塞推料离心机（piston pusher centrifuge）。

活塞推料离心机也是一种连续操作的过滤式离心机，其结构如图 6-15 所示。在全速运转的情况下，料浆不断由进料管送入，沿锥形进料斗的内壁流至转鼓的滤网上。滤液穿过滤

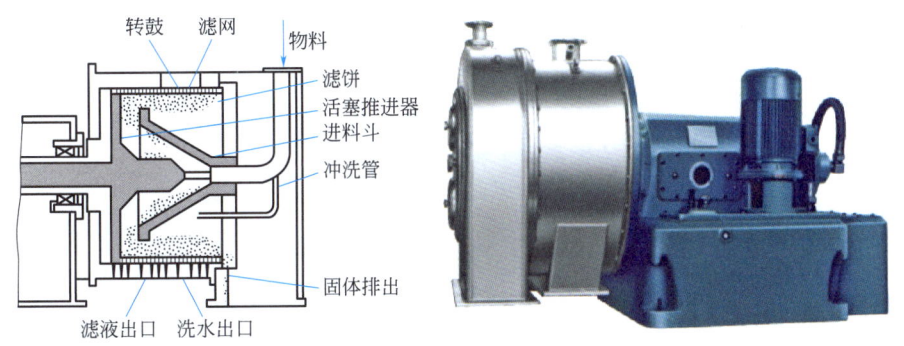

图 6-15　活塞推料离心机结构示意图

网经滤液出口连续排出,积于滤网内面上的滤渣则被往复运动的活塞推送器沿转鼓内壁面排出。滤渣被推至出口的途中,可用由冲洗管出来的水进行喷洗,洗水则由另一出口排出。整个过程在转速不同的部位连续自动进行。

活塞推料离心机除单级外,还有双级、四级等各种类型。此种离心机主要用于浓度适中并能很快脱水和失去流动性的悬浮液,其优点是颗粒破碎程度小,控制系统简单,功率消耗较均匀;缺点是对悬浮液的浓度较敏感,若料浆太稀,则来不及过滤,料浆直接流出转鼓,若料浆太稠,则流动性差,使滤渣分布不均,引起转鼓振动。其常用于食盐、硫铵、尿素等生产中。

5. 新型过滤机(advanced filter)

(1) 反冲洗过滤机(backwash filter)。

如图 6-16 所示,反冲洗过滤器无须人工操作,可长时间工作,过滤精度可从 1μm 直到 1700μm。需要冲洗时(可由时间或差压控制),需要反冲洗的滤筒,关闭进口通道,打开排污通道,差压致使部分滤后液改变方向向下流动,将滤渣冲洗至排污口。若过滤液体价格昂贵或有危害性时,可使用外部反冲洗配置。过滤器能把 2~20 个滤筒置于同一个支架内,从而以低成本实现生产力的扩容。

图 6-16 反冲洗过滤机

(2) 磁性过滤机(magnetic filter)。

如图 6-17 所示,磁性过滤机由采用高矫顽力的强磁性材料与阻拦滤网组合而成,具有在瞬间液流冲击或高流速状态下,吸附微米级的铁磁性污染物的能力,它的中心为一圆筒式永久磁铁,磁铁外部为非磁性材料做成的罩子,罩子外面绕着数只铁环,铁环由铜条连接,每只铁环之间保持一定的间隙。当液压介质中的铁磁性杂质经过铁环间隙时,则被吸附在铁环上,从而起到滤除作用。

(3) 微滤机(microfiltration machine)。

微滤与其他过滤设备的区别在于过滤介质空隙特别小,借助筛网回转的离心力,在较低的水利阻力下,具有较高流速性,截留住悬浮固体,适用于把液体中存在的微小悬浮物质(纸浆纤维)最大限度地分离出来,实现固、液两相分离的目的。如图 6-18 所示,该设备结构简单、维修方便、费用低、有自动保护,一般废水纤维回收率大于 80%。

图 6-17 立式磁性过滤机

图 6-18 微滤机

（四）过滤操作的影响因素

1. 悬浮液的黏度

悬浮液的黏度对过滤速率有较大影响。悬浮液黏度越小，过滤速率越大，则容易过滤。温度越高、悬浮液浓度越小，则悬浮液的黏度越小。因此，在操作时可对滤浆先适当预热再进行过滤；某些情况下也可以将滤浆加以稀释再进行过滤。

2. 过滤推动力

增加过滤推动力可以提高过滤速率和生产能力。过滤推动力通常以作用在悬浮液上的压差表示。一般来说，对不可压缩滤饼，增大推动力可提高过滤速率，但对可压缩滤饼，加压却不能有效地提高过滤速率。

3. 过滤介质的性质

过滤介质的性质也直接影响到过滤速率的大小，过滤介质的孔隙越小，厚度越厚，则产生的阻力越大，过滤速率越小。由于过滤介质的主要作用是促进滤饼形成，为此，要根据悬浮液中颗粒的大小来选择合适的过滤介质。

4. 滤饼的性质

滤饼的影响因素主要是颗粒的形状、大小、滤饼紧密度和厚度等。颗粒越细，滤饼越紧密、越厚，其阻力越大。当滤饼厚度增大到一定程度，过滤速率会变得很慢，此时则应将滤饼除去，重新开始过滤操作。

三、方案决策

师生共同讨论工作计划，学生修改完善计划，对工作的环节进行梳理，形成文案。

认识过滤操作系统从四个方面进行介绍：（1）什么是过滤操作；（2）过滤系统的构成；（3）常用过滤操作设备；（4）过滤操作的影响因素。

四、实践演练

利用 ppt 讲解或对照现场装置进行讲解。

五、评价改进

（一）评价标准

过滤操作系统讲解评分指标及分值参考表 6-1。

表 6-1 过滤操作系统讲解评分参考

	评分指标	分值	得分
1	环境整洁，设备流畅，讲述者着装得体	10	
2	讲述内容要素齐全，内容准确，与职业岗位技能紧密对接	30	
3	语言精练、用词专业、表达流畅，能有效互动，掌控现场节奏	20	

续表

	评分指标	分值	得分
4	重点内容有强调，整体内容有总结，能有效使用案例强化效果	20	
5	学习者的收获度	20	
	总分	100	

（二）自我对标分析

_____

_____

（三）改进要点拆解

R：_____

I：_____

A：_____

六　认知拓展

液固分离设备和气固分离设备的选择

非均相物系分离按照分离对象可以分为液固非均相物系和气固非均相物系。

（一）液固分离设备的选择

采用不同的固液分离技术，如过滤、沉降和离心分离，其分离效果不同；同一种分离技术，选用的设备结构、型号不同，其分离效果也不同。在选择固液分离设备时，要根据被分离混合物的性质、分离要求、操作条件等因素综合考虑。

固液分离设备类型很多，性能差异很大，选择时首先要根据混合物的性质和分离要求，考虑选用过滤还是沉降，是否选用惯性离心力作为推动力。若固液分离要求较完全，则选用过滤操作；若固液密度差较大，可考虑选用沉降；若固体颗粒较小，流体黏度较大，则需选用离心分离；对于易挥发或易燃烧的流体，一般不宜选用真空过滤；而对于有毒的混合液，则一般选用密闭操作的固液分离设备。其次，要根据工艺过程特点和生产规模进一步选择确定设备类型。一般当固体含量较高、生产规模较大时，宜选用连续式的、劳动强度小的设备；如果生产工艺本身就是间歇式的，则选用间歇设备可以节省设备费用和操作费用。

（二）气固分离设备的选择

当气体中颗粒大小、除尘条件不同时，选择不同的分离方法和设备。对于气固混合物来说，由于气体中颗粒直径分布不均匀，因此可根据颗粒的粒径分布选择合适的分离设备。若 $d>50\mu m$，可用重力沉降设备如降尘室；$d>5\mu m$ 可用离心沉降设备，如旋风分离器；$d<5\mu m$，可用电除尘、袋滤器或湿法除尘器等。

项目六　过滤操作

任务二　操作过滤装置

一　任务拆解

（1）我要完成什么任务？

过滤装置的开、停车操作，运行控制和事故处理。

（2）我要在什么样的场景下，以什么样的身份，利用什么样的资源，开展什么活动来完成这个任务？达到什么样的标准？

从车间主任视角，在实训装置上完成过滤装置的开、停车操作，运行控制和事故处理，百分制系统评分90以上。

（3）我要按照怎样的步骤来执行？关键点是什么？第一步要做的是什么？

我要按照"查找资料—制定方案—操作演练—评价改进"的顺序完成任务，关键点是根据任务场景列出工作大纲，第一步要进行信息资讯，储备必要的知识技能。

二　信息资讯

（一）工艺流程描述

如图6-19所示，将$CaCO_3$粉末与水按一定比例投入配料釜后，启动搅拌装置形成碳酸钙悬浮液，用浆料泵送至板框过滤机进行过滤，滤液流入收集槽，碳酸钙粉末则在滤布上形成滤饼。当框内充满滤饼后，停止输送浆料，用清水对板框内滤渣进行洗涤，洗涤完成后，卸开板框过滤机板和板框，卸去滤饼，洗净滤布。

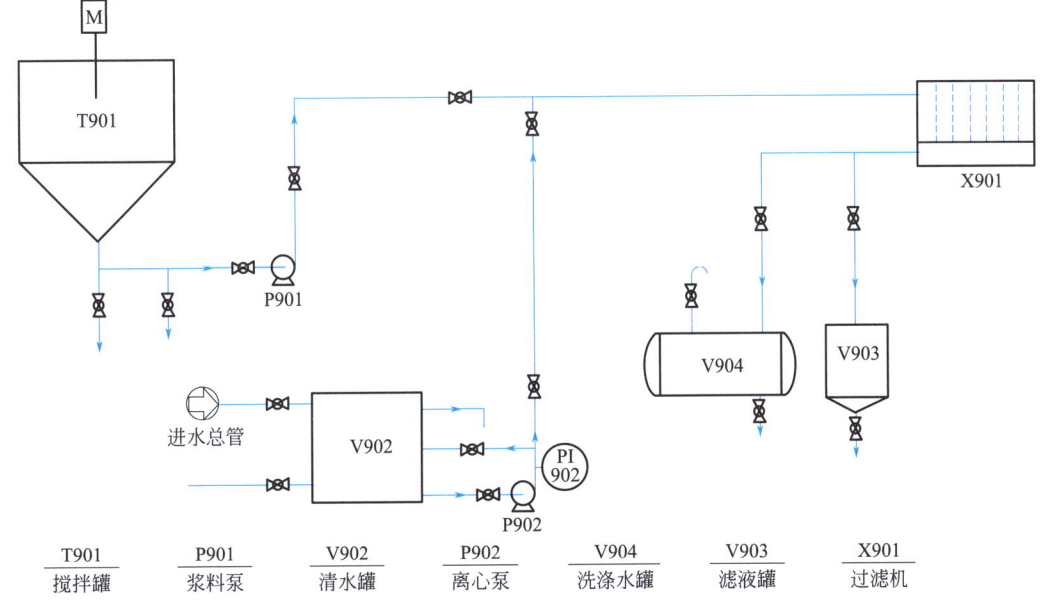

图6-19　过滤操作工艺流程图

（二）设备参数

实训装置设备参数见表6-2。

表6-2　列管换热器实训装置设备参数

名称	规格型号	数量
板框过滤机	不锈钢，过滤面积0.9m²	1
清水罐	不锈钢，400mm×400mm×400mm	1
搅拌罐	不锈钢，300L	1
洗涤水罐	不锈钢，ϕ325mm×700mm	1
滤液收集槽	不锈钢，150L	1
搅拌桨	不锈钢，螺旋搅拌桨	1
浆料泵	不锈钢，离心泵	1
清水泵	不锈钢，离心泵	1
搅拌电机	感应电动机	1

（三）风险辨识

过滤操作实训装置风险因素、风险来源与规避措施参考表6-3。

表6-3　实训装置风险辨识与防控

风险因素		风险来源	规避措施
1 滑跌		楼梯	楼梯安装防护栏，操作人员佩戴安全帽，着工装，负责人提示上下楼梯时注意安全，操作过程必须遵守实训基地安全守则
2 坠落		上层操作台	装置上层安装防护栏，操作人员佩戴安全帽，着工装，负责人提示在上层操作时注意安全，操作过程必须遵守实训基地安全守则
3 触电		通电设备线路	操作人员通电前检查电源、线路和设备，提醒学生用电安全，操作过程必须遵守实训基地安全守则。实训期间教师要密切注意学生操作，遇有违规操作要及时制止，遇有紧急情况及时关闭总闸
4 绊倒		近地设备和管线	操作人员佩戴安全帽，着工装，提示注意安全，尤其是管线，避免绊倒、磕碰和砸伤，操作过程必须遵守实训基地安全守则
5 水灾		设备进水阀门和水闸未关闭	实训结束教师检查设备的进水阀门和总水闸是否关闭，操作过程必须遵守实训基地安全守则
6 烫伤		高温反应器或高温加热设备	操作人员佩戴安全帽，着工装，负责人强调正确操作设备，不能用手触碰高温管路和设备，禁止触摸反应器外壁，操作过程必须遵守实训基地安全守则

我已知晓过滤操作实训装置的风险因素、风险来源及规避措施，操作中会做好防护，严守操作规程。

确认人签字：_____

（四）操作规程

1. 开车前准备

（1）由相关操作人员组成装置检查小组，对本装置所有设备、管道、阀门、仪表、电气等按工艺流程图要求和专业技术要求进行检查。

（2）检查所有仪表是否处于正常状态。

（3）检查所有设备是否处于正常状态。

（4）试电。

① 检查外部供电系统，确保控制柜上所有开关均处于关闭状态；

② 开启外部供电系统总电源开关；

③ 打开控制柜上空气开关33（QF1）；

④ 打开24V电源开关以及空气开关10（QF2），打开仪表电源开关，查看所有仪表是否上电，指示是否正常；

⑤ 将各阀门顺时针旋转操作到关的状态。

（5）准备原料。根据过滤具体要求，确定原料碳酸钙悬浮液的浓度，$CaCO_3$浓度为10%~30%，计算出所需要清水的体积及碳酸钙的质量，用电子秤称好碳酸钙备用。

（6）滤布使用前用水浸湿，安装时，滤布要绷紧，不能起皱，滤布紧贴滤板，密封垫贴紧滤布。正确装好滤板、滤框，并压紧各滤板和滤框。

2. 开车

（1）关闭搅拌罐排污阀（V01），开启搅拌罐进水阀（V02），注意观察搅拌罐液位，当通入所需清水量的一半时，开启搅拌装置，把$CaCO_3$粉末缓慢加入搅拌罐搅拌。

（2）继续加水至搅拌罐规定液位（小于1/2）处，关闭进水阀（V02），闭合搅拌罐顶盖。

（3）关闭滤液罐排污阀（V16），开启浆料泵进口阀（V03）、出口阀（V04），原料进口阀（V05），滤液出口阀（V14），启动浆料泵，注意观察浆料泵出口压力PI901指示，过滤机入口压力PI903示数。过滤得到的清液流至滤液收集槽中。

（4）过滤开始后，随着滤饼层形成，压力表PI901、PI903示数将逐渐增加，当滤液罐的液位高出规定的最低液位测量点后，参考板框此时进口压力值及保证合适的滤液流速，可将控制面板上浆料泵的转速设置为变频调节，设定过滤机的进口压力PI904为某一压力数值（0.01~0.02MPa），开始进行恒压过滤。

（5）开始计时起，每次收集滤液的体积为10L，记录相应的过滤时间$\Delta \tau$，每次恒压过滤试验记录5~6个数值即可。

（6）过滤结束后，停止浆料泵，关闭滤液槽进口阀（V14），准备清洗滤饼。

（7）关闭清水罐排污阀（V07）、洗涤水罐排污阀（V15），向清水罐内一直通入清水，当出现溢流时，开启离心泵的进口阀（V09），启动离心泵，打开离心泵出口阀（V10）及回流阀（V08）、清水罐进口阀（V11）、放空阀（V12）。

（8）调节离心泵的出口阀（V10）和回流阀（V08）开度控制洗涤水进口流量，观察洗涤水罐液位，保证一定的洗涤水流量（洗涤水流量是过滤流量的1/4左右），同时注意压力表PI903的示数变化，保证压力小于0.2MPa，直至清洗出的洗涤液澄清，则洗涤过程结束。

3. 停车

(1) 关闭离心泵，将搅拌罐剩余浆料通过排污阀门直接排掉，关闭排污阀（V01），开启进水阀（V02），清洗搅拌罐，洗涤水从排污阀排出；

(2) 用清水洗净浆料泵；

(3) 卸开过滤机，回收滤饼，以备下次实验时使用；

(4) 冲洗滤框、滤板，刷洗滤布，滤布不要打折；

(5) 开启清水罐、洗涤水罐、滤液罐的排污阀（V07、V15、V16），排掉容器内的液体，并清洗洗涤水罐和滤液罐；

(6) 进行现场清理，保持各设备、管路洁净；

(7) 切断控制台、仪表盘电源；

(8) 做好操作记录，计算出恒压过滤常数。

（五）正常操作工艺指标

(1) 温度控制：过滤机进口温度 20~40℃；
　　　　　　　过滤机出口温度 20~40℃。

(2) 流量控制：洗涤水流量 0~200L/h。

(3) 压力控制：浆料泵出口压力 0.05~0.2MPa；
　　　　　　　过滤机进口压力 0.05~0.2MPa；
　　　　　　　过滤机进口压力（PI904）的控制。

（六）事故现象及处理方法

过滤操作事故现象及处理方法见表6-4。

表6-4　过滤操作事故及处理方法

事故名称	主要现象	处理方法
过滤出清液浑浊	过滤时间短	延长过滤时间
	滤布安装不紧密	停止试验，卸开过滤机，重新安装板框
	滤布损坏	停止试验，卸开过滤机，更换滤布
过滤一段时间后不流滤液	过滤压力太小	在确保安全情况下增大过滤压力
原料管路堵塞，原料断路	原料中固体颗粒过大	停止试验，疏通管路，配料前粗滤固体物质

板框压滤机常见事故现象及处理方法见表6-5。

表6-5　板框压滤机常见故障及处理方法

故障名称	产生原因	处理方法
局部漏液	① 滤框有裂纹或穿孔缺陷 ② 滤布未铺好或破损 ③ 物料内有障碍物 ④ 滤框和滤板边缘磨损或腐蚀	① 更换新滤框 ② 修补重铺平 ③ 清除干净 ④ 更新滤框滤板
压紧程度不够	① 滤框不合格，弯曲变形严重 ② 滤框、滤板和传动件之间有障碍物 ③ 电动机有缺陷或顶杆螺纹不灵活	① 更换合格滤框 ② 清除干净 ③ 查明原因后处理

项目六　过滤操作

续表

故障名称	产生原因	处理方法
顶杠弯曲	① 顶杠中心偏斜 ② 导向架装配不正 ③ 顶紧力过大	① 更换顶杠或调正 ② 调整找正 ③ 适当降低压力

三　方案决策

师生共同讨论工作计划，学生进行修改完善，对工作的环节进行梳理，形成文案。

> **素养充电站——溯源工程伦理**
>
> 人本伦理强调以人为本，尊重和保护人的生命、尊严和权益。化工生产涉及大量危险物质和高温高压等危险因素，保障员工的人身安全是企业的首要任务。企业需要通过建立完善的安全管理体系，提高员工的安全意识和技能，确保生产过程中的安全。化工生产往往伴随着废气、废水、废渣等污染物的产生，企业需要采取有效的措施减少污染排放，保护生态环境。这既是对社会负责，也是对员工和周边居民负责。

（1）过滤操作开车时按照"明流程—知操作—记参数—保安全"的步骤梳理操作规程，在实训装置上进行操作训练。

① 明流程。

_____

_____

_____

② 知操作。

_____

_____

_____

_____

③ 记参数。

_____

_____

_____

④ 保安全。

_____

_____

_____

（2）事故处理时按照"明现象—析原因—做判断—给措施"的步骤梳理操作方案，在实训装置上进行操作训练。请设计一个事故的处理方案。

① 明现象。

② 析原因。

③ 做判断。

④ 给措施。

四 实践演练

在实训装置上完成过滤装置的开停车操作、运行控制和事故处理。

素养充电站——链接政策法规

《中华人民共和国劳动法》为化工生产中的劳动者提供了权益保障和安全规范，主要包括工作时间、休息休假、安全卫生等内容，确保劳动者的合法权益不受侵犯。在化工生产中，企业需遵守工时规定，保障员工休息，提供安全工作环境，确保员工健康与安全。员工也应了解自身权益，积极维护。《中华人民共和国劳动法》的实施，促进了化工生产的规范化、安全化，为行业的可持续发展提供了坚实保障。

五 评价改进

（一）实施过程评价

过滤实训操作考核项目及评分标准见表6-6。

表6-6 过滤操作评分表

考核项目		评分标准	分值	得分
实训五必须 （20分）	基础知识	根据任务单叙述操作界面上各符号的意义，每错一处扣1分，扣完为止	4	
	工艺流程	叙述任务工艺流程和工况参数，每错一处扣1分，扣完为止	4	
	操作方案	叙述板框压滤机开车和停车操作方案，每错一处扣1分，扣完为止	4	
	设备检查	检查实训装置，每错、漏一处扣1分，扣完为止	4	
	风险辨识	分析实训场所的风险源，给出预防措施，每错、漏一处扣1分，扣完为止	4	
精细操作 （50分）	冷态开车	根据板框压滤机实训评分表打分，百分制低于90分本项无成绩	25	
	事故处理	根据板框压滤机实训评分表打分，百分制低于90分本项无成绩	25	
QHSE （15分）	质量控制	操作人员职责明确，任务单、教材、纸、笔携带齐全，每错、漏一处扣1分，扣完为止	3	
	职业健康	操作前身体异常要及时报告，操作过程中杜绝危害自身安全和他人安全的行为，出现问题扣4分	4	
	安全监测	明确安全出口和消防器材位置，知道危险源所在位置，每错、漏一处扣1分，扣完为止	4	
	环境管理	保持工作场地清洁，用品摆放合理，每错、漏一处扣1分，扣完为止	4	
四有工作法 （15分）	工作计划	工作过程严格按照计划执行，无工作计划扣3分，每错、漏一处扣1分，扣完为止	3	
四有工作法 （15分）	行动方案	操作严格按照方案执行，无操作方案扣4分，每错、漏一处扣1分，扣完为止	4	
	步步确认	中控和现场之间要有操作指令确认，每少一次扣1分，出现事故扣4分	4	
	事后总结	总结操作中的成功和不足之处，针对问题找出原因，提出改进建议	4	
总分			100	

板框压滤机实训操作考核项目及评分标准参考表6-7。

表 6-7 板框压滤机实训评分表

项目	分值	考核内容	评分标准	得分
开车前的检查与准备	20分	（1）对本装置所有设备、管道、阀门、仪表、电气、照明、分析、保温等按工艺流程图要求和专业技术要求进行检查，是否处于正常状态。 （2）将各阀门顺时针旋转操作到关的状态。 （3）检查外部供电系统，确保控制柜上所有开关均处于关闭状态。 （4）试电：开启总电源开关，打开控制柜上空气开关，打开装置仪表电源总开关，打开仪表电源开关，查看所有仪表是否上电，指示是否正常。 （5）原料准备：根据过滤具体要求，确定原料碳酸钙悬浮液的浓度，$CaCO_3$ 浓度为 10%~30%，计算出所需要清水的体积及碳酸钙的质量，用电子秤称好碳酸钙备用。 （6）正确装好滤板、滤框，滤布使用前用水浸湿，滤布要绷紧，不能起皱，滤布紧贴滤板，密封垫贴紧滤布	少检、漏检一处扣2分，扣完为止	
开车	20分	（1）关闭搅拌罐排污阀，开启搅拌罐进水阀，注意观察搅拌罐液位，当通入所需一半清水时，开启搅拌装置，把 $CaCO_3$ 粉末缓慢加入搅拌罐搅拌。 （2）继续加水至搅拌罐规定液位（小于1/2）处，关闭进水阀，闭合搅拌罐顶盖。 （3）关闭滤液罐排污阀，开启浆料泵进出口阀、原料进口阀、滤液出口阀，启动浆料泵，注意观察浆料泵出口压力示数、过滤机入口压力示数，清液出口流出滤液至滤液槽中。 （4）过滤开始后，随着滤饼层形成，压力表 PI901、PI903 示数将逐渐增加，当滤液罐的液位高出规定的最低液位测量点后，参考板框此时进口压力值及保证合适的滤液流速，可将控制面板上浆料泵的转速设置为变频调节，设定过滤机的进口压力为某一压力数值（0.01~0.02MPa），开始进行恒压过滤	操作步骤每错、漏一处扣2分，扣完为止；温度、流量等工艺参数达到要求	
正常操作	30分	开始计时起，每次收集滤液的体积为10L，记录相应的过滤时间 $\Delta\tau$，每次恒压过滤试验记录5~6个数值即可。 （1）按要求巡查各界面、温度、压力、流量、液位值并做好记录。 （2）过滤结束后，停止浆料泵，关闭滤液槽进口阀。 （3）开始清洗滤饼，关闭清水罐排污阀、洗涤水罐排污阀，向清水罐内一直通入清水，当出现溢流时，开启离心泵的进出口阀及回流阀、清水进口阀放空阀，启动离心泵。 （4）调节离心泵的出口阀和回流阀开度控制洗涤水进口流量，观察洗涤水罐液位，保证一定的洗涤水流量，同时注意压力表 PI903 的示数变化，保证压力小于 0.2MPa，直至清洗出的洗涤液澄清，则洗涤过程结束	操作次数不足扣5分；数据记录每错、漏一处扣2分	
停车	20分	（1）关闭离心泵，将搅拌罐剩余浆料通过排污阀门直接排掉，关闭排污阀，开启进水阀，清洗搅拌罐。 （2）用清水洗净浆料泵。 （3）卸开过滤机，回收滤饼，以备下次使用。 （4）冲洗滤框、滤板，刷洗滤布，滤布不要打折。 （5）开启清水罐、洗涤水罐、滤液罐的排污阀，排掉容器内的液体，并清洗洗涤水罐和滤液罐。 （6）检查停车后各设备、阀门、仪表状况	操作步骤错、漏一处扣2分，扣完为止；顺序错误扣5分	

项目六 过滤操作

续表

项目	分值	考核内容	评分标准	得分
文明操作	10分	(1) 组员间应相互配合,不能一人单独完成。 (2) 正确使用操作工具;注意整个系统操作稳定,有异常情况及时调整操作参数。 (3) 保持操作现场干净整齐,清理现场,搞好设备、管道、阀门维护工作	发生事故扣5分;未正确使用设备、工具扣2分	

(二) 自我对标分析

_____

_____

(三) 改进要点拆解

R:_____

I:_____

A:_____

素养充电站——传承中华文脉

《左传》中说"人非圣贤,孰能无过?过而能改,善莫大焉。"只有勇于正视自己的不足,才能不断进步,实现自我超越。"三人行必有我师,择其善者而从之,择其不善者而改之"语出《论语·述而》,教导我们要有谦虚好学的态度,善于发现并学习他人的优点,同时也要勇于正视并改正自己的不足。

六 认知拓展

(一) 板框压滤机的安全生产

板框压滤机的安全生产从操作方式看来,连续过滤较间歇过滤安全。连续式过滤机循环周期短,能自动洗涤和自动卸料,其过滤速度较间歇式过滤机高,且操作人员脱离与有毒物料接触,因而比较安全。间歇式过滤机由于卸料、装合过滤机、加料等各项辅助操作的经常重复,所以较连续式过滤周期长,且人工操作,劳动强度大、直接接触毒物,因此不安全,如间歇式操作的吸滤机、板框式压滤机等。

加压过滤机,当过滤中能散发有害的或有爆炸性的气体时,不能采用敞开式过滤机操作,而要采用密闭式过滤机,并以压缩空气或惰性气体保持压力。在取滤渣时,应先放压力,否则会发生事故。

对于离心过滤机,应注意其选材和焊接质量,并应限制其转鼓直径与转速,以防止转鼓承受高压而引起爆炸。因此,在有爆炸危险的生产中,最好不使用离心机而采用转鼓式、带式等真空过滤机。

（二）化工企业应急处置操作卡

化工企业三相分离器泄漏应急处置操作卡见表6-8。

表6-8　化工企业三相分离器泄漏应急处置操作卡

事故名称	三相分离器泄漏应急处置操作卡
工艺流程	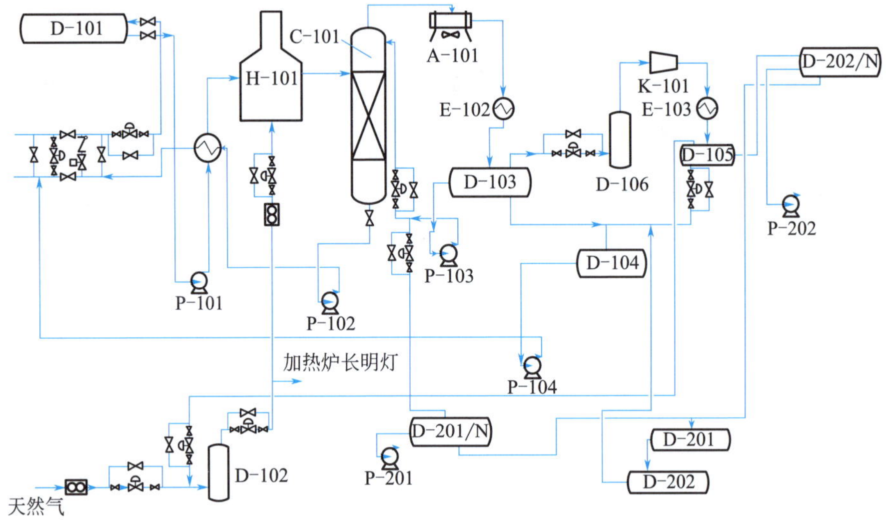 
事故现象	1. 主控室可燃气体报警器报警 2. 三相分离器本体或与法兰连接处有大量凝析液泄漏
危害描述	1. 火灾 2. 污染环境 3. 爆炸 4. 冻伤
事故原因	1. 管线、阀门腐蚀 2. 垫片失效 3. 三相分离器局部超温超压
事故确认	运行工程师现场确认泄漏程度
报警响应程序	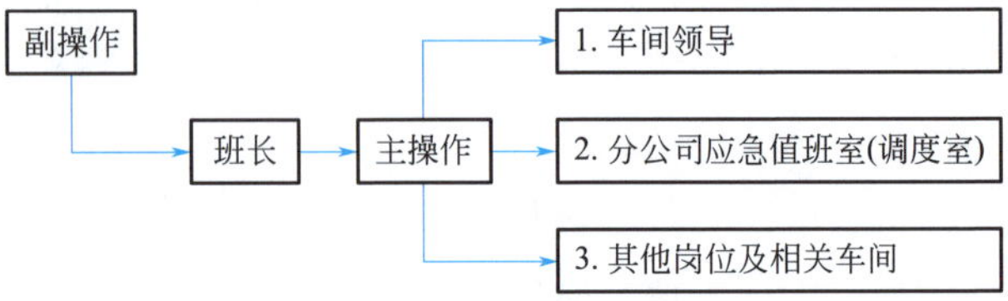 副操作 → 班长 → 主操作 → 1. 车间领导　2. 分公司应急值班室(调度室)　3. 其他岗位及相关车间

续表

事故名称	三相分离器泄漏应急处置操作卡
事故处理	A 级操作步骤（框图） 1. 初期险情控制 2. 工艺处置 3. 现场检测及疏散 4. 个体防护 5. 环境保护 B 级操作步骤 1. 初期险情控制 ［I］—打开站外调节阀 ［I］—通知其他岗位、车间领导、调度室及相关车间 ［M］—组织人员警戒泄漏现场 ［M］—投用消防设施 ［P］—压缩岗停压缩机 ［P］—压缩岗联系班长 ［P］—副操作关闭与泄漏点相关的阀门 2. 工艺处置 ［I］—打开三相分离器出料调节阀 ［I］—关闭来油调节阀 ［I］—关闭加热炉紧急切断阀总阀 ［I］—打开塔顶紧急放空阀门 ［I］—联系班长 ［P］—副操作全开三相分离器脱水副线阀门 （P）—副操作确认三相分离器无液位 ［P］—副操作关闭三相分离器脱水副线阀门 ［M］—关闭加热炉紧急切断阀 ［M］—关闭现场各火嘴阀门 ［P］—副操作打开装置站外循环阀 ［P］—副操作关闭来油阀门 ［P］—副操作关闭天然气来气总阀门 ［P］—泵岗停稳前泵 ［P］—泵岗停稳后泵 ［P］—副操作关闭回油阀门 ［P］—副操作联系班长 ［P］—泵岗停回流泵 ［P］—泵岗停污水回注泵 ［P］—泵岗联系班长

续表

事故名称	三相分离器泄漏应急处置操作卡
事故处理	［P］—轻烃岗关闭轻烃储罐进料阀门 （P）—轻烃岗确认轻烃外输泵停运 ［P］—轻烃岗关闭轻烃罐出料阀门 ［P］—轻烃岗联系班长 3. 现场检测及疏散 在装置主要道路入口设置警戒线，清理现场无关人员，禁止进入装置区，用便携式报警器监控现场可燃气体情况，在接到疏散命令后，班长带领班组人员沿疏散通道撤离。 4. 个体防护 操作时穿好工服、工鞋、戴好安全帽、手套、佩带防爆工具和防爆对讲机。撤离时，视情况戴好防毒面具和空气呼吸器等救援器材。 5. 环境保护 系统严格密闭放空，含烃废气全部排入事故罐；班长指挥班组人员取土围堰控制凝析液四处流淌，含油污水全部排放废油池系统，不造成环境污染
退守状态	1. 运行工程师（正常、异常）—加热炉熄灭 2. 运行工程师（正常、异常）—运转设备停运 3. 运行工程师（正常、异常）—装置站外循环 4. 运行工程师（正常、异常）—三相分离器内无液位 在此状态下 ［M］—做好记录，等待上级指令

注：［ ］—操作，（ ）—确认，<>—安全，M—班长，I—内操，P—外操。

项目六　过滤操作

任务三　维护保养过滤设备

为了保证过滤设备能长时间安全良好运行，稳定产品质量和产量，必须做好日常检查与维护保养。

一　任务拆解

（1）我要完成什么任务？
过滤设备的维护保养。

（2）我要在什么样的场景下，以什么样的身份，利用什么样的资源，开展什么活动来完成这个任务？达到什么样的标准？
化工装置要例行日常检查和定期强制保养，以检修人员的身份，利用实训基地的过滤装置，对过滤设备进行维护保养，百分制评分达到 90 分以上。

（3）我要按照怎样的步骤来执行？关键点是什么？第一步要做的是什么？
我要按照"查找资料—制定方案—操作演练—评价改进"的顺序完成任务，关键点是根据任务场景列出工作大纲，第一步要进行信息资讯，储备必要的知识技能。

二　信息资讯

通过企业调研和查找操作规程等资料，归纳出"维护保养过滤操作设备"通常分为日常检查和强制保养。具体设备的保养方法不同，以板框压滤机为例进行说明。

（一）板框压滤机的日常检查

（1）检查板框压滤机的浆泵轴封是否有泄漏，如果泄漏量超过 5 滴/min，需停泵更换轴封。
（2）检查气孔阀和减压阀工作是否正常。
（3）检查压滤机液压器液压油是否充足（液压油不足时压滤机无法正常工作）。
（4）检查压滤机液压油的温度是否正常（油温过高会缩短各元件使用寿命）。
（5）检查压滤机液压油的清洁度是否符合标准（液压油过脏会磨损设备元件）。
（6）检查压滤机滤板和滤布是否有损坏或者漏液情况，有则及时更换。
（7）定期对压滤机的电机和电路进行检查，查看是否因为电流过大导致线路烧毁或破损。

（二）板框压滤机的强制保养

板框压滤机强制保养级别和运转时间参考表 6-9。

表 6-9　板框压滤机强制保养级别和运转时间

保养级别	一级保养	二级保养	三级保养
运转时间	不定期	12 个月	24 个月

1. 一级保养（小修）内容
（1）检查修理或更换已损坏的板框、把手、滤布等零件；

371

（2）检查各连接螺栓的紧固情况；
（3）检查阀门、管件、泵的轴封泄漏点；
（4）检查更换已失灵的压力表；
（5）检查传动装置是否完好；
（6）检查压滤机电机及电路是否完好。

2. 二级保养（中修）内容

（1）包括小修内容。
（2）清洗工作油箱及滤油网，更换润滑油；
（3）清洗活动压紧板、定位手柄、滚轮等滑动部件；
（4）检查电气设备及防护装置的完好情况；
（5）检查过桥传动齿轮；
（6）解体检查、修理液压缸及工作部件；
（7）检查、修理液压油路系统、密封装置和法兰连接面；
（8）校验或更换压力表；
（9）检修液压泵。

3. 三级保养（大修）内容

（1）包括中修内容；
（2）整修机架、底座及基础；
（3）检查更换主梁，固定、活动压紧板；
（4）解体检查压紧装置的压紧丝杆、丝杆螺母；
（5）设备防腐刷漆。

（三）板框压滤机的试车与验收

1. 试车前准确工作

试车前对各部件进行检查，排除各种障碍物及各种不正常状况。

2. 无负荷试车

压滤机压紧机构进行空载运行 3~5 次，要求传动部件平稳灵活。

3. 负荷试车

板框、滤布装机压紧后做强度和紧密性试验 5~10min，要求压紧面间无连续漏水现象。

4. 验收

检修符合本规程规定，设备达到完好标准，且检修记录齐全，即可验收，移交试车使用。

三 方案决策

做好劳动保护和风险辨识防控，按照板框压滤机的日常检查和强制保养标准执行。

四 实践演练

完成萃取塔的二级保养，填写班组信息、工具材料领用、作业许可等表单。

项目六　过滤操作

表 6-10　班组信息登记表

姓名	岗位	职责

表 6-11　工具材料领用登记表

单号：

名称	规格	数量	单位	工具状况	归还时间

使用部门：　　　　　　　领取人：　　　　　　　领取时间：

表 6-12　盲板抽堵作业证

单号：

申请单位		负责人	
设备名称		盲板位置	
盲板类型		介质名称	
介质压力		介质温度	
开工时间			
安全措施			
			确认人：
完工验收			

表 6-13　设备维护保养记录

单号：

设备名称		设备位号	
维保项目			
耗材用量			
情况记录	说明是否有异常现象，如有请分析原因并写明处理方法。		
维保人员签字：		维保时间：	

五　评价改进

（一）评价标准

板框压滤机小修评分参考表 6-14。

表 6-14　板框压滤机小修评分表

评分指标		分值	得分
1	检查修理或更换已损坏的板框、把手、滤布等零件	30	
2	检查各连接螺栓的紧固情况	10	
3	检查阀门、管件、泵的轴封泄漏点	10	
4	检查更换已失灵的压力表	10	
5	检查传动装置是否完好	10	
6	检查压滤机电机及电路是否完好	10	
7	按 6s 标准进行工作现场清理整顿，工具摆放整齐，文明施工	20	
总分	100		

（二）自我对标分析

_____

_____

（三）改进要点拆解

R：_____

I：_____

A：_____

六　认知拓展

设计化工设备检修施工方案

化工设备检修施工方案是安排检修施工的技术经济性文件，是指导检修施工的主要依据之一。制定检修施工方案，是在一定的条件下，有计划地对劳动力、材料、机具进行综合安排。化工设备检修施工方案一般包括项目概述、编制依据、检修内容与要求、检修有关注意事项、施工程序与技术要求、施工用工计划、施工进度计划、质量目标与保证措施、重大风险控制措施等。

项目六　过滤操作

【学习成果管理】

一、预期学习成果

过滤操作预期学习成果参考表 6-15。

表 6-15　过滤操作预期学习成果

项目	成果
知识	过滤操作系统的对象、本质、原理、分类、应用 过滤操作系统的构成 过滤设备的原理、结构、性能、用途 过滤操作的影响因素 过滤装置的开、停车操作流程和过程控制要点 过滤操作过程中常见事故的现象、成因及处理方法
技能	能独立完成典型过滤设备的开、停车操作 能正确调控过滤操作过程中的工艺参数 能正确诊断过滤操作过程中的异常现象并给出合理的处理方案 能完成常用过滤设备的日常检查和强制保养
能力	能通过多种新媒体资源获取信息、处理信息和运用信息 能对工作结果进行总结、评价与优化改进 能组织技术员岗位的初步日常工作

二、具体学习成果——过滤操作综合操作

过滤操作具体学习成果参考表 6-16。

表 6-16　过滤操作具体学习成果

任务说明	根据仿真操作经验和实训装置设计实训操作方案，并在装置上完成过滤装置的开、停车操作。建议学时：4学时
参考装置	

续表

工艺流程	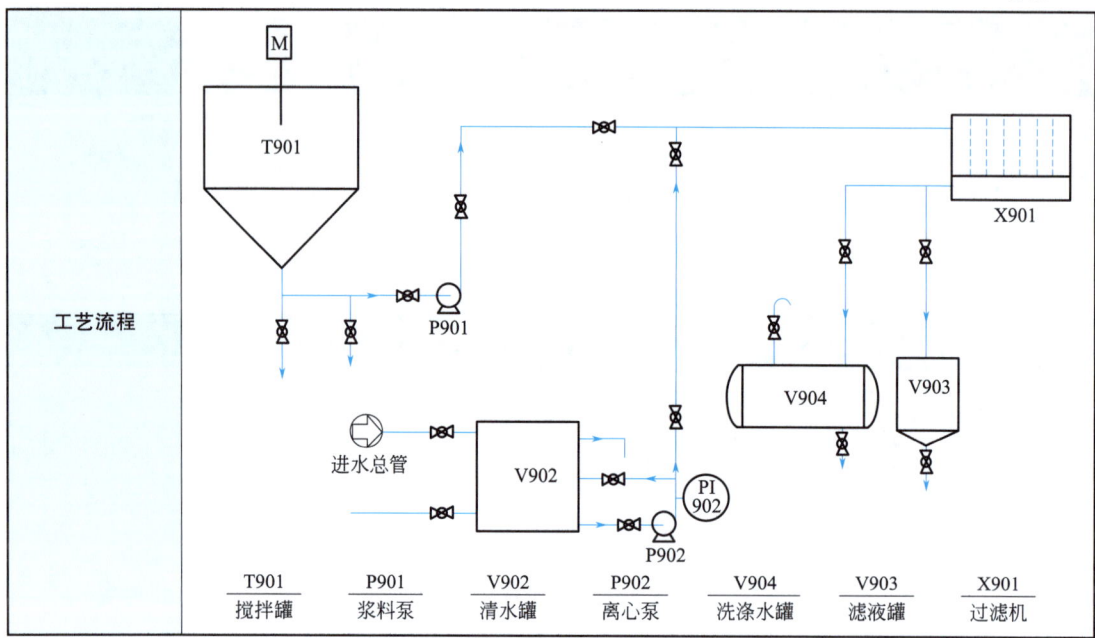

（一）工业背景

（二）工艺流程

（三）设备一览表

填写过滤操作实训装置设备参数（表6-17）。

表6-17 装置设备参数

名称	规格型号	数量

（四）装置联调

1. 设备检查

2. 设备吹扫

3. 系统检漏

4. 清水泵、浆料泵单体试车

5. 声光报警系统检验

（五）开、停车操作规程

1. 开车前准备

2. 开车

3. 停车

4. 工艺参数

_____

_____

（六）设备维护及保养

_____

_____

（七）异常现象及处理

填写过滤操作异常现象及处理（表 6-18）。

表 6-18　异常现象及处理

事故名称	主要现象	处理方法

素养充电站——品读工业智慧

通过框架进行思考和决策，可以有效地定义、分析、解决问题。构建框架的要素有因果律、反事实思维与约束。"因果律"是从原因推出结果，将因果推理转化为框架。"反事实思维"是以目标为导向，透过现状做出各种预想，以提前应对可能出现的情况和问题。"约束"是加上规则和限制条件，使创造力沿着正确的方向前进。化工从业人员要学会不断优化自己的认知框架，从不同的视角判断问题，拓宽框架种类，多元化、开放性地思考问题。

三、学习成果达成度测评

过滤操作学习成果达成度测评参考表 6-19。

表 6-19　学习成果达成度评分表

	评分指标	分值	得分
1	工业背景描述准确，语言简明流畅	5	
2	按照流程图描述工艺流程，清晰准确	10	
3	设备一览表中设备名称、型号、数量编制正确，与流程图和装置相匹配	5	
4	装置联调中设备检查、设备吹扫、系统检漏、泵单体试车和报警系统检查方案合理	20	
5	开车前准备，开、停车操作方案，标况参数设计准确合理	30	
6	维护保养方案设计符合装置实际运行需求	10	
7	事故名称、现象描述准确，处置措施合理	20	
	总分	100	

项目六　过滤操作

【复盘总结】

一、项目复盘

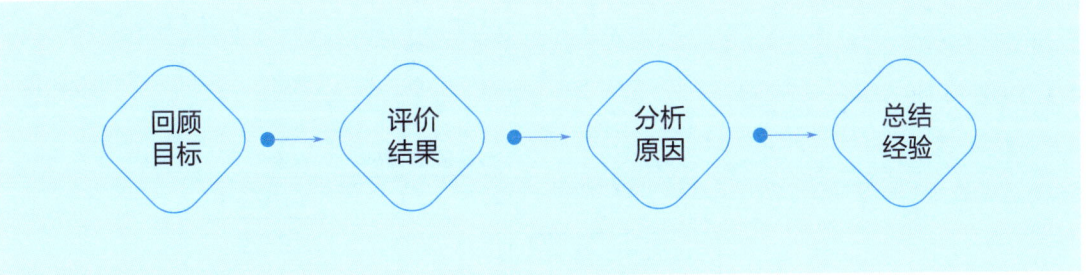

（1）本项目模块要达到怎样的学习目标？

（2）目前效果如何？

（3）什么原因导致这样的效果？

（4）成功与失败之处有怎样的经验？

二、要点总结

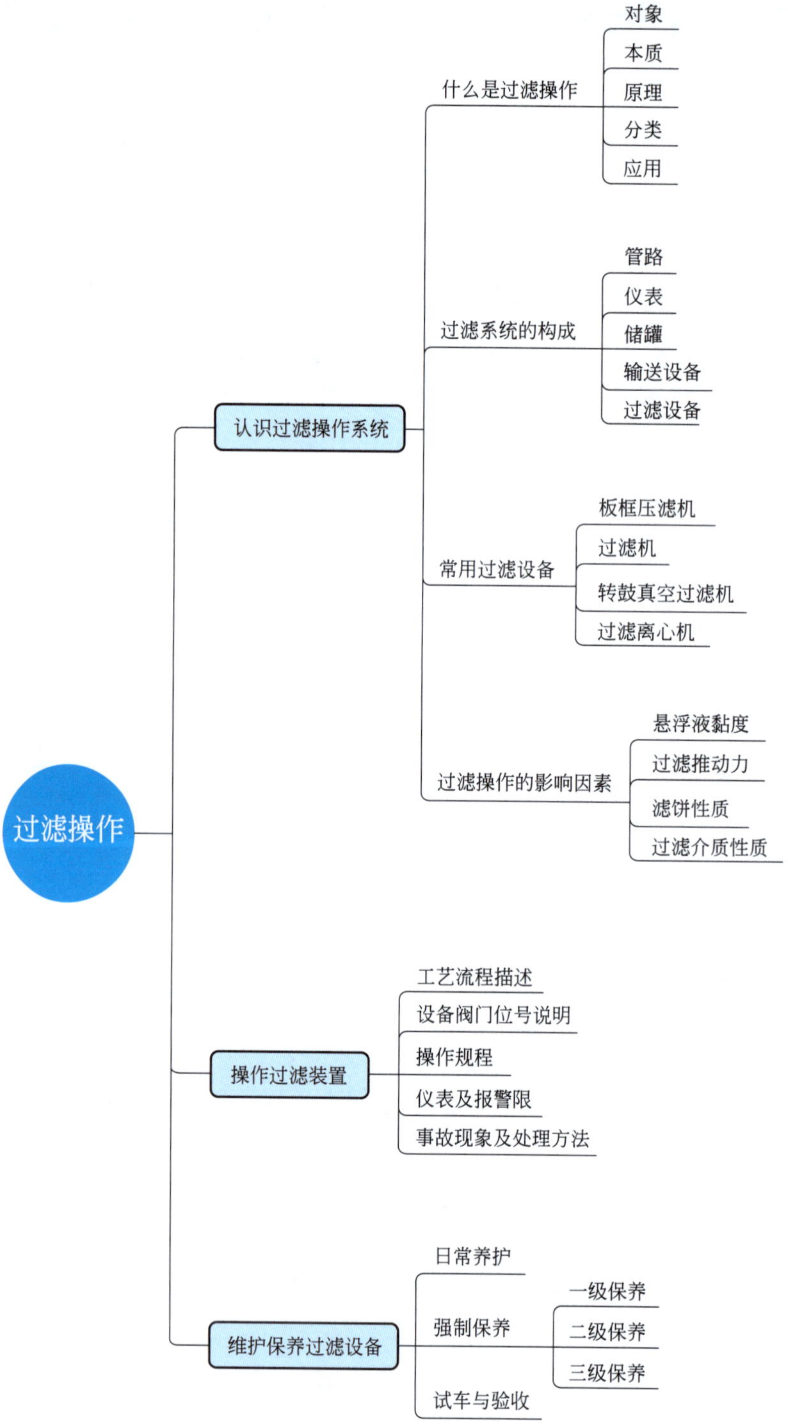

```
过滤操作
├── 认识过滤操作系统
│   ├── 什么是过滤操作
│   │   ├── 对象
│   │   ├── 本质
│   │   ├── 原理
│   │   ├── 分类
│   │   └── 应用
│   ├── 过滤系统的构成
│   │   ├── 管路
│   │   ├── 仪表
│   │   ├── 储罐
│   │   ├── 输送设备
│   │   └── 过滤设备
│   ├── 常用过滤设备
│   │   ├── 板框压滤机
│   │   ├── 过滤机
│   │   ├── 转鼓真空过滤机
│   │   └── 过滤离心机
│   └── 过滤操作的影响因素
│       ├── 悬浮液黏度
│       ├── 过滤推动力
│       ├── 滤饼性质
│       └── 过滤介质性质
├── 操作过滤装置
│   ├── 工艺流程描述
│   ├── 设备阀门位号说明
│   ├── 操作规程
│   ├── 仪表及报警限
│   └── 事故现象及处理方法
└── 维护保养过滤设备
    ├── 日常养护
    ├── 强制保养
    │   ├── 一级保养
    │   ├── 二级保养
    │   └── 三级保养
    └── 试车与验收
```

项目六　过滤操作

【职业能力与创新创业进阶训练】

一、化工总控工职业技能鉴定应知试题（中级工）

<单选题>

1. "在一般过滤操作中，实际上起到主要介质作用的是滤饼层而不是过滤介质本身""滤渣就是滤饼"（　　）。
   A. 这两种说法都对　　　　　　　　　　B. 两种说法都不对
   C. 第一种说法正确　　　　　　　　　　D. 第二种说法正确

2. 对标准旋风分离器系列，下列说法正确的是（　　）。
   A. 尺寸大，则处理量大，但压降也大
   B. 尺寸大，则分离效率高，且压降小
   C. 尺寸小，则处理量小，分离效率高
   D. 尺寸小，则分离效率差，且压降大

3. 过滤操作中滤液流动遇到的阻力是（　　）。
   A. 过滤介质阻力　　　　　　　　　　　B. 滤饼阻力
   C. 过滤介质和滤饼阻力之和　　　　　　D. 无法确定

4. 过滤速率与（　　）成反比。
   A. 操作压差和滤液黏度　　　　　　　　B. 滤液黏度和滤渣厚度
   C. 滤渣厚度和颗粒直径　　　　　　　　D. 颗粒直径和操作压差

5. 降尘室的高度减小，生产能力将（　　）。
   A. 增大　　　　　　　　　　　　　　　B. 不变
   C. 减小　　　　　　　　　　　　　　　D. 以上答案都不正确

6. 自由沉降的意思是（　　）。
   A. 颗粒在沉降过程中受到的流体阻力可忽略不计
   B. 颗粒开始的降落速度为零，没有附加一个初始速度
   C. 颗粒在降落的方向上只受重力作用，没有离心力等的作用
   D. 颗粒间不发生碰撞或接触的情况下的沉降过程

7. 可引起过滤速率减小的原因是（　　）。
   A. 滤饼厚度减小　　　　　　　　　　　B. 液体黏度减小
   C. 压力差减小　　　　　　　　　　　　D. 过滤面积增大

8. 离心分离的基本原理是固体颗粒产生的离心力（　　）液体产生的离心力。
   A. 小于　　　　B. 等于　　　　C. 大于　　　　D. 两者无关

9. 为使离心机有较大的分离因数和保证转鼓有足够的机械强度，应采用（　　）的转鼓。
   A. 高转速、大直径　　　　　　　　　　B. 高转速、小直径
   C. 低转速、大直径　　　　　　　　　　D. 低转速、小直径

10. 下列哪一个分离过程不属于非均相物系的分离过程？（　　）
   A. 沉降　　　　　　B. 结晶　　　　　　C. 过滤　　　　　　D. 离心分离
11. 下列说法正确的是（　　）。
   A. 滤浆黏性越大，过滤速度越快
   B. 滤浆黏性越小，过滤速度越快
   C. 滤浆中悬浮颗粒越大，过滤速度越快
   D. 滤浆中悬浮颗粒越小，过滤速度越快
12. 下列用来分离气—固非均相物系的是（　　）。
   A. 板框压滤机　　　　　　　　　　　B. 转筒真空过滤机
   C. 袋滤器　　　　　　　　　　　　　D. 三足式离心机
13. 旋风分离器主要是利用（　　）的作用使颗粒沉降而达到分离。
   A. 重力　　　　　　　　　　　　　　B. 惯性离心力
   C. 静电场　　　　　　　　　　　　　D. 重力和惯性离心力
14. 以下过滤机是连续式过滤机的是（　　）。
   A. 箱式叶滤机　　　　　　　　　　　B. 真空叶滤机
   C. 回转真空过滤机　　　　　　　　　D. 板框压滤机
15. 在外力作用下，使密度不同的两相发生相对运动而实现分离的操作是（　　）。
   A. 蒸馏　　　　　　B. 沉降　　　　　　C. 萃取　　　　　　D. 过滤

   <判断题>

16. 板框压滤机的整个操作过程分为过滤、洗涤、卸渣和重装四个阶段。根据经验，当板框压滤机的过滤时间等于其他辅助操作时间总和时，其生产能力最大。（　　）
17. 板框压滤机是一种连续性的过滤设备。（　　）
18. 沉降分离的原理是依据分散物质与分散介质之间的黏度差来分离的。（　　）
19. 沉降分离要满足的基本条件是，停留时间不小于沉降时间，且停留时间越大越好。（　　）
20. 过滤、沉降属于传质分离过程。（　　）
21. 降尘室的生产能力与降尘室的底面积、高度及沉降速度有关。（　　）
22. 要使固体颗粒在沉降器内从流体中分离出来，颗粒沉降所需要的时间必须大于颗粒在器内的停留时间。（　　）
23. 在一般过滤操作中，实际上起到主要介质作用的是滤饼层而不是过滤介质本身。（　　）
24. 在重力场中，固体颗粒的沉降速度与颗粒几何形状无关。（　　）
25. 直径越大的旋风分离器，其分离效率越差。（　　）

二、化工总控工职业技能鉴定应知试题（高级工）

   <单选题>

26. 当其他条件不变时，提高回转真空过滤机的转速，则过滤机的生产能力（　　）。
   A. 提高　　　　　　B. 降低　　　　　　C. 不变　　　　　　D. 不一定
27. 拟采用一个降尘室和一个旋风分离器来除去某含尘气体中的灰尘，则较适合的安排是（ ）。
A. 降尘室放在旋风分离器之前　　　　　B. 降尘室放在旋风分离器之后
C. 降尘室和旋风分离器并联　　　　　　D. 方案 A、B 均可

28. 如果气体处理量较大，可以采取两个以上尺寸较小的旋风分离器（ ）使用。
A. 串联　　　　B. 并联　　　　C. 先串联后并联　　　　D. 先并联后串联

29. 下列不影响过滤速度的因素是（ ）。
A. 悬浮液的性质　　B. 悬浮液的高度　　C. 滤饼性质　　D. 过滤介质

30. 下列措施中不一定能有效地提高过滤速率的是（ ）。
A. 加热滤浆　　　　　　　　　　　　B. 在过滤介质上游加压
C. 在过滤介质下游抽真空　　　　　　D. 及时卸渣

31. 下列物系中，不可以用旋风分离器加以分离的是（ ）。
A. 悬浮液　　　B. 含尘气体　　　C. 酒精水溶液　　　D. 乳浊液

32. 下列物系中，可以用过滤的方法加以分离的是（ ）。
A. 悬浮液　　　B. 空气　　　C. 酒精水溶液　　　D. 乳浊液

33. 用板框压滤机组合时，应将板、框按（ ）顺序安装。
A. 123123123…　　B. 123212321…　　C. 312121 2…　　D. 132132132…

34. 在①旋风分离器、②降尘室、③袋滤器、④静电除尘器等除尘设备中，能除去气体中颗粒的直径符合由大到小顺序的是（ ）。
A. ①②③④　　B. ④③①②　　C. ②①③④　　D. ②①④③

35. 在一个过滤周期中，为了达到最大生产能力，（ ）。
A. 过滤时间应大于辅助时间　　　　　B. 过滤时间应小于辅助时间
C. 过滤时间应等于辅助时间　　　　　D. 过滤加洗涤所需时间等于 1/2 周期

<判断题>

36. 板框压滤机的滤板和滤框，可根据生产要求进行任意排列。（ ）
37. 采用在过滤介质上游加压的方法可以有效地提高过滤速率。（ ）
38. 沉降器具有澄清液体和增稠悬浮液的双重功能。（ ）
39. 过滤操作适用于分离含固体物质的非均相物系。（ ）
40. 滤浆与洗涤水是从同一条管路进入压滤机的。（ ）
41. 气固分离时，选择分离设备依颗粒从大到小分别采用沉降室、旋风分离器、袋滤器。（ ）
42. 旋风除尘器能够使全部粉尘得到分离。（ ）
43. 在过滤操作中，过滤介质必须将所有颗粒都截留下来。（ ）
44. 重力沉降设备比离心沉降设备分离效果更好，而且设备体积也较小。（ ）
45. 转鼓真空过滤机在生产过程中，滤饼厚度达不到要求，主要是由于真空度。（ ）

三、化工总控工职业技能鉴定应知试题（技师）

<简答题>

46. 过滤方法有几种？分别适用于什么场合？
47. 工业上常用的过滤介质有哪几种？分别适用于什么场合？

48. 过滤得到的滤饼是浆状物质，使过滤很难进行，试讨论解决方法。

49. 旋风分离器的进口为什么要设置成切线方向？

50. 转筒真空过滤机主要由哪几部分组成？其工作时转筒旋转一周完成哪几个工作循环？

四、创新创业训练

通过对周边中小微化工企业调研，针对实际需求，结合本项目所学内容，设计一个创新创业项目或尝试申报一项专利，不限于技术创新，也可以是方法创新、理论创新或管理创新。参考主题如下：

51. 过滤残渣的资源化利用

针对过滤残渣，研究利用途径，如通过化学或物理处理将其转化为高附加值化学品或建筑材料，实现资源的有效利用和环境的可持续发展。

52. 高效过滤材料研发

针对含有悬浮颗粒的废水，研究并开发一种高效过滤材料，用于去除废水中的悬浮颗粒，提高过滤速度和滤饼质量，实现废水的清洁处理。

53. 智能化过滤系统的设计与实施

针对液—固非均相物系，设计一套智能化过滤系统，通过实时监测和调整过滤参数，实现固体颗粒与清液的高效分离，提高过滤效率和产品质量。

54. 古法造纸过滤体验

模拟古法造纸中的过滤过程，让参与者亲手体验造纸的乐趣，同时了解过滤操作在造纸工艺中的重要性。

拓展阅读　其他单元操作

一、蒸发操作
二、结晶操作
三、干燥操作
四、冷冻操作
五、吸附操作

六、膜分离操作
七、沉降操作
八、湿法分离操作
九、静电分离操作
十、热除尘操作

附　　录

一、化工总控工国家职业资格标准
二、工艺流程图中的设备代号与图例
三、管路系统常用阀门的图形符号
四、仪表符号意义
五、物料代号
六、管子规格
七、常用化工管路涂色
八、常用离心泵规格
九、离心式通风机（4-72-11型）的规格
十、化工机械单机试运时间
十一、流体在管道中的常用流速范围

十二、水的重要物性
十三、空气的重要物理性质
十四、饱和水蒸气的重要物性
十五、其他常用液体的重要物性
十六、其他常用气体的重要物性
十七、常用工业管道的绝对粗糙度
十八、管件与阀门当量长度共线图
十九、局部阻力系数图
二十、物质的导热系数
二十一、物质的比热容
二十二、不同传热类型物质的对流传热系数范围
二十三、常见流体的污垢热阻
二十四、法定计量单位及单位换算

参 考 文 献

[1] 白术波，佟俊鹏．化工单元操作．北京：石油工业出版社，2011．
[2] 何景连，程忠玲．化工单元操作：富媒体．2 版．北京：石油工业出版社，2018．
[3] 刘郁，张传梅．化工单元操作．北京：化学工业出版社，2018．
[4] 何灏彦，刘绚艳，禹练英．化工单元操作．北京：化学工业出版社，2020．
[5] 冷士良，陆清，宋志轩．化工单元操作．北京：化学工业出版社，2014．
[6] 苗顺玲．化工单元仿真实训．北京：石油工业出版社，2008．
[7] 向丹波．化工操作工必读．2 版．北京：化学工业出版社，2020．
[8] 侯淑华，孙洪泉．泵和压缩机的使用与维护．北京：石油工业出版社，2015．
[9] Warren L McCabe，Julian C Smith，武钦．Unit Operations of Chemical Engineering．北京：化学工业出版社，2008．
[10] 张丽．传热设备结构与维护．北京：化学工业出版社，2014．
[11] 朱开宪．塔设备结构与维护．北京：化学工业出版社，2014．
[12] 史海波，辛晓，鲁闯．化工精馏安全控制．北京：化学工业出版社，2022．
[13] 辛晓，李东升，徐淳．化工危险与可操作性分析．北京：化学工业出版社，2022．
[14] 任晓静．化工企业班组长实战手册．北京：化学工业出版社，2017．
[15] 高尚荣，杨小燕．化工产业文化教育．北京：化学工业出版社，2019．
[16] 王晓敏，王浩程．工程伦理．北京：中国纺织出版社有限公司，2022．
[17] 吉旭，周利．化学工业智能制造：互联化工．北京：化学工业出版社，2020．
[18] 齐向阳．化工安全技术．2 版．北京：化学工业出版社，2014．
[19] 李勇．化工企业管理．2 版．北京：化学工业出版社，2015．
[20] 秋叶．如何高效读懂一本书．北京：北京联合出版公司，2015．
[21] 屿田毅，张雯．MBA 轻松读逻辑思维．北京：北京时代华文书局，2017．
[22] 胡雅茹．思维导图笔记整理术．北京：北京时代华文书局，2018．
[23] 邱昭良．复盘+．北京：机械工业出版社，2018．
[24] 贺新，刘媛．化工总控工职业技能鉴定应知试题集．北京：化学工业出版社，2010．